21 世纪高等院校电气信息类系列教材

电气控制与 PLC 应用项目教程

顾桂梅　主编
王永顺　王庆贤　编著

机 械 工 业 出 版 社

本书适用于理论实践一体化教学模式。在内容编排上，以西门子公司的S7－300系列PLC为例，按照“适用、够用”的原则编排教材内容，充分体现了教材的科学性、实用性和可操作性。本书集理论知识、工程应用和创新于一体，以12个实际项目贯穿始终，内容涵盖了电气控制的基本知识，PLC的组成、工作原理、编程工具、指令系统、变频器及其操作，PLC与变频器的综合应用以及基于PLC的控制系统的设计思路，组态王与PLC的联合应用，并给出了大量的应用实例、习题及思考题。本书内容由浅入深、通俗易懂、注重应用。

本书可作为大专院校工业电气自动化、电气工程、机电一体化及其他相关专业的教材，也可供从事PLC应用系统设计的工程技术人员自学或作为培训教材使用。

图书在版编目（CIP）数据

电气控制与PLC应用项目教程/顾桂梅主编．—北京：机械工业出版社，2010.12（2021.8重印）

21世纪高等院校电气信息类系列教材

ISBN 978-7-111-32611-3

Ⅰ.①电…　Ⅱ.①顾…　Ⅲ.①电气控制-高等学校-教材②可编程序控制器-高等学校-教材　Ⅳ.①TM571.2②TM571.6

中国版本图书馆CIP数据核字（2010）第235953号

机械工业出版社（北京市百万庄大街22号　邮政编码100037）
策划编辑：时　静　责任编辑：黄　伟　版式设计：霍永明
责任校对：常天培　责任印制：郜　敏
北京富资园科技发展有限公司印刷
2021年8月第1版第5次印刷
184mm×260mm·16.25印张·398千字
标准书号：ISBN 978-7-111-32611-3
定价：45.00元

凡购本书，如有缺页、倒页、脱页，由本社发行部调换

电话服务	网络服务
社服务中心：（010）88361066	教材网：http：//www.cmpedu.com
销售一部：（010）68326294	机工官网：http：//www.cmpbook.com
销售二部：（010）88379649	机工官博：http：//weibo.com/cmp1952
读者购书热线：（010）88379203	**封面无防伪标均为盗版**

前 言

本教材的编写紧密结合当前教学改革趋势，以工程实践能力培养为导向，充分考虑工科学生对知识的接受能力和掌握过程，采用工程项目的形式使学生完成对新知识的学习。本书有如下几方面的特色。

1. 在编写思路上，坚持以“工程能力培养为中心，理论知识学习为支撑”，将各个抽象的知识点融入实际项目中，从而激发学生的学习兴趣，寓教于乐，提高学生的分析能力、动手能力、工程应用能力和创新能力。电气控制与 PLC 是一门实践性、实用性很强的课程，其理论与实际的结合尤为重要。因此，本书按照工程项目的形式编排教学内容，通过实际项目掌握相关知识和技能。

2. 在内容的安排上，每个工程项目既要考虑其独立性、完整性，又要考虑到其所包含的知识点能承上启下，使学生可以循序渐进、由浅入深地掌握电气控制的相关知识、PLC 的基本指令用法，也可以逐步掌握开发基于 PLC 的控制系统的设计思路。

3. 采用化整为零的方法，先介绍每个案例的基本控制线路环节，然后再组合在一起，使不同接受能力的学生在每一次的学习中都学有所获，真正做到因材施教，力求编写出精品教材。

全书共分为两大部分。第 1 部分为电气控制，以 4 个应用最广泛的实际项目（电动机正反转控制线路、C650 卧式车床电气控制线路、T68 卧式镗床电气控制线路和 X62W 卧式万能铣床电气控制线路）引入，讲述了开关、接触器、继电器和熔断器等常用低压电器的结构、动作原理、使用和选择方法；讲述了电气系统图的基本知识；讲述了电动机正反转等典型控制线路的设计方法和调试步骤；讲述了车床、镗床、铣床等常用机床的主要结构、运动形式、控制要求及线路分析方法。第 2 部分为 PLC 应用，以 8 个典型应用案例（简单灯控电路、PLC 控制三相异步电动机的正反转线路、PLC 控制三相异步电动机Y-△降压起动线路、皮带运输机的 PLC 控制线路、舞台艺术灯饰的 PLC 控制线路、PLC 和变频器在变频调速中的应用、液体混合装置控制、组态王在水塔水位控制系统中的应用）引入，并以 S7-300 系列 PLC 为例，系统地讲述了 PLC 的硬件结构、工作原理、指令系统及编程软件的使用方法，通过工程应用案例重点讲述 PLC 硬件电路、软件设计方法以及 PLC 系统安装调试的步骤和使用方法。

本书由兰州交通大学顾桂梅副教授担任主编，王永顺副教授、王庆贤高级工程师编著，赵峰教授担任主审。王永顺编写绪论、项目1、项目5、项目10和项目12，顾桂梅编写项目2、项目3、项目4、项目9和项目11，王庆贤编写项目6～项目8。全书的统稿由顾桂梅完成。

本教材的出版得到了兰州理工大学技术工程学院领导和自动化教研室全体成员的关心，特别是王瑞祥研究员和谢黎明教授的鼓励与支持。在编写过程中任宗义教授审阅了部分书稿，并提出了许多宝贵的修改意见。在此，向他们表示衷心的感谢！

由于作者水平有限，书中难免存在一些错误和不妥之处，恳请广大读者和同行专家提出宝贵意见。

作　者

目　录

第2部分 PLC 应用

绪　论

“电气控制与PLC应用”这门课程主要的研究对象是经典的继电器-接触器控制以及新型的PLC控制，其中继电器-接触器控制法仍是最基本、应用最广泛的控制方法，也是PLC控制的基础。下面我们从电气控制的概念入手，介绍两者的关系以及PLC的基础知识。

继电器-接触器控制系统是把各种有触头的接触器、继电器以及按钮、行程开关等电器元件，用导线按一定的控制方式连接起来组成的控制系统，人们通常称继电器-接触器控制系统为电气控制系统。它的控制功能全部由硬件完成，具有结构简单、操作方便、容易掌握、价格便宜等特点，在一定范围内能满足控制要求，因而使用面甚广，多年来在工业控制领域中一直占据主导地位。但是继电器-接触器控制系统具有明显的缺点：设备体积大、噪声大、能耗大、动作速度慢、可靠性差、维护量大、维护困难、功能少，特别是硬连线中逻辑控制连线复杂以及改接麻烦。于是人们开始寻求一种新的控制系统来取代继电器-接触器控制系统。

1969年世界上第一台可编程序控制器诞生了，它是按照继电器-接触器控制概念和设计思想发展起来的新一代控制装置。可编程序控制器是以微处理器为核心，将计算机技术、自动控制技术和通信技术融为一体而发展起来的。它具有体积小、功能强、灵活通用与维护方便等一系列优点。

1. PLC的产生与定义

可编程序控制器（Programmable Logic Controller）通常简称为PLC，它的起源可以追溯到20世纪60年代。1968年，美国通用汽车公司（GM）对外公开招标，要求用新的电气控制装置取代继电器-接触器控制系统，以便适应迅速改变生产程序的要求。1969年，美国数据设备公司（DEC）研制出世界上第一台可编程序控制器PDP-14，用在GM公司生产线上获得成功，随即日本、德国也相继加入。1971年，日本研制出本国的第一台PLC（型号为DCS-8），1973年，德国研制出本国的第一台可编程序控制器，1974年中国研制出本国的第一台可编程序控制器，1977年开始工业应用。从此，可编程序控制器迅速发展起来，但是这一时期它主要用作顺序控制，虽然可编程序控制器采用了计算机的设计思路，但实际上只能进行逻辑运算，故称为可编程逻辑控制器。随着计算机技术的不断发展，其功能逐渐扩大，不再是原来意义上的以逻辑控制为主的功能，后来把“逻辑”二字去掉了，叫做可编程序控制器（Programmable Controller），曾经一度简称为PC，但是为了避免与个人计算机的简称（Personal Computer）相混淆，现在仍然把可编程序控制器简称为PLC。

1987年2月，国际电工委员会（International Electrical Committee，IEC）在可编程序控制器标准草案中作了如下的定义：“可编程序控制器是一种数字运算操作的电子系统，专为工业环境下的应用而设计。它采用可编程的存储器，用来在其内部存储执行逻辑运算、顺序控制、定时、计数和算术运算等操作的指令。并通过数字式、模拟式的输入和输出，控制各种机械或生产过程。可编程序控制器及其有关外部设备都较易于与工业控制系统连成一个整体、易于扩充其功能的原则设计。”

2. PLC 的特点

PLC之所以广泛应用于各种工业控制领域中，是因为除了它能满足工业自动化的客观需要外，还有许多适合工业控制的独特优点，它较好地解决了工业控制领域中普遍关心的可靠、安全、灵活、方便、经济等问题，其主要特点有如下几个方面。

（1）性能稳定可靠，抗干扰能力强

PLC是专为工业控制而设计的，在硬件与软件两方面上采用了屏蔽、滤波、隔离、诊断和自动恢复等措施。这些措施大大地提高了PLC的可靠性和抗干扰能力，其平均无故障时间可达2~5万小时以上。

（2）功能完善，适应性好

PLC不仅具有数字量和模拟量的输入/输出、顺序控制、定时计数等功能，还具有算术运算、数据处理、通信联网、记录与显示等功能。另外，当生产工艺改变或设备更新后，不必大量改变PLC的硬件设备，只需改变相应的程序，就可以满足新的控制要求。

（3）程序设计简单、直观、易学

PLC具有多种编程语言可供选用，许多国家生产的PLC把梯形图作为第一用户程序，梯形图是从清晰直观的继电器-接触器控制线路演化过来的一种编程语言，其特点是易学易懂，便于修改，有一定基础的电气工程技术人员在短时间内就可以学会。

（4）体积小、重量轻、功耗低

由于PLC是微电子的高科技产品，它的结构具有紧凑、坚固、体积小、重量轻、功耗低等优点，而且具有良好的抗震、适应环境变化的能力。

（5）设计、安装容易，调试工作量小

PLC已实现了产品的系列化、标准化和通用化，用软件功能取代了继电器控制系统中大量的中间继电器、时间继电器、计数器等器件，使控制柜的设计、安装接线工作量大为减少。PLC的用户程序大部分可以在实验室进行模拟调试。用模拟试验开关代替输入信号，其输出状态可通过PLC上的发光二极管指示得知。模拟调试好后再将PLC控制系统安装到生产现场，进行联机调试，既安全，又快捷方便，这就大大缩短了应用设计和调试周期，特别是在老厂控制系统的技术改造中更能发挥其优势。

（6）维护工作量少，维修方便

由于PLC本身的故障率极低，因此维修工作量很小。并且PLC有完善的诊断和显示功能，即当PLC或外部的输入装置和执行机构发生故障时，可以根据PLC上的发光二极管或在线编程器上提供的信息，迅速地查明故障原因。如果是PLC本身的故障，可以用更换模块的方法迅速排除，因此维修极为方便。

3. PLC 的分类

目前，PLC发展非常迅速，全世界有几百家工厂正在生产几千种不同型号的PLC。各种产品的结构形式、I/O方式、I/O点数、CPU的种类、存储器的类型和容量以及功能范围等都各不相同，因此很难详细地划分它们的类别。通常只能从结构形式、I/O点数以及功能强弱来大致分类。

（1）按硬件结构类型分类

1）根据硬件的结构不同，可以将PLC分为整体式和模块式两种。整体式PLC是将CPU、存储器、电源、I/O接口及通信等基本部件装在一个机壳内，它的优点是结构紧凑、体积较小、成本低、安装方便。一般微型、小型 PLC 采用这种结构，它由不同 I/O 点数的基本单元组成，比如西门子公司的 S7-200 系列 PLC。基本单元和扩展单元之间一般用扁平电缆连接。整体式 PLC 一般配备有特殊功能单元，如模拟量单元、位置控制单元等，使机器的功能得以加强。

2）模块式结构又叫积木式。这种结构形式的特点是把 PLC 的每个工作单元都制成独立的模块，如 CPU 模块、输入模块、输出模块、电源模块、通信模块等。另外，机器上有一块带有插槽的母板，这就是计算机总线。把这些模块按控制系统需要选取后，都插到母板上，就构成了一个完整的 PLC 系统。模块式 PLC 的优点是：I/O 模块及 I/O 点数可根据用户需要灵活组合，并且扩展能力强、使用方便、便于维修。缺点是：体积较大、插件较多，影响工作的可靠性，并且价格较高。一般大中型 PLC 都采用这种结构，比如西门子公司的 S7-300、S7-400 系列 PLC。

（2）按照 PLC 的 I/O 点数和存储器容量分类

根据 PLC 能够处理的输入/输出点数不同（一个点就是一路信号），可将 PLC 分为超小（微）、小、中、大、超大 5 种类型。

1）超小型 PLC：I/O 点数小于 64 点，内存容量小于 2KB。

2）小型 PLC：I/O 点数为 65 ~ 128 点，内存容量为 2 ~ 4KB。西门子 S7-200 系列 PLC 属于小型机。

3）中型 PLC：I/O 点数范围为 129 ~ 512 点，内存容量为 4 ~ 16KB。西门子 S7-300 系列 PLC 属于中型机。

4）大型 PLC：I/O 点数范围为 513 ~ 896 点，内存容量为 16 ~ 64KB。西门子 S7-400 系列 PLC 属于大型机。

5）超大型 PLC：I/O 点数为 896 点以上，内存容量为 64KB 以上。三菱公司的 A2A、A3A 属于超大型机。

值得注意的是，上述划分并无严格界线，也不是一成不变的，各厂家在认识上也不统一。随着 PLC 的不断发展，划分标准已有过多次修改。

4. PLC 的应用

近年来，随着微处理器芯片及其相关器件的价格大幅下降，PLC 的成本随之下降，而其功能却在不断完善、增强，在工业控制的各个领域都得到了广泛应用。大致可归纳为以下几个方面。

（1）开关逻辑控制和顺序控制

这是 PLC 最基本、最广泛的应用领域。由于它具有强大的逻辑运算能力，可以实现简单和复杂的逻辑控制。例如，各类机床的电气控制，如冷热轧机和连铸机的控制、注塑机的控制、液体灌装机生产线、装配线的控制等。PLC 在工业生产控制中主要就是完成这种直接数字控制的功能，即 PLC 是现代工业控制中进行直接数字控制的最理想的控制设备。

（2）过程的闭环控制

运用 PLC 不仅可以对模拟量进行开环控制，而且还可以进行闭环控制。现代大中型 PLC 一般都配备了专门的 PID 控制模块，当控制过程中某一个变量出现偏差时，PLC 就按照 PID 算法计算正确的输出控制生产过程，把变量保持在整定值上，PID 控制已广泛地应用在加热炉、锅炉、反应堆、酿酒、位置和速度等控制中。

（3）数据的分析处理

现代的 PLC 都具有数据处理的能力，它不仅能进行算术运算、数据传送，而且还能进行数据比较、数据转换、数据显示和打印以及数据通信等。对于大中型 PLC 还可以进行浮点运算、函数运算等。数据的分析处理一般用于大中型控制系统，如加工中心、柔性制造系统和机器人等。

（4）通信联网

PLC 的通信联网包括：PLC 之间的通信、PLC 与上位计算机或其他智能装置之间的通信。

总之，PLC 在国内外已广泛应用于钢铁、石油、化工、电力、建材、机械制造、交通运输、环保等各行各业。随着 PLC 性能价格比的不断提高，其应用领域将不断扩大。

第1部分　电气控制

项目1　电动机正反转控制

【学习目标】

1. 了解低压电器的分类。

2. 熟悉低压电器的结构、工作原理、型号、选择原则、使用方法及在控制电路中的作用。

3. 掌握各种低压电器的图形符号和文字符号。

4. 了解电气系统图的分类，掌握电气原理图的绘制原则和注意事项。

5. 能分析相关控制电路的电气原理及掌握控制电路中的保护措施。

6. 掌握电动机正反转控制电路的安装接线。

1.1　项目简述

工农业生产中，生产机械的运动部件往往要求实现正反两个方向运动，这就要求拖动电动机能正反向旋转。例如，机床主轴的正转与反转或工作台的前进与后退，起重机吊钩的升与降等。从三相笼型异步电动机的结构原理可知，若使电动机在原来的旋转方向上反转，只要将通入电动机定子绕组的三相电源进线的任意两相对调即可，如图1-1所示。

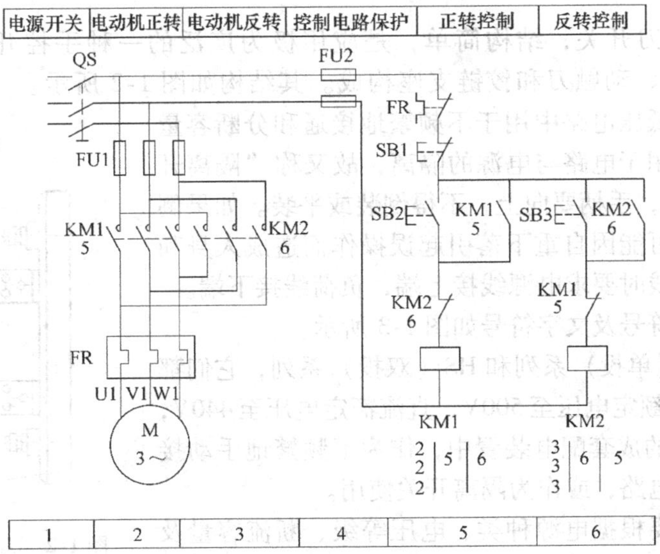

图1-1　电动机正反转控制电路

本项目涉及的低压电器有刀开关、熔断器、按钮开关、交流接触器、热继电器、电气控制系统图的绘制及分析方法、电动机的点动、连续运转及正反转控制电路等内容。

低压电器是一种能够根据外界信号的要求，自动或手动地接通和断开电路，断续或连续地改变电路参数，以实现对电路或非电路对象进行切换、控制、保护、检测、变换和调节的元件。低压电器通常是指用于交流额定电压小于或等于 1200V，直流电压小于或等于 1500V 的电器。

低压电器种类很多，分类方法也很多。按照操作方式可分为手动电器和自动电器。手动电器主要是用手直接参与操作才能完成动作任务的电器，如按钮、刀开关、转换开关等；自动电器是指不需人的直接参与操作，而是根据电或非电信息自动完成动作任务的电器，如自动开关、各种继电器和大部分的传感器等。按用途可分为控制电器、主令电器、配电电器和保护电器。控制电器是指用于各种控制电路和控制系统的电器，如接触器、继电器等；主令电器是指用于控制系统中人发送控制指令的电器，如控制按钮、主令开关、各种行程开关、万能转换开关等；配电电器是指用于电能输配系统中的电器，如刀开关、自动开关和低压隔离开关等；保护电器是指用于电路和电器设备安全保护的电器，如熔断器、热继电器及各种保护继电器。

关于电器的分类标准和分类原则还有其他方法。在一些分类过程中有分类交叉和重叠情况，同一种电器可以有不同的动作来源途径，也可以用于不同的方式。所以在学习电器基本知识的过程中，不需要将电器过于细化分类，只要求明确电器的基本属性和大体归类就可以了。随着日后的深入学习和新电器的不断产生，会明白电器的分类不是固定的、死板的，而是具有很强的灵活性。

1.2 电气控制元件相关知识

1.2.1 刀开关

刀开关又称闸刀开关，结构简单，是应用极为广泛的一种手控开关。它由绝缘底板、静触头、手柄、动触刀和铰链支座构成。其结构如图 1-2 所示。

刀开关可以在低压电路中用于不频繁地接通和分断容量不太大的负荷，或用于电路与电源的隔离，故又称“隔离开关”。刀开关安装时，手柄要向上，不得倒装或平装。如果倒装，则拉闸后手柄可能因自重下落引起误操作而造成人身和设备安全事故。接线时要求电源线接上端，负荷线接下端。

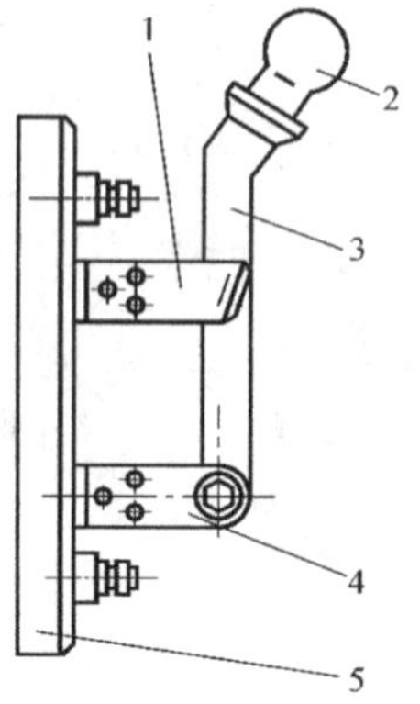

图 1-2　刀开关结构示意图
1—静触头　2—手柄　3—动触刀
4—铰链支座　5—绝缘底板

刀开关的图形符号及文字符号如图 1-3 所示。

刀开关有 HD（单投）系列和 HS（双投）系列，它们都适用于交流 50Hz，额定电压至 500V，直流额定电压至 440V，额定电流至 1500A 的成套配电装置中，作为不频繁地手动接通和分断交、直流电路，或作为隔离开关使用。

刀开关的使用要根据电源种类、电压等级、断流容量及需要级数来合理选择。当刀开关控制电动机起动工作时，要求其额定电流至少要大于电动机额定电流的 3 倍以上。

1.2.2 自动开关

自动开关又称自动空气断路器，可用于不频繁地接通和断开电路及控制电动机，此开关最大的特点是具有较多的保护功能，当电路发生严重过载、短路及失电压等故障时，可自动切断电路，迅速有效地保护串接在其后的电气设备。由于具有以上的保护功能，自动开关在低压电气线路中成为最常用的控制电器，并且具有可直接操作、保护动作值在一定范围内可调、分断能力较高等优点。

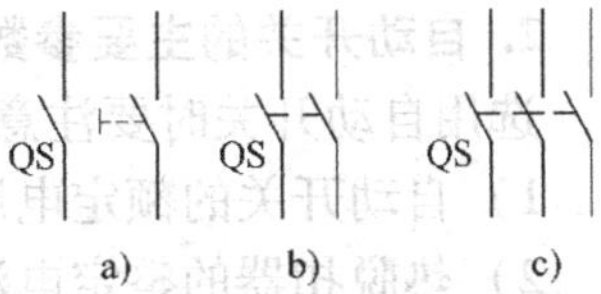

图 1-3 刀开关的图形符号及文字符号

a）单极 b）双极 c）三极

自动开关按其用途及结构特点，可分为框架式自动开关、塑料外壳式自动开关、直流快速自动开关和限流式自动开关等。其中塑料外壳式自动开关在电力拖动自动控制电路中应用最为广泛，既可以用做配电网络的保护开关，又可用做电动机、照明电路及其他电路的控制开关。

1. 自动开关的结构和工作原理

自动开关由 3 个基本部分组成，一是执行部分，含有触头和灭弧系统；二是故障检测部分，含有各种脱扣器；三是操作机构和自由脱扣机构。

图 1-4 是自动开关的工作原理图。其中开关的主触头是依靠操作机构手动或电动合闸。当主触头合闸后，自由脱扣机构将主触头锁闭在合闸位。过电流脱扣器及热脱扣器的线圈串接于主电路中，失电压脱扣器线圈并联在主电路中。当电路发生短路或严重过载时，过电流脱扣器 3 中的磁通将急剧增加，将衔铁吸合，推动杠杆使之逆时针转动，使自由脱扣器动作，主触头在复位弹簧的作用下分开，从而切断主电路。当主电路过载时，热脱扣器的热元件使双金属片变形向上弯曲，推动自由脱扣器动作，完成过载保护动作。当线路发生欠电压或失电压故障时，电压线圈 6 中的磁通急剧下降，使电磁吸力下降或消失，衔铁在弹簧力作用下，向上移动，推动自由脱扣器动作，使主触头分开，完成电路分断的保护动作。分励脱扣器 4 是用作远距离分断电路，分断的作用点在按钮 7 上。在以上的脱扣机构中，过电流脱扣器和热脱扣器的保护方式不同，不能互相取代，过电流故障要求迅速、有保护动作。而短暂的轻过载是一种正常工作现象，所以采用金属片变形的方式，给予暂时的轻过载一定的时间裕量，当暂时的轻过载消失后，金属片随即恢复原状。自动开关的图形符号和文字符号如图 1-5 所示。

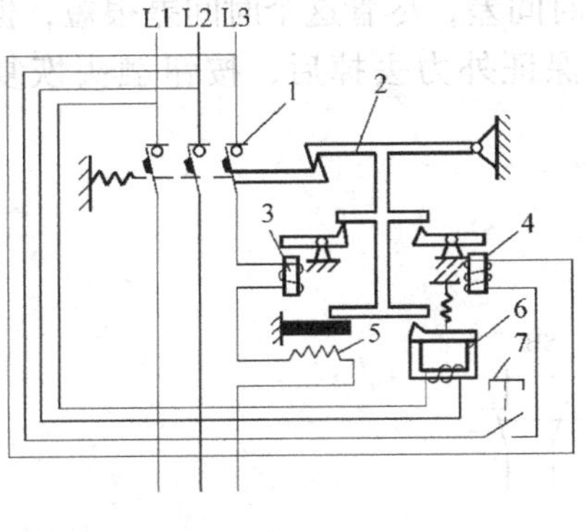

图 1-4 自动开关工作原理

1—主触头 2—自由脱扣机构 3—过电流脱扣器 4—分励脱扣器 5—热脱扣器 6—失压脱扣器 7—按钮

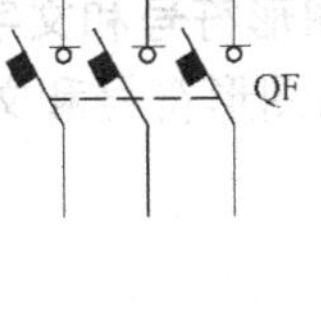

图 1-5 自动开关的图形符号和文字符号

2. 自动开关的主要参数选择

选用自动开关时要注意以下几点。

1）自动开关的额定电压和额定电流应大于或等于电路的正常工作电压和工作电流。

2）热脱扣器的整定电流应与所控制电动机的额定电流或负载额定电流相等。

3）过电流电磁脱扣器的整定值应躲过负载电路正常工作时的尖峰电流，当控制负载为电动机情况时，该电磁脱扣器的整定值一般可整定到电动机起动电流的1~7倍。

1.2.3 按钮

按钮是接通或分断小电流电路的主令电器，其结构简单、应用广泛。按钮的触头允许通过的电流较小，一般不允许用于操作电流5A以上的电路，因此一般情况下不直接控制主电路，而是在控制电路中发出指令或信号去控制接触器、继电器等电器，再由它们去控制主电路的通断、功能转换或电气联锁等。

1. 按钮的结构

按钮由按钮帽、复位弹簧、桥式触头、支柱连杆及外壳等组成，有的还设置控制指示灯，其结构如图1-6所示。

2. 按钮的种类

按触头形式可分为常开控制按钮、常闭控制按钮和既有常开又有常闭的复合按钮。

1）常开控制按钮（又称动合按钮）。外力未作用时（手未按下），触头是断开的，外力作用时，触头闭合，但外力消失后，在复位弹簧作用下自动恢复原来的断开状态。

2）常闭控制按钮（又称动断按钮）。外力未作用时（手未按下），触头是闭合的，外力作用时，触头断开，但外力消失后，在复位弹簧作用下自动恢复原来的闭合状态。

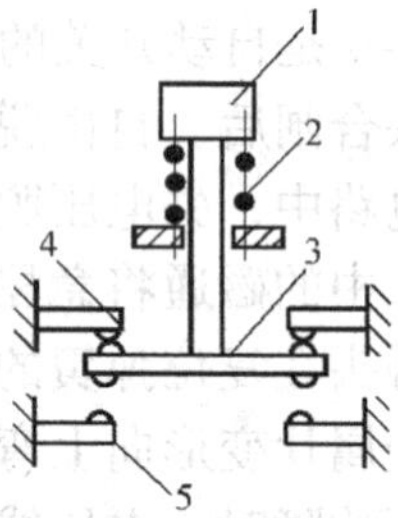

图1-6　按钮结构示意图

1—按钮帽　2—复位弹簧　3—动触头　4—常闭触头　5—常开触头

3）复合按钮。按下复合按钮时，所有的触头都改变状态，即常开触头要闭合，常闭触头要断开。需要注意的一点是：复合按钮在动作时，常开和常闭触头是联动的，当按钮被按下时，常闭触头先动作，常开触头后动作；而松开按钮式，常开触头先动作，常闭触头后动作，也就是说两种触头在改变工作状态时，先后有个时间差，尽管这个时间差很短，但在分析线路控制过程时应特别注意。按钮中的复位弹簧保证外力去掉后，按钮触头恢复自然状态。

3. 按钮的图形符号和文字符号

控制按钮的图形符号和文字符号如图1-7所示。

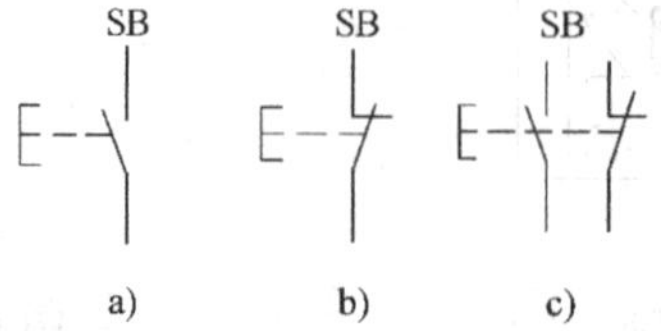

图1-7　按钮的图形符号和文字符号

a）常开按钮　b）常闭按钮　c）复合按钮

4. 按钮的型号含义

L A □ — □ □ □

- 结构形式：K—开启式、S—防水式、J—紧急式、X—旋转式
- 动断触头数
- 动合触头数
- 设计序号
- 按钮
- 主令电器

按钮的控制作用各有不同，一般用不同颜色按钮帽来区别按钮的控制状态，通常将按钮帽的颜色做成红、绿、黑、黄、蓝、白、无色透明7种颜色中的一种，一般红色表示停止按钮，绿色表示起动按钮。

按钮的选择首先要考虑额定电压和额定电流，另外需要考虑触头的种类和数目，以及是否带指示灯、场地颜色要求等。

1.2.4 接触器

接触器是一种自动控制低压电器，它可以用来频繁地远距离接通和断开交直流主电路及大容量控制电路，具有低电压保护释放功能。其主要控制对象是电动机，同时也可以控制电焊机、电熔器组、照明等其他负载，是电力拖动自动控制线路中最广泛使用的电器元件。

接触器按其主触头通过的电流种类不同，可分为交流接触器和直流接触器两类，动作相同，但在结构上有各自特殊的地方，不能相互混用。

接触器可以接通和断开负荷电流，但不能切断短路电流，因此，常与熔断器、热继电器配合使用。

1. 交流接触器

（1）交流接触器的结构

图1-8是交流接触器的外形剖面示意图。交流接触器主要由电磁机构、触头系统、灭弧装置以及其他部件4部分组成。

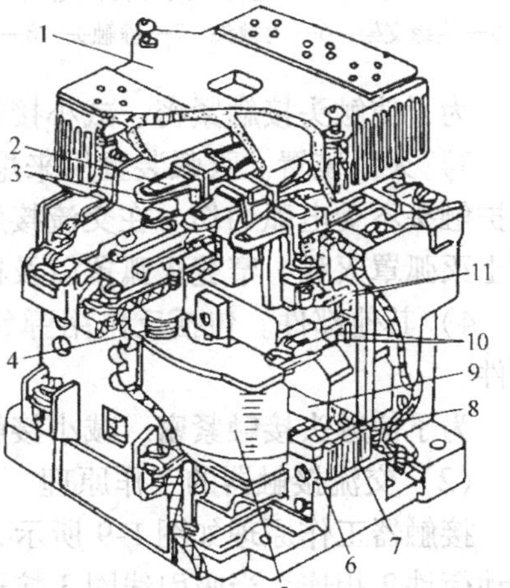

图1-8 CJ10-20型交流接触器

1—灭弧罩 2—触头压力弹簧片 3—主触头 4—反作用弹簧 5—电磁线圈 6—短路环 7—静铁心 8—弹簧 9—动铁心 10—辅助常开触头 11—辅助常闭触头

1）电磁机构。电磁机构主要用于产生电磁吸力，它由电磁线圈（吸引线圈）、衔铁和铁心等组成，如图1-9所示。吸引线圈的作用是将电能转换为磁能，产生磁通；衔铁的作用是在电磁吸力作用下，产生机械动能，使铁心闭合，带动执行部分完成控制电路的工作；铁心构成磁路。交流接触器的电磁线圈是将绝缘铜导线绕制在铁心上制成的，由于铁心中存在涡流和磁滞损耗的关系，除线圈发热以外，铁心也要发热，要求铁心和线圈之间有间隙，便于铁心和线圈的良好散热。在制作交流电磁机构过程中，把线圈做成有骨架的矮胖形，铁心用硅钢片叠成，以减小涡流的发热作用。

由于交流接触器的吸引线圈中通入的是交流电，

因此产生的磁通也是交变磁通，铁心在交变磁通过零时，会发生振动而产生噪声。消除振动和噪声的措施是在铁心端面的一部分套上短路环，又称减振环，其材料为铜或镍铬合金等。

2）触头系统。触头系统主要用于通断电路或传递信号，分为主触头和辅助触头。主触头用于通断电流较大的主电路，一般为3对常开双断点桥式触头。辅助触头用于通断电流较小的控制电路，完成电气联锁作用，一般有常开和常闭各两对触头。

触头的材质有铜和银两种，铜质触头较多，触头表面容易产生氧化膜，触头的接触电阻增大，使触头表面发热受损，而银质触头与铜质触头相比具有更好的导电性，且形成的氧化膜电阻与纯银一样能良好导电，所以银质触头较铜质触头性能更好、更稳定。触头的性能除材质有区别外，在触头的结构设计上也可以采用滚动接触，两触头有相对位移可将氧化膜去掉。一般滚动触头常采用铜质材料。

触头主要有两种结构形式：桥式触头和指形触头。接触的一般形式有点接触式和面接触式两种，图1-10a是点接触的桥式触头，图1-10b是面接触的桥式触头，电路的接通与断开由两组触头共同完成。点接触形式适用于小电流、触头压力小的情况，面接触形式适用于大电流场合。图1-10c为指形触头，两触头接触为一直线，且有相互位移摩擦，便于去掉氧化膜。指形触头更适用于电流大、频繁动作的电路中。

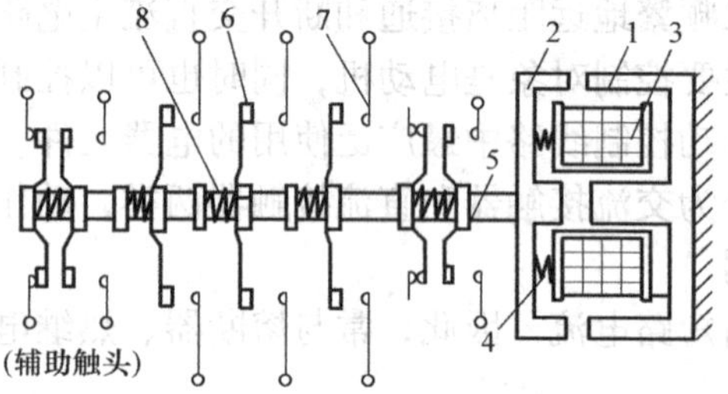

图1-9　交流接触器结构原理图

1—铁心　2—衔铁　3—电磁线圈（吸引线圈）　4—复位弹簧　5—绝缘支架　6—动触头　7—静触头　8—触头弹簧

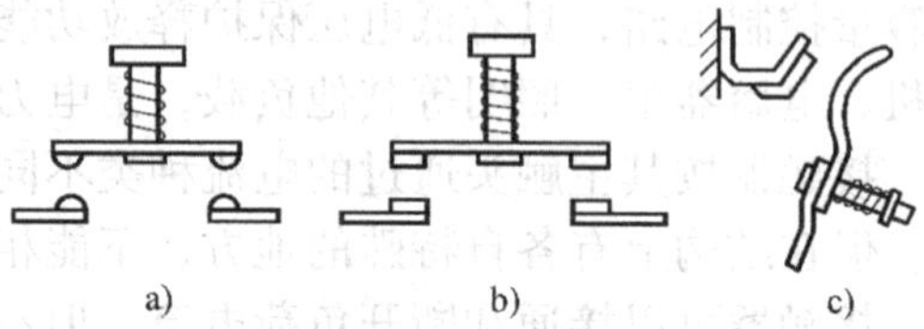

图1-10　触头的结构形式

a）点接触桥式触头　b）面接触桥式触头　c）指形触头

为了使触头接触紧密、减小接触电阻、消除初接触振动，触头系统安装有压紧弹簧。

3）灭弧装置。灭弧装置用来熄灭触头在切断高电压、大电流的电路时所产生的电弧，保护触头不受电弧灼伤。在交流接触器中常用的灭弧方法有电动力灭弧、相间弧隔板灭弧、陶土灭弧罩灭弧、窄缝灭弧罩以及栅片灭弧。

4）其他部件。包括反作用弹簧、缓冲弹簧、触头压力弹簧、传动机构及外壳等机械部件。

为了使触头接触紧密、减小接触电阻、消除初接触振动，触头系统安装有压紧弹簧。

（2）交流接触器的工作原理

接触器工作原理如图1-9所示，接触器动触头6固定在绝缘支架5上，绝缘支架5又与活动衔铁2相连。当吸引线圈3接通电源后，固定铁心1被磁化，产生电磁吸力克服复位弹簧的反力，将活动衔铁2吸合，并带动绝缘支架上动触头6与静触头7闭合，从而使主电路接通，另一方面常闭辅助触头首先断开，常开辅助触头后闭合。当吸引线圈断电后，在复位弹簧的作用下，使衔铁释放，并带动绝缘支架上的动触头与静触头分离，从而使主电路断开，常开触头首先断开，接着常闭触头恢复闭合。

（3）交流接触器的主要技术参数

交流接触器常见型号有 CJ10、CJ12、CJ20 和 CJ24 等。其技术参数中应注意以下几个问题。

1）额定电流 I_N。接触器铭牌上的额定电流是指主触头的额定电流而非指线圈的额定电流值，有 5A、10A、20A、40A、60A、100A 和 150A 等级。在 380V 时，额定功率可近似等于控制功率的两倍。额定电流 I_N 由主触头的工作条件决定。

2）额定电压 V_N。额定电压是保证接触器主触头正常工作的最大工作电压。一个接触器一般规定几个额定电压，但同时列出相对额定电流或控制功率。除此以外还有吸引线圈的额定电压和辅助触头额定电压，吸引线圈额定电压一般规定几个等级，交流有 36V、110V、220V 和 380V，直流有 24V、36V、48V、220V 和 440V。

3）约定发热电流。对老产品只讲额定电流，而新型接触器则有约定发热电流和额定工作电流之分，约定发热电流是指在规定条件下试验，电流在 8h 工作制下，各部分温升不超过极限值时所承载的最大电流。

接触器的图形符号如图 1-11 所示，文字符号为 KM。

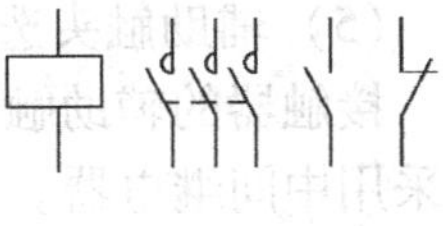

图 1-11　接触器的图形符号

2. 直流接触器

直流接触器主要用于远距离接通和分断直流电路以及频繁地控制直流电动机的起动、停止、反转和反接制动等。

直流接触器的结构和工作原理与交流接触器的基本相同，但也有区别。直流电磁机构中的直流线圈由于没有涡流和磁滞损耗作用于铁心，只有线圈发热而没有铁心发热，那么在制作直流电磁机构的过程中，直流线圈与铁心接触，把线圈做成无骨架且高而薄的瘦高形，利于散热，保证电磁机构的正常工作。铁心和衔铁由软钢或纯铁制成。触头部分的主触头，一般制作成单极或双极，由于触头接通或断开的电流较大，所以采用滚动接触的指形触头，而交流接触器一般作成三极式，触头一般采用双断点桥式触头，也有指形触头。直流接触器的辅助触头的通断电流较小，常采用点接触的双断点桥式触头。直流接触器主触头在分断大电流时，灭弧更困难，往往产生强烈的电弧，为了迅速消灭电弧，直流接触器一般采用磁吹灭弧装置。

常见直流接触器有 CZ0 系列、CZ16 系列、CZ18 系列，其中 CZ0 系列接触器用于额定电压至 440V，额定电流至 660A 的直流电路中。

3. 接触器的选择

（1）确定接触器的类型

根据被控制的电动机或负载电流类型来选择接触器的类型，交流负载应使用交流接触器，直流负载应使用直流接触器。如果整个控制系统中主要是交流负载，而直流负载的容量较小时，也可全部使用交流接触器，但触头的额定电流应选大些。

（2）额定电压的选择

接触器的额定电压应大于或等于所控制电路的电压等级。

（3）额定电流的选择

接触器的额定电流应大于或等于控制电路的额定电流，这种情况是针对电阻性负载而言，而对大多数的电动机负载时，有下面经验公式：

$$I_C = \frac{P_N}{KU_N} \tag{1-1}$$

式中　I_C——接触器主触头电流（A）；

P_N——电动机额定功率（kW）；

U_N——电动机额定电压（V）；

K——经验系数，$K=1\sim1.4$。

在选择接触器额定电流时应大于 I_C 值，接触器若使用在频繁通、断状态时，应考虑额定电流值降挡级使用。

（4）吸引线圈的额定电压选择

直流接触器的线圈加直流电压，交流接触器的线圈一般加交流电压。一般使用接触器线圈的电压与控制回路的电压等级相符。

如果把直流电压的线圈加上交流电压，则接触器不能吸合。若将交流电压线圈加上直流电压，则会烧坏线圈。

（5）辅助触头选择

接触器的辅助触头的额定电流、数量和种类应满足控制电路的要求。若不能满足时，则可采用中间继电器。

4. 接触器的常见故障及处理方法

（1）衔铁吸不上或吸不到底

1）电源电压太低或波动过大，需调高电源电压。

2）线圈技术参数与使用条件不符，需更换线圈。

3）接触器可动部分被卡住，线圈断线或烧毁，要排除卡住故障，更换线圈。

（2）衔铁不释放或释放缓慢

1）触头压力过小，需调整触头参数。

2）触头熔焊，需排除熔焊故障，打磨或更换。

3）机械部分被卡住或反力弹簧损坏、反力太小，要排除卡住故障，更换反力弹簧。

（3）线圈烧坏或烧毁

1）控制电源电压过高，要调整电压。

2）线圈匝间短路，要更换线圈。

3）衔铁与铁心间闭合后间隙过大，要进行极面去污处理。

（4）交流操作电磁铁的噪声过大

1）铁心极面磨损不平或有污垢，要清理调换铁心。

2）短路环断裂，要求调整铁心。

3）触头压力过大或电源电压过低，要调整触头压力或提高电源电压。

（5）触头过热磨损或熔焊

1）触头压力过小或负载侧短路，要调整触头压力或排除短路故障。

2）操作频率过高或过负载使用，要调换合适的接触器。

3）触头表面不平或有污垢，造成接触电阻过大，要打磨接触表面或更换触头。

1.2.5 热继电器

热继电器是用于电动机运行过程中的过载保护，但它允许电动机正常工作的短时性轻度过载，不致损坏电动机绕组，若过载电流大，电动机绕组的温升就会超过允许值，损坏甚至烧毁电动机绕组，所以对电动机的这种过载必须加以限制保护。热继电器是利用电流的热效应原理，在电动机出现不能承受的过载时，切断电动机电路，为电动机提供过载保护的电器。热继电器可以根据过载电流的大小自动调整动作时间，具有反时限保护特性，即过载电流大，动作时间短；过载电流小，动作时间长。当电动机的工作电流为额定电流时，热继电器应完全不动作。

1. 热继电器的分类

热继电器的型式有多种，但电动机过载保护用得最普遍的是双金属片式。按极数划分，热继电器有单极、双极和三极，其中三极的又包括带断相保护装置和不带断相保护装置的，带有断相保护装置的热继电器能在三相电动机断线或三相电流严重不平衡时起保护作用；按复位方式划分，热继电器有自动复位和手动复位两种方式。目前常用的继电器有JR0、JR5、JR15、JR16、JR20和引进国外生产技术制造的T系列、3UA系列等。热继电器的图形符号和文字符号如图1-12所示。

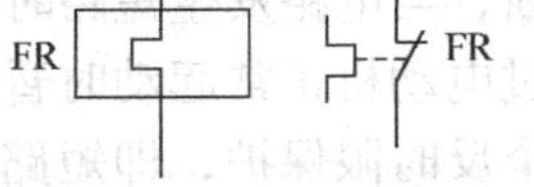

图1-12 热继电器的图形符号和文字符号

2. 双金属片式热继电器的结构及工作原理

热继电器的结构主要由热元件、动作机构和复位机构3大部分组成。典型的热继电器结构如图1-13所示。热元件由两极（或三极）双金属片及缠绕在外面的电阻丝组成。双金属片由热膨胀系数不同的金属片压合而成。使用过程中，电阻丝直接反映电动机的定子回路电流。复位按钮是热继电器动作后进行手动复位的按钮，可以防止热继电器动作后，因故障未被排除而电动机又起动而造成更大的事故。

当电动机过载时，过载电流使电阻丝发热过量，引起双金属片受热弯曲，经过一定时间后，弯曲位移增大，因而脱扣，使动触点与静触点分开，从而使电动机控制线路中的接触器线圈断电释放而切断电动机电源。

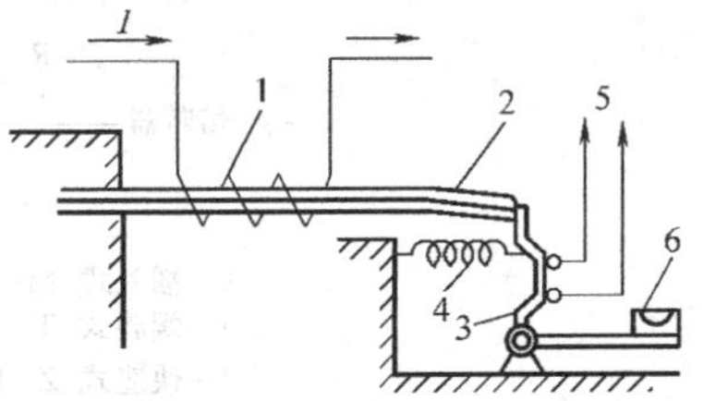

图1-13 热继电器的结构

1—电阻丝 2—双金属片 3—扣板 4—弹簧 5—动断触点 6—复位按钮

热继电器触点动作切断电路后，电流为零，则电阻丝不再发热，双金属片冷却到一定值时恢复原状。于是动合和动断触点可以复位。另外也可以通过调节螺钉，使触点在动作后不自动复位，必须按动复位按钮才能使触点复位。

3. 热继电器的选择

热继电器主要用于电动机的过载保护，因此在选用时，必须了解被保护对象的工作环境、负载性质及电动机的工作制和允许的过载能力。从原则上来讲，热继电器是按电动机额定电流来选择，但对于过载能力较差的电动机，它们所配用的热继电器的额定电流应适当小些。对于星形联结的电动机及电网电压均衡性较好的工作场合，可选用两相结构的热继电器。对于三角形联结的电动机或电网电压均衡性较差的场合，要选用三相结构带断相保护装置的热继电器。应当注意，合理选择热继电器必须保证正常的起动电流和起动时间，在电动机的起动过程中，不致发生误动作。

1.2.6 熔断器

熔断器在低压配电系统和控制系统中，主要用于短路保护。

1. 熔断器的结构

熔断器主要由熔体和安装熔体的熔管或熔座组成，其次还有密封衬垫、接线端、指示器、填料等附件。熔体材料有低熔点的铅、锌、锡等和高熔点的银或铜。熔管是熔体的保护外壳，是熔断器的“灭弧室”和基座，一般由高强度陶瓷或树脂玻璃纤维制成。填料一般用石英砂作为熔断器的灭弧介质。

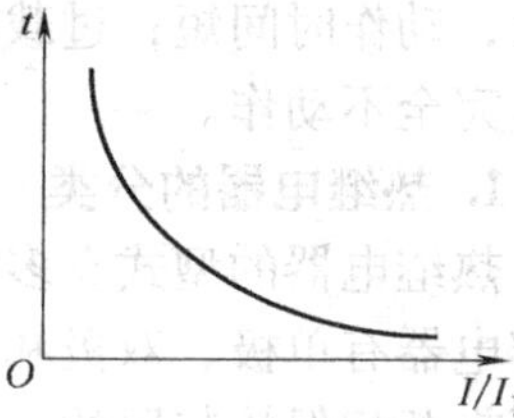

图 1-14　熔断器的安秒特性曲线

熔断器熔体中的电流为熔体的额定电流 I_N 时，熔体长期不会熔断。当串接的电路发生严重过载时，熔体会在较短时间内熔断，当电路发生短路时，熔体能在瞬间熔断。要求熔体中允许通过电动机正常起动时暂时性的尖峰电流。熔断器的保护特性是一个反时限保护，即短路电流或严重过载电流越大，熔断时间越快。这种电流与熔断时间的关系曲线称为安秒特性，如图 1-14 所示。从以上分析来看，熔断器对长期轻度过载没有保护作用，所以一般来讲，要想再实现过载保护，必须与热继电器配合使用。

2. 熔断器型号

熔断器型号说明如下。

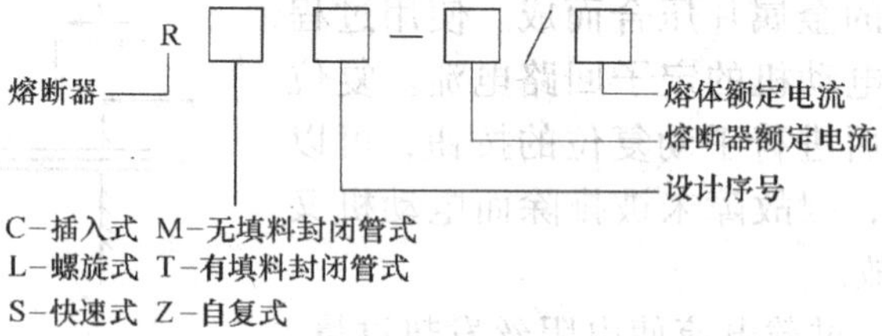

熔断器的图形符号和文字符号，如图 1-15 所示。

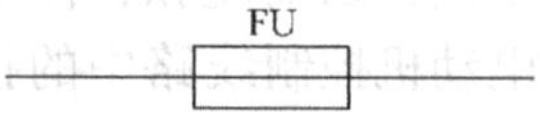

图 1-15　熔断器的图形符号和文字符号

3. 熔断器的选择

在选择熔断器时应符合下列条件。

（1）类型选择

需要确定熔断器类型时，要根据保护对象的电流大小、使用环境、线路及负载要求，合理选出熔断器类型。例如，对于容量较小的照明电路或电动机的保护的场合，宜采用 RCIA 系列插入式熔断器或 RM10 系列无填料密闭管式熔断器；对于短路电流较大的电路或有易燃气体的场合，宜采用具有高分断能力 RL 系列螺旋式熔断器或 RT 系列有填料封闭管式熔断器；对于保护硅整流器件及晶闸管的场合，应采用 RS 系列快速熔断器。

（2）额定值的选择

在熔断器类型明确选择以后，要确定具体型号，应正确选择额定电压和额定电流。要求额定电压大于或等于电路的工作电压，额定电流的选择应考虑负载的特性。

1）对于电炉、照明等电阻性负载的保护，应使熔体的额定电流 I_R 稍大于或等于电路的正常工作电流 I_0，即：

$$I_R = I_0 \tag{1-2}$$

2）保护单台电动机时，应考虑到起动电流因素，可按下式选择：

$$I_R = (1.5 \sim 2.5) I_{ed} \tag{1-3}$$

式中　I_{ed}——电动机额定电流。

3）保护多台电动机组时，应按下式选择：

$$I_R = (1.5 \sim 2.5) I_{emax} + \sum I_{ed} \tag{1-4}$$

式中　I_{emax}——容量最大一台电动机的额定电流；

$\sum I_{ed}$——其余电动机额定电流之和。

（3）要求熔断器的额定电流必须大于或等于内部熔体的额定电流，否则在正常工作下，熔断器自身结构会被烧毁、破坏，无法实现电路正常保护功能。

1.3　基本控制电路相关知识

无论是简单的，还是复杂的控制电路，都是按一定的控制原则和逻辑规律，由基本的控制环节组合成的。因此，只要掌握各种基本控制环节以及一些典型电路的工作原理、分析方法和设计方法，就很容易掌握复杂控制电路的分析和设计方法。结合具体的生产工艺要求，通过各种基本环节的组合，就可设计出复杂的控制电路。

1.3.1　电气控制系统图的基本知识

继电器-接触器控制电路主要由各种电器元件（如继电器、接触器、开关）和电气设备（如电动机）按一定的控制要求用电气连接线连接而成。为了清晰地表达生产机械电气控制系统的结构、原理等原始设计意图，便于电气控制系统的安装、调试、使用和维护，将电气控制系统中各电气元件及相互的连接用一定图形来表达出来，这种图称为电气控制系统图。为了正确合理地表达电气控制系统图，电气元件的图形符号和文字符号必须有统一的标准。要求符合国家标准的规定，不应采用旧符号和非标准符号。本书所用图形符号符合 GB/T 4728—2008《电气图用图形符号》的规定，文字符号符合国家标准 GB/T 7159—1987《电气技术中的文字：制定通则》中的规定。

一般按作用将电气控制系统图分为 3 大类：电气原理图、电气平面布置图、电气安装接线图。其中平面布置图和安装接线图也可以统称安装图。

1. 电气原理图

电气原理图是说明电气设备工作原理的电路图。在电气原理图中并不考虑电气元件的实际安装位置和实际连线情况，只是把各元件按接线顺序用符号展开在平面图上，用直线将各元件连接起来。电气原理图是分析、设计电气系统图中必不可少的图纸，在进行电气原理图的绘制、分析、设计时有许多规定和注意事项。下面以图 1-16 为例，说明如下。

（1）电气原理图的构图原则

电气原理图是采用图形符号详细表示电路组成和工作原理的电气图，它是系统框图的具体化，又是绘制安装接线图的主要依据。绘制电气原理图时，通常应遵循以下几方面原则。

1）功能优先的原则。各元件原则上应按工作顺序排列，以使连接线最短、程序清晰，为此元件在图上的分布往往不能按实际位置表现。从布局来看，可以水平布置，也可以垂直布置。

2）主辅分离的原则。电气原理图从整体上可分成主电路和辅助电路两部分绘制。主电路是电能流动的主干道，指电源到电动机绕组大电流通过的路径；辅助电路是为主电路服务的，包括控制电路、照明电路、信号电路及保护电路等。通常主电路画在左边，辅助电路画在右边。

3）电气原理图中所有电气元件均以未通电、未受外力的自然状态画出。

4）电气原理图绘制时，各电气元件不画其实际外形图，而是采用国标中统一规定的图形符号和文字符号。同一电器的所有元件必须用同一文字符号标注，并且同一电器的不同部件根据读图方便可以不画在同一处。

（2）电气原理图图面说明

1）区域的划分。为了方便阅读和检索电气线路，通常对电气原理图进行区域编号和功能说明，如图1-16所示。图纸下方的阿拉伯数字1、2、3等是图区编号，每一个区域表明电气图的一个电气元件或实现电气原理图的一个确定的功能。在图区对应的上方有表明图纸的电气元件或电路的功能说明。

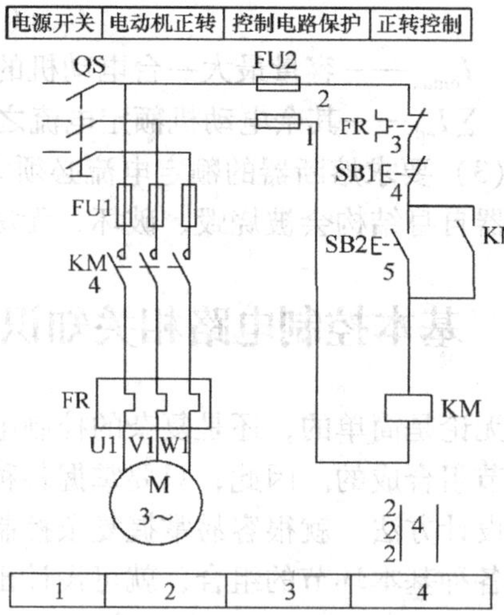

图1-16 电动机单向起动连续运转控制电路

2）符号位置索引。符号位置索引是便于方便快捷的读图、查找，对继电器和接触器等线圈和触头分开绘图的性质所规定的一些数字代号，可以在触头旁（或下方）设有线圈的符号位置索引，也可以在线圈旁（或下方）设有触头的符号位置索引。

符号位置的索引代号组成如下。

图号／页次 · 图区号

如果某种电气设备或生产机械的电气控制系统较复杂、图纸较多时，电气原理图可以按图号分类，且每个图号下有若干页次排列，每个页次上的电气元件分成相应的图区。当某一电气元件相关部件元素符号只出现在同一图号的图纸上，而该图号有若干页图纸时，可省略图号项；同样，当某一电气元件相关部件元素符号出现在不同图号的图纸，而每个图号仅有一页图纸时，可省略页次项；而当某一电气元件相关元件元素符号只出现在一张图纸的不同区域时，索引代号只用图区号就可以了。

对于已知接触器线圈位置查找触头位置的索引代号，可以在原理图中相应线圈的下方列出触头栏目，并在其下面注明相应触头的索引代号；对未使用的空触头用×表示或不进行任何表示。图1-16所示为电动机单向起动连续运转控制电路图，图中接触器线圈下方的触头栏目是用来说明线圈和触头的从属关系的，其含义如下。

KM		
2	4	
2		
2		

KM		
主触头所在图区	辅助常开触头所在图区	辅助常闭触头所在图区

对于继电器来说，上述表示法各栏的含义如下。

动合触头所在图区号	动断触头所在图区号

电气原理图中还有线路编号，如在图1-16中导线边有1、2、3等，这些编号要与电气安装接线图对应，便于电气安装、检修等。线路编号时应遵循每通过一个电气元件后重新编号，但熔断器除外。另外，一般情况下，电气原理图中也要注明电气元件的数据和型号及导

线的规格型号，但也可以在原理图的设备栏中集中说明，不在原理图内注明。

2. 电气安装接线图

电气安装接线图表示各种电气设备在机械设备和电气控制柜中的实际安装位置，它将提供电气设备各个单元的布局和安装工作所需数据的图样。

3. 电气平面布置图

电气平面布置图用来表明电气设备各单元之间的接线关系，一般不包括单元内部的连接，着重表明电气设备外部元件的相对位置及它们之间的电气连接。

1.3.2 电动机点动控制电路

点动控制是指按下按钮，电动机就得电运转；松开按钮，电动机就失电直至停转。电气设备工作时常常需要进行点动调整，如车刀与工件位置的调整，因此需要用点动控制电路来完成。

如图1-17所示为电动机的点动控制电路，组合开关QS作电源隔离开关；熔断器FU1、FU2分别作主电路、控制电路的短路保护；由于电动机只有点动控制，运行时间较短，主电路不需要热继电器，起动按钮SB1控制接触器KM线圈得电、失电；接触器KM的主触头控制电动机M的起动与停止。

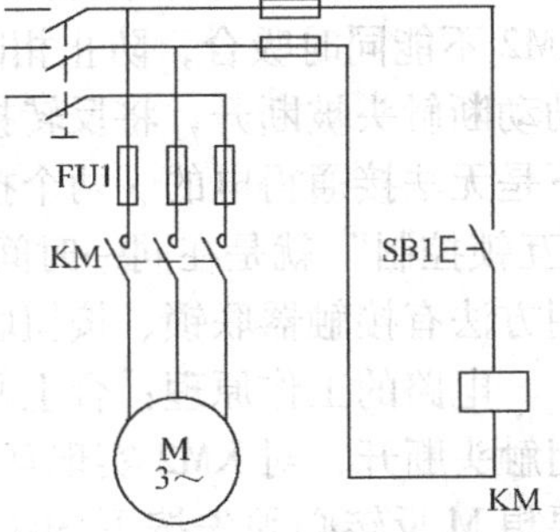

图1-17 电动机点动控制电路

工作原理：合上总电源开关QS后，按下按钮SB1，接触器KM线圈得电，KM常开主触头吸合，电动机M即转动；而松开SB1时，KM线圈失电，KM主触头释放，M失电直至停止。此电路能实现点一点，电动机就动一动，不点不动的点动动作（又称寸动）。值得注意的是，停止使用时，应断开电源开关QS。

1.3.3 电动机单向连续控制电路

单向连续控制电路是指按下起动按钮后，电动机通电起动运转；松开起动按钮后，电动机仍继续运行，只有按下停止按钮，电动机才失电直至停转。图1-16为三相笼型异步电动机的单向连续控制电路，也是控制电路中运用最多的环节。它与点动控制电路相比较，由于主电路电动机连续运行，因此要添加热继电器进行过载保护，而在控制电路中又多串接了一个停止按钮SB1，并在起动按钮SB2的两端并接了接触器KM的一对常开辅助触头。

电动机起动工作原理：合上总开关QS后，按下起动按钮SB2，接触器KM的线圈获电，接触器KM的主触头及辅助常开触头闭合，实现电动机的三相电源引入并自锁，电动机可以连续通电运行。当松开SB2时，由于KM的常开辅助触头闭合，控制电路仍然保持接通，所以KM线圈继续得电，电动机M实现连续运转。这种利用接触器自身辅助常开触头而使其线圈保持通电的控制方式叫做自锁。而起到自锁作用的辅助触头称其为自锁触头。由于起动按钮SB2在松开后，自动在复位弹簧的作用下复位断开，所以要保证电动机M的连续运行，必须有自锁触头KM。

电动机停止工作原理：当要使电动机M停止时，只要按下停止按钮SB1，接触器KM线圈断电，主触头将三相电源断开，电动机即停止运行。KM辅助触头已经断开，即使SB1恢复常闭状态，接触器也不会自锁通电从而再次使电动机运行起来了。

在图1-16所示电路中，电动机是以自然制动形式最终停止运转的。熔断器FU1起电动机主电路的短路保护作用；FU2 起控制回路的短路保护作用；热继电器 FR 起电动机的过载保护作用。此外接触器 KM 本身的电磁机构还可以起到失电压和欠电压保护作用，这种保护功能可以防止电动机的低压运行和电动机自起动现象，防止设备和人身事故发生。

1.3.4 电动机正反转控制电路

电动机的正反转控制电路如图 1-1 所示。接触器 KM1 和 KM2 可以将三相正弦交流电的线头对调，以使电动机的电源相序改变，从而改变电动机定子旋转磁场的方向，实现电动机 M 正反方向运转。显然 KM1 和 KM2 两组主触头不能同时闭合，即 KM1 和 KM2 两接触器线圈不能同时得电，否则会引起电源短路。

控制电路中，正、反转接触器 KM1 和 KM2 线圈支路都分别串联了对方的动断触头，任何一个接触器接通的条件是另一个接触器必须处于断电释放的状态，从而保证了 KM1 和 KM2 不能同时吸合，防止相间短路发生。例如，正转接触器 KM1 线圈被接通得电，它的辅助动断触头被断开，将反转接触器 KM2 线圈支路切断，KM2 线圈在 KM1 接触器得电的情况下是无法接通得电的。两个接触器之间的这种相互关系称为“互锁”（也称联锁）。所谓“互锁控制”就是在同一时间里两个接触器只允许一个工作的控制方式。实现联锁控制的常用方法有接触器联锁、按钮联锁和复合联锁控制等。

电路的工作原理：合上总电源开关 QS 后，按下按钮 SB2 时，KM1 线圈得电，KM1 常闭触头断开，对 KM2 实现互锁，接着 KM1 的主触头和常开触头闭合，M 正方向连续运转；要想 M 反转必须先按下 SB1，接触器 KM1 线圈失电，KM1 常开触头断开解除自锁，同时 KM1 主触头断开使电动机失电，接着 KM1 常闭触头恢复闭合，解除对 KM2 的互锁，然后按下 SB3，KM2 线圈得电，KM2 常闭触头断开，对 KM1 实现互锁，接着 KM2 主触头闭合，M 反方向运转，同时 KM2 常开触头闭合实现自锁。

由此可见，通过 SB1、SB2 控制 KM1、KM2 动作，改变接入电动机的交流电的三相顺序，就改变了电动机的旋转方向。

1.4 应用举例

1.4.1 三相异步电动机点动、连续运转控制电路

要求电动机既能连续运转又能点动控制时，需要两个控制按钮，如图 1-18 所示。当连续运转时，要采用接触器自锁控制电路；实现点动控制时，又需要把自锁电路解除。因此要采用复合按钮，当它工作时，常开和常闭触头是联动的，当按钮被按下时，常闭触头先动作，常开触头随后动作；而松开按钮时，常开触头先动作，常闭触头再动作。

电路的工作原理：先合上电源开关 QS，再按下面的提示完成。

连续控制：按下 SB3，KM 线圈得电，KM 主触头闭合，辅助常开触头闭合，电动机通电工作；停止时按下 SB1，KM 线圈断电，KM 主触头断开，辅助常开触头 KM 断开，电动机停止。

点动控制：按下 SB2，KM 常闭触头先断开，虽然常开辅助触头 KM 闭合但不能形成自锁；接着 SB2 常开触头闭合，KM 线圈得电，KM 主触头闭合，电动机起动运行。松开 SB2 时，KM 线圈失电，KM 主触头断开，电动机停止运行。

1.4.2 三相异步电动机带按钮互锁的正反转控制电路

接触器互锁的控制电路存在一个缺点，就是在正转过程中要求反转，必须先按停止按钮解除互锁，才能按反转起动按钮使电动机反转；同理，在反转过程中要求正转，也必须先按停止按钮，然后才能按正转起动按钮使电动机正转，通常称这样的控制电路为“正-停-反”控制电路。这就带来了操作上的不方便。为了解决这个问题，可以采用带按钮互锁的正反转控制电路，如图 1-19 所示。复合按钮具有“先断后合”的特点，可用来实现机械联锁。

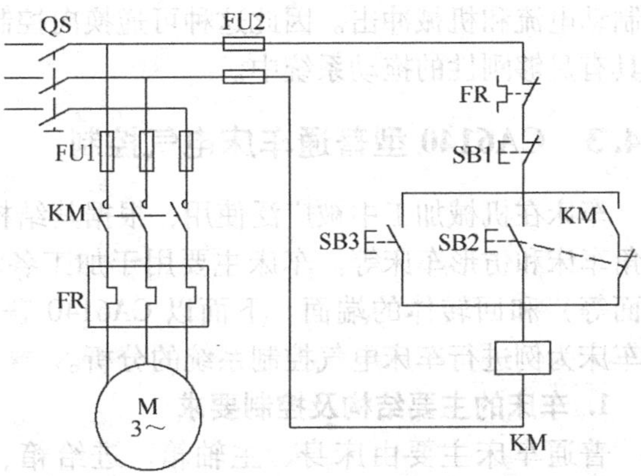

图 1-18　电动机点动、连续运转控制电路

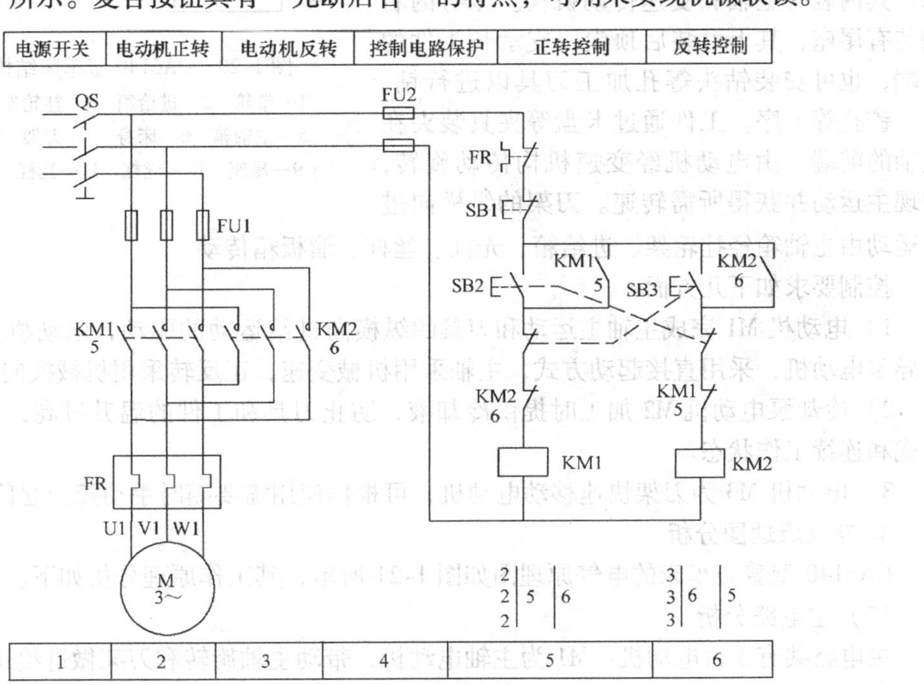

图 1-19　电动机带按钮互锁的正反转控制电路

电路的工作原理：正转起动按钮 SB2 是复合按钮，它的常闭触头串在反转接触器 KM2 的线圈回路中；反转起动按钮 SB3 也是复合按钮，它的常闭触头串在正转接触器 KM1 的线圈回路中。当电动机正转时，按下反转起动按钮 SB3，它的常闭触头先断开，使正转接触器的线圈 KM1 断电，主触头 KM1 断开，串接在反转控制电路中常闭触头 KM1 恢复闭合；之后 SB3 的常开触头闭合，使反转接触器的线圈通电，电动机反转。同时，串接在正转控制电路中的常闭触头 KM2 断开，起到联锁保护作用。这样，不仅是电气联锁和机械联锁双重保护，增加了安全性，而且简化了操作。同理，可分析由反转切换到正转的过程。该电路能直接由正转到反转或从反转到正转，不需要先按停止按钮，称为“正-反-停”控制电路。

“正-反-停”的控制电路在电动机换向过程中，是一种反接制动状态，会出现较大的反接制动电流和机械冲击。因此这种可逆换向控制电路一般适用于电动机容量较小，电动机转轴具有足够刚性的拖动系统中。

1.4.3 CA6140 型普通车床电气控制

车床在机械加工中被广泛使用，根据其结构和用途不同，可分成普通车床、立式车床、六角车床和仿形车床等。车床主要用于加工各种回转表面（内外圆柱面、圆锥面、成型回转面等）和回转体的端面。下面以 CA6140 普通车床为例进行车床电气控制系统的分析。

1. 车床的主要结构及控制要求

普通车床主要由床身、主轴箱、进给箱、溜板箱、刀架、光杠、丝杠和尾座等部件组成，如图 1-20 所示。主轴箱安装在床身的左端，其内装有主轴和变速传动机构。床身的右侧装有尾座，其上可装后顶尖以支承长工件的一端，也可安装钻头等孔加工刀具以进行钻、扩、铰孔等工序。工件通过卡盘等夹具装夹在主轴的前端，由电动机经变速机构传动旋转，实现主运动并获得所需转速。刀架的纵横向进给运动由主轴箱经挂轮架、进给箱、光杠、丝杠、溜板箱传动。

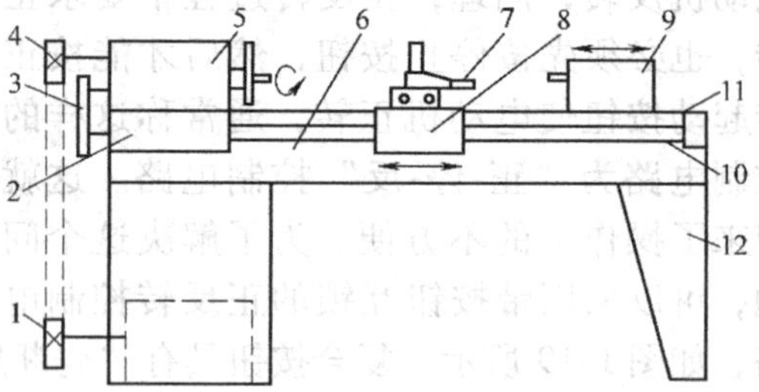

图 1-20　CA6140 型车床结构示意图

1—带轮　2—进给箱　3—挂轮架　4—带轮　5—主轴箱　6—床身　7—刀架　8—溜板箱　9—尾座　10—丝杠　11—光杠　12—床腿

控制要求如下几方面。

1）电动机 M1 完成主轴主运动和刀具的纵横向进给运动的驱动，电动机为不调速的笼型异步电动机，采用直接起动方式，主轴采用机械变速，正反转采用机械换向机构。

2）冷却泵电动机 M2 加工时提供冷却液，防止刀具和工件的温升过高，采用直接起动方式和连续工作状态。

3）电动机 M3 为刀架快速移动电动机，可根据使用需要随时手动控制起停。

2. 电气原理图分析

CA6140 型普通车床的电气原理图如图 1-21 所示，其工作原理分析如下。

（1）主电路分析

主电路共有 3 台电动机：M1 为主轴电动机，带动主轴旋转和刀架做进给运动；M2 为冷却泵电动机；M3 为刀架快速移动电动机。三相交流电源通过隔离开关 QS 引入，接触器 KM1 的主触头控制 M1 起动和停止；接触器 KM2 的主触头控制 M2 起动和停止；接触器 KM3 的主触头控制 M3 起动和停止。

（2）控制电路分析

控制电路的电源由控制变压器 TC 二次侧输出 110V 电压。

1）主轴电动机 M1 的控制。按下起动按钮 SB2，接触器 KM1 的线圈得电，位于 7 区的 KM1 自锁触头闭合，位于 2 区的 KM1 主触头闭合，主轴电动机 M1 起动；按下停止按钮 SB1，接触器 KM1 失电，电动机 M1 停转。

2）冷却泵电动机 M2 的控制。主轴电动机 M1 起动后，即在接触器 KM1 得电吸合的情况下，合上开关 SA1，使接触器 KM2 线圈得电，冷却泵电动机 M2 才能起动。

3）刀架快速移动电动机 M3 的控制。按下按钮 SB3，KM3 通电，位于 4 区的 KM3 主触

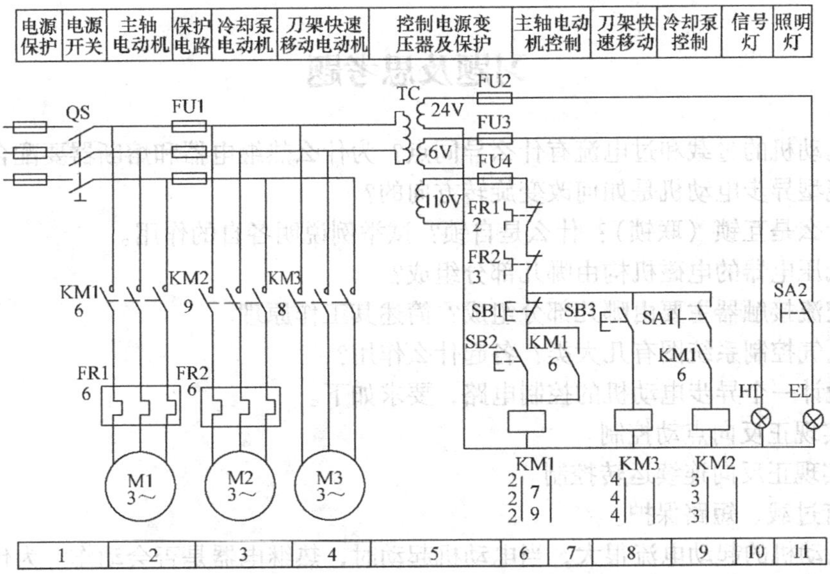

图 1-21　CA6140 型普通车床电气原理图

头闭合，对电动机 M3 实现点动控制。电动机 M3 经传动系统，驱动溜板箱带动刀架快速移动。

3. 保护环节分析

热继电器 FRl 和 FR2 分别对电动机 M1、M2 进行过载保护，由于 M3 为短时工作，故未设过载保护；熔断器 FU1 ~ FU4 分别对主电路、控制电路和辅助电路进行短路保护。

4. 辅助电路分析

控制变压器 TC 的二次侧分别输出 24V 和 6V 电压，作为机床照明灯和信号灯的电源；EL 为机床的低压照明灯，由开关 SA2 控制；HL 为电源的信号灯。

项 目 小 结

本项目以电动机正反转控制电路为背景，引出常用电气控制器件，讲述了项目中用到的按钮、刀开关、自动开关、接触器、热继电器和熔断器，介绍了这些低压电器的结构、动作原理、常用型号、符号及选择方法。接着讲述了电气系统图的基本知识、三相异步电动机的点动、长动及正反转等基本控制环节，这些电路都是在实际当中经过验证的。熟练掌握这些电路是阅读、分析、设计较复杂生产机械控制电路的基础。同时，在绘制电路图时，必须严格按照国家标准规定使用各种符号、名词术语和绘制原则。

每种低压电器都有其具体的使用条件和使用范围。应根据它们的主要技术数据，结合具体使用电路，对照着来选择合适的低压电器。低压电器的技术参数可以从设备手册中查得。

电气控制系统图主要有电气原理图、平面布置图和安装接线图。重点应掌握电气原理图的规定画法及国家标准。

生产机械要正常、安全、可靠地工作，必须有必要的保护环节。控制电路的常用保护有短路保护、过载保护、失电压保护、欠电压保护，这些保护用不同的电器来实现。

本项目中，还通过应用举例学习了三相异步电动机点动加单向连续运转控制电路、双重联锁的正反转控制电路以及 CA6140 型普通车床的电气控制，讲述了电路的组成以及工作原理。

习题及思考题

1-1　电动机的过载和过电流有什么异同点？为什么热继电器和熔断器要配合使用？

1-2　笼型异步电动机是如何改变旋转方向的？

1-3　什么是互锁（联锁）？什么是自锁？试举例说明各自的作用。

1-4　低压电器的电磁机构由哪几部分组成？

1-5　交流接触器主要由哪几部分组成？简述其工作原理。

1-6　电气控制系统图有几大类？各起什么作用？

1-7　设计一个异步电动机的控制电路，要求如下。

1）可实现正反向点动控制。

2）可实现正反向连续运转控制。

3）具有过载、短路保护。

1-8　电动机的起动电流很大，当电动机起动时，热继电器是否会动作？为什么？

1-9　某机床主轴和润滑油泵各由一台电动机带动，试设计其控制电路，要求主轴必须在油泵开动后才能开动，主轴能正、反转并可单独停车，有短路、失电压及过载保护等。

1-10　画出能在两处用按钮起动和停止电动机的控制电路。

1-11　电动机常用的保护环节有哪些？

项目2　C650卧式车床电气控制

【学习目标】

1. 了解C650卧式车床的主要结构与运动形式。
2. 了解C650卧式车床的电力拖动及控制要求。
3. 掌握行程开关、时间继电器、中间继电器、信号灯及速度继电器的结构特点、符号、型号。
4. 掌握接近开关、固态继电器和晶闸管自动开关的原理和使用。
5. 掌握分析电气控制原理图的方法和步骤。
6. 熟悉在机床控制系统中三相笼型异步电动机制动控制电路的设计方法。
7. 掌握C650卧式车床的电气控制原理图的分析方法。

2.1　项目简述

C650型卧式车床结构如图2-1所示。它是机床中应用最为广泛的一种，可以用于切削各种工件的外圆、内孔、端面及螺纹。车床在加工工件时，随着工件材料和材质的不同，应选择合适的主轴转速及进给速度。目前中小型的车床多采用不变速的异步电动机拖动，而靠齿轮箱来进行有级变速。为满足生产加工需要，主轴的旋转运动可正转，也可以反转，这就要求可以改变主轴电动机的转向或采用离合器来实现。进给运动大多是通过主轴运动分出一部分动力，通过挂轮箱传给进给箱配合来实现刀具的进给。有的车床为了提高效率，刀架的快速运动由单独一台进给电动机来拖动。车床一般都设有交流电动机拖动的冷却泵，实现刀具切削时的冷却。

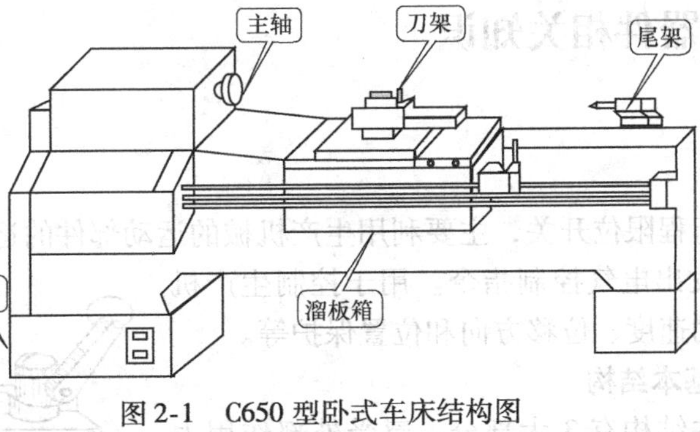

图2-1　C650型卧式车床结构图

2.1.1　C650卧式车床结构及工作要求

C650卧式车床主要由床身、主轴变速箱、尾座、进给箱、丝杠、光杠、刀架和溜板箱等组成。

C650车床进行车削加工的主运动是主轴通过卡盘或夹头，带动工件的旋转运动，它承受车削加工时的主要切削功率。进给运动是溜板带动刀架的纵向或横向运动。

为保证螺纹加工的质量，要求工件的旋转速度与刀具的移动速度具有严格的比例关系。因此，C650 卧式车床溜板箱与主轴变速箱之间通过齿轮转动来连接，用同一台电动机来拖动。车削加工时一般不要求反转，但在加工螺纹时，为避免乱扣，加工完毕后，要求反转退刀，所以 C650 车床可以通过主电动机的正反转来实现主轴的正反转，当主轴反转时，刀架也跟着后退。

C650 卧式车床在车削加工时，刀具的温度往往很高，因此要配备一台冷却泵及电动机。由于 C650 车床的床身较长，为减少辅助工时，提高加工效率，专门设置了一台 2.2kW 的电动机来拖动溜板箱快速移动，并采用点动控制。

一般车床的调速范围大，常用齿轮变速机构来调速，调速范围可达 40 倍以上。C650 车床的主电动机采用普通笼型异步电动机，功率为 30kW。

由于加工的工件比较大，加工时其转动惯量也比较大，需停车时不易立即停止转动，为提高工作效率，该机床采用了反接制动方法。

2.1.2 C650 卧式车床电力拖动特点及控制要求

1）主电动机 M1（功率为 30kW）完成主轴主运动和刀具进给运动的驱动，电动机采用直接起动的方式起动，可正反两个方向旋转，并可进行正反两个旋转方向的电气停车制动。为了加工调整方便，还具有点动功能。

2）电动机 M2 拖动冷却泵，在加工时提供切削液，采用直接起动、停止方式，并且为连续工作状态。

3）快速移动电动机 M3 可根据使用需要，随时手动控制起停。

完成对 C650 卧式车床电力拖动特点及控制要求介绍以后，接下来分析其电气原理图。为此，首先需要学习行程开关、时间继电器、速度继电器、中间继电器、信号灯以及卧式车床电气控制相关知识。

2.2 电气控制器件相关知识

2.2.1 行程开关

行程开关又称行程限位开关，主要利用生产机械的运动部件的运动、碰撞改变行程开关内部触头的状态，发出电气控制指令。用于控制生产机械的运动方向、运动速度、位移方向和位置保护等。

1. 行程开关的基本结构

行程开关的基本结构有 3 大部分：感受外部作用力的操作机构、内部执行部分的触头系统和外壳。图 2-2 给出 LX19 系列行程开关的外形示意图。当运动部件的挡铁碰压行程开关的滚轮时，推动微动开关动作，使其动断触头断开，动合触头闭合。

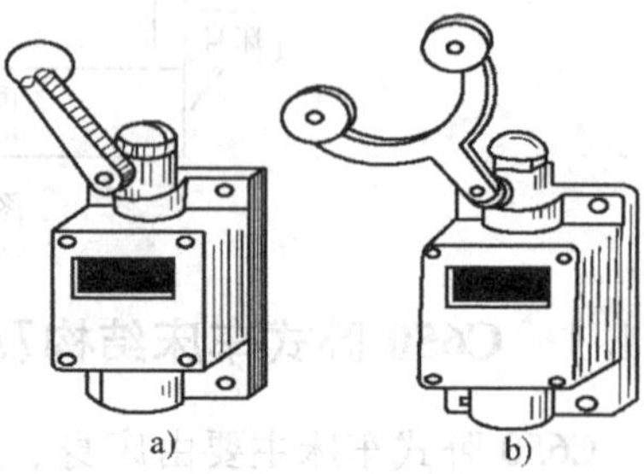

图 2-2 LX19 系列行程开关
a）单轨旋转式 b）双轨旋转式

常用的行程开关有 LX29 系列、JW 系列、LXW9

（831060）系列。其中JW系列及831060系列为微动开关系列，具有微量动作行程、瞬时动作特点。LX29系列是取代LX19系列的理想产品，它具有单轮、双轮、径向传动等多种形式。其中单轮式、径向式行程开关可自动复位，而双轮行程开关要靠外力来复位。

2. 行程开关的型号

行程开关LX19的型号及含义如下。

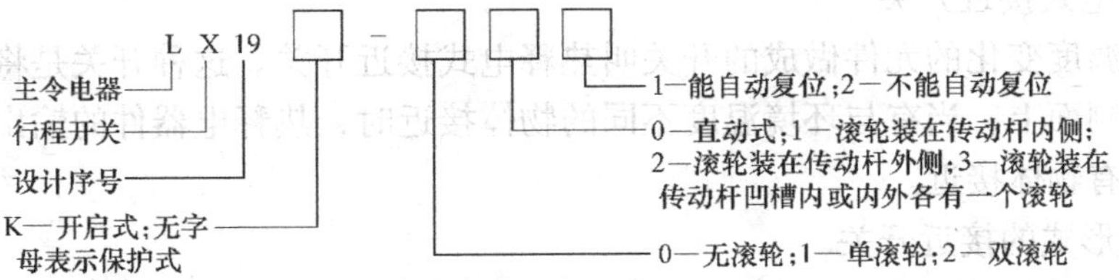

3. 行程开关的符号

行程开关的图形符号和文字符号如图2-3所示。

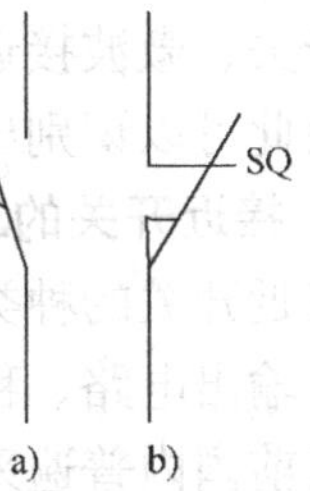

图2-3　行程开关的图形符号和文字符号

a）常开触头　b）常闭触头

2.2.2　接近开关

接近开关又称无触头行程开关，它除了可以完成行程控制和限位保护外，还是一种非接触式检测控制装置，用作检测零件尺寸和测速等，也可用于变频计数器、变频脉冲发生器、液面控制和加工程序的自动衔接等。当运动着的物体接近它到一定距离之内，它就能发出控制信号。其特点有工作可靠、寿命长、功耗低、复定位精度高、操作频率高以及适应恶劣的工作环境等。

1. 接近开关的分类

接近开关按工作原理可分为以下几种类型。

（1）涡流式接近开关

这种开关有时也叫电感式接近开关。它是利用导电物体在接近这个能产生电磁场接近开关时，使物体内部产生涡流。这个涡流反作用到接近开关，使开关内部电路参数发生变化，由此识别出有无导电物体移近，进而控制开关的通或断。这种接近开关所能检测的物体必须是导电体。

（2）电容式接近开关

这种开关的测量通常是构成电容器的一个极板，而另一个极板是开关的外壳。这个外壳在测量过程中通常是接地或与设备的机壳相连接。当有物体移向接近开关时，不论它是否为导体，由于它的接近，总要使电容的介电常数发生变化，从而使电容量发生变化，使得和测量头相连的电路状态也随之发生变化，由此便可控制开关的接通或断开。这种接近开关检测的对象，不限于导体，可以是绝缘的液体或粉状物等。

（3）霍尔接近开关

霍尔元件是一种磁敏元件。利用霍尔元件做成的开关，叫做霍尔开关。当磁性物件移近霍尔开关时，开关检测面上的霍尔元件因产生霍尔效应而使开关内部电路状态发生变化，由此识别附近有磁性物体存在，进而控制开关的通或断。这种接近开关的检测对象必须是磁性物体。

(4) 光电式接近开关

利用光电效应做成的开关叫光电开关。将发光器件与光电器件按一定方向装在同一个检测头内。当有反光面（被检测物体）接近时，光电器件接收到反射光后便有信号输出，由此便可“感知”有物体接近。

(5) 热释电式接近开关

用能感知温度变化的元件做成的开关叫热释电式接近开关。这种开关是将热释电器件安装在开关的检测面上，当有与环境温度不同的物体接近时，热释电器件的输出发生变化，由此便可检测出有物体接近。

(6) 其他形式的接近开关

当观察者或系统对波源的距离发生改变时，接近到的波的频率会发生偏移，这种现象称为多普勒效应。声呐和雷达就是利用这个效应的原理制成的。利用多普勒效应可制成超声波接近开关、微波接近开关等。当有物体移近时，接近开关接收到的反射信号会产生多普勒频移，由此可以识别出有无物体接近。

2. 接近开关的工作原理

接近开关的种类很多，但不论何种接近开关，基本都是由感应头、振荡器、检波器、鉴幅器、输出电路、稳压电源等组成。

目前国内普遍采用高频振荡电感式接近开关，其精度较高、控制距离较远。高频振荡电感式 LJ2 型系列接近开关原理如图 2-4 所示。

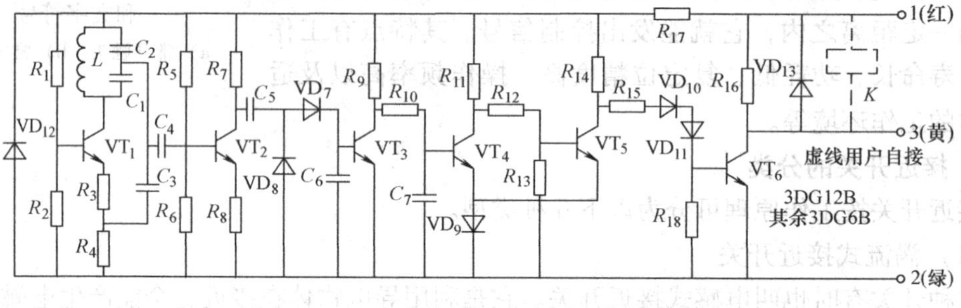

图 2-4　LJ2 型系列接近开关原理图

当无金属物体接近时，由 VT_1、L、C_1、C_2 等元件组成的耦合振荡器输出信号加至 VT_2 基极，放大后的高频波经 VD_7、VD_8 整流后的直流信号加至 VT_3 基极，使 VT_3 导通，由 VT_4、VT_5 组成的斯密特电路中 VT_4 截止，VT_5 导通，使 VT_6 截止，则开关负载中无电流流过及信号输出。当有金属体接近线圈 L 时，由于金属中产生涡流而吸取了振荡能量，使振荡减弱至停止，VD_7、VD_8 整流电路无输出电压，则 VT_3 截止，斯密特电路翻转，则 VT_6 饱和导通，负载中有电流流过，开关输出有信号。目前很多接近开关都采用集成块结构取代放大电路和斯密特电路。

接近开关图形符号和文字符号如图 2-5 所示。

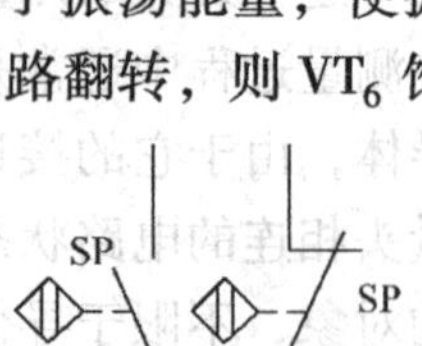

图 2-5　接近开关符号

3. 接近开关的选型

对于不同材质的检测体和不同的检测距离，应选用不同类型的接近开关，以使其在系统中具有高的性能价格比，为此在选型中应遵循以下原则。

1）当检测体为金属材料时，应选用高频振荡型接近开关，该类型接近开关对铁镍、A3钢类检测体检测最灵敏。对铝、黄铜和不锈钢类检测体，其检测灵敏度就低。

2）当检测体为非金属材料时，如木材、纸张、塑料、玻璃和水等，应选用电容型接近开关。

3）金属体和非金属要进行远距离检测和控制时，应选用光电型接近开关或超声波型接近开关。

4）对于检测体为金属时，若检测灵敏度要求不高时，可选用价格低廉的磁性接近开关或霍尔式接近开关。

4. 接近开关技术指标检测

1）动作距离测定。当动作片由正面靠近接近开关的感应面时，使接近开关动作的距离为接近开关的最大动作距离，测得的数据应在产品的参数范围内。

2）释放距离的测定。当动作片由正面离开接近开关的感应面，开关由动作转为释放时，测定动作片离开感应面的最大距离。

3）回差H的测定。最大动作距离和释放距离之差的绝对值。

4）动作频率测定。用调速电动机带动胶木圆盘，在圆盘上固定若干钢片，调整开关感应面和动作片间的距离，约为开关动作距离的80%左右，转动圆盘，依次使动作片靠近接近开关，在圆盘主轴上装有测速装置，开关输出信号经整形，接至数字频率计。此时起动电动机，逐步提高转速，在转速与动作片的乘积与频率计数相等的条件下，可由频率计直接读出开关的动作频率。

5）重复精度测定。将动作片固定在量具上，在开关动作距离的120%以外，从开关感应面正面靠近开关的动作区，运动速度控制在0.1mm/s以上。当开关动作时，读出量具上的读数，然后退出动作区，使开关断开。如此重复10次，最后计算10次测量值的最大值和最小值与10次平均值之差，差值大者为重复精度误差。

2.2.3 时间继电器

时间继电器是一种利用电磁原理、机械动作及电子线路实现触头延时接通或断开的自动控制电器。当其感测部分接收输入信号以后，需要经过一定的时间来延时，其执行部分才会动作，并输出信号来操纵控制回路。从动作原理来看，时间继电器可以分为：直流电磁式、空气阻尼式（又称气囊式）、电动式、电子式等；按延时方式可分为：通电延时型和断电延时型两种。

通电延时型时间继电器在其感测部分接收信号后，立即开始延时，一旦延时完毕，立即通过执行部分输出信号来操纵控制回路。当输入信号消失时，继电器就立即恢复到动作前的状态。动作情况可用图2-6来说明，图中T为延时时间。

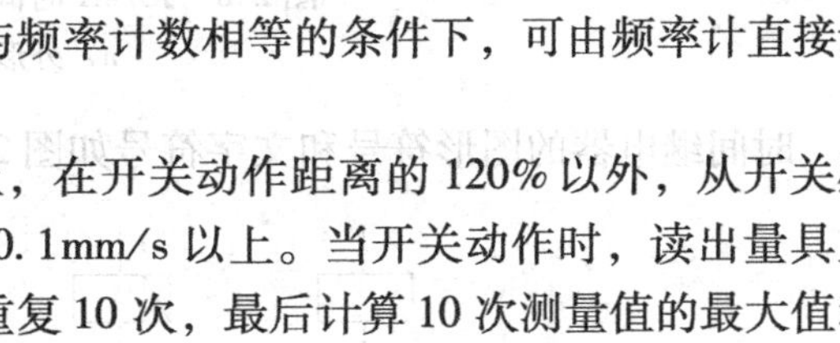

图2-6 通电延时型时间继电器工作方式

断电延时型时间继电器在其感测部分接收到输入信号以后，执行部分立即动作，但输入信号消失后，继电器必须经过一定的延时，才能恢复到原来的状态，并有信号输出。动作情况可用图 2-7 来说明，图中 T 为延时时间。

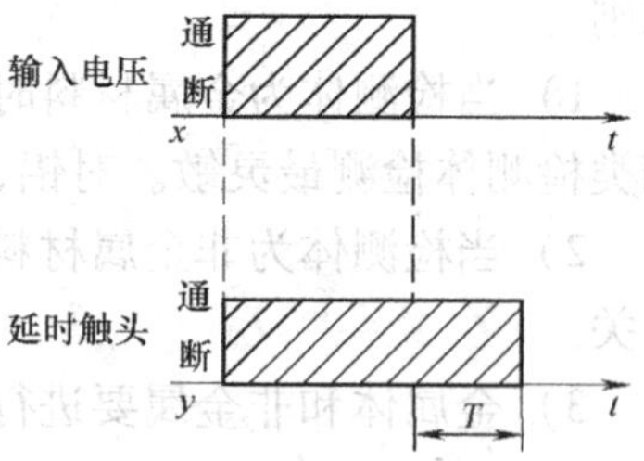

图 2-7 断电延时型时间继电器工作方式

目前在电气控制系统的时序控制中，大部分采用空气阻尼式时间继电器及电子式时间继电器。现以 JS7-A 型 KT 为例来介绍空气阻尼式时间继电器的结构、工作原理及符号。

1. 空气阻尼式时间继电器

（1）空气阻尼式时间继电器的外形结构及符号

JS7-A 结构与外形图如图 2-8 所示。

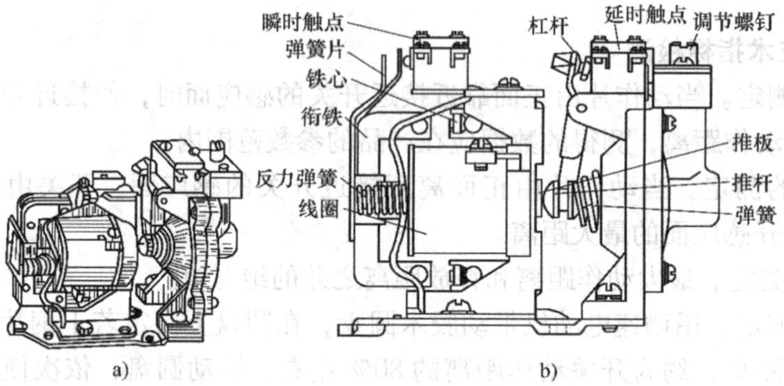

图 2-8 JS7-A 时间继电器结构与外形图

a）外形 b）结构

时间继电器的图形符号和文字符号如图 2-9 所示。

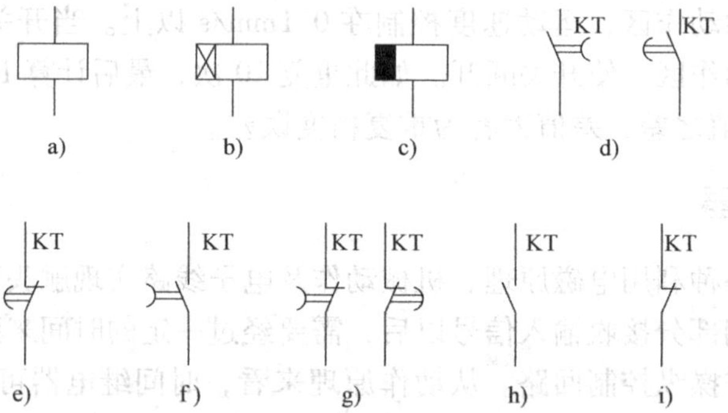

图 2-9 时间继电器的图形符号和文字符号

a）重复延时型线圈 b）通电延时型线圈 c）断电延时型线圈 d）通电延时闭合的常开触点 e）通电延时断开的常闭触点 f）断电延时断开的常开触点 g）断电延时闭合的常闭触点 h）通电瞬时闭合、断电瞬时断开触点 i）通电瞬时断开、断电瞬时闭合触点

（2）空气阻尼式时间继电器的动作原理

图 2-10 为 JS7-A 系列时间继电器动作原理示意图。空气阻尼式时间继电器，既可以是通电延时型，也可以是断电延时型。图 2-10a 为通电延时型，将其电磁机构翻转 180°安装时，即为断电延时型，如图 2-10b 所示。

图 2-10a 中，当线圈通电后，衔铁 3 被铁心 2 吸合，活塞杆 6 在弹簧 8 的作用下，带动

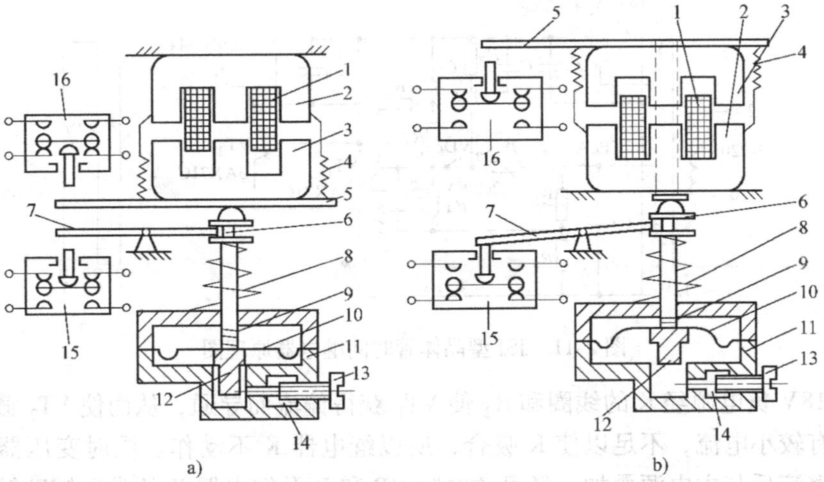

图 2-10　JS7-A 系列时间继电器动作原理图

a）通电延时型　b）断电延时型

1—线圈　2—铁心　3—衔铁　4—反力弹簧　5—推动板　6—活塞杆　7—杠杆　8—弹簧　9—弱弹簧　10—橡皮膜　11—空气室壁　12—活塞　13—调节螺钉　14—进气孔　15、16—微动开关

活塞 12 及橡皮膜 10 向上移动。但由于橡皮膜下方气室的空气稀薄，形成负压，因此活塞杆 6 只能缓慢向上移动，其移动的速度视进气孔的大小而定，可通过调节螺钉 13 进行调整。经过一定的延迟时间后，活塞杆才能移动到最上端，这时通过杠杆 7 将微动开关 15 压动，使其常闭触点断开，常开触点闭合，起到通电延时的作用。当线圈 1 断电时，电磁吸力消失，衔铁 3 在反力弹簧 4 的作用下释放，并通过活塞杆 6 将活塞 12 推向下端，这时橡皮膜 10 下方气室内的空气通过橡皮膜 10、弱弹簧 9 和活塞 12 的肩部所形成的单向阀，迅速地从橡皮膜上方气室缝隙中排掉。因此，杠杆 7 和微动开关 15 能迅速复位。在线圈 1 通电和断电时，微动开关 16 在推动板 5 的作用下，都能瞬时动作，即为时间继电器的瞬动触点。

断电延时型时间继电器工作原理同通电延时型时间继电器类似，读者可自行分析。

JS7-A 系列产品触点的额定电压为 500V，额定电流为 5A。

2. 电子式时间继电器

电子式时间继电器也称为半导体式时间继电器，它具有延时范围广、精度高、体积小、耐冲击、调节方便等优点，在电气控制系统中得到广泛的应用。

电子式时间继电器是利用 RC 电路电容器充电时，电容器的电压逐渐上升的原理作为延时的基础。因此，改变充电电路的时间常数，即可整定延时时间。电子式继电器的输出形式有两种：有触点式和无触点式。前者是用晶体管驱动小型电磁式继电器，后者是采用晶体管或晶闸管控制的继电器。

常用的电子式继电器产品有 JSJ、JSB、JS14、JS15、JS20 等型号。

如图 2-11 所示为 JSJ 型晶体管时间继电器的原理图。整个电路可分为主电源、辅助电源、双稳态触发器及其附属电路。

主电源是电容滤波的桥式整流电路，它是触发器和输出继电器的工作电源。辅助电源是电容滤波的半波整流电路，它与主电源叠加起来作为 RC 环节的充电电源。接通电源后，变

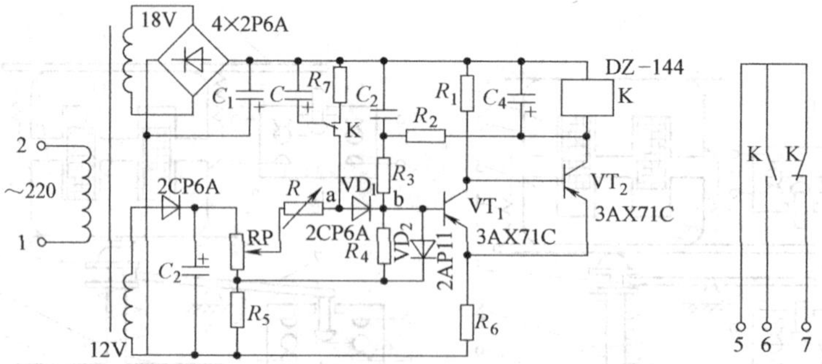

图 2-11　JSJ 型晶体管时间继电器原理图

压器二次侧 18V 负电源经 K 的线圈和 R_2 使 VT_1 获得偏流而导通，从而使 VT_2 截止。此时 K 的线圈中只有较小电流，不足以使 K 吸合，所以继电器 K 不动作。同时变压器二次侧 12V 的正电源经整流后与主电源叠加，经可调电阻 RP 和 R 及继电器 K 的常闭辅助触点对电容器 C 充电。在充电过程中，a 点的电位逐渐升高，a 点的电位高于 b 点的电位时，二极管 VD_1 导通，使辅助电源的正电源加到晶体管 VT_1 的基极上，从而使 VT_1 由导通状态变为截止状态，VT_2 则由截止状态变为导通状态，即触发器进行了翻转。此时继电器 K 动作，通过触点发出相应的控制信号。与此同时，电容器 C 经由继电器的常开触点对电阻 R_7 放电，为下一次工作做准备。若要改变延时时间的长短，通过调节 RP 和 R 的阻值大小或改变电容 C 的充电时间就可以了。

JSJ 型晶体管时间继电器的电源电压为直流 24V、48V、110V，交流 36V、110V、127V、220V、380V；触点数为一对常开、一对常闭，触点交流容量为 380V/0.5A、直流 110V/1A（无感负载），延时范围 0.1 ~60s（延时误差 < ±3%）、120 ~300s（延时误差 < ±6%）。

3. 时间继电器的选择

1）正确选择延时方式，时间继电器有通电延时型和断电延时型两种，因此选用时应确定采用哪种延时方式更能方便有效地组成控制电路。

2）时间继电器延时动作后均需一段复位时间，它应比固有时间长一些，否则会使延时误差增大甚至不能产生延时。尤其在重复延时电路中，应考虑延时复位时间裕量问题。

3）延时要求较低的场合，一般宜采用价格较低的电磁阻尼式或气囊式时间继电器。若对延时要求很高，则宜采用电动式或电子式时间继电器。

4）应注意电源参数和环境温度变化的影响，例如在电源电压波动大的场合，采用气囊式或电动式就比采用电子式好。

2.2.4　速度继电器

速度继电器是当转速达到规定值时动作的继电器。它常用于电动机的控制电路中，当反接制动的转速下降到接近零时，它能自动的切断电源，也称反接制动继电器。

1. 速度继电器外形结构及符号

速度继电器的外形结构如图 2-12 所示，图 2-13 为其电气图形符号和文字符号。

速度继电器由转子、定子和触点 3 部分组成。转子是一个圆柱形永久磁铁。定子是一个笼型空心圆环，由硅钢片组成，并装有笼型绕组。

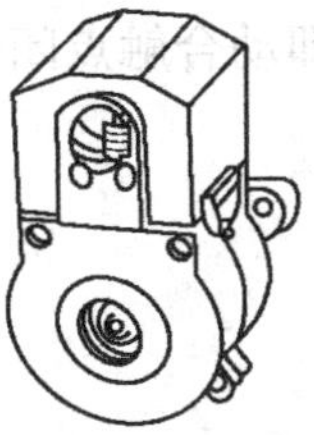

图 2-12　速度继电器外形结构

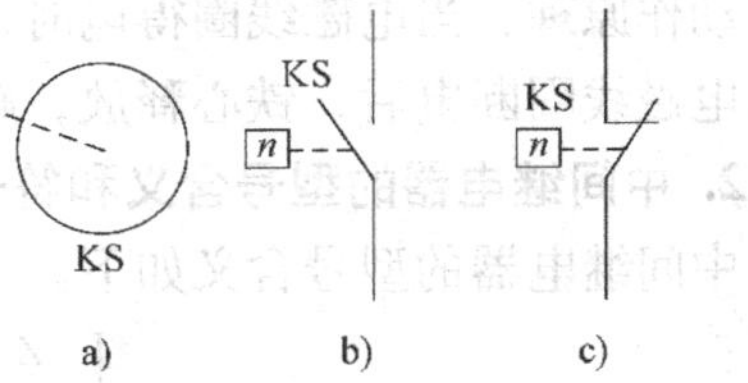

图 2-13　速度继电器电气图形符号和文字符号

a）转子　b）常开触点　c）常闭触点

2. 速度继电器的工作原理

速度继电器的动作原理如图 2-14 所示。其转轴与电动机的轴相连接，而定子套在转子上。当电动机转动时，速度继电器的转子（永久磁铁）随之转动，在空间产生旋转磁场，切割定子绕组，从而在其中感应电流。此电流又在旋转的转子磁场作用下产生转矩，使定子随转子转动方向而旋转，和定子装在一起的摆锤推动动触头动作，使动断触点断开，动合触点闭合。当电动机转速低于某一值时，定子产生的转矩减小，动触头复位。

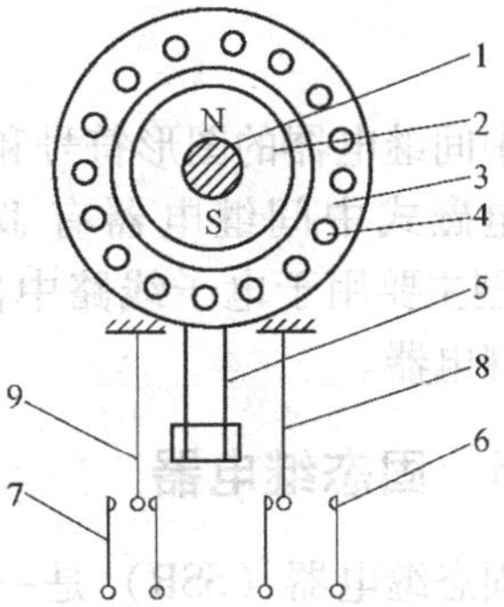

图 2-14　速度继电器的工作原理图

1—转轴　2—转子　3—定子　4—绕组

5—摆锤　6、7—静触点　8、9—动触点

速度继电器常用在铣床和镗床的控制电路中，转速一般达到 130r/min 时，速度继电器就能动作并完成其控制功能。一般降到 100r/min 左右时触点恢复原状。

3. 速度继电器的型号含义

常用速度继电器有 JY1 型和 JFZ0 型，其型号含义如下。

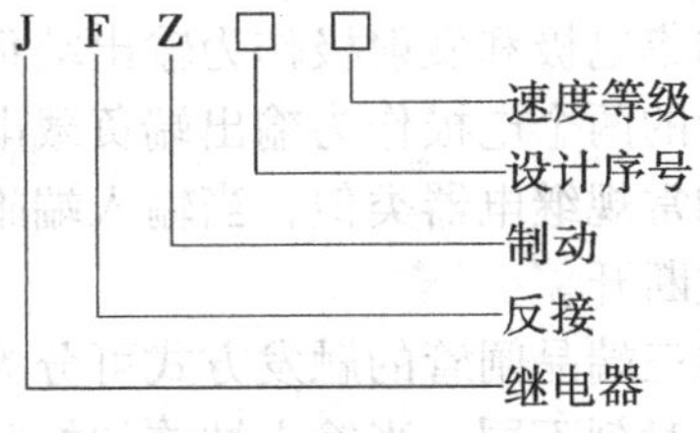

2.2.5　中间继电器

中间继电器主要是在电路中起信号的传递与转换作用。其触点对数较多，触点容量较大，一般额定电流为 5～10A，动作灵敏。当其他继电器的触点对数或触点容量不够时，可借助中间继电器来扩大它们的触点数或增大触点的容量，起到中间转换作用。也可用来放大信号。

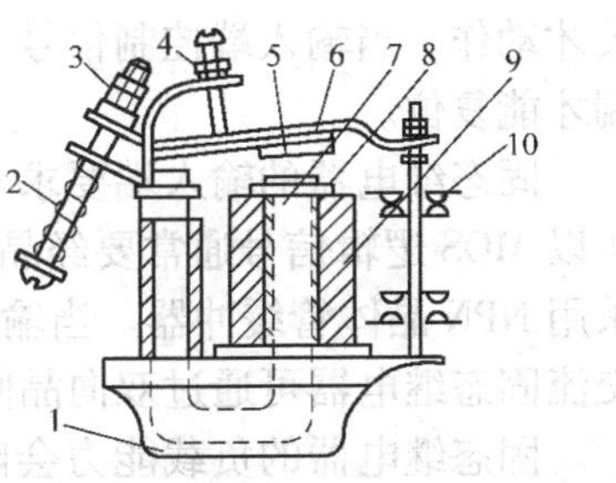

图 2-15　电磁式中间继电器典型结构

1—底座　2—反力弹簧　3、4—调节螺钉

5—非磁性垫片　6—衔铁　7—铁心

8—极靴　9—电磁线圈　10—触点系统

1. 中间继电器的结构及动作原理

中间继电器也分成直流与交流两种，其结构一般由电磁机构和触点系统组成，如图 2-15 所示。电磁机构与接触器相似，因为其触点通过控制电路的电流容量较小，所以不需要加装灭弧装置。

动作原理：当电磁线圈得电时，铁心被吸合，触点动作，即动合触点闭合，动断触点断开；电磁线圈断电后，铁心释放，触点复位。

2. 中间继电器的型号含义和符号

中间继电器的型号含义如下。

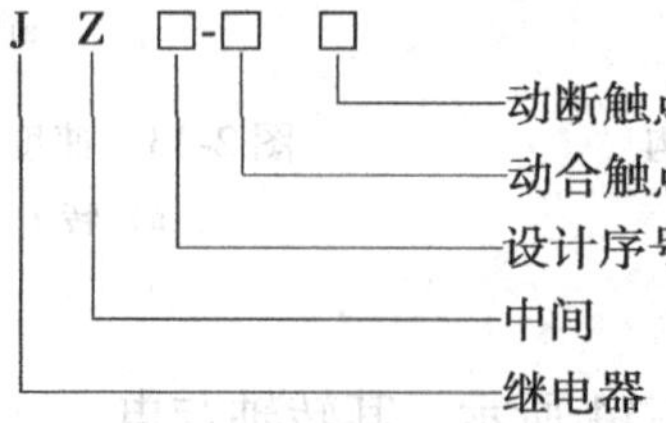

中间继电器的图形符号和文字符号如图2-16所示。

电磁式中间继电器有JZ7、JZ13、JZ14、JZ15型号等，其中JZ13型主要用于电子线路中作为执行元件，JZ14型为交直流两用中间继电器。

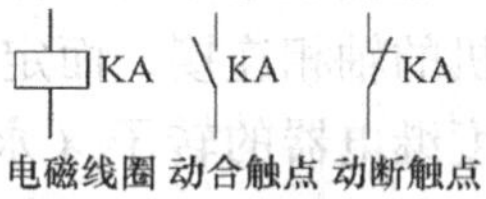

图2-16 中间继电器的图形符号和文字符号

2.2.6 固态继电器

固态继电器（SSR）是一种新型无触点继电器。由于可靠性高、开关速度快、工作频率高、使用寿命长、便于小型化，输入控制电流小且又可与TTL、CMOS等集成电路都有很好的兼容性，所以在许多自动控制装置中都取代了原来的常规继电器，更重要的是在微机数据处理系统的终端、微机测量仪表、可编程序控制器的输出模块、数控机床的程控装置等高等级控制系统中有极其广泛的应用。

固态继电器是具有两个输入端和两个输出端的四端器件，输入与输出之间一般采用光隔离方法，并称为全固态继电器。按输出端负载的电源类型可分为直流和交流两种类型。直流型固态继电器是以功率三极管的集电极和发射极作为输出端负载电路的开关控制。而交流型固态继电器是以双向三端晶闸管的两个电极作为输出端负载电路的开关控制。固态继电器的形式有常开式和常闭式两种，和常规继电器类似，当输入端施有控制信号时，其输出端负载电路常开式被导通，而常闭式被断开。

交流型固态继电器，按双向三端晶闸管的触发方式可分为非过零型和过零型两种。其主要区别在于交流负载电路导通的时刻不同，当输入端施加控制电压信号时，非过零型负载端开关立即动作，而过零型的必须等到交流负载电源电压过零时（实际接近零伏），负载端开关才动作。当输入端控制信号失去时，过零型的也必须要等到交流负载电源电压过零时负载端才能复位。

固态继电器的输入端要求有几个毫安~十几个毫安的驱动电流，最小工作电压为3V，所以MOS逻辑信号通常要经晶体管缓冲放大后，再去控制固态继电器，对于CMOS电路可采用NPN晶体管缓冲器。当输出端的负载容量较大时，直流固态继电器可通过功率晶体管。交流固态继电器可通过双向晶闸管再去驱动负载。

固态继电器的负载能力会随温度的上升而下降，因此在使用时要注意散热或降低电流档。对于电容性或电阻性负载，应限制开通瞬间的浪涌电流（一般为负载电流的7倍），对于电感性负载，应限制其瞬时峰值电压，以防损坏固态继电器。具体使用方法和类型选择可查阅产品目录或有关手册。

图2-17所示为固态继电器控制三相电动机的电路示意图。

总之，固态继电器的动作速度快、体积小、功耗低、无噪声。在现代微机控制技术以及常规控制线路中被越来越广泛的应用。

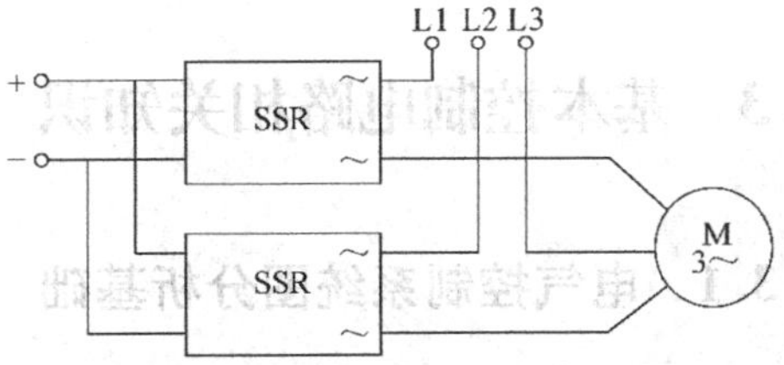

图 2-17 固态继电器控制三相电动机

2.2.7 晶闸管自动开关

晶闸管元件具有“开”与“关”两种状态，因此可以实现电路中控制与切换功能。由于没有触头的机械运动，也叫静态开关或固态开关。在晶闸管的控制极上加适当的触发信号，可使其从断开状态转为导通状态，如果停止给予触发信号，则当晶闸管的阳极电流减小到维持电流以下时即自行关断。

晶闸管开关具有动作快、寿命长、控制功率小、无电弧、无噪声等优点，特别适用于频繁操作和有爆炸、腐蚀性气体的环境中。缺点是导通时有比较大的管压降（约1V），功耗较大，关断时存在一定的残漏电流，不能实现电路隔离；且过载能力低、价格高、体积大（有散热器）等。

按电路中电流种类不同，晶闸管开关可分为直流开关和交流开关；按功能的不同可分为晶闸管接触器（门极控制角始终是$\alpha=0$）、相控晶闸管开关（$\alpha\neq0$）和晶闸管低压断路器；此外还有混合式交流接触器。本节只介绍晶闸管低压断路器即晶闸管自动开关。

晶闸管自动开关是带有各种保护环节的晶闸管开关，当电路出现过电流、过电压、欠电压和漏电等故障时能自动切断电路，实现保护功能。晶闸管自动开关按分断过程的不同有两种：一种是非限流式，当电路发生故障时，通过其保护环节瞬时（或延时）撤除晶闸管门极信号，使它在半周波内电流自然过零时自行关断；另一种是限流式，其关断方法是不等到电流自然过零，就通过换流电路对晶闸管施加反向电压，将其阳极电流迅速降到零，实行强迫关断。由于非限流式晶闸管自动开关是依靠电流自然过零实现关断的，因而这种开关所用晶闸管的容量必须按短路电流确定，显然比限流式自动开关容量要大得多。图 2-18 所示为三相交流晶闸管自动开关的方框图。开关具有瞬时和延时动作的过电流保护、欠电压保护。为了进一步提高可靠性，除半导体保护外还采用了快速熔断器。手动起动控制环节采用高频振荡型接近开关作为无触头按钮与过电流、欠电压保护环节共同控制主晶闸管及换流晶闸管的门极触发源 M。

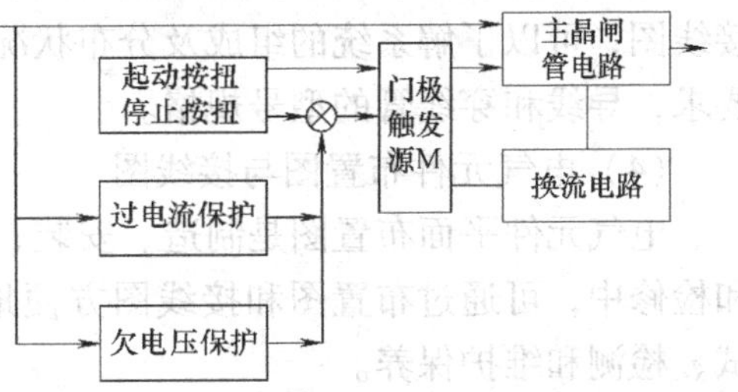

图 2-18 三相交流晶闸管自动开关方框图

2.2.8 信号灯

信号灯是作为信号指示、电源指示、程序指示的电器元件，也是主令电器的一种。广泛应用于交流 50Hz，电压至 380V，直流电压至 220V 的控制屏、开关柜等电气装置中，作为指挥信号或预告信号用。

信号灯按其结构分有直接式、变压器降压式、电阻降压式、辉光式。信号灯的电气图形符号和文字符号如图 2-19 所示。

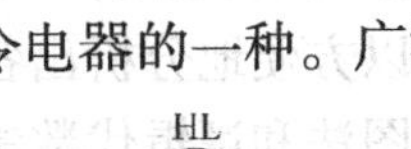

图 2-19 信号灯的电气图形符号和文字符号

2.3 基本控制电路相关知识

2.3.1 电气控制系统图分析基础

1. 电气控制系统图分析的内容

电气控制系统图是电气控制系统中各种技术资料最为重要的部分。分析电气控制系统图的具体内容和要求主要包括以下几方面。

(1) 设备说明书

设备说明书由机械、液压和电气等部分组成。在分析时首先要分析各部分的说明书，了解设备的构造、主要技术指标、机械、液压和气动部分的原理。明确设备的电气传动方式，具体有电动机和其他执行电气的数目、型号规格、安装位置、用途及控制要求。同时要了解的还有设备的使用方法，各操作手柄、开关、旋钮和指示装置等与电气有关部件的方位和布置方式，以及同机械和液压部分直接关联的电器位置、工作状态和作用。

(2) 电气原理图

电气控制原理图是控制线路分析的核心内容。原理图主要由主电路、控制电路和信号电路等部分组成。在分析电气原理图时，必须与阅读其他技术资料结合起来。这就要求仔细阅读设备的说明书，了解电动机、电磁阀等执行电器的控制方式，各种开关电器的位置、作用及与机械状态位置有关的主令电器的状态等。

(3) 电气设备总装接线图

电气设备的总装接线图是设备的安装、调试、检修的重要技术资料。通过阅读分析总装接线图，可以了解系统的组成及分布状况，各部分的连接方式，主要电气部件的位置和安装要求，导线和穿线管的型号规格。

(4) 电气元件布置图与接线图

电气元件平面布置图是制造、安装、调试和维护电气设备必须具有的技术资料。在调试和检修中，可通过布置图和接线图方便地找到各种电气元件和相关测试点，进行必要的调试、检测和维护保养。

2. 电气原理图阅读分析的方法与步骤

在仔细阅读了设备说明书、了解了电气控制系统的总体结构、电动机和电器元件的分布状况及控制要求等内容之后，便可以阅读分析电气原理图了。分析的一般原则是：化整为零、顺藤摸瓜、先主后辅、集零为整、安全保护和全面检查。分析电气控制线路原理图时，通常要结合有关技术资料，将控制线路“化整为零”，即以某一电动机或电器元件（如接触器或继电器线圈）为对象，从电源开始，自上而下，自左而右，逐一分析其接通及断开的关系（逻辑条件）并区分出主令信号、联锁条件和保护要求等。根据图区坐标标注的检索可以方便地分析出各控制条件与输出的因果关系。常用分析电气原理图的方法有两种：查线读图法和逻辑代数法。这里只介绍查线读图法。

(1) 分析主电路

电气原理图的分析首先从主电路开始，根据每台电动机和电磁阀等执行电器的控制要求去分析它们的控制内容，要求明确对执行电器有哪些操作，比如起动、制动、换向、调速等。

(2) 分析控制电路

根据主电路中各电动机和电磁阀等执行电器的控制要求，找出对应控制电路中的控制环节，将控制电路按基本控制功能划分成若干个局部控制电路来进行分析。

(3) 分析信号、照明、报警等辅助电路

辅助电路有各种信号电路、报警及照明等配合主电路工作的电气部分，此部分电路大部分由控制电路中的元件来控制的，在分析辅助电路过程时，还要对照控制电路来进行分析。

(4) 分析联锁与保护环节

机床对于安全性和可靠性都有很高的要求，为了达到这一要求，应合理地选择拖动和控制方式，并在控制电路中还要设置一系列电气保护和必要的电气联锁，要明确电气保护的工作原理和电气联锁关系。

(5) 总体检查

经过对电气原理图中各个局部的“化整为零”分析后，明确了每一个局部的工作原理及各部分之间的控制关系，还应用“集零为整”的方法，阅读、检查整体控制电路，综合电气原理图各部分为一整体，从整体角度进一步检查和理解各控制环节之间的电气关系，理解电路中每个元件及环节的电气作用。

2.3.2 三相笼型交流异步电动机反接制动控制电路

三相笼型异步电动机从切断电源到完全停止旋转，由于惯性关系，会使电动机的非生产时间拖长，同时也不能适应某些生产机械要求拖动电动机能迅速、准确停车的要求，如镗床、车床的主电动机需要快速停车；起重机为使重物停位准确及现场安全要求，也必须采用快速、可靠的制动方法。对要求停转的电动机采取外部施加惯性转矩阻力措施，强迫其迅速停车，称为制动。三相异步电动机的制动方法可分为两类：机械制动和电气制动。

机械制动是在电动机断电后利用机械装置对其转轴施加相反的作用力矩（制动力矩）来进行制动。电磁抱闸就是常用方法之一，结构上电磁抱闸由制动电磁铁和闸瓦制动器组成。断电制动型电磁抱闸在电磁线圈断电时，利用闸瓦对电动机轴进行制动；电磁铁线圈得电时，松开闸瓦，电动机可以自由转动。这种制动在起重机械上被广泛采用。电气制动要求在电动机停车时，产生一个与原来旋转方向相反的制动转矩，迫使电动机转速下降。电气制动主要有反接制动和能耗制动两种。必要时生产机械的制动可以采取机械—电气联合制动。这里我们重点介绍反接制动控制电路。

反接制动是采用改变输入电动机定子绕组的电源相序，而使电动机迅速停转的一种制动方法。电动机反接制动时，由于定子绕组的电源相序突然改变，旋转磁场和转子的相对转速升高，感应电动势很大，制动电流将会很大，因此反接制动可以使电动机迅速制动，效果好，制动快，但同时具有较大反向制动冲击电流，造成很大的机械冲击。为了限制制动电流，防止对设备的冲击、对精度的破坏及机械零部件的损坏，在制动时应在主电路中串有一定的电阻来限制反接制动电流，该电阻称为反接制动电阻。反接制动电阻有对称接法和不对称接法两种，对称接法的反接制动电阻既限制了制动转矩，又限制了制动电流，而不对称接法只限制了制动转矩，而未加制动电阻的一相，仍具有较大的电流。

反接制动的电动机要求转速接近于零时，电路应及时切断反向相序的制动电源，以防止反向再起动。

电动机单向起动反接制动控制电路如图2-20所示，当合上总电源开关QS后，按下起动按钮SB2时，接触器KM1吸合，KM1（8-9）断开起联锁作用，KM1（4-5）闭合自锁，KM1主触头闭合，电动机M运转。当转速上升到一定数值时，速度继电器KS（7-8）闭合，为制动做好准备。当按下停止按钮SB1时，KM1释放，KM1（4-5）断开，电动机M断电惯性运转，KM1（8-9）恢复闭合，接触器KM2吸合。KM2（5-6）断开，起联锁作用，KM2（3-7）闭合自锁，KM2主触头闭合，电动机定子串电阻R反接制动。当转子速度接近于零时，速度继电器KS（7-8）断开，接触器KM2释放，接触器KM2的主触头断开，KM2（3-7）断开，KM2（5-6）闭合，电动机M制动过程结束。电路中的速度继电器KS主要是起到防止电动机的反向再起动。

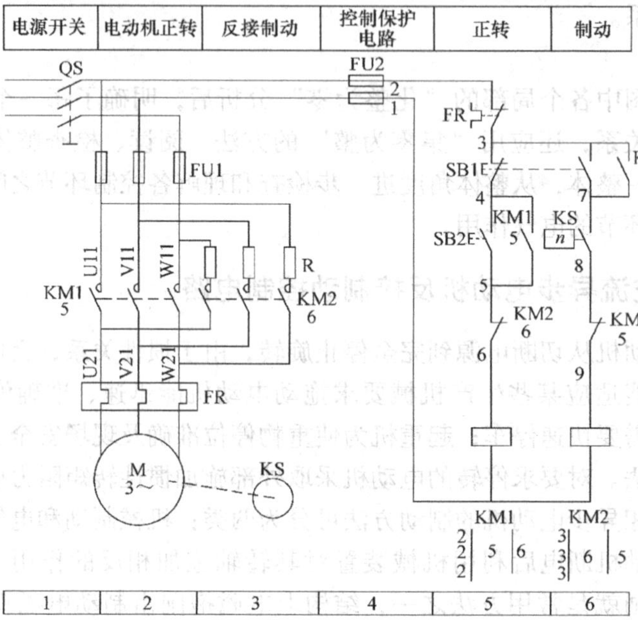

图2-20　单向起动反接制动控制电路

电动机双向起动反接制动控制电路如图2-21所示，当合上电源开关QS后，按下正向起动按钮SB2时，中间继电器KA3吸合，KA3（9-10）断开起联锁作用，KA3（4-5）闭合自锁，KA3（4-7）闭合，使接触器KM1吸合。KM1吸合后，KM1（11-12）断开起联锁作用，KM1主触头闭合，KM1（13-14）闭合，为KA1吸合做准备。此时电动机M开始定子串电阻降压起动，当转子速度大于一定值时，速度继电器KS-1闭合，使中间继电器KA1吸合，此时KA1（3-19）闭合，KA1（13-14）闭合自锁，KA1（3-11）闭合，为KM2的吸合做准备，此时KM3吸合，其主触头闭合，短接电阻R，电动机M以额定电压运转。

当按下停止按钮SB1时，中间继电器KA3释放，于是KA3（9-10）恢复闭合，KA3（4-5）断开，KA3（4-7）断开，使接触器KM1释放，此时KM1（13-14）断开，KM1（11-12）恢复闭合，KM1的主触头断开，电动机M断电以惯性运转。由于KA3释放，所以KA3（19-18）断开，又使KM3释放，电阻R接入，此时KA1（3-11）已闭合，接触器KM2吸合，则KM2主触头闭合，电动机M开始反接制动，KM2（7-8）断开起联锁作用，KM2（15-16）闭合，当转子速度接近于零时，速度继电器KS-1断开，使中间继电器KA1释放，于是KA1（13-14）、KA1（3-19）、KA1（3-11）均断开，接触器KM2释放，电动机M制动结束。

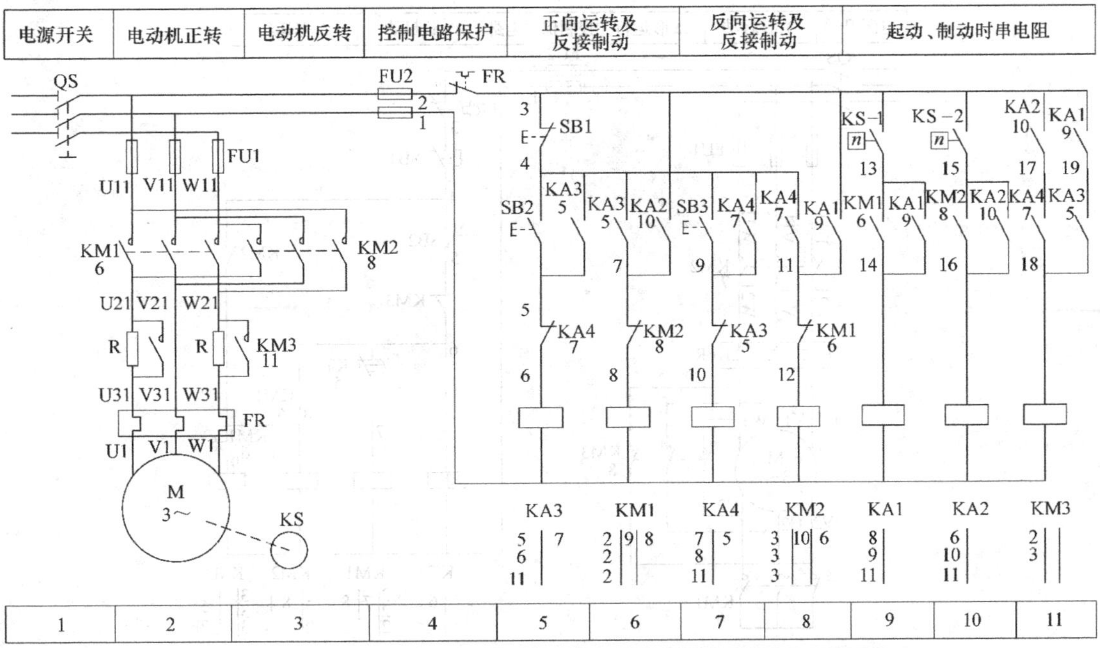

图 2-21　双向起动反接制动控制电路

电动机反向起动的反接制动，工作过程和正向起动的反接制动相同，请自行分析。

电动机的反接制动的特点是制动力矩大、制动快，但制动准确性能差，且制动过程中冲击力大，易破坏机床等生产机械的精度，甚至破坏传动零部件。此方法电流大、能耗大，只能用于不经常起动和制动的场合。

2.3.3　时间原则控制电路

生产过程中，若一个动作完成后，需间隔一定时间，再开始下一个动作，就需要对电动机按一定时间间隔进行控制，即时间控制。利用时间继电器可以实现时间控制。

图 2-22 是用时间继电器控制的异步电动机的星-三角自动换接降压起动的控制电路原理图。起动时，定子绕组首先要联结成星形，将定子绕组末端连接在一点，始端接电源，呈星形联结。待电动机转速上升到一定数值后，将定子绕组联结成三角形，再接电源，电动机在额定电压下正常运转。

时间继电器控制星-三角起动电路的工作过程：当合上总电源开关 QS 后，按下起动按钮 SB2，接触器 KM1 和时间继电器 KT 吸合，首先 KM1（8-9）断开联锁，接着 KM1 主触头闭合，电动机呈星形（Y）联结，同时 KM1（6-8）闭合，KM2 吸合，KM2（4-8）闭合自锁，KM2 主触头闭合，给电动机 M 供电，此时电动机星形联结运动。几秒钟以后，时间继电器 KT（6-7）延时断开，KM1 释放，KM1（6-8）断开，KM1 主触头断开，解除星形联结，KM1（8-9）恢复闭合，接触器 KM3 吸合，KM3 主触头闭合，电动机以三角形（△）联结在全压运转，此时供电的接触器 KM2 仍处在吸合状态，星-三角形联结起动过程结束。由于接触器 KM3（5-6）断开，使 KM1、KT 释放，电动机正常以三角形联结运行后，将 KM1 和 KT 从控制电路中切除，以保证减少故障点、节约电能、延长设备寿命。由于有 KM3 的常闭触头与起动按钮 SB2 串联，所以在电动机正常运行时，当误按 SB2 时，能防止 KM1

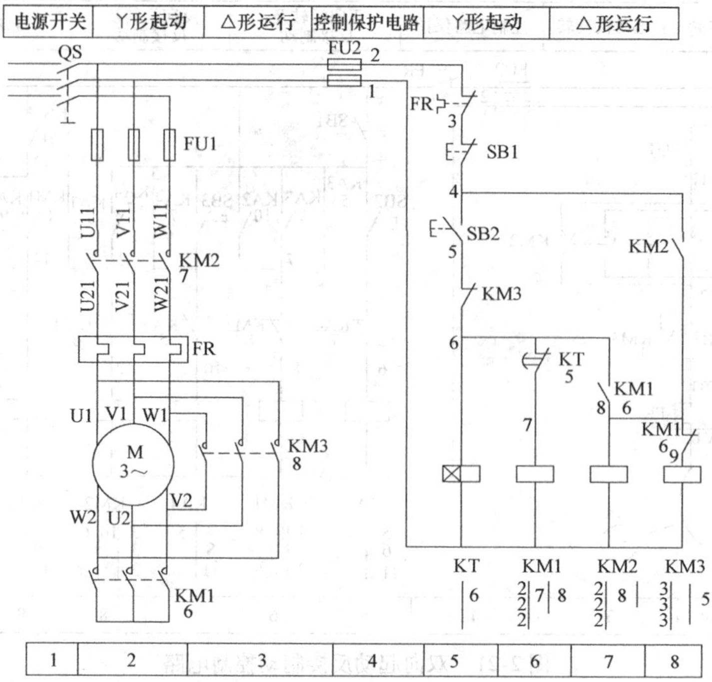

图 2-22　时间继电器控制星-三角降压起动控制电路

吸合而造成相间短路，并且在 KM3 闭合时，电动机就不能再起动，从而也防止了电源的短路，使控制电路能够可靠工作。

QX3-13 型自动星-三角起动器也是一种常用的电动机降压起动装置，其外形图和控制电路如图 2-23 所示。合上总电源开关 QS 后，当按下起动按钮 SB2 时，接触器 KM1、KM2 和时间继电器 KT 吸合，KM1（4-5）闭合自锁，KM1 主触头闭合，为电动机 M 的起动做准备，又因 KM2 主触头闭合，KM2（5-8）断开起联锁作用，此时电动机以星形（Y）联结降压起动。几秒钟后，时间继电器 KT（6-7）延时打开，接触器 KM2 释放，电动机 M 从星形

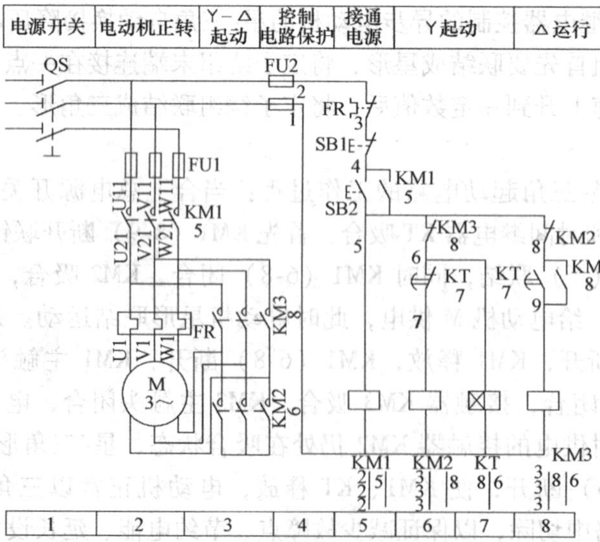

图 2-23　QX3-13 型自动星-三角起动器

联结解除，KM2（5-8）恢复闭合，KT（8-9）也延时闭合，使接触器 KM3 吸合，KM3（8-9）闭合自锁，KM3 主触头闭合，电动机以三角形（△）联结在额定电压下运转。这时 KM3（5-6）断开，时间继电器 KT 也同时释放，星-三角起动过程结束，保证转换时使用的 KM2 和 KT 在电动机正常运行后，从控制电路中切除。

三相笼型异步电动机的星-三角起动方法，适用于电动机定子绕组正常工作时三角形联结的电动机。起动时，定子绕组为星形联结时，起动电压为直接采用三角形联结起动的$1/\sqrt{3}$倍，起动电流为三角形联结的 1/3 倍，所以减小了起动电流，同时起动转矩也相应下降为三角形联结的 1/3，减小了起动转矩，一般星-三角起动电动机方法在轻载和空载的状态适用。

2.4 应用举例

2.4.1 三相笼型交流异步电动机能耗制动控制电路

电动机的反接制动，制动力矩大、制动快，但制动准确性能差，且制动过程中冲击力大，易破坏机床等生产机械的精度，甚至破坏传动零部件。此方法电流大、能耗大，只能用于不经常起动和制动的场合，而多数场合采用能耗制动。

能耗制动原理如图 2-24 所示，电动机脱离三相交流电源后，定子绕组中通以直流电流，使电动机制动，电流越大，制动越快。能耗制动原理是直流电通入电动机定子绕组中，产生一定恒磁场，被转动的转子导条切割磁力线，产生感应电流，载流导体在磁场中受力，这个作用力和转子转动方向相反，阻止转子的转动，起到制动作用。即转子导条中感应电流消耗了转子的动能，使转子迅速停下来。所谓能耗制动又称直流制动。能耗制动可分为半波整流和全波整流能耗制动两大类。单向起动半波整流能耗制动控制电路是最为简单的一种能耗制动方式，只采用一只二极管，装置也简单，其控制电路如图 2-25 所示。当合上总电源开关 QS 后，按下起动按钮 SB2 时，KM1（8-9）断开起联锁作用，于是 KM1（4-5）自锁，KM1 主触头闭合，电动机 M 运转。当按下停止按钮 SB1 时，接触器 KM1 释放，KM2 和时间继电器 KT 得电，于是 KM2（5-6）断开起联锁作用，KM2（3-7）闭合自锁，KM2 主触头闭合，电动机定子绕组内通以直流电，能耗制动开始。几秒钟后，时间继电器 KT 吸合，其常闭触点断开，接触器 KM2 的主触头断开，KM2（5-6）恢复闭合，切断直流电源，能耗制动结束。

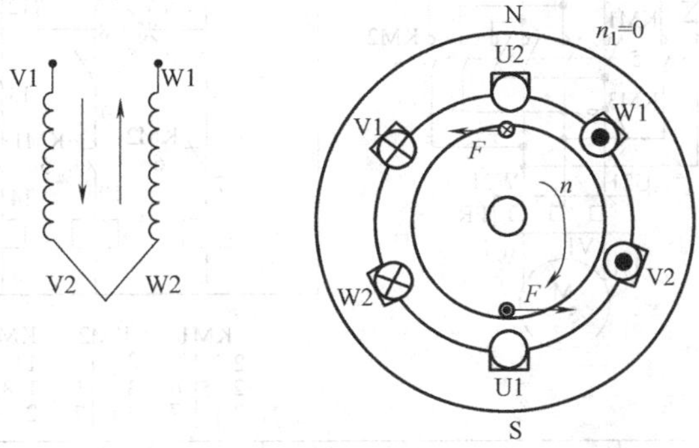

图 2-24　能耗制动原理图

双向起动半波整流能耗制动控制电路是在图 2-25 的电路基础上，满足电动机可逆运转需要而设计的，其控制电路如图 2-26 所示。当合上总电源开关 QS 后，按下正转按钮 SB2 时，接触器 KM1 吸合，电动机 M 以正方向运转。当按下停止按钮 SB1 时，接触器 KM1 释放，电动机 M 断电惯性转动，同时按钮 SB1 的常开触头 SB1（3-11）闭合，接触器 KM3 吸合，直流电通入电动机定子绕组，能耗制动开始，KM3 吸合后，KM3（3-11）闭合，时间继电器 KT 得电。几秒钟后，KT（11-12）延时打开，接触器 KM3 释放，切断直流电源，能耗制动结束。

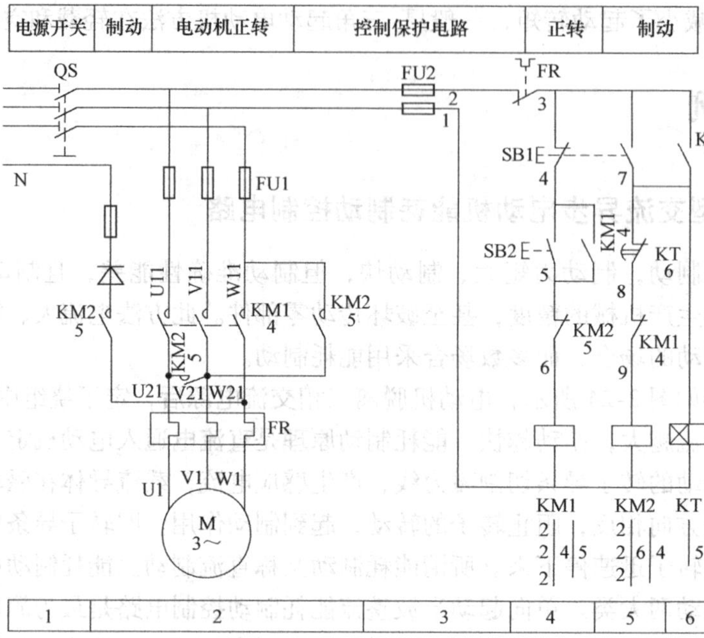

图 2-25　单向起动半波整流能耗制动控制电路

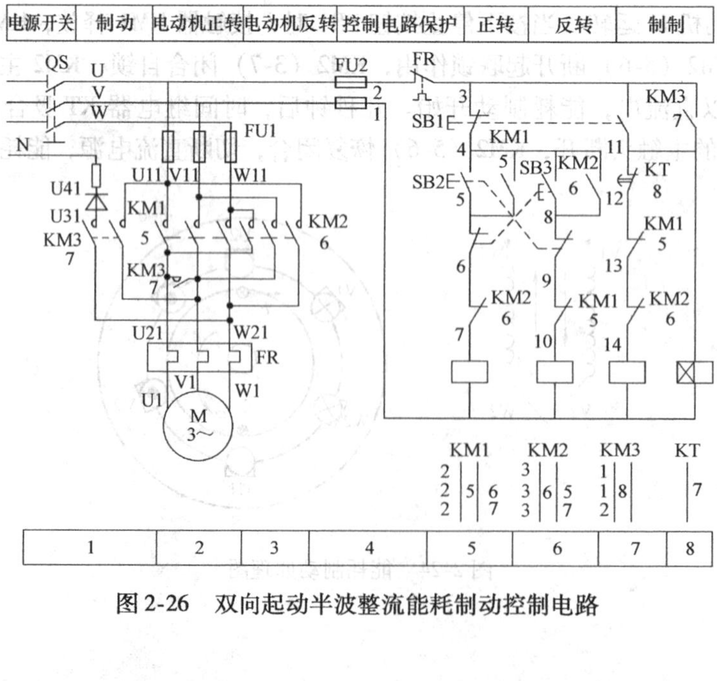

图 2-26　双向起动半波整流能耗制动控制电路

电动机的能耗制动反向起动时和正向相同，按下 SB3 按钮即为反向起动。电路中 SB2 和 SB3 有联锁触头，同样接触器 KM1 和 KM2 也互为联锁。在接触器 KM3 的线圈回路中，也设有 KM1 和 KM2 联锁触头，保证电动机在正常运转时，直流电流不允许通入。在较完美的设计中，直流电流是在供电接触器 KM1 和 KM2 断电并延时后，接通直流电源，这是考虑到接触器线圈的断电到触头的分断是有一点点延时的，有时会造成交流电未断，而直流电通入，引起瞬变过程，产生过电流，造成总熔断器熔断，使一些机床等不能正常工作。

以上介绍的电动机能耗制动方法是一种单管半波整流而通入定子绕组直流电来实现。但对于大功率的电动机，应该采用三相或单相全波整流电路。这样制动效果好，但成本较高、体积较大。如图 2-27 所示为单向起动全波整流能耗制动控制电路。

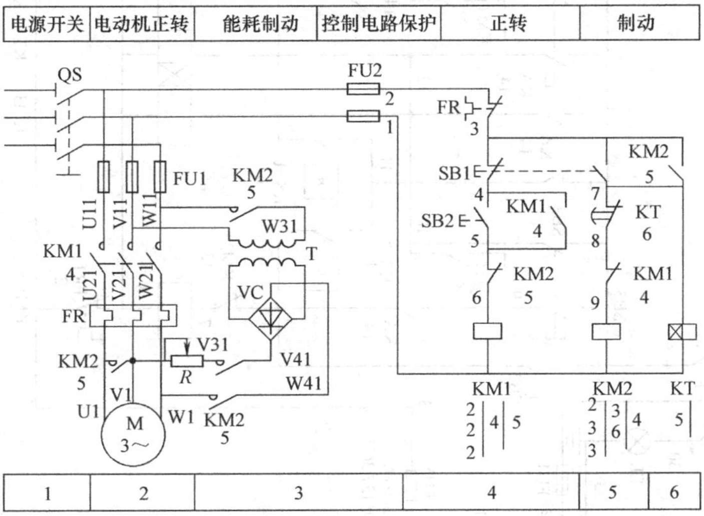

图 2-27　单向起动全波整流能耗制动控制电路

单向桥式整流器提供直流电流的能耗制动，其控制电路较简单，当合上电源开关 QS 后，按下起动按钮 SB2 时，接触器 KM1 吸合，KM1（4-5）闭合自锁，KM1（8-9）断开起联锁作用，电动机 M 运转，当按下停止按钮 SB1 时，接触器 KM1 释放，KM2 和 KT 得电，KM1（4-5）断开，主触头已断开，电动机 M 断电，并通入直流电，开始能耗制动。几秒钟后，KT（7-8）延时断开，KM2 释放，切除直流电源，能耗制动结束。KM2（3-7）断开，时间继电器 KT 释放，其触点复位，接触器 KM2（5-6）也恢复闭合状态。

通过以上对电动机的能耗制动控制电路分析，可见能耗制动要比反接制动电流小得多，而且能耗制动时的机械冲击要比反接制动时小，但能耗制动的制动效果不如反接制动那么迅速，同时还需要一个直流电源装置。

2.4.2　C650 卧式车床电气原理图分析

1. 主电路分析

C650 卧式车床的电气原理如图 2-28 所示。

图 2-28 中组合开关 QS 为电源开关。FU1 和 FR1 分别为主电动机 M1 的短路保护用的熔断器及过载保护用的热继电器。*R* 为限流电阻，在主轴点动时，限制起动电流，在停车反接

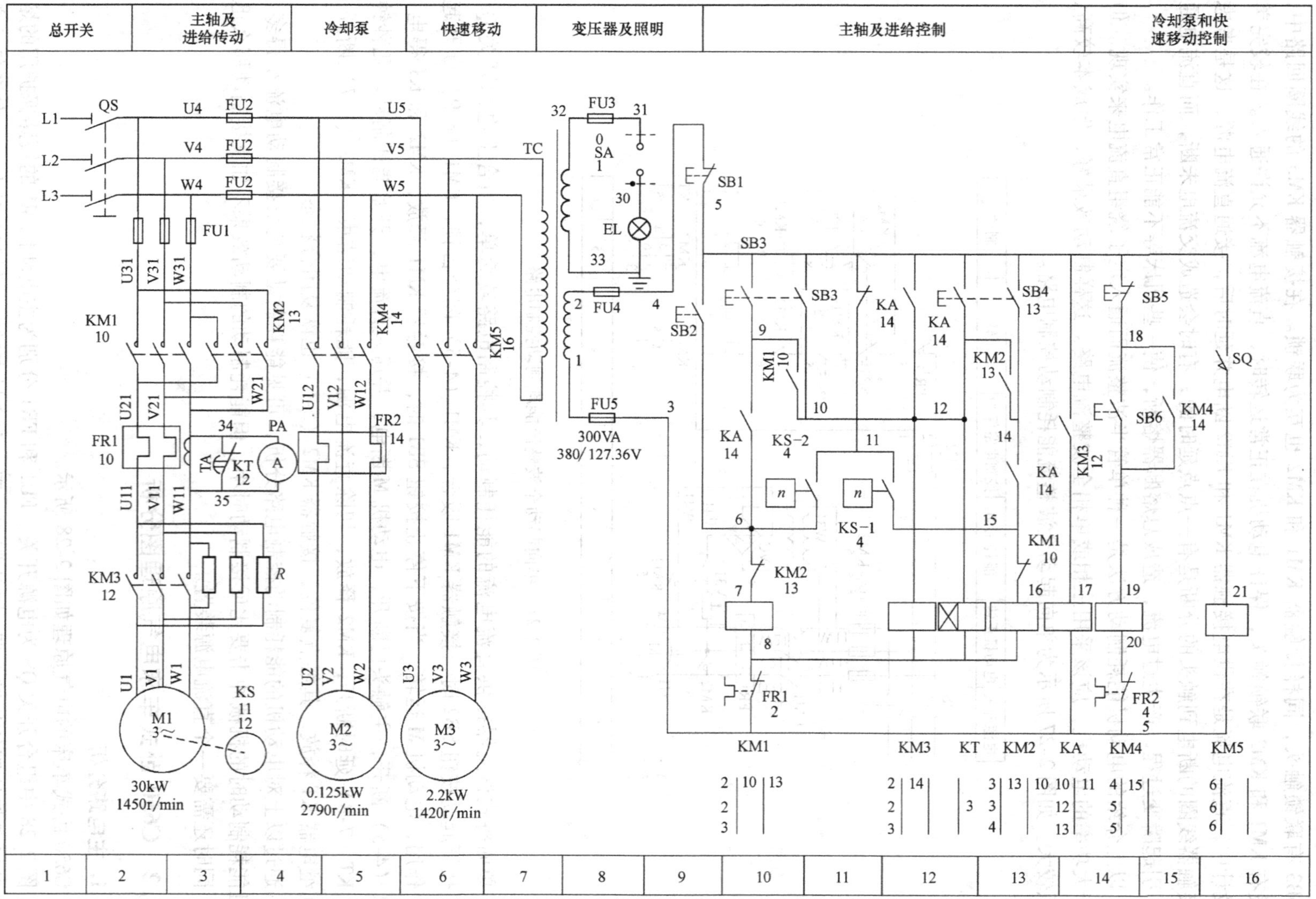

图 2-28　C650 卧式车床电气原理图

制动时，又起限制过大的反接制动电流的作用。电流表 PA 用来监视主电动机 M1 的绕组电流，M1 功率较大，故 PA 接入电流互感器 TA 回路。机床工作时，可调整切削量，使电流表 PA 的电流接近主电动机 M1 的额定电流经 TA 后的对应值，以便提高生产效率和充分利用电动机的潜力。KM1、KM2 为正反转接触器，KM3 用于短接电阻 R 接触器，由它们的主触头来控制电动机 M1。

图 2-28 中 KM4 为接通冷却泵电动机 M2 的接触器，FR2 为 M2 过载保护用的热继电器。KM5 为接通快速电动机 M3 的接触器，由于 M3 点动短时运转，故不需设置热继电器。

2. 控制电路分析

（1）主电动机的点动控制

当按下点动按钮 SB2 不松手时，接触器 KM1 线圈通电，KM1 主触头闭合，电网电压必须经限流电阻 R 通入主电动机 M1，从而减少了起动电流。由于中间继电器 KA 未通电，故虽然 KM1 的辅助常开触头（10，表示区域 10，下同）已闭合，但不自锁。因而当松开 SB2 后，KM1 线圈随即断电，主电动机 M1 停转。

（2）主电动机的正反转控制

C650 卧式车床的主电动机的额定功率为 30kW，但只是在切削生产时消耗功率较大，而起动时负载很小，因而起动电流并不很大，所以在一般不频繁起动工作时，采用电动机的全压直接起动。

当按下正向起动按钮 SB3 时，KM3 通电，其主触头闭合，短接限流电阻 R，另有一个 KM3 的常开辅助触头（14）闭合，使得 KA 通电，其常开触点（12）闭合，使得 KM3 在 SB3 松手后也保持通电，进而 KA 也保持通电。另一方面，当 SB3 尚未松开时，由于 KA 的另一常开触点（10）已闭合，故使得 KM1 通电，其主触头闭合，主电动机 M1 全压起动运行。KM1 的辅助常开触头（10）也闭合。这样，当松开 SB3 后，由于 KA 的两个常开触点（10，12）保持闭合，故可形成自锁通路，从而 KM1 保持通电。在 KM3 得电同时，通电延时继电器 KT 通电，其作用是使电流表避免起动电流的冲击。SB4 为电动机 M1 的反向起动按钮，反向起动过程同正向时类似，不再赘述。

（3）主电动机的反接制动控制

C650 车床采用反接制动方式，用速度继电器 KS（4）进行检测和控制。

设原来主电动机 M1 正转运行时，则 KS 的正向常开触点 KS-1（12）闭合，而反向常开触点 KS-2（11）依然断开。当按下总反向停止按钮 SB1（9）后，原来通电的 KM1、KM3、KT 和 KA 就随即断电，它们的所有触点均被释放而复位。然而当 SB1 松手后，反转接触器 KM2（13）立即通电。有 4 号线路→SB1 常闭触头（9）→KA 常闭触点（11）→KS 正向常开触点 KS→1（12）→KM1 常闭触点（13）→KM2 线圈（13）→FR1 常闭触点（10）→3 号线路。

通过以上过程，主电动机 M1 就被串电阻反接制动，正向转速很快降下来，当降到很低时，达到 100r/min 时，KS 的正向常开触点 KS-1（12）断开复位，从而切断了上述反接制动的电流通路。至此，正向反接制动就结束了。

反向反接制动过程同正向反接制动过程类似，不再赘述。

（4）刀架的快速移动和冷却泵的控制

转动刀架手柄，限位开关 SQ（16）被压动而闭合，使得快速移动接触器 KM5 通电，快速移动电动机 M3 就起动运转，而当刀架手柄复位时，M3 随即停转。

冷却泵电动机 M2 由按钮 SB6（14）和 SB5（14）分别控制起停。

3. 照明电路和控制电源

图 2-28 中 TC（7）为控制变压器，二次侧有两路：一路为 127V，提供给控制电路；另一路为 36V（安全电压），提供给照明电路。置灯开关 SA（8）于 1 位时，SA 就闭合，照明灯 EL（8）点亮；置 SA 于 0 位时，EL（8）就熄灭。

4. 电流表 PA 保护电路

虽然电流表 PA（4）接在电流互感器 TA（3）回路里，但主电动机 M1 起动时对它的冲击仍很大。为此在电路中设置了时间继电器 KT（12）进行保护。当主电动机正向或反向起动后，KT 通电，延时时间尚未到时，PA 就被 KT 延时常闭触点（3）短路，延时到后，才有电流指示。

5. C650 卧式车床电气原理图的特点

从对 C650 卧式车床电气原理图的分析可知，C650 车床电气原理图有以下几个特点。

1）主轴的正反转不是通过机械方式来实现的，而是通过电气方式，即通过主电动机的正反转来实现的，这样就简化了机械结构。

2）主电动机的制动采用了电气反接制动形式，并利用速度继电器按速度原则进行控制。

3）由于控制回路电器元件很多，故通过控制变压器 TC（7）与三相电网进行电隔离，提高了操作和维修时的安全性。

4）中间继电器 KA（14）起着扩展接触器 KM3 触头的作用。从电路中可以见到 KM3 的常开触头（14）直接控制 KA，故 KM3 和 KA 的触头（点）闭合和断开情况相同。从图 2-28 中可见 KA 的常开触点用了 3 个（10、12、13），常闭触点一个（11），而 KM3 的辅助常开触头只有两个，故不得不增设中间继电器 KA 进行扩展。可见，电气线路在设计时要考虑电器元件的触头数量。

2.4.3 单按钮控制电动机起停电路

单按钮控制电动机起动和停止，它和两个按钮比较，在多点控制和远距离控制时，可以大大节省连接导线，控制电路如图 2-29 所示，当合上总电源开关 QS 后，按下按钮 SB 时，

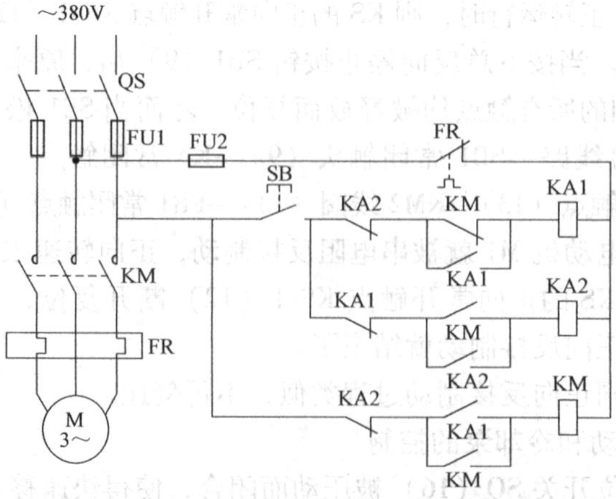

图 2-29 单按钮控制电动机起停电路

继电器 KA1 吸合，其两个常开触点，一是自锁，二是使接触器 KM 吸合并自锁。电动机 M 起动，KM 的常开触头闭合，使 KA2 预备吸合，这时 KM 的常闭触头断开，继电器 KA2 的线圈因 KA1 的常闭触点已断开而未吸合，电动机 M 继续运转。KA1 因 SB 松开而断电释放，其常闭触点恢复闭合，为 KA2 的吸合做好了准备。

在第二次按下按钮 SB 时，继电器 KA1 线圈通路被 KM 的常闭触头切断，所以 KA1 不会吸合。这时 KA2 线圈通电吸合，继电器 KA2 吸合后，其常闭触点断开，切断了接触器 KM 线圈的电源，KM 释放，使电动机 M 断电停止运转。通过以上操作过程，可实现一个按钮控制电动机的起动和停止。

2.4.4 三相异步电动机低速运行主电路

在生产机械工作过程中，有时需要电动机低速运转，如机床的运动部件要求准确定位的场合，就要求电动机可以实现低速运行。一般电动机的低速运行都在反接制动后，用二极管串入三相定子绕组中的方法来完成。如图 2-30 所示为两种电动机低速运行的主电路，控制电路同反接制动一样，在此不再叙述。图 2-30a 中 KM1 为电动机 M 正常运行的接触器，KM2 为电动机反接制动接触器，此电路为三角形联结的电动机反接制动并低速运行电路。KM1、KM3 吸合，电动机正常运转。在制动时 KM1，KM3 释放，KM2 吸合，此时电动机绕组中串联二极管 VD1 ~ VD3。电流中含有直流成分，既有利于电动机的制动，又能使电动机低速反向运转，在低速运转工作结束后，断开接触器 KM2。

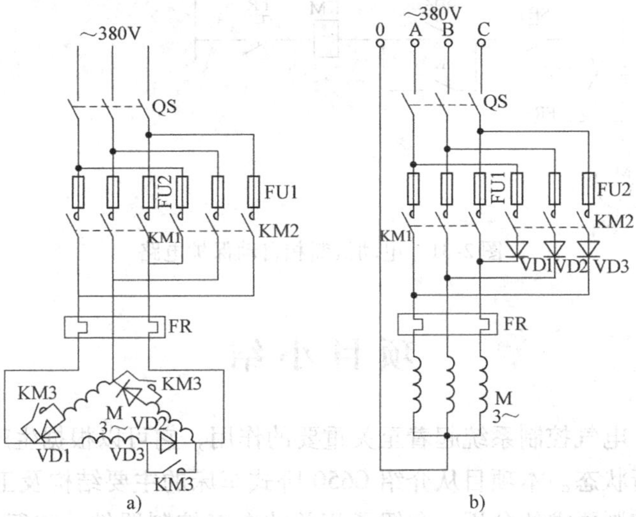

图 2-30 三相异步电动机低速运行主电路

从图 2-30b 中可见，KM1 为电动机 M 正常运行的接触器，KM2 为反接制动并低速运行的接触器，由于串联了二极管 VD1 ~ VD3，工作原理和图 2-30a 相同，使绕组电流中含有直流成分，但图 2-30b 为星形联结电动机的反接制动并低速运行主电路。

2.4.5 电动机断相自动保护电路

电动机断相保护又称缺相保护，而不是电动机的单相运转保护和两相运转保护，因为电动机在星形联结情况下，若电源缺一相时要看其星形联结中性点是否接地；若接地，此时为两相运行，若没有接地，此时为单相运行。所以电动机单相运转和两相运转是不同的两个概念，那么总称为电动机的断相或缺相保护是比较合适的。

图2-31是一种采用3只互感器测量三相电流是否平衡的电动机保护电路。当按下起动按钮SB2时，接触器KM吸合，电动机M运转，保护器电源同时接通。当电动机M三相均有电，互感器L_1、L_2、L_3的感应电压经二极管VD_1、VD_2、VD_3使三极管VT_1、VT_2、VT_3导通，其集电极输出电位为零，二极管VD_4、VD_5、VD_6或门电路输出也为零，三极管VT_4也截止，VT_5导通，继电器KA吸合，电动机M连续运转，当断相时，VT_1、VT_2、VT_3 3只三极管中有一只截止，或门输出高电位，使VT_4导通而VT_5截止，继电器KA释放，电动机M断电停止转动，起到了保护作用。

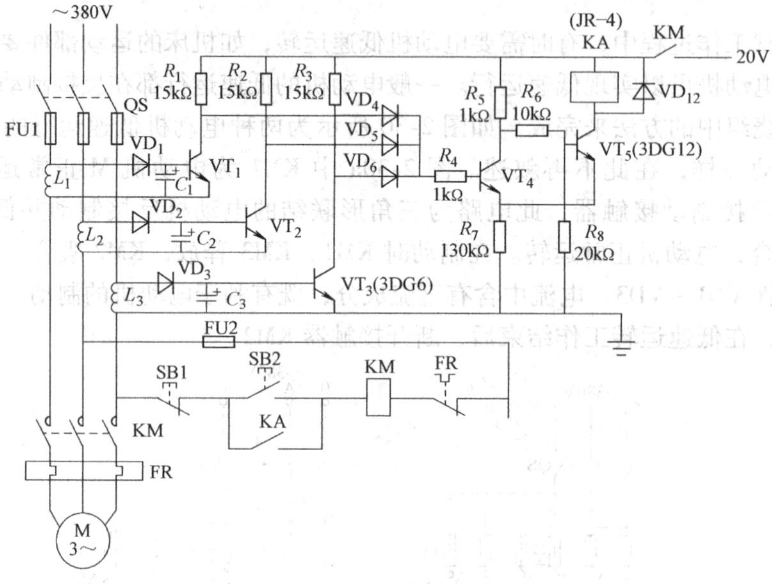

图2-31　电动机断相自动保护电路

项目小结

在机床设备中，电气控制系统起着至关重要的作用，它可以根据生产要求的不同，使生产机械实现各种运行状态。本项目从介绍C650卧式车床的主要结构及工作要求开始，通过对车床电力拖动与控制要求的分析，介绍了相关的电气控制器件，如行程开关、接近开关、晶闸管自动开关、固态继电器、时间继电器、速度继电器、中间继电器和信号灯等。接着讲述了分析电气控制系统图的方法和步骤，电动机反接制动控制电路和能耗制动控制电路环节。最后以应用实例的形式扩展介绍了时间原则控制电动机的星形-三角形降压起动控制电路、C650车床控制电路、单按钮控制电动机起停电路、三相异步电动机低速运行主电路和电动机断相自动保护电路。

分析机床的电气原理图时，首先应从分析主电路开始，掌握各电动机的作用、起动方法、调速方法、制动方法以及各电动机的保护环节，并应注意各电动机运动形式之间的相互关系。分析控制电路时，应分析每一个控制环节所对应的电动机，并注意各个环节之间的互锁和保护环节。各种信号电路、报警及照明等电路是配合主电路工作的电气部分，此部分电路大部分由控制电路中的元件来控制的，在分析过程中，还要对照控制电路来进行分析。

习题及思考题

2-1　中间继电器在电路控制中起什么作用？何时需使用中间继电器？

2-2　试述接触器和继电器的异同点。

2-3　试述 JS7-A 型时间继电器动作原理，它具有哪几类触点？画出图形符号并说明含义。

2-4　如何进行三相异步电动机制动？每种制动方法各有何特点？

2-5　C650 型卧式车床主要由哪几部分组成？C650 型卧式车床的主运动和进给运动各指的是什么？

2-6　怎样阅读分析完整的生产设备电气原理图？

2-7　试述 C650 车床按下起动按钮 SB4 后的反向起动过程。

2-8　如果将 C650 车床电气原理图中的 KV-1 和 KV-2 两触头的位置对换，还有没有反接制动作用？为什么？

项目3　T68 卧式镗床电气控制

【学习目标】

1. 了解双速电动机的工作原理。
2. 掌握双速电动机调速控制电路的设计方法。
3. 掌握行程控制电路的设计方法。
4. 掌握三相异步电动机降压起动控制电路的组成及工作原理。
5. 了解绕线转子异步电动机转子串电阻起动控制电路的组成及工作原理。
6. 掌握 T68 镗床的主要结构、运动方式及控制要求。
7. 能够识读及分析 T68 镗床的电气原理图。
8. 通过对 T68 镗床电气控制系统分析，加深对电气控制系统的分析内容和设计步骤的掌握。

3.1　项目简述

镗床是冷加工中使用比较普遍的设备。镗床主要用于钻孔、镗孔、铰孔及加工端面等，若使用附件还可以车削螺纹。

3.1.1　T68 卧式镗床主要结构及运动方式

T68 卧式镗床主要由床身、前立柱、镗头架、工作台、后立柱和尾架等部分组成，其结构如图 3-1所示。

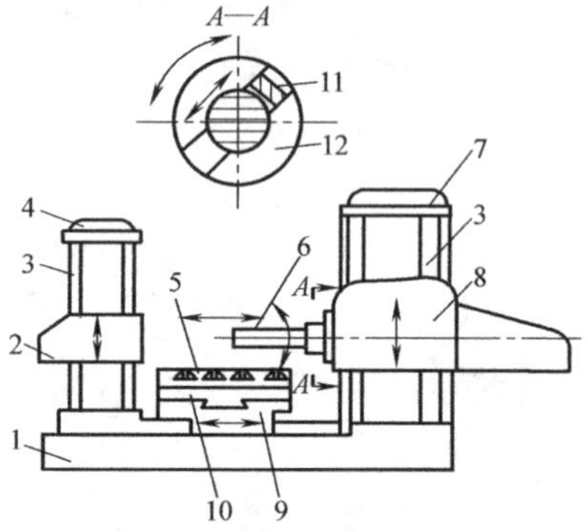

图 3-1　T68 卧式镗床外形结构图
1—床身　2—尾架　3—导轨　4—后立柱　5—工作台　6—镗轴　7—前立柱　8—镗头架　9—下溜板　10—上溜板　11—刀具溜板　12—花盘

T68 镗床的床身是一个整体铸件，在它的一端固定有前立柱，其上的垂直导轨上装有镗头架。镗头架可沿着导轨垂直移动，里面装有主轴、变速箱、进给箱和操纵机构等部件。切削刀是固定在镗轴前端的锥形孔里或装在花盘的刀具溜板上，在工作时，镗轴一面旋转，一面沿轴向做进给运动。花盘只能旋转，其上的刀具溜板可作垂直于主轴轴线方向的径向进给运动。镗轴和花盘主轴是通过单独的传动链传动，因此可以独立转动。

后立柱的尾座用来支撑装夹在镗轴上的镗杆末端，它与镗头架同时升降，两者的轴线始终在一直线上。后立柱可沿床身导轨在镗轴的轴线方向调整位置。

安装工件的工作台安置在床身中部的导轨上，它由上溜板、下溜板和可转动的台面组成，工作台可作平行和垂直于镗轴轴线方向移动，并可以转动。

从以上分析中可知，T68 卧式镗床的运动形式有下面 3 种。

1）主运动。镗轴的旋转运动和花盘的旋转运动。

2）进给运动。镗轴的轴向进给、花盘上刀具的径向进给、镗头的垂直进给、工作台的横向进给和纵向进给。

3）辅助运动。工作台的旋转、后立柱的水平移动、尾座的垂直移动及各部分的快速移动。

3.1.2 T68 卧式镗床电力拖动特点及控制要求

1）为适应多种加工工艺要求，主轴旋转和进给都应有较大的调速范围。所以 T68 镗床采用双速笼型异步电动机作为主电动机，并采用机电联合调速，这样既扩大了调速范围，又简化了传动机构。

2）主运动和进给运动采用了同一台电动机拖动，由于进给运动有几个方向，所以要求主电动机能正反转，并在主电动机运转时可进行主轴变速和进给变速。高速运转应先低速起动，各方向的进给都应有联锁关系。

3）各进给部分应能快速移动，故采用了一台快速电动机拖动。

4）为适应调整的需要，要求主拖动电动机可以正反向点动，并且有准确的制动。本机床采用电磁铁带动的机械制动装置。

5）由于卧式镗床运动部件多，应有必要的联锁和保护环节。

3.2 基本控制电路相关知识

3.2.1 双速度电动机控制电路

双速度电动机是通过改变电动机定子绕组的磁极对数来达到电动机的调速目的。

由三相异步电动机内部原理可知，当电源频率 f 固定后，电动机的同步转速 n_1 与它的极对数 P 成反比，异步电动机转速表达式：

$$n_1 = \frac{60f}{P}(1-s) \tag{3-1}$$

式中，s 为转差率，极对数增加一倍，同步转速就下降一半，从而引起异步电动机转子转速的下降。

通常把变更绕组极对数的调速方法称为变极调速。变极调速是一种有级调速。速度变换是“阶跃式”的，变极对数调速有“倍极比”和“非倍极比”两类，如 2、4、8 极的变换关系为倍极比，而 4、6 极的变换关系为“非倍极比”。由于变更极对数调速方法简便、可靠，在有级调速能满足要求的生产机械中，广泛采用多速异步电动机作为主拖动电动机。如镗床、铣床等机床的主轴拖动，都采用变更极对数的调速电动机。

笼型异步电动机常用的变极调速方法有两种：一种是改变定子绕线的接法，即变更定子绕线组每相电流的方向；另一种是在定子上设置具有不同极对数的两套相互独立的绕组。有时为了使同一台电动机获得更多的速度等级往往同时采用上述两种方法，即在定子上设置两套相互独立的绕组，又使每套绕组具有变更电流方向的能力。以上两种方法，通过改变磁极的对数，从而改变旋转磁场的同步转速，实现改变异步电动机的转速。变极调速改变极对数接线如图 3-2 所示。

图 3-2a 中的接法，用右手螺旋定则判断定子的电流方向，其同步转速 $n_1=1500\mathrm{r/min}$。改接后一半线圈中的电流方向反向，这时定子绕组产生的是两极磁场，如图 3-2b 所示，其同步转速 $n_1=3000\mathrm{r/min}$，调速比为 1:2。如图 3-2b 中有串联和并联两种联结方法，因此只要在电动机外部改变定子绕组的联结方法，就可以改变其极对数，从而得到不同的转速。多速电动机一般是以双速电动机为基础的，如 3 速电动机定子嵌有一套是单速的和一套是双速的独立的绕组，4 速电动机定子嵌有两套可以接成双速的独立绕组。

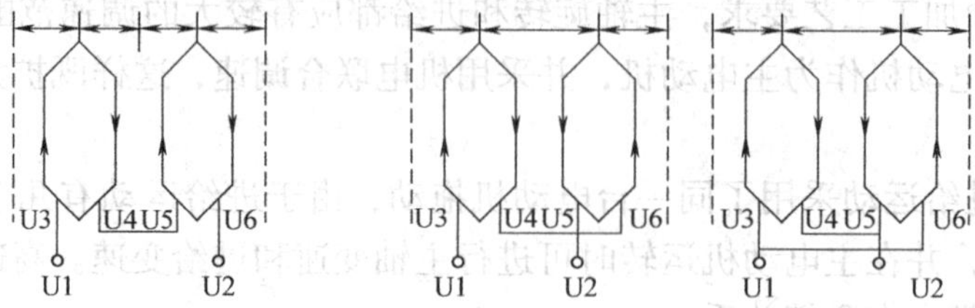

a) b)

图 3-2　改变极对数的接线图

a）4 极　b）2 极

双速度电动机有低速运行和高速运行两种方式，其控制电路如图 3-3 所示。当定子绕组联结成三角形时，磁极对数为 2，此时以 1500r/min 低速运行；当定子绕组联结成双丫形时，磁极对数为 1，此时以 3000r/min 高速运行。

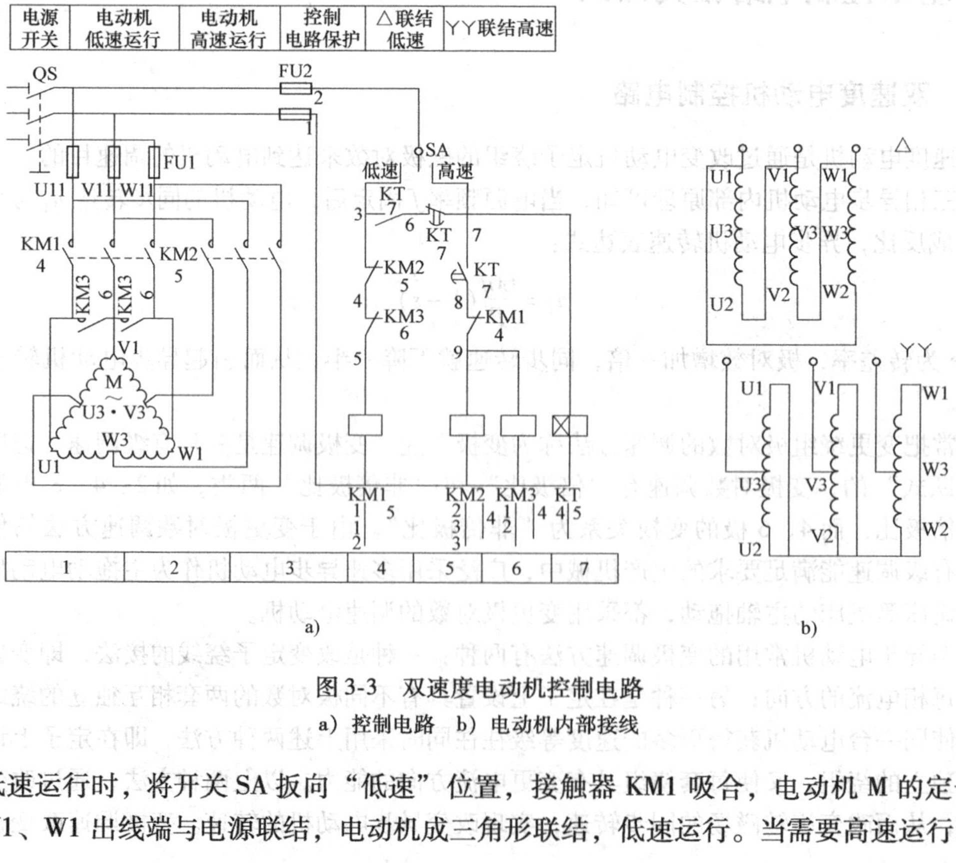

a) b)

图 3-3　双速度电动机控制电路

a）控制电路　b）电动机内部接线

低速运行时，将开关 SA 扳向“低速”位置，接触器 KM1 吸合，电动机 M 的定子绕组 U1、V1、W1 出线端与电源联结，电动机成三角形联结，低速运行。当需要高速运行时，将

SA 扳向“高速”位置，此时时间继电器 KT 吸合，使接触器 KM1 吸合，KM1（8-9）断开联锁作用，KM1 的主触头闭合，电动机 M 的定子绕组成三角形联结，低速起动。几秒钟后，KT（6-7）延时断开，使接触器 KM1 释放，电动机断电惯性旋转，此时 KM1（8-9）恢复闭合，KT（7-8）延时闭合，使接触器 KM_2、KM_3 吸合，U1、V1、W1 并头，电动机 M 的定子绕组变成双星形联结并高速运转。因为采用了时间继电器，由低速起动向高速运转是自动的，所以这种控制电路称为双速自动加速电路。

3.2.2 工作台自动往返控制

在生产过程中，经常遇到一些生产机械运动部件的行程或位置要受到限制，如运料机、锅炉上煤机、万能铣床、桥式起重机等设备中经常使用行程控制，它们的生产机械运动部件的运动状态转换是靠运动部件达到一定位置时，由行程开关发出信号进行自动控制的。

某机床工作台需要在一定位移内实现自动往返循环，拖动动力为三相笼型交流异步电动机，其工作示意图如图 3-4 所示。图3-4 中 SQ 为行程开关，装在预定的位置上，工作台上装有两个撞块，达到指定位置后，撞块压下任意一个行程开关时，都是该行程开关的常闭触头先断开，切断原来运动方向的接触器线圈电路；然后常开触头闭合，接通新运动方向的接触器线圈电路，实现自动往返控制。其中撞块 1 只能碰撞 SQ2、SQ4，撞块 2 只能碰撞 SQ1、SQ3，调节撞块的位置，就可以调节工作台行程往复区域的大小。

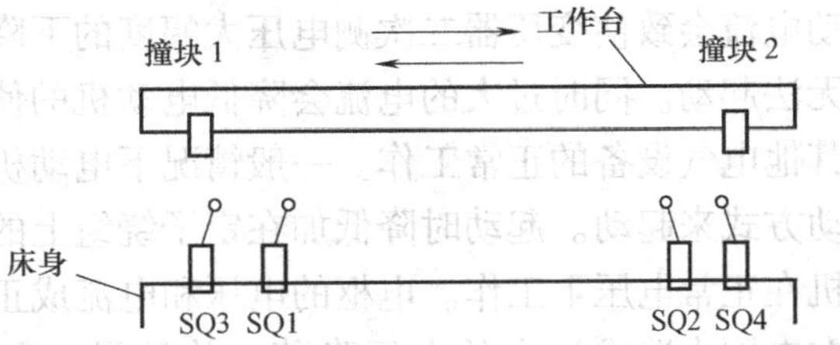

图 3-4　工作台自动往返示意图

SQ1、SQ2 装在机床床身上，工作台在 SQ1、SQ2 之间往复运动，SQ3、SQ4 安装在向左或向右的极限位置上，如果 SQ1、SQ2 失灵，工作台会继续向左或向右运动，当工作台运行到极限位置时，撞块就会压下行程开关 SQ3 或 SQ4，切断控制电路，迫使电动机停转，从而使工作台停止移动。可见 SQ3、SQ4 起到终端保护的作用，因此又称为终端保护开关或简称为终端开关。

工作台控制要求为：首先工作台由原位开始前进，到达终端后自动后退；其次要求能在任意位置停止或起动；最后控制电路设有短路、失电压、过载和终端位置保护。根据其工作要求设计的自动往返控制电路原理图如图 3-5 所示。

工作原理：首先合上电源开关 QS，然后按下右行按钮 SB3，接触器 KM2 线圈得电，其常闭触头断开，对 KM1 实现互锁，接着 KM2 主触头闭合，工作台向右运行，同时 KM2 常开触头闭合，对 KM2 实现自锁，当工作台运行到限制位置时，撞块 1 压下 SQ2，其常闭触头先断开，切断 KM2 所在的电路，然后其常开触头闭合，接通 KM1 所在的电路，工作台开始向左运行，当左行到限定位置时，撞块 2 压下 SQ1，其常闭触头断开 KM1 所在的电路，然后其常开触头接通 KM2 所在的电路，工作台开始向右运行，以此循环动作实现工作台自动往返运行。

3.2.3 三相笼型交流异步电动机定子串电阻或电抗器降压起动控制电路

三相异步电动机全压起动时，起动电流很大，一般可达到额定电流 4 ~ 7 倍，过大的起

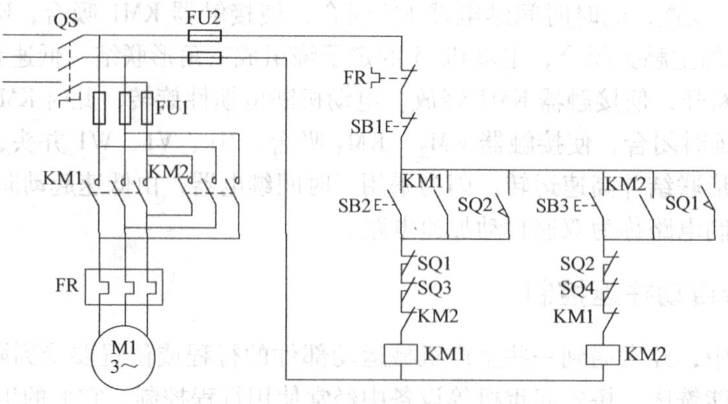

图 3-5　工作台自动往返控制电路

动电流会致使变压器二次侧电压大幅度的下降，减小电动机的起动转矩，甚至使电动机根本无法起动。同时过大的电流会降低电动机的使用寿命，并造成电源电网电压下降，影响网上其他电气设备的正常工作。一般情况下电动机的额定容量在 10kW 以上时，要求采用降压起动方式来起动。起动时降低加在定子绕组上的电压，起动后再将电压恢复到额定值，使电动机在正常电压下工作。电枢的电压和电流成正比，所以降低电压就可以减小起动电流，不会在电网中造成过大的电压降落，并且限制和减少了起动转矩对机械设备的冲击作用。若大容量电动机的电源变压器的容量足够大时，也允许全压直接起动，对电网电压没有太大的波动影响，但应考虑起动时的机械冲击破坏问题。

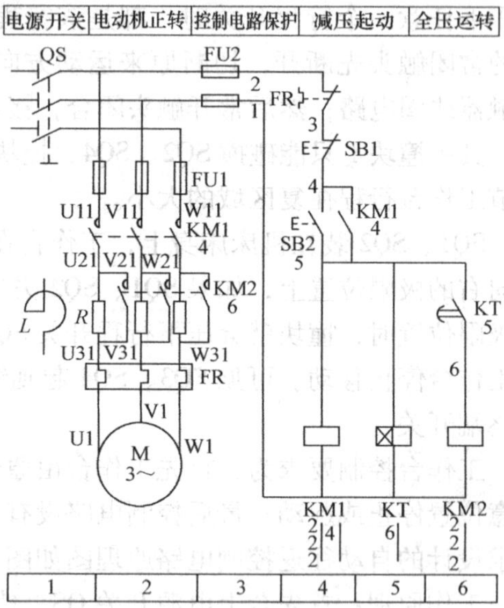

图 3-6　定子串电阻或电抗器的电动机降压起动电路

异步电动机定子串电阻或电抗器降压起动，就是在电动机起动时，将电阻或电抗器串连接在电动机定子绕组和电源之间，起动时在电阻或电抗器上有电压降落，从而此时电动机绕组上只施加小于电源的电压，降低了起动电流。电动机的转速升高到一定值时，再将电阻或电抗器短接，使电动机在额定电压下正常运转。

异步电动机定子串电阻降压起动控制电路如图 3-6 所示，当合上总电源开关 QS 后，按下 SB2，则接触器 KM1 和时间继电器 KT 的线圈获电，KM1（4-5）闭合自锁，KM1 的主触头闭合，电动机 M 串电阻降压起动。当时间继电器 KT 数秒延时后，KT（5-6）延时闭合。KM2 线圈获电吸合，KM2 主触头闭合，电阻 R 被短接，电动机 M 以额定电压正常运转。

定子串电阻或电抗器的电动机降压起动方法，可以适用于正常运行时绕组为星形或三角形联结的电动机。这种起动方法的缺点是起动时电阻的功率损耗较大，电阻温升很高，又由于起动时电压的降低，起动转矩也会大大的降低，所以适用于电动机轻载或空载起动的场合。为了减少电阻功率损耗可以用电抗器来代替，但增大了电网的无功分量，且电抗器的成本较高。

3.3 应用举例

3.3.1 运料小车自动往返循环控制电路分析

图3-7中的小车开始时停在左边，左限位开关SQ1的常开触头闭合。要求按下列顺序控制小车。

1）按下右行起动按钮SB2，小车右行。

2）走到右限位开关SQ2处停止运动，延时8s后开始左行。

3）回到左限位开关SQ1处时停止运动，延时8s后开始右行。

4）无论何时按下停止按钮，小车均停止。

运料小车自动往返控制电路图如图3-8所示。

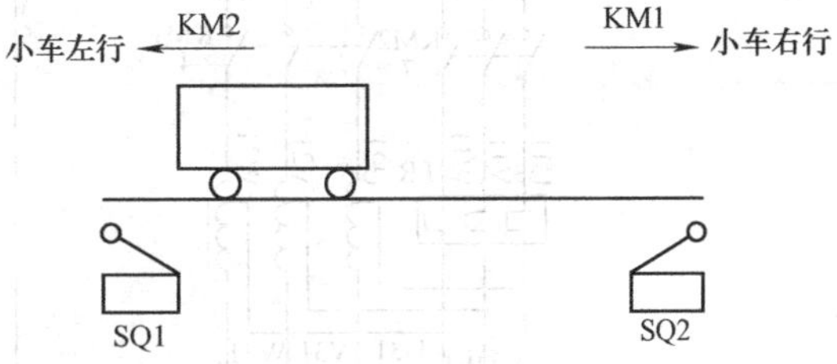

图3-7 小车自动往返示意图

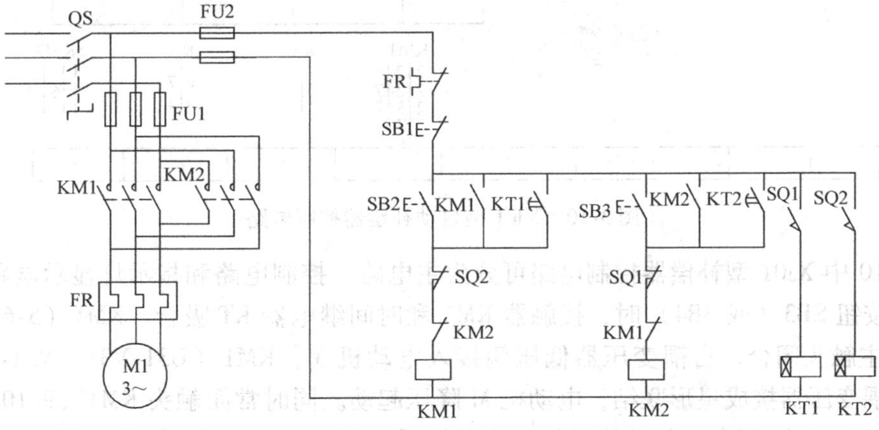

图3-8 运料小车自动往返控制电路

工作台自动往返控制电路中没有原点及终点的延时，为此电路中增加两个时间继电器KT1、KT2，分别用于延时控制。当运料小车运行到限定位置时，压下行程开关，然后用行程开关接通相应的时间继电器，经时间继电器的延时后接通另一接触器的线圈。

3.3.2 自耦变压器降压起动控制电路

异步电动机自耦变压器降压起动控制方法是利用自耦变压器来降低电动机起动时的电压，达到限制起动电流的目的。起动时，电源电压加在自耦变压器的高压绕组上，而电动机的定子与自耦变压器低压绕组联结，待电动机转速上升到一定数值时，再将自耦变压器切除，电动机直接与电源相接，在额定电压下运行。自耦变压器降压起动控制电路原理如图3-9所示。自耦变压器降压起动工作时可以采取手动控制和自动控制两种

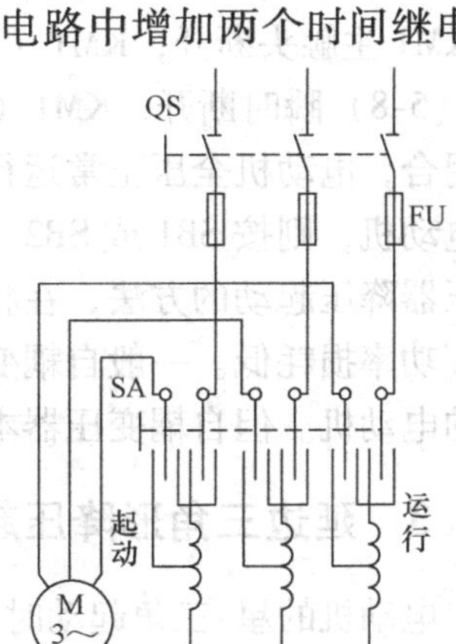

图3-9 自耦变压器降压起动控制电路

方式。一般手动控制时使用 QJ3 补偿器，自动控制时使用 XJ01 型自动补偿器。且手动补偿器内部具有欠电压和过载保护装置，XJ01 型自动补偿器控制电路如图 3-10 所示。

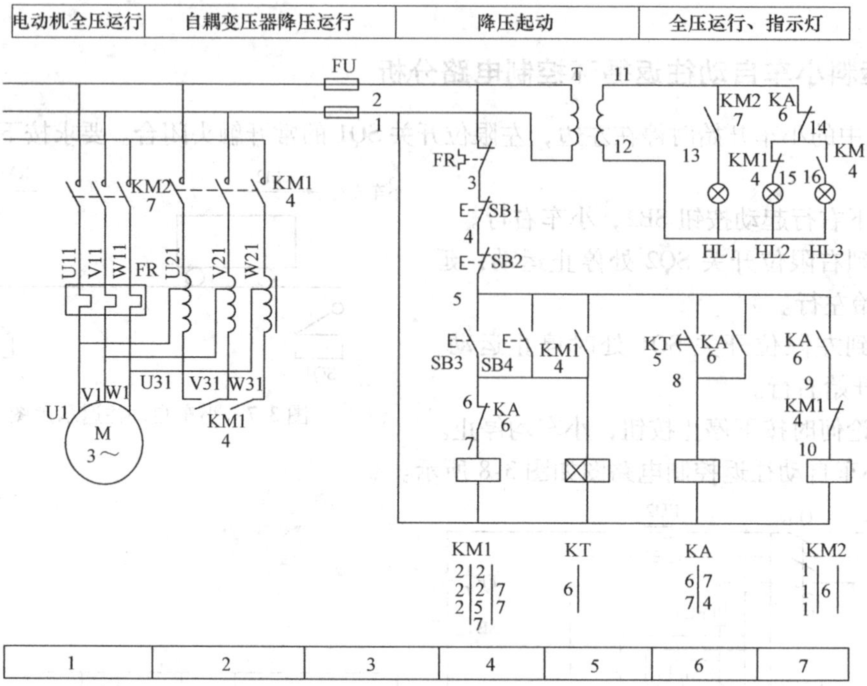

图 3-10　XJ01 型自动补偿器控制电路

图 3-10 中 XJ01 型补偿器控制电路可分为主电路、控制电路和指示灯显示电路 3 部分。按下起动按钮 SB3（或 SB4）时，接触器 KM1 和时间继电器 KT 吸合，KM1（5-6）闭合自锁，KM1 主触头闭合，自耦变压器低压侧接入电动机 M，KM1（U31-V31、V31-W31）闭合，将自耦变压器接成星形联结，电动机 M 降压起动。同时常闭触头 KM1（9-10）断开联锁，KM1（14-16）闭合，起动指示灯。几秒钟后，KT（5-8）延时闭合，中间继电器线圈获电，则 KA（11-14）断开，起动指示灯熄灭（12-16）。KA（6-7）断开，KM1 线圈失电，有 KM1 主触头断开，KM1（U31-V31、V31-W31）断开，KM1（5-6）断开，KT 线圈失电，KT（5-8）瞬时断开，KM1（9-10）闭合自耦变压器被切除。KM2 线圈获电，有 KM2 主触头闭合，电动机全压正常运行，同时 KM2（11-13）闭合，运行指示灯亮（12-13），若要停止电动机，则按 SB1 或 SB2，控制电路失电，电动机停转，指示灯（12-15）亮。采用自耦变压器降压起动的方法，在相同的转矩情况下与定子串电阻方法比较，其对电网的电流冲击小，功率损耗低。一般自耦变压器降压起动转矩大，可用于大容量的正常运行为星形或三角形的电动机。但自耦变压器本身造价较高，也不允许频繁的操作使用。

3.3.3　延边三角形降压起动控制电路

电动机的星-三角起动时，在降低起动电压，减小了起动电流的同时也使起动转矩大大地降低，所以仅适用于轻载起动，实际应用时受电动机的空载或轻载限制，如果采用延边三角形降压起动方法，定子绕组在电动机起动时，绕组一部分接成星形，另一部分接成三角形，兼顾了适当降低起动电流，又有相当的起动转矩。电动机以延边三角形降压起动时三相绕组联结如图 3-11 所示。

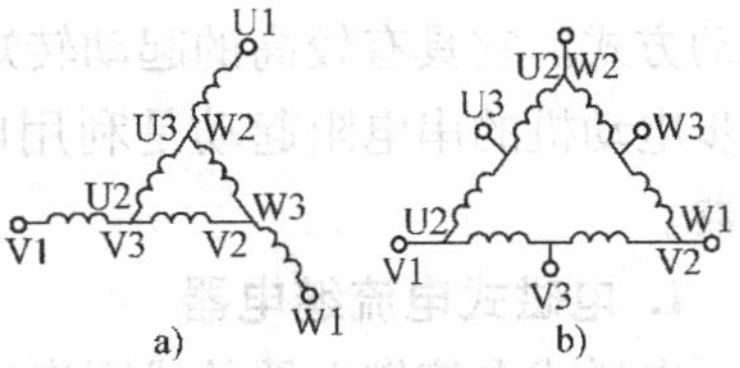

图 3-11　延边三角形降压起动时三相绕组联结图

a）延边三角形连接　b）三角形连接

能以延边三角形降压起动的电动机三相绕组都有中间抽头，并且可以改变定子绕组的抽头比例，来满足实际使用的要求。

电动机以延边三角形方法降压起动时，相对其他降压起动方法，绕组接线方式比较复杂，但由于具有良好的起动性能被广泛采用，其控制电路见图 3-12 所示，当合上总电源开关 QS 后，按下起动按钮 SB2，接触器 KM1、KM2 和时间继电器 KT 吸合，KM1（4-5）闭合自锁，KM1 和 KM2 的主触头闭合，断开联锁触头，此时电动机 M 以延边三角形联结降压起动。几秒钟后，KT（5-6）延时断开，KM2 释放，KM2 主触头断开，电动机的延边三角形联结方式解除。又因 KM2（8-9）恢复闭合，KT（5-8）延时闭合，接触器 KM3 吸合，KM3（6-7）断开起联锁作用。KM3 主触头闭合，电动机以三角形联结在额定电压下运转，起动过程结束。

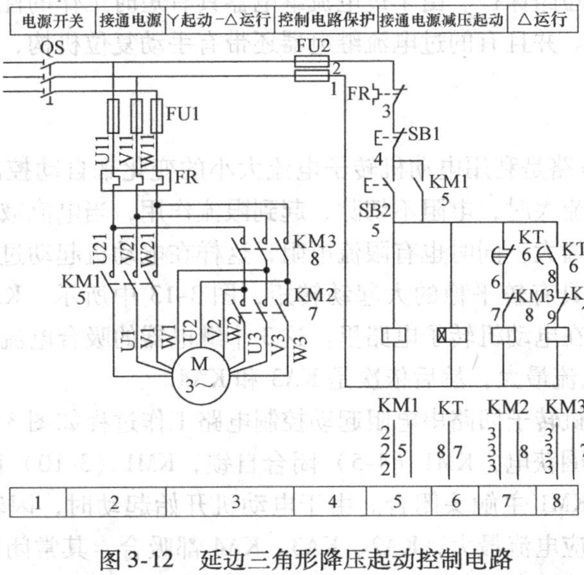

图 3-12　延边三角形降压起动控制电路

电动机要想以延边三角形方式降压起动，首先要求电动机三相绕组有中间抽头，电动机带有至少 9 个绕组出线端子，这样的电动机制造工艺相对复杂些。虽然延边三角形降压起动的起动转矩要比星-三角形降压起动的起动转矩大，但与自耦变压器起动时最大转矩相比还是要小一些。

前面介绍的 4 种电动机降压起动方法，实际应用中具体采用哪种，要根据电动机三相绕组的本身结构特性、起动电流特性和起动转矩特性来选择最佳起动方式。如果在起动要求很高的场合，笼型异步电动机降压起动方式难以满足起动要求时，可以选用绕线转子异步电动机，采用转子电路串电阻的起动方法。

3.3.4　三相绕线转子异步电动机转子串电阻起动控制

三相绕线转子异步电动机转子回路通过在集电环外串电阻的起动，这是一种性能极好的起动方式。它具有较高的起动转矩，同时又限制了起动电流，并且起动过程平稳。绕线转子异步电动机的串电阻起动是利用电磁式电流继电器来操作的，下面首先介绍电磁式电流继电器。

1. 电磁式电流继电器

电磁式电流继电器的线圈串于被测电路中，根据线圈中电流大小而接通或分断电路。由于线圈对被测电路是串联关系，故而采用匝数少、导线粗、小阻抗线圈。

电流继电器又有欠电流和过电流之分。欠电流继电器的吸引电流为线圈额定电流的30% ~65%，释放电流为额定电流的10% ~20%。正常工作时，衔铁是吸合的，只有当线圈电流降到某一整定值时，继电器才释放，输出信号。这种继电器常用于直流电动机和电磁吸盘的失磁保护。

当线圈电流高于整定值时动作的继电器称过电流继电器。正常工作时，继电器不动作，只有当电流超过某一整定值时才动作。一般整定到额定电流的1.1 ~4倍。过电流继电器正常工作时，线圈也通以电流，但衔铁不动作，当电流增大到整定值时，衔铁被吸合。过电流继电器常用于电动机的短路保护。由于过电流继电器具有短时工作的性质，所以交流过电流继电器不须安装短路环。并且有的过电流继电器还带有手动复位机构，从而可避免重复过电流事故的发生。

2. 控制电路分析

图3-13所示控制电路是利用电动机转子电流大小的变化来自动控制转子回路串接电阻的切除。当转子回路电流大时，电阻不切除，起到限流作用，当电流减小到某一值时，短接一段电阻，电流又重新增大，同时也有限流电阻，这样在电动机起动过程中能将起动电流控制在一定范围内，保证具有较平稳的大起动转矩，图3-13中所示，KA2、KA3、KA4为欠电流继电器，其线圈串在电动机转子电路里。这3个继电器的吸合电流相同，但释放电流不同。其中KA2的释放电流最大，然后依次是KA3和KA4。

绕线转子异步电动机转子回路串电阻起动控制电路工作过程如图3-13所示，当合上QS后，按下SB2，KM1线圈获电，KM1（4-5）闭合自锁，KM1（3-10）闭合，KA1继电器线圈获电，KA1（3-6）、KM1主触头闭合。由于电动机开始起动时，因转子相对切割定子磁场的速度最快，转子感应电流最大，KA2、KA3、KA4都吸合，其常闭触点都断开，于是接触器KM2、KM3、KM4都不吸合，全部电阻都接入转子回路。随着转子速度的升高和定子磁场的相对速度降低，转子电流下降，继电器KA2首先释放，其常闭触点KA2（6-7）闭合，使接触器KM2吸合，KM2的常开触头闭合，短接第一段电阻R1。在R1被短接后，转子电流又重新增大，又随转子速度的升高，转子的电流又下降，使KA3释放，KM3吸合，R2被短接，如此下去，直到全部电阻被短接，电动机起动结束。

中间继电器KA1的作用是保证起动时全部起动电阻接入。因刚起动时，转子电流由零值剧增到最大值需要一些时间，因此KA2、KA3、KA4可能都未动作，使全部起动电阻都被短接，电动机等同于转子未串入电阻。有了中间继电器KA1后，刚起动时，接触器KM2、KM3、KM4不会吸合。只有当接触器KM1吸合后，电动机开始起动，KA1才因KM1的常开触头闭合而吸合，KA1的常开触点KA1（3-6）闭合后，才给接触器KM2、KM3、KM4的吸合做好准备，保证了电动机转子回路中串入电阻进行起动。

绕线转子异步电动机的串电阻起动利用欠电流继电器来操作是一种有级起动，它使电动

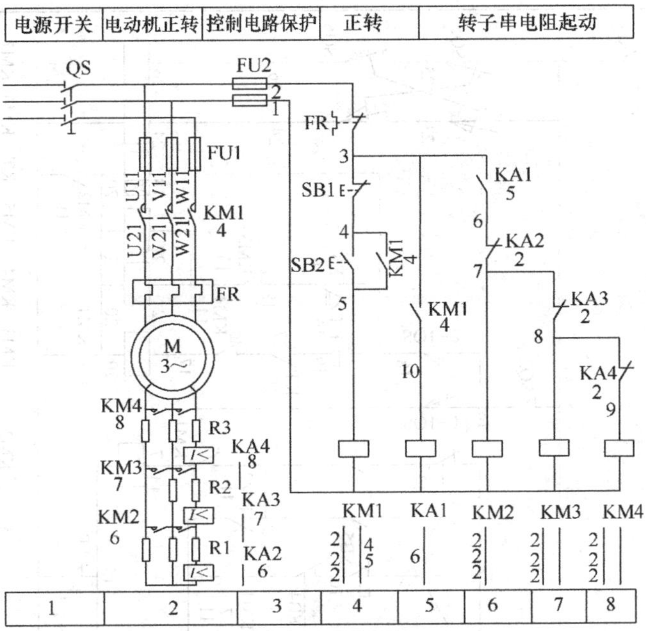

图 3-13　转子回路串电阻起动控制电路

机有抖动现象。近年来采用频敏变阻器接入转子回路中，利用频敏变阻器的等效阻抗和转子电流频率成正比的特性，转子电流频率在起动时最高，随着转子速度的上升而降低，从而实现了无级的、自动的转子电路串电阻起动的极佳效果。

3.3.5　T68 卧式镗床电气原理图分析

1. 主电路分析

T68 卧式镗床的电气原理图如图 3-14 所示。其中 M1 为主电动机，由 KM1 和 KM2 的主触头控制正反转，KM3 的主触头控制 M1 的低速运转，KM4 和 KM5 的主触头控制 M1 的高速运转。YB 为主轴断电制动型电磁铁的线圈，由 KM3 和 KM5 的辅助常开触头控制。当 KM3 或 KM5 的任一动合触头闭合时，电磁抱闸线圈 YB 得电，吸引衔铁使闸瓦和闸轮分开。因电动机轴与闸轮连在一起，所以电动机能够自由转动。当 YB 断电时，在弹簧力的作用下，闸瓦与闸轮紧紧抱在一起，电动机的轴也就无法自由旋转，电动机被迫停转。FR 作为 M1 的过载保护用。M2 为快速移动电动机，由 KM6 和 KM7 的主触头进行正反转控制。由于 M2 是点动短时运行，所以不需要过载保护。

2. 控制电路分析

（1）主电动机起动控制

主电动机在低速起动时，将主电动变速手柄扳在低速位置，行程开关 SQ1 未被压合，此时，SQ1-1（12）闭合而 SQ1-2（13）断开。起动过程为：按下 SB3（7、10）→KM1（7）通电→KM1 辅助常开触头（8）闭合自锁，另一个 KM1 辅助常开触头（13）闭合→KM3（13）通电→YB 通电，M1 松闸→M1 低速起动运行。

主电动机在高速起动时，将变速手柄扳在高速位置，则 SQ1-1（12）断开，SQ1-2（13）闭合。起动过程为：按下 SB3（7、11）→KM1（7）通电并自锁→KT（16）通电，KT

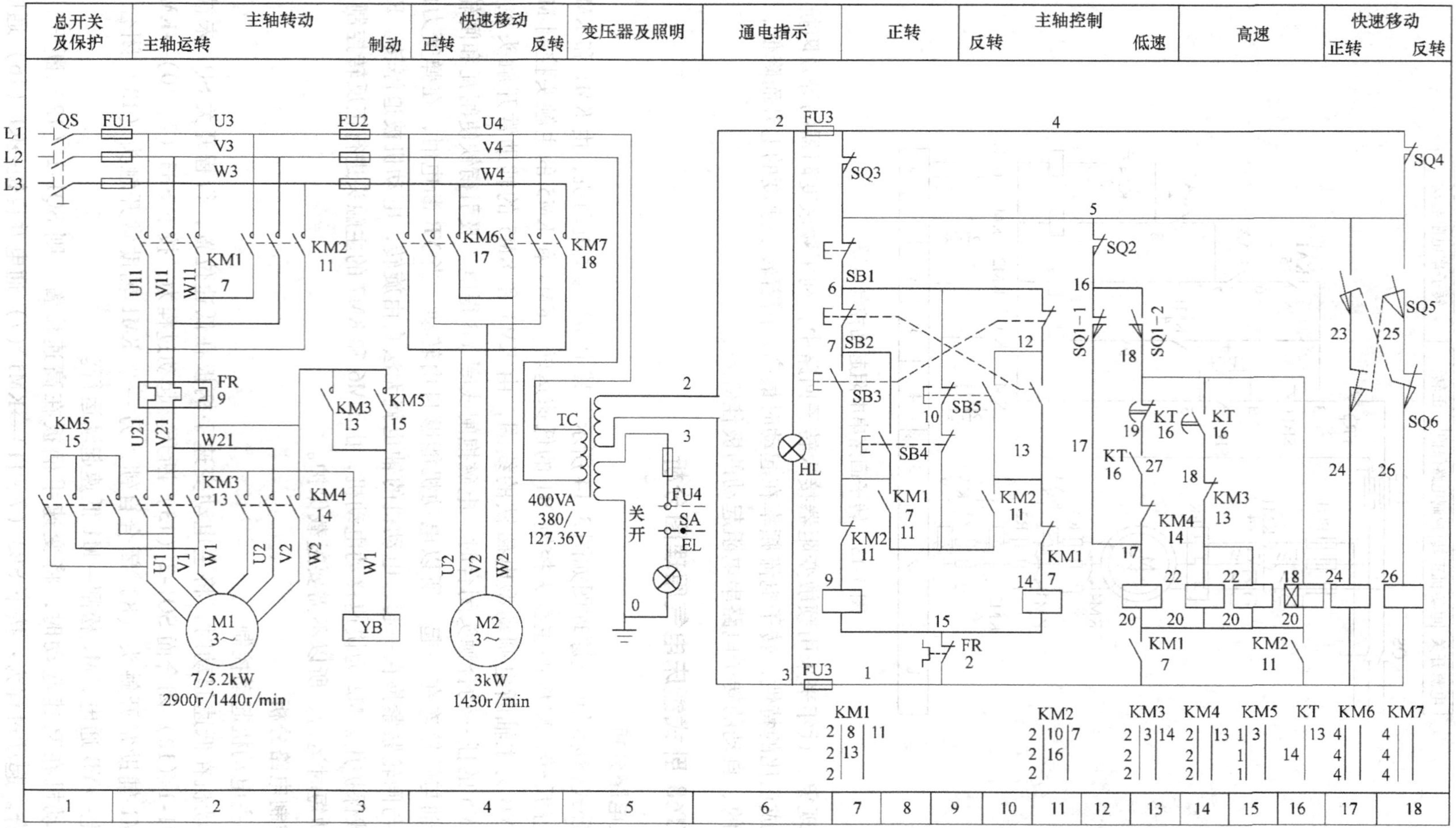

图 3-14 T68 卧式镗床电气原理图

瞬间常开触头（13）闭合→KM3 通电，M1 低速起动运行，KT 延时一到，KM3 断电→KM4、KM5 通电→M1 高速运转。主电动机的高速运转必须要经过低速起动过渡到高速起动的一个过程。

（2）主轴点动控制

主轴点动时，变速手柄位于低速位置。主轴正反转点动分别由按钮 SB4（8、9）和 SB5（9、10）控制，它们均为复合按钮，点动时，各自的常闭触头（9、9）切断了正反向自锁回路，从而实现了主轴点动控制。

（3）主轴的停止和制动

主轴旋转时，按下停止按钮 SB1（7），便切断了 KM1 或 KM2 的线圈通电回路，KM3 或 KM4 及 KM5 也随即断电，YB 也跟着断电，在弹簧力的作用下主电动机 M1 抱闸制动，从而实现主轴的制动。

（4）主轴变速和进给变速控制

主轴变速和进给变速是在主电动机 M1 运转时进行的。当主轴变速手柄拉出时，限位开关 SQ2（12）被压下断开，接触器 KM3 或 KM4 及 KM5 都断电使主电动机 M1 停转，时间继电器 KT 也断电。当主轴转速选择好以后，推回变速手柄，则 SQ2 复位闭合，电动机 M1 便自动起动工作。当需要进给变速时，只要拉出进给变速手柄，则 SQ2 也受压断开，M1 停转，具体过程同主轴变速时类似，不再赘述。

当变速后，主电动机 M1 总是自低速起动，以利于啮合。若在变速时遇上了顶齿不能啮合的情况，变速手柄就推不上，这时可来回推动几次，使得手柄通过弹簧装置将位置开关 SQ2 作瞬时闭合又断开动作，使电动机 M1 产生冲动，再将手柄往里推，就很容易啮合了。

（5）快速移动控制

T68 镗床采用一台快速移动电动机 M2 拖动，配合机械机构，实现各移动部件各方向的快速移动，这些均由快速移动手柄来控制。根据所选方向，扳动快速移动手柄，限位开关 SQ5（17、18）或 SQ6（17、18）受压，使其常开触头闭合，常闭触头断开，快速移动接触器 KM7（18）或 KM6（17）就通电，进而形成所选方向的快速移动。

3. 信号、照明控制电路分析

T68 卧式镗床的很多控制器都装在机床身上，比如限位开关等，所以要采用一台控制变压器 TC（5）隔离供电。EL（5）为照明灯，SA 为灯开关，HL（6）为电源指示灯。

4. 联锁和保护电路分析

主轴箱和工作台共用一个进给操作手柄，当操作手柄扳到“进给”位置时，限位开关 SQ4 常闭触头（18）断开。当主轴及花盘操作手柄扳到“进给”位置时，可使限位开关 SQ3 常闭触头（7）断开。这样，当仅有一个进给操作手柄扳动时，SQ3 和 SQ4 常闭触头中只有一个闭合，从而决不会影响到 KM1 ~ KM7 和 KT 的通电，可靠地实现所选的一种进给。但当两个手柄都扳动时，SQ3 和 SQ4 常闭触头就都断开，从而切断了控制电路，决不可能出现两种进给同时出现的情况，实现了两种进给间的联锁，否则会损坏机构。

另外，主电动机 M1 的正反转控制和高低速控制电路，快速电动机 M2 的正反转控制电路都设有互锁环节。线路中设置了一系列的基本保护，有短路保护、过载保护和过电压及欠电压保护等。

5. T68 卧式镗床电气原理图的特点

1）主轴与进给电动机 M1 为双速电动机，低速时可直接起动，高速时先低速起动，然后自动转换成高速运行，以减小起动电流。

2）主电动机 M1 的制动采用电磁操作的断电式制动装置。

3）主轴和进给变速均在运行中进行，变速操作时，主电动机便断电停车，变速完成以后又恢复运行。

4）主轴箱、工作台与主轴进给等部分的快速移动由单独的快速移动电动机 M2 拖动，它们与机动进给之间有机械和电气的联锁保护。

项目小结

本项目以 T68 卧式镗床为例，引出了双速电动机的变极调速的工作原理和控制电路。双速电动机主要是通过改变定子绕组的连接方法达到改变定子旋转磁场磁极对数，从而改变电动机的转速。行程开关在行程控制和终端保护中应用的很广泛，本项目以工作台自动往返和运料小车自动往返循环为例进一步介绍了行程开关的应用。

三相异步电动机的降压起动控制电路常见的有定子串电阻降压起动、Y-△降压起动、自耦变压器降压起动和延边三角形降压起动等。本项目讲述了定子串电阻降压起动、自耦变压器降压起动和延边三角形降压起动的电路组成、工作原理。绕线转子异步电动机起动通常采用转子回路串电阻或频敏变阻器方法。起动和运转状态的转换通常采用时间控制原则或速度控制原则。在实际应用中应根据具体情况选择合适的起动方法。

本项目还重点讲述了 T68 卧式镗床的主要结构、运动形式、控制要求、电动机和电器元件的配置情况，以及机械、液压系统与电气控制的关系等方面知识，详细分析了 T68 卧式镗床电气控制原理图的组成、工作原理。通过该项目的学习，使读者进一步熟练掌握生产设备的控制电路的分析方法，并且能够熟练分析机床控制电路，这也为机床控制电路的改造和进一步进行控制电路设计奠定了基础。

习题及思考题

3-1　电动机降压起动的方法有哪几种？分别是什么？各种互相比较各有什么优缺点？

3-2　画出能在两处用按钮起动和停止电动机的控制电路。

3-3　设计一台电动机起动的控制电路，要求满足以下功能。

1）采用手动和自动降压起动。

2）能实现连续运转和点动控制，且要求点动工作时处于降压运行状态。

3）具有必要的联锁与保护环节。

3-4　有两台电动机 M1 和 M2，要求满足以下功能。试画出其控制电路。

1）M1 先起动，M1 起动 20s 后，M2 才能起动。

2）若 M2 起动，M1 立即停转。

3-5　为两台电动机设计一个控制电路，其中一台为双速电动机，控制要求如下。

1）两台电动机互不影响地独立操作。

2）能同时控制两台电动机的起动与停止。

3）双速电动机为低速起动高速运转。

4）当一台电动机过载，两台电动机均停止。

项目4　X62W卧式万能铣床电气控制

【学习目标】

1. 了解X62W卧式万能铣床的主要结构与运动形式。
2. 了解X62W卧式万能铣床的电力拖动及控制要求。
3. 掌握转换开关、万能转换开关、主令控制器和控制器的结构特点、图形符号和文字符号。
4. 掌握顺序控制电路和两地控制电路的设计方法和技巧。
5. 掌握X62W卧式万能铣床和组合机床的电气控制原理图的分析方法。

4.1　项目简述

铣床的种类很多，应用也极为广泛，有立铣、卧铣、龙门铣和仿形铣等，各类铣床的加工性能和使用范围不尽相同。铣床可用来加工平面、斜面和沟槽等，若装上分度头后，还可以铣切直齿齿轮和螺旋面，如果装上圆工作台还可以铣切凸轮和弧形槽。铣床在金属切削机床中的数量仅次于车床，占有较多数量。

4.1.1　X62W卧式万能铣床主要结构及运动形式

X62W卧式万能铣床具有主轴转速高、调速范围宽、操作方便和加工范围广等特点，其外形结构如图4-1所示。

X62W铣床主要由底座、床身、悬梁、刀杆支架、工作台、溜板箱和升降台等部分组成。床身内装有主轴的传动机构和变速操纵机构。主轴带动铣刀的旋转运动称为主运动，它同工作台的进给运动之间无速度比例协调的要求。所以主轴的拖动由一台主电动机承担。为完成顺铣和逆铣，要求在电气控制上的主轴电动机能正反转。为了减少负载波动对铣刀转速的影响，主轴上装有保持转动惯量的飞轮。因此为了提高工作效率，要求主电动机有停车制动控制。为保证变速时齿轮易于啮合，要求变速时有主电动机冲动控制。

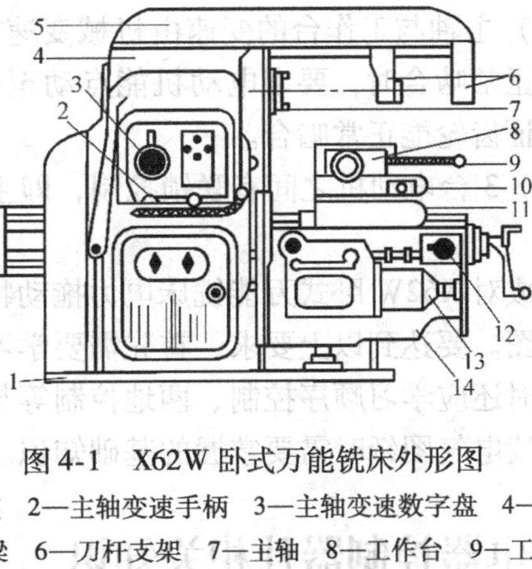

图4-1　X62W卧式万能铣床外形图

1—底座　2—主轴变速手柄　3—主轴变速数字盘　4—床身　5—悬梁　6—刀杆支架　7—主轴　8—工作台　9—工作台纵向操作手柄　10—回转台　11—溜板箱　12—工作台升降及横向操纵手柄　13—进给变速手轮及数字盘　14—升降台

床身的前侧面装有垂直导轨升降台可沿导轨上下移动。在升降台上面的水平导轨上，装有可沿平行于主轴轴线方向上移动（水平移动或称前后移动）的溜板，溜板上部装有可以转动的回转台。工作台装在回转台的导轨上，可作垂直于轴线方向的移动，也就是纵向运动或称左右运动。工作台上有固定工件的燕尾槽。这样固定在工作台上的工件可作上下、前后及左右3个方向的移动。各运动部件在3个方向上的运动由同一台进给电动机拖动并带有正反转控制，但是在同一时间内，只允许一个方向上的运动，通过机械和电气方式来联锁。进给变速时，也需要变速冲动控制，并有各方向的快速移动。

此外溜板还可绕垂直轴线左右旋转45°，因此工作台还能在倾斜方向进给，以加工螺旋槽。工作台上还可以安装圆工作台，使用圆工作台可铣削圆弧、凸轮。这时其他3个方向的移动必须停止，要求通过机械和电气方式进行联锁。

由此可见，卧式铣床有3种运动：主运动、进给运动和辅助运动。主运动是指主轴带动铣刀的旋转运动；进给运动是指工件随工作台在3个相互垂直方向上的直线运动（上下、前后、左右）或圆工作台的旋转运动；辅助运动是指工作台在进给方向上的快速运动。

4.1.2　X62W卧式车床电力拖动特点及控制要求

（1）主轴电动机

M1为完成顺铣和逆铣，电动机的正反转由换向组合开关SA5预选，从安全和操作方便考虑，其起动和停止采用两地控制，一处装在升降台上，另一处装在床身上。由于传动系统装有惯性轮，自由停车时间长，为此主轴设有反接制动。

（2）工作台进给电动机M2

工作台的左右、前后、上下各种进给运动，均是由进给电动机M2作正反向旋转来拖动的。圆工作台运动也由M2来拖动。为提高生产效率，要求空行程时可快速移动，这由快速移动电磁铁来完成。从设备使用安全考虑，各进给运动之间必须联锁，并由手柄操作机械离合器选择进给运动的方向。

（3）冷却泵电动机M3在铣削加工时提供切削液。要求直接起停、连续运转。

（4）主轴与工作台的变速由机械变速系统来完成，变速过程中，当选定啮合的齿轮没能进入正常啮合时，要求电动机能点动至合适的位置，因此主轴与工作台设有变速冲动控制，保证齿轮能正常啮合。

（5）3台电动机之间有联锁控制，即主轴电动机起动之后，才能对另外两台电动机进行控制。

完成对X62W卧式万能铣床电力拖动特点及控制要求介绍以后，接下来要分析其电气控制原理图。要达到以上要求，首先需要学习转换开关、电磁离合器等与铣床电气控制相关知识。同时还应学习顺序控制、两地控制等与机床有关的基本控制电路的设计特点。这也是学习与识读电气图纸时需要掌握的基础知识。

4.2　电器控制器件相关知识

4.2.1　转换开关

转换开关又称组合开关，一般在电气系统中利用动、静触头的配合工作完成非频繁接通和分断电路，测量电压转换及小容量异步电动机的正反转和Y-△起动等一些具体工作。当使用转换开关直接实现电动机正反转时也称为倒顺开关，或者称为可逆转换开关，倒顺开关的手柄有 3 个位置：“顺”、“停”和“倒”。转换开关由动触头、静触头、方轴、转换手柄、定位机构及外壳等部分组成。动静触头分别在绝缘层内叠装，其结构示意图如图 4-2 所示。

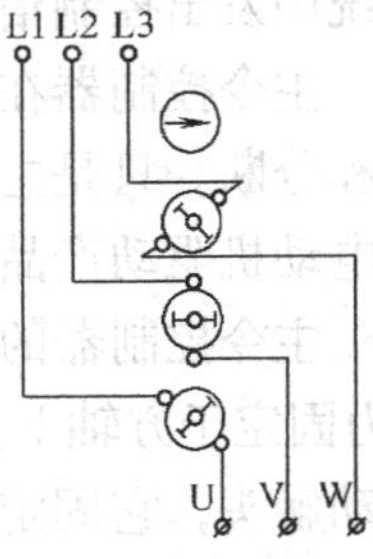

图 4-2 转换开关示意图

工作时，手柄转动带动方轴，动触头随方轴一同转动到某个固定角度时，使动触头接触相应的静触头，使电路接通。手柄再转动某个固定角度后，动触头脱离静触头，断开电路。转换开关常用有：HZ5、HZ10 系列。HZ10 为统一设计产品，可代替 HZ1、HZ2 系列，HZ5 系列工作时类似万能转换开关，也可代替 HZ1、HZ2 系列。转换开关有单极、双极和多极之分。其图形符号和文字符号如图 4-3 所示。

转换开关的选择要根据电源种类、电压等级、触头数量，以及断流容量等因素来确定。采用转换开关可以完成电源引入，或直接控制小容量电动机的不频繁地起动和停止，同时要求其额定电流高于电动机额定电流的两倍。

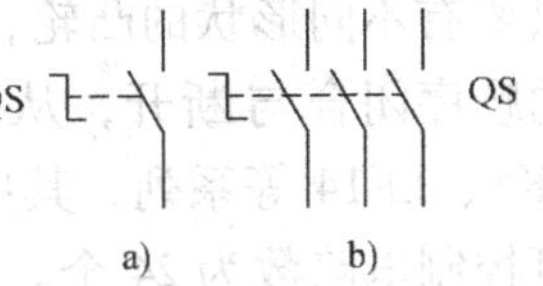

图 4-3 转换开关的图形符号和文字符号

a）单极 b）三极

4.2.2 万能转换开关

万能转换开关在主令电器中作为控制电路的转换和配电设备的远距离控制，电气测量仪表的转换测量以及伺服电动机、微电动机的控制使用。常被用于笼型异步电动机的星-三角降压起动控制。也可用于小容量电动机的起动、换相、制动和调速控制。触头数量多，是层积式的，可以根据需要增减，可以任意排列，组合各种开闭状态。它最显著的特点是能良好地控制各种复杂电路和多数量的电路。

万能转换开关按手柄形式可分为旋钮、普通手柄及带定位、带信号灯指示的等。按定位形式可分为自复式和定位式。定位角度分为 30°、45°、60°、90°等。

万能转换开关的图形符号及文字符号如图 4-4 所示。“——○ ○——”表示一路触头，而每一条竖点划线代表手柄位置，在哪一个位置上哪一路接通，就在代表这个位置点划线上的触头下面用黑点“●”表示。b 图中“×”符号表示触头闭合状态。

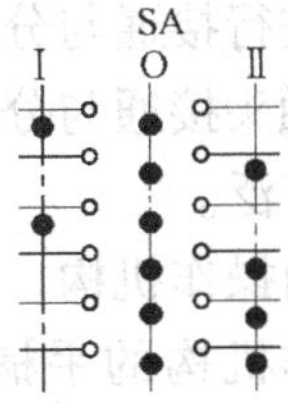

a)

触点号	Ⅰ	O	Ⅱ
1	×	×	
2		×	×
3	×	×	
4		×	×
5		×	×
6		×	×

b)

图 4-4 万能转换开关

a）电器图形及文字符号 b）触点通断表

万能转换开关是由多组相同结构的触头组件叠装而成的多回路控制电路。万能转换开关有操作机构、定位装置和触头部件等部分组成，用螺栓组装成整体。操作时手柄带动内部方轴转动，方轴上的凸轮或接触片带动触头实现与触头部件的接通与断开。

万能转换开关的种类很多，主要分为配电电路用和控制电路用两大类。配电电路中多使用 LW2 型系列，控制电路中多使用 LW5、LW6、LW8 及 LW92 系列。

4.2.3 主令控制器与控制器

1. 主令控制器

主令控制器又称主令开关，是用来频繁的按顺序控制多个回路的主令电器，用它在控制系统中发出控制信号，通过接触器来实现控制电动机的起动、制动、调速和反转。

主令控制器在结构上基本类似于转换开关，借助于不同的凸轮使其触头按一定的次序接通和分断。只是主令控制器除了有手动式产品外，还有电动机驱动产品。

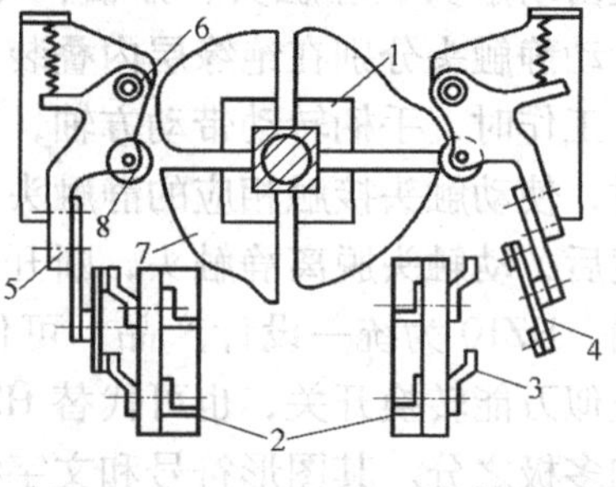

图4-5 主令控制器结构示意图

1、7—凸轮块 2—接线柱 3—静触头

4—动触头 5—支杆 6—转动轴 8—小轮

主令控制器的结构原理如图4-5所示，图中1与7为固定于方轴上方的凸轮块；3是固定的静触头；4是动触头，它固定于能绕轴6转动的支杆5上。当转动方轴时，凸轮块随之转动，当凸轮块的凸起部分转到与小轮8接触时，则推动支杆5向外张开，使动触头4离开静触头3，断开被控回路。当凸轮的凹陷部分与小轮8接触时，支杆5在反力弹簧的作用下复位，使动、静触头闭合，接通被控回路。由此可见，只要有不同形状的凸轮，就可使触头按凸轮形状规定的顺序闭合与断开，从而按一定顺序来实现对电路的控制。常见的主令控制器有LK4、LK5、LK14等系列，其中LK4系列主令控制器的额定电压为380V，额定电流为15A，最多可控制电路数为24个。

2. 控制器

控制器是按照预定顺序转换主电路或控制电路的接线，控制器主要用于电力传动控制设备中，变换主回路或励磁回路的接法和电路中的电阻。在电动机运行控制中，用于切换电动机转子回路电阻，闭合或断开转子及定子回路以达到控制电动机的起动、调速、制动、正反转等。它是一种手动操作控制，不同于主令控制器和万能转换开关，它直接控制大电流，最大控制电流可达600A。所以被广泛应用于大电流的电力牵引、起重机、冶金设备中。

控制器可分为两大类：一类是平面控制器，它的动静触头转换装置为平面布置，手轮转动时，动静触头进行接通与分断。另一类是凸轮控制器，它的动触头在凸轮轴的转动下，按次序与相应的静触头接通与分断。按电流种类分为交流控制器和直流控制器。其中交流凸轮控制器应用最为广泛。

凸轮控制器由操作机构、凸轮定位装置、触头和灭弧系统及外罩壳组成。其结构原理如图4-6所示。操作机构的手柄带动方轴1及一组凸轮7转动，当转到某一位置时，凸轮顶动滚子6，使杠杆4克服弹簧5的反力而转动。于是与杠杆相连的动触头3便脱离静触头2，分断该触头所控制的电路。

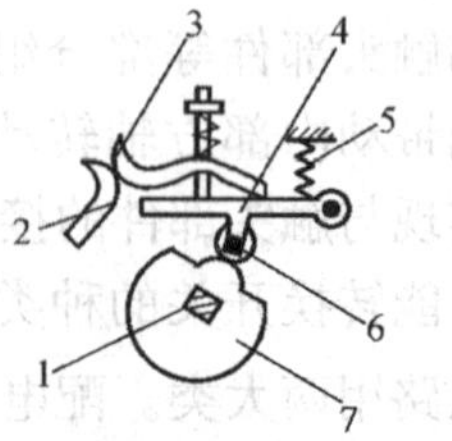

图4-6 凸轮控制器结构原理图

1—绝缘方轴 2—静触头

3—动触头 4—杠杆

5—弹簧 6—滚子 7—凸轮

凸轮控制器的文字符号为SA。其图形符号及触头通断表示方法如图4-7所示。图中“0”表示手柄中间自然位置，两侧的数字表示手柄的操作位置，该数字上方的文字表示该操作位置的外部电气动作状态，有“向前、向后”或“自动、手动”等。点划线表示手柄操作触头开闭的位置线。数字1~4表示触头序号。各触头在手柄转动到不同位置时的通断状态用“•”表示。若手柄某一操作位置某一对触头闭合，那么在该触头下端就有

“●”，若是断开的则没有“●”。

凸轮控制器常用的有 KT10、KT14、KTJ1、KTJ15 及 KTJ16 等几个系列。在选择凸轮控制器时主要看其所控制的电动机的型式、额定电压、额定电流、额定功率、操作频率等。若使用条件和环境较差，则应适当降低容量使用。

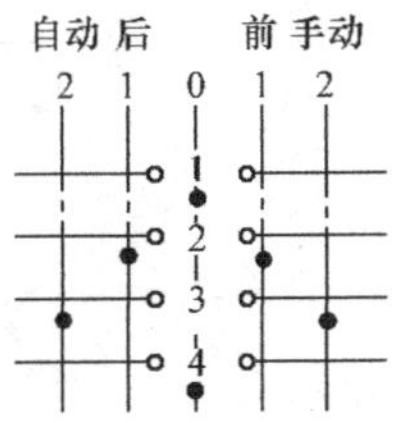

图 4-7 凸轮控制器图形符号

4.3 基本控制电路相关知识

4.3.1 顺序控制

生产机械往往是由多台电动机拖动与辅助运动控制的，各电动机所起的作用不同，有时需要顺序起动、停止，以保证操作的合理性和工作的安全可靠性。控制电动机按照预先设计好的次序先后起动或停止的控制方式称为顺序控制，顺序控制分为手动顺序控制和自动顺序控制。下面介绍如何实现手动顺序控制，自动顺序控制电路在应用举例中进行介绍。

如图 4-8 所示，转换开关 QS 用于接通和分断三相交流电源，两个接触器 KM1、KM2 分别控制电动机 M1、M2，热继电器 FR1 和 FR2 分别对两台电动机实现过载保护，FU1、FU2 分别对两台电动机实现短路保护。这两台电动机只有在 M1 起动的情况下 M2 才能起动。

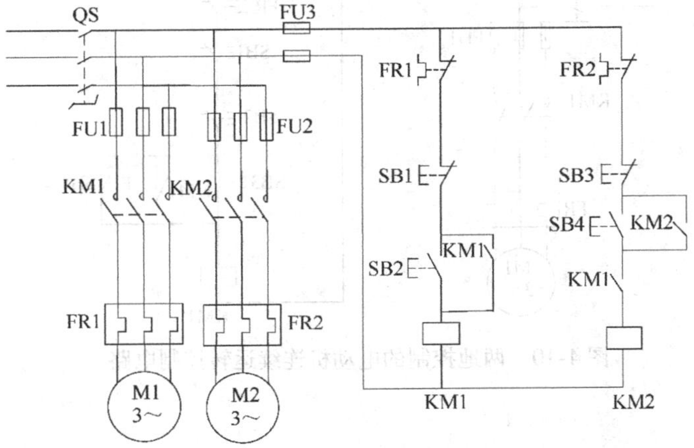

图 4-8 顺序起动控制电路

电路工作过程：首先合上电源开关 QS，按下起动按钮 SB2，接触器 KM1 得电，M1 起动并自锁，同时串联在 M2 支路中的常开触头 KM1 也闭合，为 M2 得电做准备。然后按下起动按钮 SB4，接触器 KM2 得电，主触头闭合，M2 起动，同时自锁触头闭合，电动机连续运转。停止时按下停止按钮 SB1 或 SB3，则两台电动机停止。若先按下 SB1，则两台电动机都停止。

图 4-9 所示为先起后停顺序控制电路。在该控制电路中，只有当 M1 起动之后 M2 才能起动，而在停止时只有当 M2 停止之后 M1 才能停止。

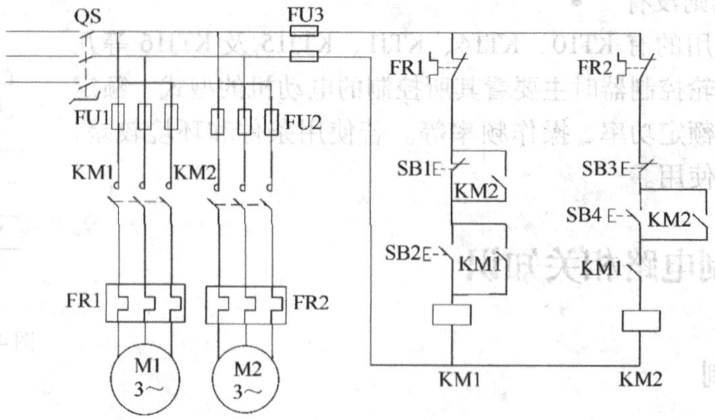

图 4-9　先起后停顺序控制电路

4.3.2　两地控制

由于大多数机床床身比较长，为了操作方便，应该在机床正面和侧面均能进行操作。图 4-10 为两地控制电路图。SB1、SB2 为机床正面、侧面两地停止按钮，SB3、SB4 为电动机两地起动按钮。起动按钮全部并联在自锁触头的两端，按下任何一个都可以起动电动机。停止按钮都串联在接触器线圈的电路中，按下任何一个都可以停止电动机。

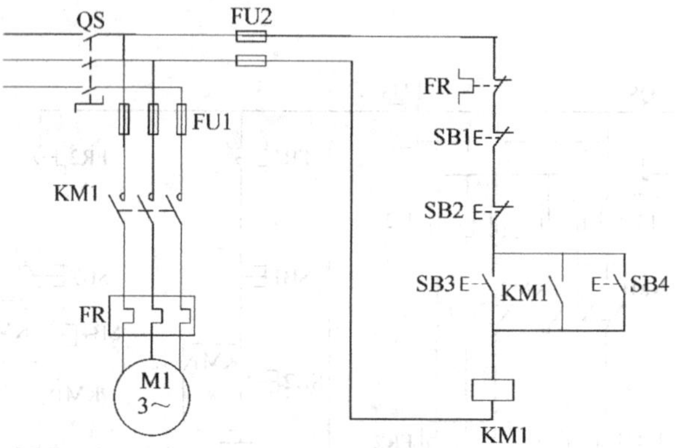

图 4-10　两地控制的电动机连续运转控制电路

4.4　应用举例

4.4.1　多台电动机自动顺序控制电路

设计一控制电路，主电路有 3 台电动机 M1、M2、M3，控制要求如下几方面。

1）M1 首先起动 5s 后，M2 自行起动。

2）M2 运行 5s 后，M1 停止，并且同时 M3 自行起动。

3）再运行 10s 后，M2 和 M3 全部停止。

多台电动机自动顺序控制电路如图 4-11 所示。图中通电延时型时间继电器 KT1、KT2、

KT3 的延时时间分别为 5s、5s、10s。SB1 为停止按钮，SB2 为起动按钮。

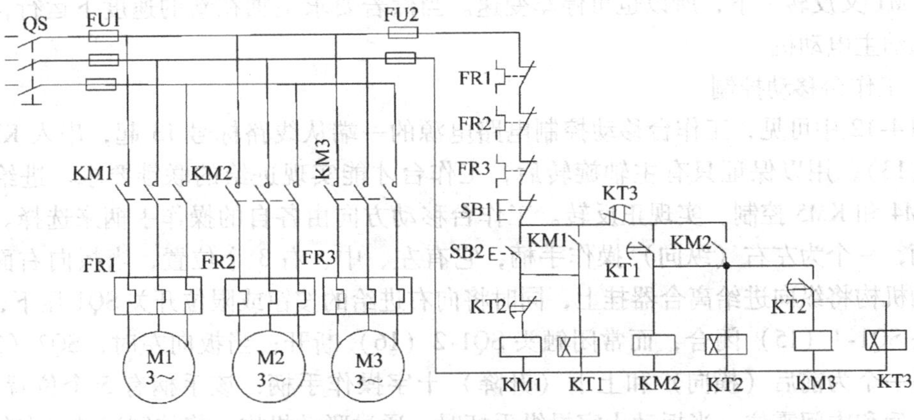

图 4-11　多台电动机自动顺序控制电路

4.4.2　X62W 卧式万能铣床电气原理图分析

1. 主电路分析

X62W 万能铣床电气原理图如图 4-12 所示。其中 M1 为主电动机，其正反转由换向组合开关 SA5 控制，正常运行时由 KM3 控制。KM2 的主触头串联两相电阻与速度继电器配合实现 M1 的停车反接制动，还可以进行变速冲动控制。

M2 为工作台电动机，由反正转接触器 KM4、KM5 主触头控制。YA 为快速移动电磁铁，由 KM6 控制。M3 为冷却泵电动机，由 KM1 控制。

2. 控制电路分析

（1）主电动机的起停控制

在非变速状态同主轴变速手柄关联的主轴变速冲动限位开关 SQ7（8、9）不受压情况下，根据所用的铣刀，由 SA5 选择转向，合上 QS 按动 SB1（11）或 SB2（12）两地操作就可使得 KM3 通电，主电动机 M1 起动运行。由于机床比较大，为方便操作和提高生产效率，增大安全性，应在两处操作起停 M1。

当需要停止时，按动 SB3（10、11）或 SB4（9、11）后，KM3 随即断电，但此时速度继电器 KS 的正向触点（9）和反向触点（10）总有一个是闭合着的，故 KM3 断电后，制动接触器 KM2 就立即通电，进行反接制动。

主轴变速时，机械的动作是首先将主轴变速手柄微微压下，使它从第一道槽内拨出，然后拉向第二道槽，当落入第二道槽内后，再旋转主轴变速盘，选好速度，将手柄以较快速度推回原位。若推不上时，再一次拉回来并推过去，直到手柄推回原位，变速操作才完成。

在上述变速操作中，就在将手柄拉到第二道槽或从第二道槽推回原位的操作瞬间，通过变速手柄连接的凸轮将压下弹簧杆一次，而弹簧杆将碰撞变速冲动开关 SQ7（8、9），使其动作一次。这样若原来主轴处于旋转时，当将变速手柄拉到第二道槽时，主电动机 M1 被反接制动，速度迅速下降。当选好速度，将手柄推回原位时，冲动开关又动作一次，主电动机 M1 低速反转，有利于变速后的齿轮啮合。由以上可见，X62W 铣床可进行不停车直接变速。

若原来处于停车状态，在主轴变速操作中，SQ7 第一次动作时，M1 反转一下，SQ7 第二次动作时，M1 又反转一下，所以也可停车变速。当然若要求主轴在新的速度下运行，那么就需重新起动主电动机。

（2）工作台移动控制

从图 4-12 中可见，工作台移动控制电路电源的一端从线路标号 13 起，串入 KM3 的自锁触头（13），用以保证只有主轴旋转后，工作台才能实现进给的联锁要求。进给电动机 M2 由 KM4 和 KM5 控制，实现正反转。工作台移动方向由各自的操作手柄来选择。有两个操作手柄，一个为左右（纵向）操作手柄，它有左、中、右 3 个位置，当扳向右面时，通过其联动机构将纵向进给离合器挂上，同时将向右进给的按钮或限位开关 SQ1 压下，则 SQ1 常开触头 SQ1-1（15）闭合，而常闭触头 SQ1-2（16）断开；当扳向左时，SQ2（16、17）受压。另一个为前后（横向）和上下（升降）十字操作手柄，该手柄有 5 个位置，即上、下、前、后和中间零位。当扳动十字操纵手柄时，通过联动机构，将控制运动方向的机械离合器合上，同时压下相应的限位开关，若向下或向前扳动，则 SQ3（15、16）受压；若向上或向后扳动，则 SQ4（15、18）受压。

图 4-12 中的 SA1（15、16、17）为圆工作台的转换开关，它是一种二位式选择开关，当使用圆工作台时，SA1-2（17）闭合，当不使用圆工作台而使用普通工作台时，SA1-1（15）和 SA1-3（16）均闭合。

图 4-12 中的 SQ6（14、15）为进给变速冲动开关。进给运动分下列几种情况。

（1）工作台左右（纵向）移动

此时除了 SA1 置于使用普通工作台位置外，十字手柄必须置于零位。若要工作台向右进给，则将纵向手柄扳向右，使得 SQ1 受压，KM4 通电，M2 正转，工作台向右进给。KM4 通电的电流通路为：13号线路→SQ6-2(15)→SQ4-2(15)→SQ3-2(15)→SA1-1(15)→SQ1-1(15)→KM4线圈→KM5常闭互锁触头(15)→20号线路。

操作手柄的机械位置单一性保证了工作台左右移动和前后及上下移动之间的互锁。当十字手柄处于向左或向右的位置时，就不可能置于向上下或前后的位置，若同时置，则 SQ4-2 和 SQ3-2 中必有一个断开，KM4 线圈不能得电。通过这种方式实现电气的方向互锁。

若此时要快速移动，则要按动 SB5（18）或 SB6（19），使得 KM6 以“点动方式”通电，快速电磁铁线圈 YA 通电，接上快速离合器，工作台向右快速移动。当按钮松手后，又恢复为正常向右进给状态。

X62W 铣床在工作台的左右终端安装了撞块。当不慎向右进给至终端时，左右操作手柄就被右端撞块撞到中间停车位置，用机械方法使 SQ1 复位，从而 KM4 断电，实现了限位保护。

工作台向左移动时，电路的工作原理和过程与向右时类似。

（2）工作台前后（横向）和上下（升降）移动

若要工作台向上进给，则将十字手柄扳向上，使得 SQ4 受压，KM5 通电，M2 反转，工作台向上进给。KM5 通电的电流通路为：13号线路→SA1-3(16)→SQ2-2(16)→SQ1-2(16)→SA1-1(15)→SQ4-1(18)→KM5 线圈→KM4 常闭互锁触头 18→20 号线路，上述电流通路中的常闭触头 SQ2-2 和 SQ1-2 用于工作台前后及上下移动同左右移动之间的互锁。

同样若要快速上升，按下 SB5 或 SB6 即可。另外也设置了上下限位保护用终端撞块。工作台的向下移动控制原理与向上移动控制类似。

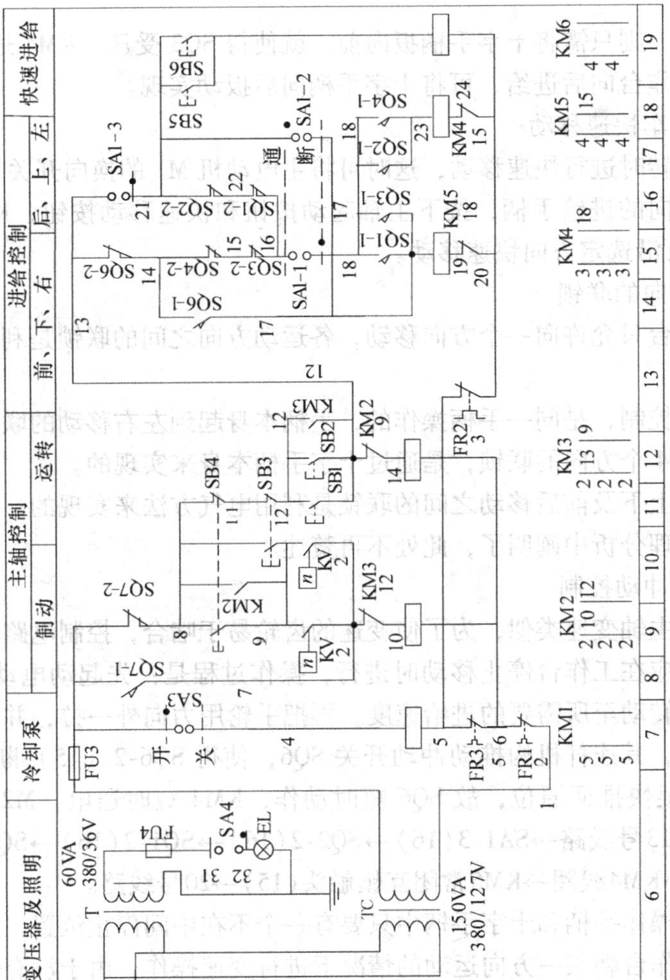

图 4-12 X62W 万能铣床电气原理图

若要工作台向前进给，则只需将十字手柄扳向前，就使得 SQ3 受压，KM4 通电，M2 正转，工作台向前进给。工作台向后进给，可将十字手柄向后扳动实现。

（3）工作台的主轴停车快速移动

工作台也可在主轴不转时进行快速移动，这时可将主电动机 M1 的换向开关 SA5 扳在停止位置，然后扳动所选方向的进给手柄，按下主轴起动按钮和快速移动按钮，KM4 或 KM5 及 KM6 通电，工作台便可沿选定方向快速移动。

（4）工作台各运动方向的联锁

在同一时间内，工作台只允许向一个方向移动，各运动方向之间的联锁是利用机械和电气两种方法来实现的。

工作台的向左、向右控制，是同一手柄操作的，手柄本身起到左右移动的联锁作用。同理，工作台的前后和上下 4 个方向的联锁，是通过十字手柄本身来实现的。

工作台的左右移动同上下及前后移动之间的联锁是利用电气方法来实现的，电气联锁原理已在工作台移动控制原理分析中阐明了，此处不再赘述。

（5）工作台进给变速冲动控制

工作台进给变速时同主轴变速类似，为了使变速的齿轮易于啮合，控制电路中也设置了瞬时冲动控制环节。变速应在工作台停止移动时进行，操作过程是：先起动电动机 M1，拉出蘑菇形变速手轮，同时转动至所需要的进给速度，再把手轮用力向外一拉，并立即推回原位。在手轮拉到极限位时，其连杆机构推动冲动开关 SQ6，使得 SQ6-2（15）断开，SQ6-1（14）闭合，由于手轮被很快推回原位，故 SQ6 短时动作，KM4 短时通电，M2 短时冲动。KM4 通电的电流通路为：13号线路→SA1-3(16)→SQ2-2(16)→SQ1-2(16)→SQ3-2(15)→SQ4-2(15)→SQ6-1(14)→KM4线圈→KM5常闭互锁触头(15)→20号线路。

从以上可见，若左右操作手柄和十字手柄中只要有一个不在中间停止位置，此电流通路便被切断。但是在这种工作台朝某一方向运动的情况下进行变速操作，由于没有使进给电动机 M2 停转的电气措施，因而在转动手轮改变齿轮传动比时，可能会损坏齿轮。故这种误操作一定要严格禁止。

（6）圆工作台控制

若要使用圆工作台，要将圆工作台转换开关 SA1 置于圆工作台“接通”位置，而且必须将左右操作手柄和十字操作手柄置于中间停止位置。接下去按动主轴起动按钮 SB1 或 SB2，主电动机 M1 便起动，而进给电动机 M2 也因 KM4 的通电而旋转，由于圆工作台的机械传动链已接上，故也跟着旋转。这时 KM4 的通电电流通路为：13号线路→SQ6-2(15)→SQ4-2(15)→SQ3-2(15)→SQ1-2(16)→SQ2-2(16)→SA1-2(17)→KM4线圈→KM5常闭互锁触头→20号线路。

其中通路中的 SQ1～SQ4 常闭触头为互锁触头，起着圆工作台与工作台 3 种移动的联锁保护作用。圆工作台也可以通过蘑菇形变速手轮变速。另外当圆工作台转换开关 SA1 置于“断开”位置，而左右及十字操作手柄置于中间“零位”时，也可以用手动机械方式使它旋转。

（7）冷却泵电动机的控制

冷却泵电动机 M3 的起停由转换开关 SA3（7）直接控制，无失电压保护功能，不影响安全操作。

3. 照明电路及保护环节分析

机床的局部照明由变压器 T（6）供给 36V 安全电压，灯的开关为 SA4（6）。

M1、M2 和 M3 为连续工作制，由 FR1、FR2 和 FR3 实现过载保护。当主电动机 M1 过载时，FR1 动作，其常闭触点（7）切除整个控制电路的电源。当冷却泵电动机 M3 过载时，FR3 动作，其常闭触点（7）切除 M2、M3 的控制电源。当进给电动机 M2 过载时，FR2 动作，其常闭触点（13）切除自身的控制电源。

由 FU1、FU2 实现主电路的短路保护，FU3 实现控制电路的短路保护，FU4 实现照明电路的短路保护。另外还有工作台终端极限保护和各种运动的联锁保护。

4. X62W 万能铣床电气原理图的特点

1）控制电路与机械结构动作有密切配合。例如，具有变速手轮或手柄关联的冲动开关，配有同方向操作手柄关联的限位开关，各种运动之间既有电气联锁又有机械联锁方式。

2）进给控制电路中的各种开关进行了合理的组合，既达到了一定的控制目标，又进行了完善的电气联锁。

3）控制电路中设置了变速冲动控制，有利于齿轮的啮合，使变速顺利进行。

4）采用了两地控制，操作方便。

4.4.3 组合机床电气原理图分析

组合机床是由一些通用部件及少量专用部件组成的有较高效率且具有一定自动化程度的专用机床。一般可多轴、多刀、循环工序多面同时进行车、磨、铣、钻、镗、铰和扩等加工工作，能同时用 18 把、几十把刀具进行加工。它的控制系统大多采用机械液压电气相结合的控制方式。

组合机床一般由床身、滑座、立柱、中间底座、动力部件和传送部件组成。其中动力部件中的能同时完成刀具切削运动及进给运动的部件则称为动力滑台。另外回转分度工作台是组合机床和自动生产线中不可缺少的传送部件。动力头、动力滑台和回转分度工作台是重要的通用部件，它们的动力一般为电动机、液压或气动方式。如果采用液压或气动方式时，系统中就有很多的电磁液压阀或气阀，然而动力头的切削动力一般是采用电动机拖动，所以通用部件的控制同电气紧密相关。

在组合机床的动力滑台上安装有动力头，切削加工工作由动力头来完成。动力滑台有液压动力滑台和机械动力滑台两种。本节只介绍由电动机驱动的机械动力滑台电气控制过程。

机械动力滑台由滑台、机械滑座及快速电动机和进给电动机、传动装置等部分组成，具有各种自动循环工艺来满足各种加工的需要。

组合机床的机械滑台的一次工进的电气原理图如图 4-13 所示。其中 KM 为滑台上切削头主轴电动机控制用的接触器辅助触头，此图中未画出主轴电动机的有关电路。SA 为单独调整开关，置“1”位时闭合，置“0”位时断开。YB 为快速电动机 M2 断电制动型电磁制动线圈。

正常工作时，调整开关 SA 置“0”位。当主轴起动后，KM 常开触头闭合，此时按动 SB1，KM1 通电并自锁，YB 随即通电使制动器松开，则 M2 正转，工作台快进。当工作台的挡铁压下 SQ2 时，KM1 断电，YB 断电，使 M2 断电并迅速制动，而 KM2 因 SQ2 受压而通

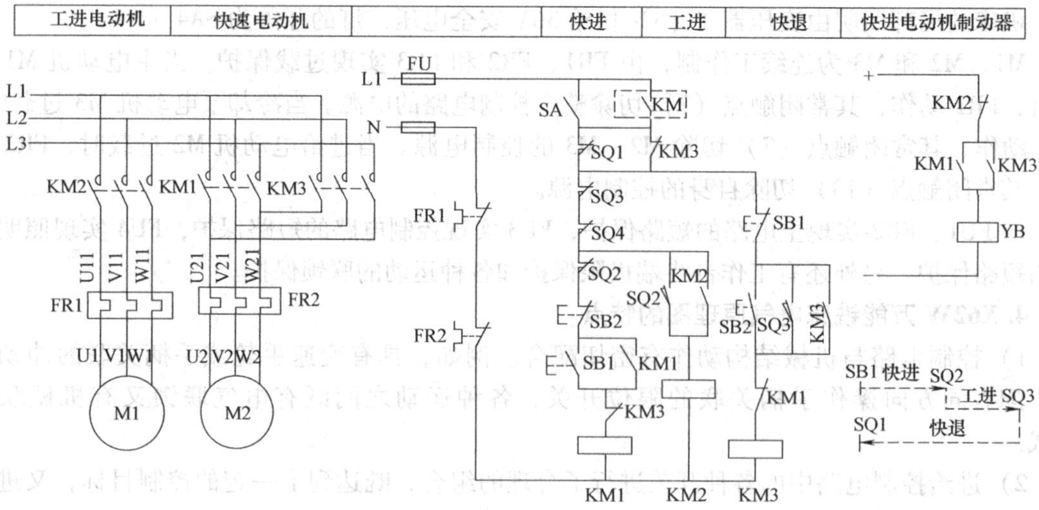

图 4-13　机械滑台具有一次工进的电气原理图

电自锁，M1 起动运行，工作台由快进转向工进。当终点行程开关 SQ3 受压时，KM2 断电，M1 停转，KM3 通电，YB 通电，M2 反转，工作台快退。当快退至原位时，SQ1 受压，因在快退时与 SQ1 常闭触头并联的 KM3 常闭触头已经断开，故当 SQ1 受压后，KM3 就立即断开，YB 断电，M2 被制动停转，一个自动循环完成。

工进时，如行程开关 SQ3 失灵，就会越出限位，至行程开关 SQ4 处时，由于 SQ4 受压，使得 M1 停车。故行程开关 SQ4 起着超行程保护作用。此时若要退至原位，按到 SB2 即可以，故 SB2 按钮是手动调整按钮。当工作滑台工作过程中停电，那么工作台停在中途，来电后可用 SB2 按钮调至原位。

机械滑台是组合机床的一部分，故主电路也是组合机床主电路一部分，其中 FR1、FR2 起过载保护作用，FU 是控制电路的短路保护。

项目小结

本项目介绍了 X62W 万能铣床的主要结构、运动形式、电力拖动和控制要求，介绍了相关的低压电器（如转换开关、万能转换开关、主令控制器和控制器）的结构、作用、图形符号和文字符号，接下来介绍了在电气控制系统中常见的两种基本控制电路环节：顺序控制和两地控制。

通过对 X62W 万能铣床的电气原理图的分析，熟练掌握机床电气原理图的分析方法：先分析主电路，掌握各电动机在机床中所起的作用、起动方法、调速方法和停止方法；然后分析控制电路，分析每一个控制环节中电动机所对应的相关控制，同时还应注意机械和电气上的联动关系以及各控制环节之间的电气联锁；接下来分析照明电路、信号电路和保护环节。

不同的生产机械都有各自的特点，通过对 X62W 万能铣床和组合机床等电气原理图的学习，以及基本控制电路环节的掌握，应能在以后的学习和应用中做到举一反三、触类旁通。

习题及思考题

4-1　X62W 铣床的电气原理图中为什么要设置主轴和进给冲动控制？试述进给变速冲动控制的工作原理。

4-2　分析 X62W 铣床如何实现控制过程中的机械、电气联锁保护？圆工作台的工作条件是什么？

4-3　X62W 铣床主运动和进给运动各指的是什么？

4-4　设计一个两台电动机 M1、M2 的控制电路，要求 M1 起动之后 M2 才能起动，M1 停止之后 M2 才能停止。

4-5　设计一个两台电动机的控制电路，要求能同时满足以下两个要求。

1）能同时控制两台电动机同时起动和停止。

2）能分别控制两台电动机的起动和停止。

第2部分 PLC应用

项目5 可编程序控制器的使用

【学习目标】

1. 理解S7-300系列PLC的工作原理。
2. 掌握S7-300系列PLC的硬件配置及硬件接线。
3. 掌握PLC输入/输出（I/O）端口的分配方法。
4. 掌握PLC常用的编程语言（梯形图、语句表、功能块图）。
5. 以简单灯控电路和三相交流异步电动机单向连续运转为例，加深对PLC外围电路接线方法的掌握。

5.1 相关知识

5.1.1 PLC的工作原理

与其他计算机系统一样，PLC的CPU是采用分时操作的原理，每一时刻执行一个操作，随着时间的延伸，一个动作接一个动作顺序地进行。这种分时操作过程称为CPU对程序的扫描。PLC采用的是循环扫描工作方式。扫描一次所用的时间称为扫描周期，扫描周期与用户程序的长短和扫描速度有关，典型值为1～100ms。下面就日本立石公司P型PLC提供的扫描过程框图来说明PLC的工作过程，如图5-1所示。

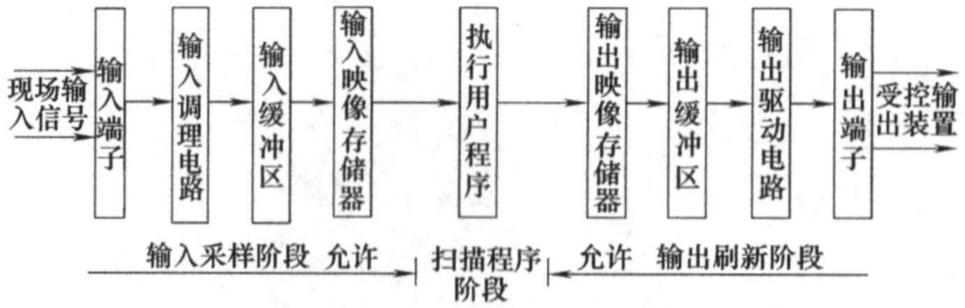

图5-1 PLC扫描过程示意图

1. 公共操作

PLC接通电源后，在进行循环扫描之前，PLC首先确定自身的完好性，这是起始操作的主要工作，也称为公共操作。PLC进行清零或复位处理，消除各元件状态的随机性；检查I/O单元连接是否正确；启动监控定时器T0，执行一段涉及到各种指令和内存单元的程序，如果所用的时间不超过T0，则可证实自身完好，将监控定时器T0复位。若发现故障，除了故障灯亮之外，还可判断故障性质：一般性故障，只报警不停机，等待处理；严重故障，则停止用户运行程序，此时 PLC 切断一切输出联系。若完好，PLC 才进入循环扫描过程，即周而复始的执行输入采样、执行用户程序和输出刷新。

2. 采样输入信号

送入到 PLC 输入端子上的输入信号，经过输入调理电路（包括电平转换、光隔离、滤波处理等）进入输入缓冲器等待采样，没有 CPU 采样“允许”，外界输入信号是不能进入内存的。在 PLC 的内部存储器中，有一个专门存放 I/O 的数据区，其中对应输入端子的数据区被称为输入映像存储器。当 CPU 采样时，输入信号由输入缓冲区进入输入映像存储器区，这就是数据输入状态刷新。

只有在采样时刻，输入映像存储器中的内容才与输入信号一致，而其他时间范围内输入信号的变化是不会影响输入映像存储器内容的。这样就保证了在一个循环扫描周期内数据的一致性。由于 PLC 扫描周期一般只有几十毫秒，所以采样间隔很短，对一般开关量来说，可以认为没有因间断采样引起的误差，即认为输入信号一旦变化，就能立即进入输入映像存储器内。但对于实时性很强的应用，由于循环扫描而造成的输入延迟就必须考虑。

3. 执行用户程序

当输入信号通过输入端子采集到输入映像存储器区后，PLC 开始扫描用户程序。CPU 从第一条指令开始，顺序逐条地执行用户程序，根据输入映像存储器的输入信号和有关指令进行运算和处理，最后将执行结果写入输出映像存储器中。

程序执行阶段可以被某些事件（时间中断、硬件中断等）中断，并暂停 OB1 的执行，由操作系统直接调用与事件相关的其他组织块（OB），当事件处理结束后，再继续执行 OB1 的程序指令。

4. 输出刷新阶段

当前处理的结果放在输出映像存储器内，在程序执行结束后或下次扫描用户程序前，将输出映像区的内容通过输出锁存器送到输出端子上，避免了输出信号的抖动。这步操作称为输出状态刷新。然后 CPU 又返回到“2. 采样输入信号”，进入到下一扫描周期。

由于 PLC 的 CPU 在执行用户程序时所使用的信号状态是来自输入/输出映像存储器，而不是实际的输入/输出设备，这样就缩短了程序执行时间。

5.1.2 S7-300 系列 PLC 的硬件配置

S7-300 系列 PLC 采用紧凑的、无槽位限制的模块结构，其主要组成部分有金属导轨、电源模块（PS）、信号模块（SM）、功能模块（FM）、接口模块（IM）、通信处理器（CP）和中央处理单元（CPU）模块等，这些模块都安装在金属导轨上，通过 MPI（MultiPoint Interface，多点接口）网的接口直接与编程器 PG、操作员面板

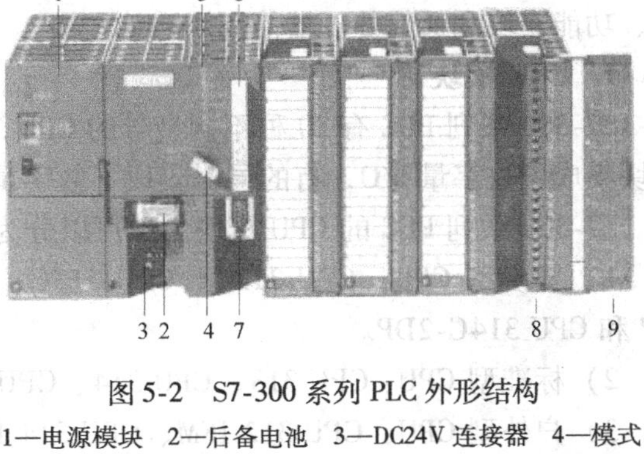

图 5-2 S7-300 系列 PLC 外形结构

1—电源模块 2—后备电池 3—DC24V 连接器 4—模式开关 5—状态和故障指示灯 6—存储器卡（CPU 313 以上） 7—MPI 多点接口 8—前连接器 9—前盖

OP 和其他 S7 PLC 相连。S7-300 系列 PLC 外形结构如图 5-2 所示。导轨是一种专用的金属机架，只需将模块钩在 DIN 标准的安装导轨上，然后用螺栓锁紧就可以了。有多种不同长度规格的导轨供用户选择。

电源模块总是安装在机架的最左边，CPU 模块紧靠电源模块。如果有接口模块，它放在 CPU 模块的右侧。用背板总线将除电源模块之外的各个模块连接起来。背板总线集成在模块上，模块之间通过 U 形总线连接器相连，每个模块都有一个总线连接器，插在机壳的背后（见图 5-3）。

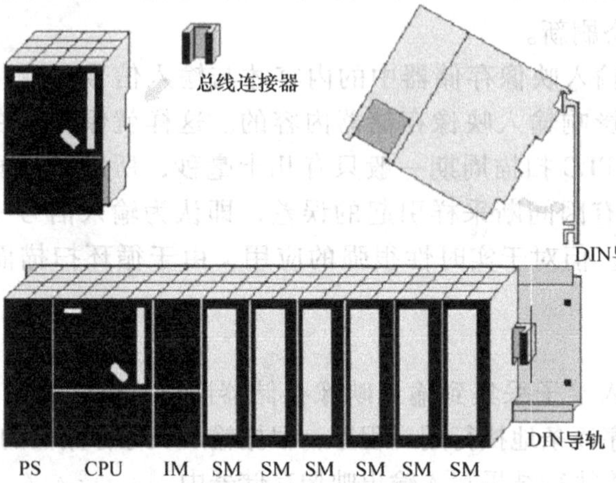

图 5-3　S7-300 系列 PLC 的安装

信号模块和通信处理器模块可以不受限制地插到任何一个槽上，系统可以自动分配模块的地址。每个机架最多只能安装 8 个信号模块、功能模块或通信处理器模块。如果系统任务需要信号模块或功能模块的数量超过 8 块，则可以增加扩展机架，有的低端 CPU 没有扩展功能。

一个带 CPU 的中央机架（CR），最多可以增加 3 个扩展机架（ER）。每个机架可以插 8 个模块（不包括电源模块、CPU 模块和接口模块 IM），4 个机架最多可以安装 32 个模块。

机架的最左边是 1 号槽，最右边是 11 号槽，电源模块总是在 1 号槽的位置。中央机架（0 号机架）的 2 号槽上是 CPU 模块，3 号槽是接口模块。这 3 个槽号被固定占用，信号模块、功能模块和通信处理器使用 4 ~ 11 号槽。

1. CPU 模块

S7-300 系列 PLC 有 20 种不同型号的 CPU，分别适用于不同等级的控制要求，有的 CPU 模块集成了数字量 I/O，有的同时集成了数字量 I/O 和模拟量 I/O。

S7-300 系列 PLC 的 CPU 模块大致可以分为以下几类。

1）紧凑型 CPU：CPU 312C、CPU 313C、CPU 313C-PtP、CPU 313C-2DP、CPU 314C-PtP 和 CPU 314C-2DP。

2）标准型 CPU：CPU 313、CPU 314、CPU 315、CPU 315-2DP 和 CPU316-2DP。

3）户外型 CPU：CPU 312 IFM、CPU 314 IFM、CPU 314 户外型和 CPU 315-2DP，在恶劣的环境下使用。

4）高端 CPU：如 CPU 317-2DP 和 CPU 318-2DP 等。

5）故障安全型 CPU：CPU 315F。

CPU 内的元件封装在一个牢固而紧凑的塑料机壳内，面板上有状态和故障指示 LED、模式选择开关和通信接口。大多数 CPU 还有后备电池盒，存储器插槽可以插入多达数兆字节的 Flash EPROM 微存储器卡（简称为 MMC），用于掉电后程序和数据的保存。CPU 314 的面板如图 5-4 所示。

（1）状态与故障显示 LED

1）SF（系统出错/故障显示，红色）：CPU 硬件故障或软件错误时亮。

2）DC 5V（+5V 电源指示，绿色）：CPU 和 S7-300 系列 PLC 总线的 DC 5V 电源正常时亮。

3）FRCE（强制，黄色）：至少有一个 I/O 被强制时亮。

4）RUN（运行方式，绿色）：CPU 处于 RUN 状态时亮；重新启动时以 2Hz 的频率闪亮；HOLD（单步、断点）状态时以 0.5Hz 的频率闪亮。

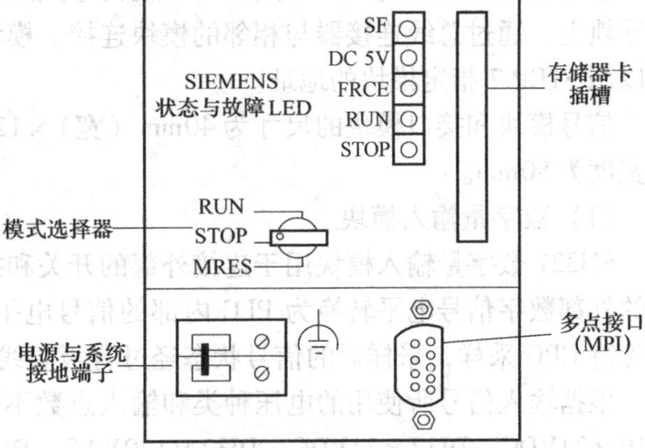

图 5-4　CPU 314 的面板

5）STOP（停止方式，黄色）：CPU 处于 STOP、HOLD 状态或重新启动时常亮。请求存储器复位时以 0.5Hz 的频率闪亮，正在执行存储器复位时以 2Hz 的频率闪亮。

（2）模式选择器

RUN（运行）位置：CPU 执行、读出用户程序，但是不能修改用户程序。

STOP（停止）位置：不执行用户程序，可以读出和修改用户程序。

MRES（清除存储器）：CPU 清除硬件组态信息和用户程序。

复位存储器操作：通电后将钥匙开关从 STOP 位置扳到 MRES 位置，“STOP” LED 闪烁，然后保持常亮。放开开关，使它回到 STOP 位置，然后又回到 MRES，“STOP” LED 闪烁，表示正在执行复位，最后“STOP” LED 一直亮，此时可以松开模式开关，清除存储器操作结束。

（3）微存储器卡

新型 CPU 配备了 Flash EPROM 微存储卡（Micro Memory Card，MMC），用于在断电时保存用户程序和某些数据，它可以扩展 CPU 的存储器容量，也可以将有些 CPU 的操作系统保存在 MMC 中，这对于操作系统的升级是非常方便的，MMC 用于装载存储器或便携式保存媒体。MMC 的读写直接在 CPU 内进行，不需要专用的编程器。

如果在写访问过程中拆下 SIMATIC 微存储卡，卡中的数据会被破坏。在这种情况下，必须将 MMC 插入 CPU 中并删除它或在 CPU 中格式化存储卡。只有在断电状态或 CPU 处于 STOP 状态时，才能取下存储卡。

（4）通信接口

所有的 CPU 模块都有一个多点接口 MPI，有的 CPU 模块还有 DP 接口。

MPI 用于 PLC 连接到其他西门子 PLC、PG/PC（编程器或个人计算机）、OP（操作员接口），或用于 MPI 网络的通信。

2. 信号模块

输入/输出模块统称为信号模块（SM），包括数字量（或称开关量）输入模块、数字量输出模块、数字量输入/输出模块、模拟量输入模块、模拟量输出模块和模拟量输入/输出模块。

信号模块面板上的 LED 用来显示各数字量输入/输出点的信号状态，模块安装在 DIN 标准导轨上，通过总线连接器与相邻的模块连接。模块的默认地址由模块所在的位置决定，也可以用 STEP 7 指定模块的地址。

信号模块和接口模块的尺寸为 40mm（宽）×125mm（高）×120mm（深）。有少量模块的宽度为 80mm。

（1）数字量输入模块

SM321 数字量输入模块用于连接外部的开关和接近开关等。数字量输入模块将从现场传来的外部数字信号电平转换为 PLC 内部的信号电平，经过光隔离和滤波后，送到输入缓冲区等待 CPU 采样，采样后的信号状态经过背板总线送到输入映像存储器区。

根据输入信号所使用的电压种类和输入点数不同，SM321 主要有 4 种数字量输入模块：DI16×24VDC、DI32×24VDC、DI32×120VAC、DI8×120/230VAC。

（2）数字量输出模块

SM322 数字量输出模块用于驱动电磁阀、接触器线圈、小功率电动机、指示灯等负载。数字输出模块将 S7-300 系列 PLC 的内部信号电平转化为控制过程所需的外部信号电平，同时有隔离和功率放大的作用。

根据负载回路使用电源电压种类的不同输出模块可分为直流输出模块、交流输出模块和交直流输出模块。驱动直流负载的功率放大元件有大功率晶体管和场效应晶体管，驱动交流负载的功率放大元件有双向晶闸管或固态继电器，以及既可以驱动交流负载又可以驱动直流负载的小型继电器。输出电流的典型值为 0.5～2A。

继电器输出模块的特点是负载电压范围宽，导通压降小，承受瞬时过电压和过电流的能力较强，但是动作速度较慢，寿命（动作次数）有一定的限制。如果系统输出量的变化不是很频繁，建议优先选用继电器型的。

固态继电器型输出模块只能用于交流负载，晶体管型、场效应管型输出模块只能用于直流负载，它们的特点是可靠性高，响应速度快，寿命长，但是过载能力稍差。

（3）数字量输入/输出模块

SM323 是 S7-300 系列 PLC 的数字量输入/输出模块，它有两种型号可供选择。一种是 8 点输入和 8 点输出的模块，输入点和输出点均只有一个公共端；另外一种有 16 点输入（16 点 1 组）和 16 点输出（8 点 1 组）。输入、输出的额定电压均为 DC 24V，输入电流为 7mA，最大输出电流为 0.5A，每组总输出电流为 4A。输入电路和输出电路通过光耦合器与背板总线相连，输出电路为晶体管型，有电子保护功能。

（4）模拟量输入模块

模拟量输入模块 SM331 用于将模拟量信号转换为 CPU 内部处理用的数字信号，其主要组成部分是 A/D 转换器。模拟量输入模块的输入信号一般是模拟量变送器输出的标准直流电压、电流信号。SM331 也可以直接连接不带附加放大器的温度传感器（热电偶或热电阻），这样可以省去温度变送器，不但节约了硬件成本，控制系统的结构也更加紧凑。

目前SM331主要有7种规格型号：AI8×12位，AI8×16位，AI8×13位，AI8×14位，AI8×TC（热电偶的8个差分输入，精度为15位），AI8×RTD（8个RTD电阻温度探头的输入，精度为15位），AI2×12位。

（5）模拟量输出模块

S7-300系列PLC的模拟量输出模块SM332用于将CPU送给它的数字信号转换为成比例的电流信号或电压信号，对执行机构进行调节或控制，其主要组成部分是D/A转换器。

目前SM332的主要规格型号有：AO4×12位，AO4×16位，AO8×12位，AO2×12位。

（6）模拟量输入/输出模块

模拟量输入/输出模块常用的有SM334和SM335。SM334主要有两种型号：AI4/AO2×8/8和AI4/AO2×12位。SM 335提供4个快速模拟量输入通道/4个快速模拟量输出通道。

3. 通信处理器模块

通信处理器（Communication Processor，CP）用于实现与编程器、PC、人机界面装置、S5系列PLC、S7系列PLC的数据通信，可以将S7-300系列PLC接入MPI、PROFIBUS-DP、AS-I接口总线和工业以太网或者实现点对点之间的通信。

常用的通信处理器模块有用于建立点对点高速连接的CP341，用于PROFIBUS-DP现场总线的CP342-5模块，用于工业以太网总线的CP343-1模块、CP343-1 TCP模块，用于AS-I接口总线的CP343-2模块，用于PROFIBUS-FMS现场总线的CP343-5模块。

4. 接口（IM）模块

当S7-300系列PLC的输入/输出点数不够，需要扩展时，接口模块用于中央机架与扩展机架的连接，主要有以下两种规格。

（1）接口模块IM365

IM365模块专用于连接中央机架和扩展机架1。由两个模块组成，通过1m长的电缆固定连接，一块插入中央机架的3号槽，另一块插入扩展机架1，在扩展机架上最多可安装8个信号模块，扩展机架的电源也由接口模块提供。

（2）接口模块IM360/IM361

当扩展机架超过1个时，将接口模块IM360插入中央机架的3号槽，在扩展机架中插入接口模块IM361，各扩展机架的接口模块位于电源模块后面的槽。S7-300系列PLC的最大配置为1个中央机架带3个扩展机架，每个扩展机架最多可安装8个模块，相邻机架的间隔最大为10m。

5. 电源（PS）模块

PS 307电源模块输入电压为120/230V交流电压，输出电压为24V直流电压，可为S7-300系列PLC模块、传感器和执行器供电。输出电流有2A、5A或10A 3种。电源模块安装在DIN导轨上的1号槽，紧靠在CPU或扩展机架上IM361的左侧，用电源连接器连接到CPU或接口模块。

PS 307 10A电源模块的输入和输出之间有可靠的隔离，输出正常电压24V时，绿色LED亮。如果输出过载时LED闪烁，此时分为两种情况：若输出电流大于13A时，则电压跌落，跌落后自动恢复；若输出电流大于10A而小于13A时，则电压下降，缩短使用寿命。如果输出短路时，则输出电压消失（0V），LED灯变暗，短路消失后电压自动恢复。如果在一次侧发生过电压，可能彻底毁坏。如果一次侧低电压，则自动切断，切断后电压自动恢复，LED灯变暗。

6. S7-300 系列 PLC 的 I/O 模块地址的确定

S7-300 系列 PLC 的开关量可以按位寻址，由地址标识符、地址的字节部分和位部分组成，一个字节由 0 ~ 7 这 8 位组成。地址标识符 I 表示输入，Q 表示输出，M 表示存储器位，例如 I3. 2 是一个数字量输入的地址，小数点前面的 3 是地址的字节部分，小数点后的 2 表示这个输入点是 3 号字节中的第 2 位。

开关量除了按位寻址外，还可以按字节（B）、字（W）和双字（D）寻址。例如输入量 I2. 0 ~ I2. 7 组成输入字节 IB2；字节 IB2 和 IB3 组成一个输入字 IW2，其中的 IB2 为高位字节；IB2 ~ IB5 组成一个输入双字 ID2，其中的 IB2 为最高位的字节。以组成字和双字的第一个字节的地址作为字和双字的地址。

S7-300 系列 PLC 的信号模块的字节地址与模块所在的机架号和槽号有关，位地址与信号线接在模块上的哪一个端子有关。

对于数字量模块，从 0 号机架的 4 号槽开始，每个槽位分配 4B 的地址，相当于 32 个 I/O点（见表 5-1）。最多可能有 32 个数字量模块，共占用 32 ×4B =128B。

表 5-1　I/O 模块的字节地址

机架号	模块类型	槽号							
		4	5	6	7	8	9	10	11
0	数字量	0 ~ 3	4 ~ 7	8 ~ 11	12 ~ 15	16 ~ 19	20 ~ 23	24 ~ 27	28 ~ 31
	模拟量	256 ~ 271	272 ~ 287	288 ~ 303	304 ~ 319	320 ~ 335	336 ~ 351	352 ~ 367	368 ~ 363
1	数字量	32 ~ 35	36 ~ 39	40 ~ 43	44 ~ 47	48 ~ 51	52 ~ 55	56 ~ 59	60 ~ 63
	模拟量	384 ~ 399	400 ~ 415	416 ~ 431	432 ~ 447	448 ~ 463	464 ~ 479	480 ~ 495	496 ~ 511
2	数字量	64 ~ 67	68 ~ 71	72 ~ 75	76 ~ 79	80 ~ 83	84 ~ 87	88 ~ 91	92 ~ 95
	模拟量	512 ~ 527	528 ~ 543	544 ~ 559	560 ~ 575	576 ~ 591	592 ~ 607	608 ~ 623	624 ~ 639
3	数字量	96 ~ 99	100 ~ 103	104 ~ 107	108 ~ 111	112 ~ 115	116 ~ 119	120 ~ 123	124 ~ 127
	模拟量	640 ~ 655	656 ~ 671	672 ~ 687	688 ~ 703	704 ~ 719	720 ~ 735	736 ~ 751	752 ~ 767

模拟量模块以通道为单位，一个通道占一个字地址或两个字节地址。例如模拟量输入通道 IW640 由字节 IB640 和 IB641 组成。S7-300 系列 PLC 为模拟量模块保留了专用的地址区域，字节地址范围为 IB256 ~ IB767。

一个模拟量模块最多有 8 个通道，从 256 开始，给每一个模拟量模块分配 16B 的地址。

I/O 模块的字节地址见表 5-1，信号模块的地址举例见表 5-2。

表 5-2　信号模块地址举例

机架号	模块类型	槽号					
		4	5	6	7	8	9
0	模块类型	16 点数字量输入	16 点数字量输入	32 点数字量输入	32 点数字量输入	16 点数字量输出	8 通道模拟量输入
	地址	I0. 0 ~ I1. 7	I4. 0 ~ I5. 7	I8. 0 ~ I11. 7	I12. 0 ~ 15. 7	Q16. 0 ~ Q17. 7	IW336 ~ IW350
1	模块类型	2 通道模拟量输入	8 通道模拟量输出	2 通道模拟量输出	8 点数字量输出	32 点数字量输出	—
	地址	IW384, IW386	QW400 ~ QW414	QW416, QW418	Q44. 0 ~ Q44. 7	Q48. 0 ~ Q51. 7	—

数字量输入/输出模块内最低的位地址（例如 I0.0）对应的端子位置最高，最高的位地址（例如 16 点输入模块的 I1.7）对应的端子的位置最低。

5.1.3 S7-300 系列 PLC 应用系统设计

任何一种电气控制系统都是为了实现被控对象的工艺要求，以提高生产效率和产品质量。因此确定选用 PLC 控制系统以后，在设计 PLC 控制系统时应遵循以下基本原则和设计过程的一些基本步骤。

1. 系统设计的原则

1）最大限度地满足被控设备或生产过程的控制要求。

2）在满足控制要求的前提下，力求使系统简单、经济、操作方便。

3）保证控制系统工作安全可靠。

4）考虑到今后生产的发展和工艺的改进，在设计容量时，应考虑适当留有进一步扩展的余地。

2. 系统设计和调试的主要步骤

（1）了解被控对象的工艺条件，分析控制要求

这一步是系统设计的基础，首先应详细了解被控对象的全部功能和它对控制系统的要求，例如机械的动作，机械、液压、气动、仪表、电气系统之间的关系，是否需要通信联网功能，是否需要电源停电报警、紧急情况的处理等。

在这一阶段，还要选择用户输入设备（按钮、操作开关、限位开关、传感器等），输出设备（继电器、接触器、信号指示灯等执行元件），以及由输出设备驱动的控制对象（电动机、电磁阀等）。

此时还应确定哪些信号需要输入给 PLC，哪些负载由 PLC 驱动，并分类统计出各输入量和输出量的性质，是开关量还是模拟量，是直流量还是交流量，以及电压的大小等级。

（2）选择合适的 PLC 类型及硬件配置

正确选择 PLC 对于保证整个控制系统的技术与经济性能指标起着重要作用。选择的依据是被控对象对控制系统的要求及输入量、输出量的类型和点数等。选择 PLC 包括机型的选择、容量的选择、I/O 模块的选择等。

1）PLC 机型的选择。在满足控制要求的前提下，选型时应选择最佳的性能价格比，具体应考虑以下几点。

① 性能与任务相适应。对于开关量控制的应用系统，当对控制速度要求不高时，可选用小型 PLC（如西门子公司 S7-200 系列 PLC）就能满足要求，如对小型泵的顺序控制、单台机械的自动控制等。

对于以开关量控制为主，带有部分模拟量控制的应用系统，如对工业生产中常遇到的温度、压力、流量、液位等连续量的控制，应选用带有 A/D 转换的模拟量输入模块和带有 D/A 的模拟量输出模块，配接相应的传感器、变送器（对温度控制系统可选用温度传感器直接输入的温度模块）和驱动装置，并且选择运算功能较强的中小型 PLC，如西门子公司的 S7-300 系列 PLC。

对于比较复杂的大中型控制系统，如闭环控制、PID 调节、通信联网等，可选用大中型 PLC（如西门子公司的 S7-400 系列 PLC）。当系统的各个控制对象分布在不同的地域时，应

根据各部分的具体要求来选择 PLC，以组成一个分布式的控制系统。

② PLC 的处理速度应满足实时控制的要求。PLC 工作时，从输入信号到输出控制存在着滞后现象，即输入量的变化，一般要在 1 ~ 2 个扫描周期之后才能反映到输出端，这对于一般的工业控制是允许的。但有些设备的实时性要求较高，不允许有较大的滞后时间。例如，PLC 的 I/O 点数在几十 ~ 几千点范围内，这时用户应用程序的长短对系统的响应速度会有较大的差别。滞后时间应控制在几十毫秒之内，应小于普通继电器的动作时间（普通继电器的动作时间约为 100ms），否则就没有意义了。

为了提高 PLC 的处理速度，可以采用以下几种方法：选择 CPU 处理速度快的 PLC，使执行一条基本指令的时间不超过 0.5μs；优化应用软件，缩短扫描周期；采用高速响应模块，例如高速计数模块，其响应的时间可以不受 PLC 扫描周期的影响，而只取决于硬件的延时。

③ 结构合理、机型系列应统一。PLC 的结构分为整体式和模块式两种。整体式结构把 PLC 的 I/O 和 CPU 放在一块电路板上，省去插接环节，体积小，每一 I/O 点的平均价格比模块式结构的便宜，适用于工艺过程比较稳定、控制要求比较简单的系统。模块式 PLC 的功能扩展、I/O 点数的增减、输入与输出点数的比例，都比整体式方便灵活。维修更换模块、判断与处理故障快速方便，适用于工艺过程变化较多、控制要求复杂的系统。在使用时，应按实际具体情况进行选择。

在一个单位或一个企业中，应尽量使用同一系列的 PLC，这不仅使模块通用性好，减少备件量，而且给编程和维修带来极大的方便，也给系统的扩展升级带来方便。

④ 在线编程和离线编程的选择。小型 PLC 一般使用简易编程器。它必须插在 PLC 上才能进行编程操作，其特点是编程器与 PLC 共用一个 CPU，当需要编程或修改程序时，CPU 就不能执行用户程序，只为编程器服务，这就是“离线编程”。程序编好后 CPU 再去执行用户程序，对系统实施控制。简易编程器结构简单、体积小、携带方便，很适合在生产现场调试、修改程序时用。

图形编程器或者个人计算机与编程软件包配合可实现在线编程。PLC 和图形编程器各有自己的 CPU，编程器的 CPU 可随时对键盘输入的各种编程指令进行处理；PLC 的 CPU 则主要完成对现场的控制，并在一个扫描周期的末尾与编程器通信，编程器将编好或修改好的程序发送给 PLC，在下一个扫描周期，PLC 将按照修改后的程序或参数进行控制，实现“在线编程”。图形编程器价格较贵，但它功能强大，适应范围广，不仅可以用指令语句编程，还可以直接用梯形图编程，并可存入磁盘或用打印机打印出梯形图和程序。一般大中型 PLC 多采用图形编程器。使用个人计算机进行在线编程，可省去图形编程器，但需要编程软件包的支持，其功能类似于图形编程器。

2）PLC 容量的估算。PLC 容量包括两个方面：一是 I/O 的点数，二是用户存储器的容量。

① I/O 点数的估算。根据功能说明书，可统计出 PLC 系统的开关量 I/O 点数及模拟量 I/O 通道数，以及开关量和模拟量的信号类型。考虑到在前面的设计中 I/O 点数可能有疏漏，并考虑今后的调整和扩充，一般应加上 30% 左右的裕量。

② 存储器容量估算。用户应用程序占用多少内存与许多因素有关，如 I/O 点数、控制要求、运算处理量、程序结构等。因此在程序设计之前只能粗略的估算。根据经验，每个

I/O 点及有关功能器件占用的内存大致如下。

开关量输入所需存储器字节数 = 输入点数 ×10

开关量输出所需存储器字节数 = 输出点数 ×8

定时器/计数器所需存储器字节数 = 定时器/计数器数 ×2

模拟量所需存储器字节数 = 模拟量通道数 ×100

通信接口所需存储器字节数 = 接口个数 ×300

存储器的总字数再加上一个备用量即为存储器容量。根据上面的经验公式得到的存储器容量估算值只具有参考价值，在明确对 PLC 要求容量时，还应依据其他因素对其进行修正。

3）I/O 模块的选择。

① 开关量输入模块的选择。PLC 的输入模块用来检测来自现场（如按钮、行程开关、温控开关、压力开关等）电平信号并将其转换为 PLC 内部的低电平信号。开关量输入模块按输入点数分，常用的有 8 点、12 点、16 点、32 点等；按工作电压分，常用的有直流 5V、12V、24V，交流 110V、220V 等；按外部接线方式又可分为汇点输入、分隔输入等。

选择输入模块主要应考虑以下两点：根据现场输入信号（如按钮、行程开关）与 PLC 输入模块距离的远近来选择电压的高低。一般情况下，24V 以下属低电平，其传输距离不宜太远。如 12V 电压模块一般传输距离不超过 10m，距离较远的设备选用较高电压的模块比较可靠；高密度的输入模块，如 32 点输入模块，允许同时接通的点数取决于输入电压和环境温度。一般情况下，同时接通的点数不得超过总输入点数的 60%。

② 开关量输出模块的选择。输出模块的任务是将 PLC 内部低电平的控制信号转换为外部所需电平的输出信号，驱动外部负载。

输出方式的选择：继电器输出价格便宜，使用电压范围广，导通压降小，承受瞬间过电压和过电流的能力较强，且有隔离作用。但继电器有触点、寿命较短，且响应速度慢，适用于动作不频繁的交直流负载。晶闸管输出（交流）和晶体管输出（直流）都属于无触头开关输出，适用于通断频繁的感性负载。感性负载在断开瞬间会产生较高的反压，必须采取抑制措施。

输出电流的选择：模块的输出电流必须大于负载电流的额定值，如果负载电流较大，输出模块不能直接驱动，则应增加中间放大环节。对于电容性负载、热敏电阻负载，考虑到接通时有冲击电流，故要留有足够的裕量。

允许同时接通的输出点数：在选用输出模块时，不但要看一个输出点的驱动能力，还要看整个输出模块的满负载能力，即输出模块同时接通点数的总电流值不得超过模块规定的最大允许电流。

③ 模拟量及特殊功能模块的选择。除了开关量信号以外，工业控制中还要对温度、压力、流量等过程变量进行检测和控制。模拟量输入、模拟量输出以及温度控制模块就是用于将过程变量转换为 PLC 可以接收的数字信号以及将 PLC 内的数字信号转换成模拟信号输出。此外还有一些智能模块，如传感器模块、I/O 链接模块、高速计数模块等。这些模块中有自己的 CPU、存储器，能在 PLC 的管理和协调下独立地处理特殊任务，这样既完善了 PLC 的功能，又减轻了 PLC 的负担，提高了处理速度。

（3）分配 I/O 点，画出 PLC 外部接线图

分配 PLC 的输入/输出点，编制出输入/输出分配表并画出输入/输出端子的接线图。接

着就可以进行 PLC 程序设计，同时也可进行控制柜或操作台的设计和现场施工。

（4）程序设计

这一步是整个应用系统设计最核心的工作，也是比较困难的一步。对于比较复杂的应用系统，需要绘制系统控制流程图或功能表图，用以清楚地表明动作的顺序和条件，然后设计出梯形图或语句表（即编程）。功能表图或系统控制流程图要尽可能详细、准确，以方便编程。

（5）将程序下载给 PLC

当使用简易编程器将程序输入 PLC 时，需要先将梯形图转换成指令助记符，以便输入。当使用可编程序控制器的辅助编程软件在计算机上编程时，可通过上下位机的连接电缆将程序下载到 PLC 中。

（6）进行软件测试

程序输入 PLC 后，应先进行测试工作。由于在程序设计过程中，难免会有疏漏，因此在将 PLC 连接到现场设备上之前，必须进行软件测试，以排除程序中的错误，同时也为整体调试打好基础，缩短整体调试的周期。

（7）应用系统的整体调试

程序的调试分两个阶段进行。

1）模拟调试。用户程序一般先在实验室进行模拟调试，实际的输入信号可以用钮子开关和按钮来模拟，各输出量的通断状态用 PLC 上有关的发光二极管来显示，一般不用接 PLC 实际的负载。实际的反馈信号，可以根据流程图，在适当的时候用开关或按钮来模拟。

2）现场调试。在 PLC 软硬件设计和控制柜及现场施工完成后，就可以进行整个系统的现场联机调试。如果控制系统是由几个部分组成的，则应先做局部调试，然后再进行整体调试；如果控制程序步序较多，则可先进行分段调试，然后再连接起来总调。调试中发现的问题要逐一排除，直至调试成功。

（8）编制技术文件

系统技术文件包括功能说明书、电气原理图、电器布置图、电器元件明细表、PLC 梯形图等。功能说明书是在自动化过程分解的基础上对过程的各部分进行分析，把各部分必须具备的功能、实现的方法和所要求的输入条件及输出结果，以书面形式描述出来。在有了各部分的功能说明书后，即可进行归纳统计，整理出系统的总体技术要求。因此功能说明书是进行 PLC 系统设备选型、硬件配置、程序设计、系统调试的重要技术依据，也是 PLC 系统技术文档的重要组成部分。在创建功能说明书时，还可能发现过程分解中的不合理点并予以修正。

5.1.4 PLC 的编程语言

PLC 为用户提供了完整的编程语言，以适应编制用户程序的需要。PLC 提供的编程语言通常有以下几种：梯形图、语句表和功能块图。下面以 S7-300 系列 PLC 为例加以说明。

1. 梯形图（LAD）

梯形图是使用得最多的 PLC 图形编程语言。梯形图与继电器电路图很相似，具有直观易懂的优点，很容易被工厂熟悉继电器控制的电气人员掌握，特别适合于数字量逻辑控制。

梯形图由触点、线圈和用方框表示的指令框组成。触点代表逻辑输入条件，例如外部的开关、按钮和内部条件等。线圈通常代表逻辑运算的结果，常用来控制外部的指示灯、交流接触器和内部的标志位等。指令框用来表示定时器、计数器或者数学运算等附加指令。

使用编程软件可以直接生成和编辑梯形图，并将它下载到 PLC。

触点和线圈等组成的独立电路称为网络（NetWork），如图 5-5 所示，编程软件自动为网络编号。如果将两块独立电路放在同一个网络内，将会出错。本书为了节约篇幅，在插图中梯形图一般没有标出网络号，但是相邻网络左边的垂直线是断开的，以此来表示网络的分界点。

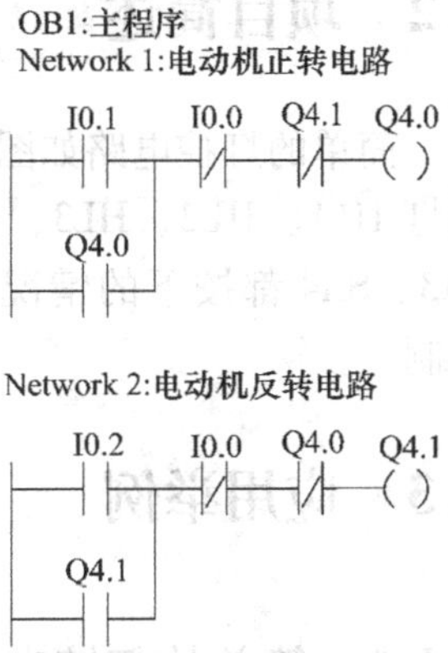

图 5-5　梯形图程序

梯形图中的触点和线圈可以使用物理地址，例如 I0. 2、Q4. 3 等。如果在符号表中对某些地址定义了符号，例如令 I0. 0 的符号为“起动”，在程序中可用符号地址“起动”来代替物理地址 I0. 0，使程序易于阅读和理解。

在分析梯形图中的逻辑关系时，为了借用继电器电路图的分析方法，可以想象在梯形图的左右两侧垂直“电源线”之间有一个左正右负的直流电源电压，当图 5-5 网络 1 中 I0. 0、I0. 1 和 Q4. 1 的触点同时接通，或 Q4. 0、I0. 0 和 Q4. 1 的触点同时接通时，有一个假想的“能流”（Power Flow）流过 Q4. 0 的线圈，则 Q4. 0 线圈得电。利用能流这一概念，可以帮助我们更好地理解和分析梯形图，能流只能从左向右流动。

如果没有跳转指令，程序中的逻辑运算按从左往右的方向执行，与能流的方向一致。网络之间按从上到下的顺序执行，执行完所有的网络后，下一次循环返回最上面的网络（网络 1）重新开始执行。

2. 语句表（STL）

S7 系列 PLC 将指令表称为语句表（Statement List，STL），它类似于微机汇编语言中的文本语言，由多条语句组成一个程序段。语句表比较适合经验丰富的程序员使用，可以实现某些不能用梯形图或功能块图表示的功能。图 5-5 梯形图的语句表程序如图 5-6 所示。

```
OB1:主程序
Network 1:电动机正转电路
A(
O I0.1
O Q4.0
)
AN I0.0
AN Q4.1
= Q4.0
Network 2:电动机反转电路
A(
O I0.2
O Q4.1
)
AN I0.0
AN Q4.0
= Q4.1
```

图 5-6　语句表程序

3. 功能块图（FBD）

功能块图（FBD）的图形结构与数字电路中逻辑门电路比较相似，用类似于与门、或门的方框来表示逻辑运算、算术运算和数据处理指令，方框被“导线”连接在一起，信号自左向右流动。方框的左侧为逻辑运算的输入变量，右侧为输出变量，输入、输出端的小圆圈表示“非”运算。

4. 编程语言的相互转换与选用

在 STEP 7 编程软件中，如果程序块没有错误，并且被正确地划分为网络，在梯形图、功能块图和语句表之间可以转换。用语句表编写的程序不一定都能转换为梯形图，但是梯形图和 FBD 都能转换成语句表。

语句表可供习惯用汇编语言编程的用户使用，在运行时间和要求的存储空间方面最优。语句表的输入方便快捷，还可以在每条语句的后面加上注释，便于复杂程序的阅读和理解。在设计通信、数学运算等高级应用程序时建议使用语句表。

梯形图与继电器电路图的表达方式极为相似，适合于熟悉继电器电路的用户使用。语句表程序较难阅读，其中的逻辑关系很难一眼看出，在设计和阅读有复杂的触点电路的程序时最好使用梯形图语言。功能块图适合于熟悉数字电路的用户使用。

5.2 项目简述

简单的灯控电路如图5-7所示。开关SA1、开关SA2并联控制灯HL1、HL2、HL3，按下开关SA3，灯HL4点亮，在开关SA3、SA4都按下的情况下，灯HL5才会点亮。采用PLC实现控制。

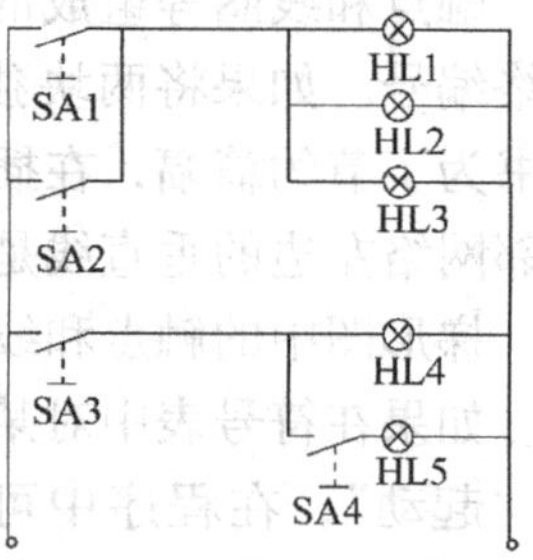

图5-7 简单的灯控电路

5.3 应用举例

5.3.1 简单的灯控电路PLC外围电路设计

1）合理选择PLC的硬件类型，熟悉PLC的外部结构。在该灯控电路中，输入设备是开关，所以输入模块选择为直流数字量输入模块；输出设备灯是直流供电的，所以输出模块选为直流数字量输出模块。PLC的外围电路主要包括输入/输出端口、编程器与PLC之间的连接、运行方式开关及LED功能指示灯等。

2）分配I/O端口。按实际的输入设备、输出设备的控制功能与个数，逐一分配PLC的输入与输出端口，如表5-3所示。

表5-3 I/O地址分配表

输入		输出	
输入设备名称	输入端口地址	输出设备名称	输出端口地址
开关SA1	I0.0	灯HL1	Q4.0
开关SA2	I0.1	灯HL2	Q4.1
开关SA3	I0.2	灯HL3	Q4.2
开关SA4	I0.3	灯HL4	Q4.3
		灯HL5	Q4.4

3）画PLC的输入/输出接线图。如图5-8所示。

4）连接PLC外围设备。在PLC关机状态下，根据I/O接线图，正确连接输入和输出设备。

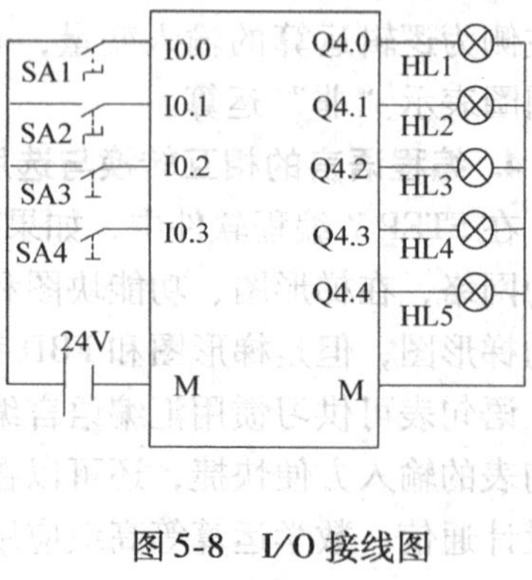

图5-8 I/O接线图

5.3.2 三相交流异步电动机单向连续运转控制电路硬件电路设计

三相交流异步电动机单向连续运转继电器-接触器控制电路如图1-16所示。现改为PLC控制。设计步骤如下。

1）分配I/O端口。由于三相交流异步电动机是由交流接触器控制的，因此输出模块选为继电器输出型或者是晶闸管输出型。I/O 地址分配如表 5-4 所示。

表 5-4　I/O 地址分配表

输　入		输　出	
输入设备名称	输入端口地址	输出设备名称	输出端口地址
停止按钮	I0.0	接触器	Q4.0
起动按钮	I0.1		
热继电器 FR	I0.2		

2）画出输入/输出（I/O）接线图。如图 5-9 所示。

3）主电路接线。主电路如图 1-16 所示，顺序安装三相电源、组合开关 QS、主电路熔断器、接触器 KM 主触头、热继电器 FR 及电动机 M。

4）连接 PLC 外围设备。在 PLC 关机状态下，按照 I/O 接线图 5-9 正确连接输入设备（起动按钮 SB2、停止按钮 SB1、热继电器 FR 常闭触点）和输出设备（交流接触器 KM 以及 220V 交流电源）。

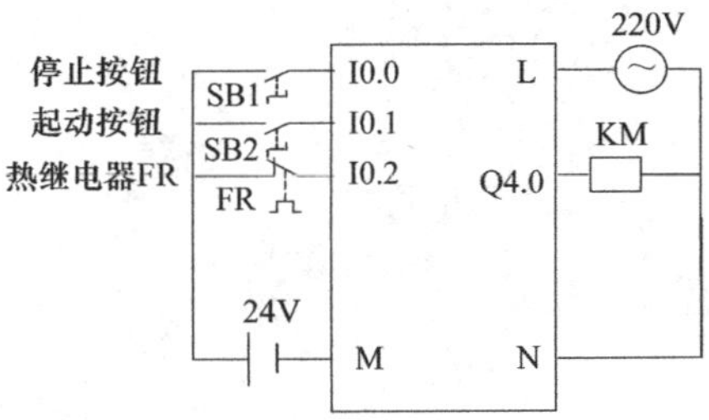

图 5-9　I/O 接线图

项 目 小 结

本项目主要介绍了 S7-300 系列 PLC 的硬件配置、工作原理、编程语言、硬件电路设计。最后以简单灯控电路和三相交流异步电动机单向连续运转为例，介绍了 I/O 地址的分配方法和 PLC 外围电路接线，进一步加深对硬件电路设计方法的掌握。

可编程序控制器的工作过程分为公共操作、输入信号采样、执行用户程序和输出刷新 4 个阶段，采用循环扫描的工作方式周而复始的进行工作。

接下来介绍了 S7-300 系列 PLC 的硬件配置，详细介绍了各模块的特点及作用，输入/输出模块（I/O）端口地址的分配方法和 PLC 外围电路的接线。PLC 的硬件电路设计包括主电路的设计和 PLC 外围电路设计。

PLC 常用的编程语言有梯形图和语句表，并以西门子公司 S7-300 系列 PLC 为例，说明如何在控制工作中利用梯形图和语句表语言编程，解决工程问题。

通过本项目学习，读者可对 PLC 的工作原理有一个基本的了解，掌握了 S7-300 系列 PLC 的硬件组成、外围电路的接线、I/O 地址分配和编程语言，为进一步学习西门子公司 S7 系列 PLC 的指令系统及软件设计打下一定的基础。

习题及思考题

5-1　S7-300 系列 PLC 的硬件系统由哪几部分组成？

5-2　程序控制器常用的编程语言有哪些？

5-3　S7-300 系列 PLC 常用输入、输出模块有哪几种？各适用于哪些场合？

5-4　一个控制系统如果需要12点数字量输入、30点数字量输出、10点模拟量输入和2点模拟量输出，则回答下列问题。

1）如何选择输入/输出模块？

2）各模块的地址如何分配？

5-5　数字量输出模块有哪几种类型？它们各有什么特点？

5-6　简述可编程序控制器的工作过程。

项目6 PLC控制三相异步电动机的正反转

【学习目标】

1. 了解在STEP 7编程中使用的数据类型。

2. 掌握S7-300系列PLC中CPU的存储区分布以及寄存器。

3. 了解STEP 7中的寻址方式。

4. 掌握S7-300系列PLC的用户程序结构。

5. 会熟练使用STEP 7 V5.3编程软件进行程序的编辑，下载程序及运行、监控、调试程序。

6. 会熟练使用S7-PLCSIM仿真软件调试程序。

7. 能使用S7-300系列PLC基本位逻辑指令完成电动机正反转、智力抢答器等的软硬件设计和系统安装调试。

8. 会编写S7-300系列PLC的功能块子程序FB和功能子程序FC，并掌握在主循环程序OB1中调用功能块子程序FB和功能子程序FC的方法。

6.1 相关知识

6.1.1 STEP 7编程基础

1. 数制

数的制式是人们利用符号计数的一种方法。数制有很多种，在计算机中常用的有二进制、十六进制和BCD码。

（1）二进制数

二进制数只有0和1两个符号按照逢二进一的规则计算。0和1可以用来表示开关量（或称数字量）的两种不同状态，例如触点的断开和接通，线圈的通电和断电等。如果该位为1，表示梯形图中对应的位编程元件（例如位存储器M和输出过程映像Q）的线圈“通电”，其常开触点接通，常闭触点断开，以后称该编程元件为1状态，或称该编程元件ON（接通）。如果该位为0，对应的编程元件的线圈和触点的状态与上述的相反，称该编程元件为0状态，或称该编程元件OFF（断开）。

二进制常数用2#表示，例如2#1111_ 0110_ 1001_ 0001是16位二进制常数。在编程手册和编程软件中，位编程元件的1状态和0状态常用TURE和FALSE来表示。

（2）十六进制数

十六进制的16个数字是0~9和A~F（对应于十进制数10~15），每个数字占二进制数的4位。十六进制数的运算规则为逢16进1，例如B#16#3C=3×16+12=60。

B#16#、W#16#、DW#16#分别用来表示十六进制字节、字和双字常数，例如W#16#13AF。在数字后面加“H”也可以表示十六进制数，例如W#16#13AF可以表示为13AFH。

（3）BCD 码

BCD 码用 4 位二进制数表示一位十进制数，例如十进制数 9 对应的二进制数为 1001。4 位二进制数共有 16 种组合，有 6 种（1010 ~ 1111）没有在 BCD 码中使用。

BCD 码的最高 4 位二进制数用来表示符号，16 位 BCD 码字的范围为 -999 ~ +999。32 位 BCD 码双字的范围为 -9 999 999 ~ +9 999 999。

十进制数可以很方便地转换为 BCD 码，例如十进制数 296 对应的 BCD 码为 W#16#296，或 2#0000 0010 1001 0110。

2. 数据类型

STEP 7 有 3 种数据类型：基本数据类型、用户通过组合基本数据类型生成的复合数据类型和参数类型。

（1）基本数据类型

STEP 7 的基本数据类型有布尔型（BOOL）、整数型（INT）、实数型（REAL）。

1）布尔型。布尔型数据为无符号数，只表示存储器各位 1/0 状态。其长度可以是位、字节、字和双字。8 位二进制数组成一个字节（Byte），相邻的两个字节组成一个字，两个字组成一个双字。例如，MW100 是由 MB100 和 MB101 组成的一个字，MB100 为高位字节。MW100 中的 M 为区域标识符，W 表示字，100 为字的起始字节 MB100 的地址。字的取值范围为 W#16#0000 ~ W#16#FFFF；MD100 是由 MB100 ~ MB103 组成的一个双字，MB100 为高位字节，D 表示双字，100 为双字的起始字节 MB100 的地址。双字的取值范围为 DW#16#0000_ 0000 ~ DW#16#FFFF_ FFFF。

2）整数型。整数是有符号数，整数的最高位为符号位，最高位为 0 时为正数，为 1 时为负数。整数用补码来表示，正数的补码就是它的本身，将一个正数对应的二进制数的各位求反后加 1，可以得到绝对值与它相同的负数的补码。

整数型数据分为 16 位整数 INT 和 32 位双整数 DINT。

16 位整数 INT 取值范围为 -32 768 ~ 32 767。

32 位双整数 DINT 取值范围为 -2 147 483 648 ~ 2 147 483 647。

3）实数型。实数（REAL）又称浮点数，ANSI/IEEE 标准浮点数格式如图 6-1 所示，共占用一个双字（32 位）。最高位（第 31 位）为浮点数的符号位，最高位为 0 时为正数，为 1 时为负数；8 位指数占 23 ~ 30 位；因为规定尾数的整数部分总是为 1，只保留了尾数的小数部分 m（0 ~ 22 位）。浮点数的表示范围为 $\pm 1.175495/10^{-38} \sim \pm 3.402823 \times 10^{38}$。

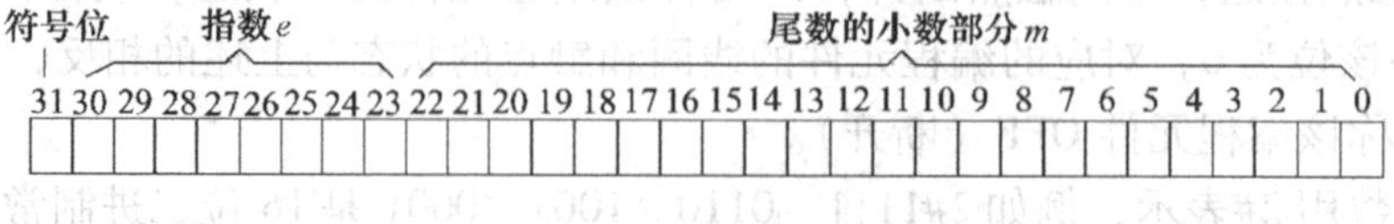

图 6-1　浮点数的格式

浮点数的优点是用很小的存储空间（4B）可以表示非常大和非常小的数。PLC 输入和输出的数值大多是整数（例如模拟量输入值和模拟量输出值），用浮点数来处理这些数据需要进行整数和浮点数之间的相互转换，浮点数的运算速度比整数运算的慢得多。

4）常数的表示方法。常数值可以是字节、字或双字，CPU 以二进制方式存储常数，常数也可以用十进制、十六进制、ASCII 码或浮点数形式来表示。

B#16#、W#16#、DW#16#分别用来表示十六进制字节、字和双字常数。2#用来表示二进制常数，例如2#1101_ 1010。

L#为32位双整数常数，例如L# +5。

P#为地址指针常数，例如P#M2.0是M2.0的地址。

S5T#是16位S5时间常数，格式为S5T#aD_ bH_ cM_ dS_ eMS。其中a、b、c、d、e分别是日、小时、分、秒和毫秒的数值。输入时可以省掉下画线，例如S5T#4S30MS = 4s30ms，S5T#2H15M30S =2小时15分30秒。S5时间常数的取值范围为S5T#0H_0M_0S_0MS ~ S5T#2H_46M_30S_0MS，时间增量为10ms。

C#为计数器常数（BCD码），例如C#250。

8位ASCII字符用单引号表示，例如‘ABC’。

（2）用户通过组合基本数据类型生成的复合数据类型

通过组合基本数据类型和复合数据类型可以生成下面的数据类型。

1）数组（ARRAY）。将一组同一类型的数据组合在一起，形成一个单元。

2）结构（STRUCT）。将一组不同类型的数据组合在一起，形成一个单元。

3）字符串（STRING）。它是最多有254个字符（CHAR）的一维数组。

4）日期和时间（DATE_ AND_ TIME）。用于存储年、月、日、时、分、秒、毫秒和星期，占用8个字节，用BCD格式保存。星期天的代码为1，星期一~星期六的代码为2~7。例如DT#2004-07-15-12:30:15.200为2004年7月15日12时30分15.2秒。

5）用户定义的数据类型UDT（User-Defined Data Types）。由用户将基本数据类型和复合数据类型组合在一起，形成的新的数据类型。

可以在数据块DB和变量声明表中定义复合数据类型。

（3）参数类型

参数类型是为在逻辑块之间传递参数的形参（Formal Parameter，形式参数）定义的数据类型。

1）TIMER（定时器）和COUNTER（计数器）。指定执行逻辑块时要使用的定时器和计数器，对应的实参（Actual Parameter，实际参数）应为定时器或计数器的编号，例如T3、C21。

2）BLOCK（块）。指定一个块用作输入和输出，参数声明决定了使用的块的类型，例如FB、FC、DB等。块参数类型的实参应为同类型的块的绝对地址编号（例如FB2）或符号名（例如“Motor”）。

3）POINTER（指针）。指针指向一个变量的地址，即用地址作为实参。例如P#M50.0是指向M50.0的双字地址指针。

4）ANY。用于实参的数据类型未知或实参可以使用任意数据类型的情况，占10B。

3. S7-300系列PLC CPU中的存储区分布

S7-300系列PLC CPU的存储器有3个基本区域（见图6-2）。除了3个基本存储区外，S7-300系列PLC CPU中还有外设I/O存储区。

（1）装载存储器

装载存储器可能是CPU模块中的部分RAM、内置的EEPROM或选用的可拆卸Flash EPROM（FEPROM）卡，用于保存不包含符号地址和注释的用户程序和系统数据（组态、连接和模块参数等)。有的 CPU 有集成的装载存储器，有的可以用微存储器卡（MMC）来扩展，CPU 31XC 的用户程序只能装入插入式的 MMC。

断电时数据保存在 MMC 存储器中，因此数据块的内容基本上被永久保留。

下载程序时，用户程序（逻辑块和数据块）被下载到 CPU 的装载存储器，CPU 把可执行部分复制到工作存储器，符号表和注释保存在编程设备中。

- 装载存储器
  - 动态装载存储器RAM,存放用户程序
  - 可选的固定装载存储(FEPROM),存放用户程序
- 工作存储器(RAM)：可执行用户程序,如逻辑块,数据块
- 系统存储器(RAM)
  - 过程映像存储器区(I/O)
  - 位存储器(M)
  - 定时器区(T)
  - 计数器区(C)
  - 数据块(DB)和背景数据块(DI)
  - 局域数据区(L)

图 6-2　CPU 中基本存储区分布

（2）工作存储器

它是 CPU 内部的部分 RAM 存储器，不能扩展，用于存储 CPU 运行时的用户程序和数据，例如组织块、功能块、功能和数据块。为了保证程序执行的快速性和不过多地占用工作存储器，只有与程序执行有关的块被装入工作存储器。

复位 CPU 的存储器时，RAM 中的程序被清除，FEPROM 中的程序不会被清除。

（3）系统存储器

系统存储器是集成在 CPU 内部的 RAM，不能扩展。用于存放用户程序的操作数据。主要包括以下几部分。

1）过程映像输入/输出（I/Q）区。输入模块的输入端子是 PLC 接收输入信号的窗口。每一个输入端子与输入映像存储器的相应位相对应。在扫描循环开始时，CPU 读取数字量输入模块的输入信号的状态、并将它们存入过程映像输入区（I 区）中。

每一个输出模块的端子与过程映像输出区的相应位相对应。在扫描循环中，用户程序计算输出值，并将它们存入过程映像输出区（Q 区）中。在循环扫描开始时将过程映像输出表的内容写入输出模块。

I 和 Q 均可以按位、字节、字和双字来存取，例如 I0.0、IB0、IW0 和 ID0。

与直接访问 I/O 模块相比，访问过程映像区可以保证在整个程序周期内，信号状态始终保持一致。即使在程序执行过程中接在输入模块的外部信号状态发生了变化，过程映像区中的信号状态仍然保持不变，直到下一个循环被刷新。由于过程映像区保存在 CPU 的系统存储器中，访问速度比直接访问信号模块快得多。系统存储器区的组成和功能如表 6-1 所示。

表 6-1　系统存储器区

存储区	访问的单位	标识符	说　明
输入过程映像(I)	输入位 输入字节 输入字 输入双字	I IB IW ID	在每次执行 OB1 扫描循环开始前,CPU 将输入模块的输入数值复制到输入过程映像区中
输出过程映像(Q)	输出位 输出字节 输出字 输出双字	Q QB QW QD	在一个程序循环扫描过程中,将程序运算得到的输出值写入输出过程映像区中。在下一次 OB1 循环扫描开始时,CPU 将这些数值传送到输出模块

（续）

存储区	访问的单位	标识符	说　明
位存储器(M)	存储位 位存储字节 位存储字 位存储双字	M MB MW MD	该区域用于存储用户程序的中间运算结果或标志位
定时器(T)	定时器	T	该区域提供定时器的存储区
外设输出(PQ)	外设输出字节 外设输出字 外设输出双字	PQB PQW PQD	通过该区域用户程序直接访问输出模块
外设输入(PI)	外设输入字节 外设输入字 外设输入双字	PIB PIW PID	通过该区域用户程序直接访问输入模块
共享数据块(DB)	数据块 数据位 数据字节 数据字 数据双字	DB DBX DBB DBW DBD	共享数据块可供所有逻辑块使用,可以用“OPN DB”指令打开一个共享数据块
背景数据块(DI)	数据块 数据位 数据字节 数据字 数据双字	DI DIX DIB DIW DID	背景数据块与某一功能或系统功能块相关联,可以用“OPN DI”指令打开一个背景数据块
局域数据(L)	局域数据位 局域数据字节 局域数据字 局域数据双字	L LB LW LD	在处理组织块、功能块和系统功能时,相应块的临时数据保存到该块的局域数据区

2）内部标志位存储器区（M）。内部标志位存储器用来保存控制逻辑的中间操作状态或其他控制信息，是模拟继电器控制系统中的中间继电器。内部标志位存储器以位为单位使用，也可以按字节、字或双字来存取。

3）定时器（T）存储器。定时器存储器是模拟继电器系统中的时间继电器。给定时器分配的字用于存储时间基值和时间值（0～999），实际的定时时间等于时基乘以时间值。时间值可以用二进制或BCD码方式读取。

4）计数器（C）存储器。计数器用来累计其计数输入端脉冲电平由低到高（上升沿）的次数，它有3种类型：加计数器、减计数器和加减计数器。给计数器分配的字用于存储计数当前值（计数器当前所累计的脉冲个数）。计数值可以用二进制或BCD码方式读取。

5）数据块。数据块用来存放用户程序运行时所需的大量数据或变量值，分为被所有逻辑块访问的“共享”数据块（DB）和被功能块（FB）、系统功能块（SFB）所特定占用的“背景”数据块（DI）。

DBX是数据块中的数据位，DBB、DBW和DBD分别是数据块中的数据字节、数据字和数据双字。DIX是背景数据块中的数据位，DIB、DIW和DID分别是背景数据块中的数据字节、数据字和数据双字。

6）外设I/O存储区（PI/PQ）。通过外设I/O存储区（PI和PQ），用户可以不经过过程映像输入和过程映像输出，直接访问输入模块和输出模块。不能以位（bit）为单位访问外设I/O存储区，只能以字节、字和双字为单位访问。

4. S7-300 系列 PLC CPU 中的寄存器

（1）累加器（ACCUx）

32 位累加器用于处理字节、字或双字的寄存器。S7-300 系列 PLC 有两个累加器（ACCU1 和 ACCU2），ACCU1 为主累加器，ACCU2 为辅助累加器。可以把操作数送入累加器，并在累加器中进行运算和处理，保存在 ACCU1 中的运算结果可以传送到存储区。处理 8 位或 16 位数据时，数据放在累加器的低端（右对齐）。

（2）状态字寄存器（16 位）

状态字（见图 6-3）是一个 16 位的寄存器，用于存储 CPU 执行指令的状态。状态字中的某些位用于决定某些指令是否执行和以什么样的方式执行，执行指令时可能改变状态字中的某些位，用位逻辑指令和字逻辑指令可以访问和检测它们。

未用	BR	CC1	CC0	OS	OV	OR	STA	RLO	$\overline{FC}$

图 6-3　状态字的结构

1）首次检测位。状态字的第 0 位称为首次检测位（FC）。若该位的状态为 0，则表明一个梯形逻辑网络的开始、或指令为逻辑串的第一条指令。CPU 对逻辑串第一条指令的检测（称为首次检测）产生的结果直接保存在状态字的 RLO 位中，经过首次检测存放在 RLO 中的 0 或 1 称为首次检测结果。该位在逻辑串的开始时总是 0，在逻辑串指令执行过程中该位为 1，输出指令或与逻辑运算有关的转移指令（表示一个逻辑串结束的指令）将该位清 0。

2）逻辑运算结果（RLO）。状态字的第 1 位称为逻辑运算结果 RLO（Result of Logic Operation）。该位用来存储执行位逻辑指令或比较指令的结果。在逻辑串中，RLO 位的状态能够表示有关信号流的信息，RLO 的状态为 1，表示有能流流到梯形图中运算点处；为 0 则表示无能流流到该点。可以用 RLO 触发跳转指令。

3）状态位（STA）。状态字的第 2 位称为状态位。状态位不能用指令检测，它只是在程序测试中被 CPU 解释并使用。如果一条指令是对存储区操作的位逻辑指令，则无论是对该位的“读”或“写”操作，STA 总是与该位的值取得一致；对不访问存储区的位逻辑指令来说，STA 位没有意义，此时它总被置 1。

4）或位（OR）。状态字的第 3 位称为或位（OR），在先“与”后“或”的逻辑运算中，OR 位暂存逻辑“与”的操作结果，以便进行后面的逻辑“或”运算。其他指令将 OR 位复位。

5）溢出位（OV）。状态字的第 4 位称为溢出位，如果算术运算或浮点数比较指令执行时出现错误（例如溢出、非法操作和不规范的格式），溢出位被置 1。如果后面的同类指令执行结果正常，该位被清 0。

6）溢出状态保持位（OS）。状态字的第 5 位称为溢出状态保持位，或称为存储溢出位。OV 位被置 1 时 OS 位也被置 1。OV 位被清 0 时 OS 仍保持，所以它保存了 OV 位，用于指明前面的指令执行过程中是否产生过错误。只有 JOS（OS =1 时跳转）指令、块调用指令和块结束指令才能复位 OS 位。

7）条件码 1（CC1）和条件码 0（CC0）。状态字的第 7 位和第 6 位称为条件码 1 和条件码 0。这两位综合起来用于表示在累加器 1 中产生的算术运算或逻辑运算的结果与 0 的大小关系、比较指令的执行结果或移位指令的移出位状态，详见表 6-2 和表 6-3。

表 6-2　算术运算后的 CC1 和 CC0

CC1	CC0	算术运算无溢出	整数算数运算有溢出	浮点数算术运算有溢出
0	0	结果 =0	整数相加下溢出(负数绝对值过大)	正数、负数绝对值过小
0	1	结果 <0	乘法下溢出;加减法上溢出(正数过大)	负数绝对值过大
1	0	结果 >0	乘除法上溢出;加减法下溢出	正数上溢出
1	1	—	除法或 MOD 指令的除数为 0	非法的浮点数

表 6-3　比较、移位和字逻辑指令执行后的 CC1 和 CC0

CC1	CC0	比 较 指 令	移位和循环移位指令	字逻辑指令
0	0	累加器 2 = 累加器 1	移出位为 0	结果为 0
0	1	累加器 2 < 累加器 1	—	—
1	0	累加器 2 > 累加器 1	—	结果不为 0
1	1	非法的浮点数	移出位为 1	—

8）二进制结果位（BR）。状态字的第 8 位称为二进制结果位。它将字处理程序与位处理联系起来，在一段既有位操作又有字操作的程序中，用于表示字操作结果是否正确。将 BR 位加入程序后，无论字操作结果如何，都不会造成二进制逻辑链中断。在梯形图的方框指令中，BR 位与 ENO 有对应关系，用于表明方框指令是否被正确执行：如果执行出现了错误，BR 位为 0，ENO 也为 0；如果功能被正确执行，BR 位为 1，ENO 也为 1。

在用户编写的 FB 和 FC 语句表程序中，必须对 BR 位进行管理，功能块正确执行后，使 BR 位为 1，否则使其为 0。使用 SAVE 指令可将 RLO 存入 BR 中，从而达到管理 BR 位的目的。当 FB 或 FC 执行无错误时，使 RLO 为 1，并存入 BR；否则在 BR 中存入 0。

状态字的 9 ~ 15 位未使用。

（3）数据块寄存器

DB 和 DI 寄存器分别用来保存打开的共享数据块和背景数据块的编号。

（4）诊断缓冲区

诊断缓冲区是系统状态列表的一部分，包括系统诊断事件和用户定义的诊断事件的信息。这些信息按它们出现的顺序排列，第一行中是最新的事件。

诊断事件包括模块的故障、写处理的错误、CPU 中的系统错误、CPU 的运行模式切换错误、用户程序中的错误和用户用系统功能 SFC 52 定义的诊断错误。

5. 寻址方式

操作数是指令操作或运算的对象，寻址方式是指令取得操作数的方式，操作数可以直接给出或间接给出。STEP 7 系统支持 4 种寻址方式：立即寻址、存储器直接寻址、存储器间接寻址和寄存器间接寻址。

（1）立即寻址

立即寻址的操作数是常数或常量，且操作数直接在指令中，有些指令的操作数是唯一的，为简化起见，不在指令中写出。下面是使用立即寻址的程序实例。

```
SET              //把 RLO 置 1
L   5678         //把整数 5678 装入累加器 1
L   W#16#4B12    //常数 16#4B12 装入累加器 1，累加器 1 中原有的内容装入累加器 2
```

（2）直接寻址

直接寻址包括对寄存器和存储器的直接寻址。该寻址方式在指令中直接给出操作数所在的存储单元地址，包括存储器或寄存器的区域、长度和位置，例如用 DBW200 指定数据块存储区中的字，地址为 200；DBB100 表示以字节方式存取，DBW100 表示存取 DBB100、DBB101 组成的字，DBD100 表示存取 DBB100 ~ DBB103 组成的双字。下面是直接寻址的程序实例。

```
A   I0.0
L   MB3         //把 MB3 装入累加器 1
T   MW2         //把累加器 1 低字中的内容传送给位存储器 MW2
```

（3）存储器间接寻址

在存储器间接寻址指令中，给出一个作地址指针的存储器，该存储器的内容是操作数所在存储单元的地址。该存储器一般称为地址指针，在指令中需写在方括号“［］”内。使用存储器间接寻址可以改变操作数的地址，在循环程序中经常使用存储器间接寻址。

地址指针可以是字或双字，对于地址范围小于 65 535 的存储器（如 T、C、DB、FB、FC），使用字指针就够了；对于其他存储器（如 I、Q、M 等）则要使用双字指针。如果要用双字格式的指针访问一个字节、字或双字存储器，必须保证指针的位编号为 0，例如 P#M50.0。双字指针的格式如图 6-4 所示，位 0 ~ 2 为被寻址地址中位的编号（0 ~ 7），位 3 ~ 18 为被寻址的字节的编号（0 ~ 65 535）。只有双字 MD、LD、DBD 和 DID 能作双字地址指针。下面是存储器间接寻址的例子。

```
L   DBW[MW10]     //将数据字装入累加器 1，数据字的地址指针在位存储器字 MW10
                  //中，如果 MW10 的值为 2#0000 0000 0000 0000 0000 0000 0010 0000，
                  //装入的是 DBW4
A   M[DBD 4]      //对存储器位作“与”运算，地址指针在数据双字 DBD4 中，如果 DBD4
                  //的值为 2#0000 0000 0000 0000 0000 0000 0010 0011，则是对 M4.3
                  //进行操作
```

31			0
0000 0000	0000 0bbb	bbbb bbbb	bbbb bxxx

图 6-4　存储器间接寻址的双字指针格式

（4）寄存器间接寻址

该寻址方式在指令中通过地址寄存器和偏移量间接获取操作数，其中的地址寄存器及偏移量必须写在方括号“［］”内。S7-300 系列 PLC 中有两个地址寄存器 AR1 和 AR2，通过它们可以对各存储区的存储器内容作寄存器间接寻址。地址寄存器的内容加上偏移量形成地址指针，并指向操作数所在的存储器单元。

地址寄存器存储的双字地址指针如图 6-5。其中第 0 ~ 2 位（xxx）为被寻址地址中位的编号（0 ~ 7），第 3 ~ 18 位（bbbb bbbb bbbb bbbb）为被寻址地址的字节的编号（0 ~ 65 535），第 24 ~ 26 位（rrr）为被寻址地址的区域标识号，第 31 位 x = 0 为区域内的间接寻址，第 31 位 x = 1 为区域间的间接寻址。

第一种地址指针格式包括被寻址数值所在存储单元地址的字节编号和位编号，存储区的类型在指令中给出，例如 L　MB［AR1，P#5.0］。这种指针格式适用于在某一存储区内寻址，即区内寄存器间接寻址。第 24 ~ 26 位（rrr）应为 0。

31			0
x000 0rrr	0000 0bbb	bbbb bbbb	bbbb bxxx

图 6-5　寄存器间接寻址的双字指针格式

第二种地址指针格式包含了数据所在存储区

域标识位，通过改变标志位可实现跨区寻址，区域标识由位 26～24 确定，具体含义如表 6-4 所示。这种指针格式适用于区域间寄存器间接寻址。

表 6-4 区域间寄存器间接寻址的区域标识位

区域标识	存储区	(rrr)位 26～24 的二进制
P	外设输入/输出	000
I	输入过程映像	001
Q	输出过程映像	010
M	位存储区	011
DBX	共享数据块	100
DIX	背景数据块	101
L	正在执行的块局域数据	111

如果要用寄存器指针访问一个字节、字或双字，必须保证指针中的位地址编号为 0。

下面是区内间接寻址的例子，指针常数 P#4.3 对应的二进制数为 2#0000 0000 0000 0000 0000 0000 0010 0011。

```
L    P#4.3              //将间接寻址的指针装入累加器 1
L    AR1                //将累加器 1 中的内容送到地址寄存器 1
A    M[AR1,P#3.3]       //AR1 中的 P#4.3 加偏移量 P#3.3,实际上是对 M7.6 进行操作
=    Q[AR1,P#0.2]       //逻辑运算的结果送 Q4.5
```

下面是区域间间接寻址的例子。

```
L    P#M6.0             //将存储器位 M6.0 的双字指针装入累加器 1
L    AR1                //将累加器 1 中的内容送到地址寄存器 1
T    W[AR1,P#50.0]      //将累加器 1 的内容传送到存储器字 MW56
```

P#M6.0 对应的二进制数为 2#1000 0011 0000 0000 0000 0000 0011 0000。因为地址指针 P#M6.0 中已经包含有区域信息，使用间接寻址的指令 T W [AR1, P#50.0] 中没有必要再用地址标识符 M。

6.1.2 用户程序结构

PLC 要完成的控制任务比较复杂时，用户的编程工作量及控制程序就较大。如何把程序的各部分清晰地组织起来，即选择适合控制任务要求的程序结构很关键。STEP 7 有 3 种编程方法可供选用，它们是线性化编程、模块化编程和结构化编程。

线性编程将整个用户程序编写在组织块 OB1 中，处理器工作时循环扫描 OB1，在 OB1 中的指令被线性地或顺序地执行，并且在每次扫描时每条指令都执行一次。这种结构是 PLC 最初所模拟的硬连线继电器梯形逻辑图模式。线性化编程方法适合于比较简单的控制任务。

模块化编程将用户程序分成相对独立的指令块，每个块包含给定的部件组或作业组的控制逻辑。上述各分块的执行顺序由组织块 OB1 中的调用指令决定。

结构化编程要求用户程序提供一些通用的指令块，以便控制一类相似或相同的部件（如控制泵或马达的指令块），给通用指令块提供的参数进一步说明各部件的控制差异。这

样结构化的程序能反复调用这些通用指令块。结构化编程方法比前面两种编程方法先进，适合复杂的控制任务，并支持多人协同编写大型用户程序。结构化编程的其他优点是：程序结构层次清晰，部分程序通用化、标准化，易于修改、简化程序的调试。

为支持结构化程序设计，STEP 7 将用户程序分类归并为不同的块，根据程序要求，可选用组织块（OB）、功能块（FB）、系统功能块（SFB）、功能（FC）和系统功能（SFC），在这些块中都包含部分程序，统称为逻辑块。而数据块（DB 或 DI）则用来存储执行用户程序时所需的数据。各种块的简要说明见表 6-5 所示。

表 6-5 用户程序中的块

块	简 要 描 述
组织块(OB)	操作系统与用户程序的接口,决定用户程序的结构
系统功能块(SFB)	集成在 CPU 模块中,通过 SFB 调用一些重要的系统功能,有存储区
系统功能(SFC)	集成在 CPU 模块中,通过 SFC 调用一些重要的系统功能,无存储区
功能块(FB)	用户编写的包含经常使用的功能的子程序,有存储区
功能(FC)	用户编写的包含经常使用的功能的子程序,无存储区
背影数据块(DI)	调用 FB 和 SFB 时用于传递参数的数据块,在编译过程中自动生成数据
共享数据块(DB)	存储用户数据的数据区域,供所有的块共享

本节将对结构化程序设计中各种块如何组织使用进行介绍。

1. 组织块（OB）

组织块是操作系统与用户程序的接口，由操作系统调用，用于控制扫描循环和中断程序的执行、PLC 的启动和处理等，有的 CPU 只能使用部分组织块。

（1）OB1

OB1 用于循环处理，是用户程序中的主程序，是最重要的组织块。操作系统周期性地执行组织块 OB1。当 OB1 运行结束后，操作系统再次调用 OB1，OB1 如此不断循环。这一过程也称为扫描循环。调用 OB1 的时间间隔称为扫描周期。扫描周期的长短，主要由 OB1 中的程序执行所需时间决定。

当 OB1 运行结束时，操作系统将发出全局数据（给网络中的其他 PLC）。再次启动 OB1 之前，操作系统将过程映像输出寄存器写到输出模块，读输入模块刷新过程映像输入寄存器，并接收来自其他 PLC 的各种全局数据。

为防止程序陷入无效死循环，S7 设有看门狗定时器。看门狗定时器的默认值是 150ms，该值确定主程序循环的最长时间。正常情况下，扫描周期小于该时间。可以在编程器上依靠 STEP 7 的 S7 CONFIGRATION 工具修改定时值，或用一个系统功能块（SFC 43）再启动看门狗定时器，以满足扫描周期对主程序最大允许循环时间的要求。如果扫描周期大于主程序最大允许循环时间，操作系统调用 OB 80（循环时间超时），若 OB 80 中未编写程序，CPU 将转入停止（STOP）状态。

STEP 7 还提供了设置最短循环时间的功能。这一特性是为多处理器操作时，缓解 I/O 总线而设计的（多处理器操作并非 S7-300 系列 PLC 特性）。当这一特性被使用时，操作系统延迟 OB1 的运行终止时间（延长扫描周期），直至达到最短循环时间。

在编程器上依靠 STEP 7 的 S7 CONFIGRATION 工具可修改 OB1 参数，见表 6-6。

表 6-6 允许修改的 OB1 参数

参 数	默 认 值	范 围
最长循环时间	150ms	1ms ~ 6s
最短循环时间	未激活	1ms ~ 6s
更新过程映像区	ON	ON/OFF

（2）事件中断处理

如果出现一个中断事件，例如时间日期中断、硬件中断和错误处理中断等，当前正在执行的块在当前语句执行完后被停止执行（被中断），操作系统将会调用一个分配给该事件的组织块。该组织块执行完后，被中断的块将从断点处继续执行。

这意味着部分用户程序可以不必在每次循环中处理，而是在需要时才被及时地处理。用户程序可以分解为分布在不同组织块中的“子程序”。如果用户程序是对一个重要事件的响应，并且这个事件出现的次数相对较少，例如液位达到了最大上限，处理中断事件的程序放在该事件驱动的 OB 中。

（3）中断的优先级

OB 按触发事件分成几个级别，这些级别有不同的优先级，高优先级的 OB 可以中断低优先级的 OB。当 OB 启动时，提供触发它的初始化启动事件的详细信息，这些信息可以在用户程序中使用。

2. 临时局域数据

生成逻辑块（OB、FC、FB）时可以声明临时局域数据。这些数据是临时的，退出逻辑块时不保留临时局域数据。它们仅是一些局域（Local）数据，只能在生成它们的逻辑块内使用。CPU 按优先级划分局域数据区，同一优先级的块共用一片局域数据区。

除了临时局域数据外，所有的逻辑块都可以使用共享数据块中的共享数据。

3. 功能（FC）

功能是用户编写的没有固定的存储区的块，其临时变量存储在局域数据堆栈中，功能执行结束后，这些数据就丢失了。可以用共享数据区来存储那些在功能执行结束后需要保存的数据，不能为功能的局域数据分配初始值。

调用功能和功能块时用实参（实际参数）代替形参（形式参数），例如将实参“I3. 6”赋值给形参“Start”。形参是实参在逻辑块中的名称，功能不需要背景数据块。功能和功能块用输入（IN）、输出（OUT）和输入/输出（IN_OUT）参数做指针，指向调用它的逻辑块提供的实参。功能被调用后，可以为调用它的块提供一个数据类型为 RETURN 的返回值。

4. 功能块（FB）

功能块是用户编写的有自己的存储区（背景数据块）的块，每次调用功能块时需要提供各种的数据给功能块，功能块也要返回变量给调用它的块。这些数据以静态变量（STAT）的形式存放在指定的背景数据块（DI）中，临时变量存储在局域数据堆栈中。功能块执行完后，背景数据块中的数据不会丢失，但是不会保存局域数据堆栈中的数据。

在编写调用 FB 或系统功能块（SFB）的程序时，必须指定 DI 的编号，调用时 DI 被自动打开。在编译 FB 或 SFB 时自动生成背景数据块中的数据。可以在用户程序中或通过 HMI

（人机接口）访问这些背景数据。

一个功能块可以有多个背景数据块，使功能块用于不同的被控对象。

可以在 FB 的变量声明表中给形参赋初值，它们被自动写入相应的背景数据块中。在调用块时，CPU 将实参分配给形参的值存储在 DI 中。如果调用块时没有提供实参，将使用上一次存储在背景数据块中的参数。

5. 数据块

数据块（DB）是用于存放执行用户程序时所需的变量数据的数据区。与逻辑块不同，在数据块中没有 STEP 7 的指令，STEP 7 按数据生成的顺序自动地为数据块中的变量分配地址。数据块分为共享数据块和背景数据块。

数据块中基本数据类型有 BOOL（二进制位）、REAL（实数或浮点数）和 INTEGER（整数，简称 INT）等。结构化数据类型（数组和结构）由基本数据类型组成。可以用符号表中定义的符号来代替数据块中数据的地址，这样更便于程序的编写和阅读。

（1）共享数据块（Share Block）

共享数据块存储的是全局数据，所有的 FB、FC 或 OB（统称为逻辑块）都可以从共享数据块中读取数据，或将数据写入共享数据块。CPU 可以同时打开一个共享数据块和一个背景数据块。如果某个逻辑块被调用，它可以使用它的临时局域数据区（即 L 堆栈）。逻辑块执行结束后，其局域数据区中的数据丢失，但是共享数据块中的数据不会被删除。

（2）背景数据块（Instance Data Block）

背景数据块中的数据是自动生成的，它们是功能块的变量声明表中的数据（不包括临时变量 TEMP）。背景数据用于传递参数，FB 的实参和静态数据存储在背景数据块中。调用功能块时，应同时指定背景数据块的编号或符号，背景数据块只能被指定的功能块访问。

应首先生成功能块，然后生成它的背景数据块。在生成背景数据块时，应指明它的类型为背景数据块（Instance），并指明它的功能块的编号，例如，FB2。

背景数据块的功能块被执行完后，背景数据块中存储的数据不会丢失。

（3）定义数据块

数据块丰富的数据结构，有助于程序高效率管理复杂的变量组合，提高程序设计的灵活性。

数据块定义在 S7 CPU 存储器中，用户可在存储器中建立一个或多个数据块。每个数据块可大可小，但 CPU 对数据块数量及数据总量有限制，如：对于 CPU 314，用作数据块的存储器最多 8KB（8 192Byte），用户定义的数据总量不能超出这个限制。对数据块必须遵循先定义后使用的原则，否则将造成系统错误。

在编程阶段和运行程序中都能定义数据块，大多数数据块是在编程阶段，用 STEP 7 开发软件包定义的，定义内容包括数据块号及块中的变量（包括：变量符号名、数据类型以及初始值等）。定义完成后，数据块中变量的顺序及类型，决定了数据块的数据结构，变量的数量决定数据块的大小。数据块在使用前，必须作为用户程序的一部分下载到 CPU 中。

（4）访问数据块

在用户程序中可能定义了许多数据块，而每个数据块中又有许多不同类型的数据，因此，访问时需要明确数据块号和数据块中的数据类型与位置。根据明确数据块号的不同方法，可以用多种方法访问数据块中的数据。

直接在访问指令中写明数据块号，如下所示。

```
L    DB5. DBW10
T    DB10. DBW20
L    Motor_1. Speed  // 符号地址
```

另一种方法是“先打开后访问”。在访问某数据块中的数据前，先“打开”这个数据块，也就是将数据块号（数据块的起始地址）装入数据块寄存器。这样存放在数据块中的数据就可利用数据块起始地址加偏移量的方法来访问。如下所示。

```
OPN    DB5
L      DBW10
OPN    DB10
T      DBW20
```

没有专门的数据块关闭指令，在打开一个数据块时，先打开的数据块自动关闭。由于有两个数据块寄存器（DB 和 DI 寄存器），所以最多可同时打开两个数据块。一个作为背景数据块，数据块的起始地址存储在 DI 寄存器中；另一个作为共享数据块，数据块的起始地址存储在 DB 寄存器中。在调用 FB 时可以自动打开背景数据块，所以一般不用在 FB 程序中使用 OPN DIn 指令打开背景数据块。

6. 系统功能块（SFB）

系统功能块是为用户提供的已经编好程序的块，可以在用户程序中调用这些块，但是用户不能修改它们。它们作为操作系统的一部分，不占用程序空间。SFB 有存储功能，其变量保存在指定给它的背景数据块中。

7. 系统功能（SFC）

系统功能是集成在 S7 CPU 的操作系统中预先编好程序的逻辑块，例如时间功能和块传送功能等。SFC 属于操作系统的一部分，可以在用户程序中调用，但是用户不能修改它。与 SFB 相比，SFC 没有存储功能。S7 CPU 提供以下的 SFC：复制与块功能，检查程序，处理时钟和运行时间计数器，数据传送，在多 CPU 模式的 CPU 之间传送事件，处理日期时间中断和延时中断，处理同步错误、中断错误和异步错误，有关静态和动态系统数据信息，过程映像刷新和位域处理，模块寻址，分布式 I/O，全局数据通信，非组态连接的通信，生成与块相关的信息等。

8. 系统数据块（SDB）

系统数据块是由 STEP 7 产生的程序存储区，包含系统组态数据，例如硬件模块参数和通信连接参数等用于 CPU 操作系统的数据。

6.1.3 S7-300 系列 PLC 常用的基本位逻辑指令

基本位逻辑指令包括位逻辑运算指令、位操作指令等，它们可以对布尔操作数（BOOL）的信号状态扫描并完成逻辑操作。

1. 触点与线圈

在 LAD（梯形图）程序中，通常使用类似继电器控制电路中的触点符号及线圈符号来表示 PLC 的位元件，被扫描的操作数（用绝对地址或符号地址表示）则标注在触点符号或线圈符号的上方，如表 6-7 所示。

表 6-7　触点和线圈

<table>
<tr><th>LAD 指令</th><th>STL 指令</th><th>功能</th><th>操作数</th><th>数据类型</th><th>存储区域</th></tr>
<tr><td><位地址>
—| |—</td><td></td><td>常开触点</td><td><位地址></td><td>BOOL</td><td>I、Q、M、D、L、T、C</td></tr>
<tr><td><位地址>
—|/|—</td><td></td><td>常闭触点</td><td><位地址></td><td>BOOL</td><td>I、Q、M、D、L、T、C</td></tr>
<tr><td><位地址>
—(　)—</td><td>= <位地址></td><td>输出线圈</td><td><位地址></td><td>BOOL</td><td>I、Q、M、D、L</td></tr>
<tr><td><位地址>
—(#)—</td><td>= <位地址></td><td>中间输出</td><td><位地址></td><td>BOOL</td><td>I、Q、M、D、L</td></tr>
</table>

(1) 常开触点

常开触点的符号如表 6-7 所示。与继电器的常开触点相似，当保存在指定 <位地址> 中的位值等于“1”时，常开触点闭合。当触点闭合时，梯形逻辑级中的信号流经触点，逻辑运算结果 RLO =“1”；相反，如果指定〈位地址〉的信号状态为“0”，触点打开。当触点打开时，没有信号流经触点，逻辑运算结果 RLO =“0”。

(2) 常闭触点

常闭触点的符号如表 6-7 所示。与继电器的常闭触点相似，当保存在指定〈位地址〉中的位值等于“0”时，常闭触点闭合。当触点闭合时，梯形逻辑级中的信号流经触点，逻辑运算结果 RLO =“1”；相反，如果指定〈位地址〉的信号状态为“1”，触点打开。当触点打开时，没有信号流经触点，逻辑运算结果 RLO =“0”。

(3) 输出线圈

输出线圈指令（赋值指令）如表 6-7 所示。与继电器的线圈一样，如果有电流流过线圈（RLO =1），指定〈位地址〉处的位则被置为“1”，与其对应的常开触点闭合，常闭触点断开；如果没有电流流过线圈（RLO =0），位置 <位地址> 处的位则被置为“0”，与其对应的常开触点断开，常闭触点闭合。输出线圈只能放置在梯形逻辑级的右端。

梯形图中的输出线圈等同于 STL 程序中的赋值指令。

(4) 中间输出

中间输出指令如表 6-7 所示。在梯形图设计时，如果一个逻辑串很长，不便于编辑，则可以将逻辑串分成几段，前一段的逻辑运算结果（RLO）可以保存到指定的〈位地址〉，在与其他触点串联的情况下，该存储位可以像一般触点一样出现在其他逻辑串中。中间输出只能放在梯形图逻辑串的中间，不能放在逻辑串的结尾或分支的结尾处。中间输出指令的使用如图 6-6 所示。

如果该指令使用局域数据区（L 区）的地址，该存储区中的地址应在逻辑块（FB、FC、OB）的变量声明表中声明为 TEMP 类型时才能被使用。

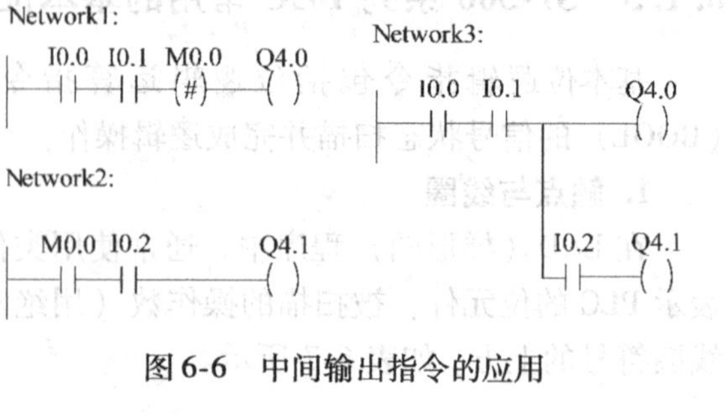

图 6-6　中间输出指令的应用

2. 位逻辑运算指令

这里叙述的位逻辑运算指令是“与”(AND)、“或”（OR)、“异或”（XOR）指令及其组合。它对“0”或“1”这些布尔操作数扫描，经逻辑运算后将逻辑操作结果送入状态字的 RLO 位。

(1)“与”和“与非”(A、AN)指令

用触点的串联表示“与”的逻辑关系，STL 指令中使用“A”检查常开触点的信号状态，使用“AN”检查常闭触点的信号状态，并将检查结果与逻辑运算结果(RLO)进行“与”运算。

如果串联回路里的所有触点皆闭合，该回路就通“电”了。在图 6-7a 中，如果所有触点闭合，则输出 Q4.0 的信号状态就为“1”(继电器线圈通电)；如果有一个或多个触点是打开的，则输出 Q4.0 为“0”(继电器线圈断电)。

在图 6-7a 中，仅当输入 I0.0 和输出 Q7.3 的信号状态都是“1”(触点于是闭合)、且位存储器 M10.6 为“0”(该触点仍保持原闭合位置)时，输出 Q4.0 才为“1”，否则 Q4.0 为“0”，显然这和与逻辑完全相同。与图 6-7a 对应的语句表指令如图 6-7b 所示。

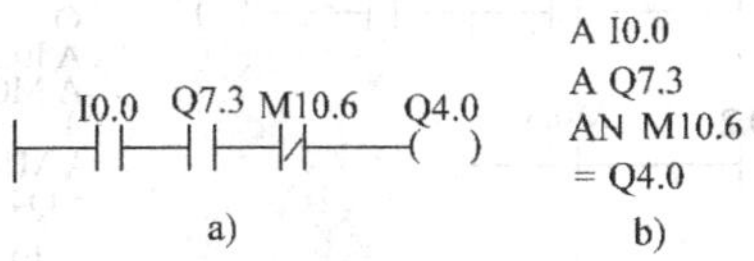

图 6-7 “与”指令

a)“与”逻辑梯形图 b)“与”语句表

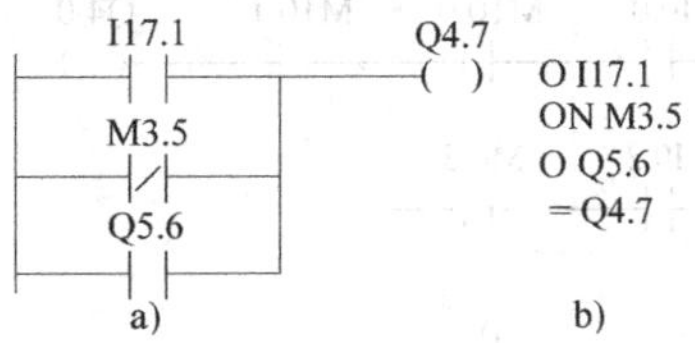

图 6-8 “或”指令

a)“或”逻辑梯形图 b)“或”语句表

(2)“或”和“或非”(O、ON)指令

用触点的并联表示“或”的逻辑关系，STL 指令中使用“O”检查常开触点的信号状态，使用“ON”检查常闭触点的信号状态，并将检查结果与逻辑运算结果(RLO)进行“或”运算。

在触点并联的情况下，若有一个或一个以上的触点闭合，则该回路就“通电”。在图 6-8a中，驱动信号通过并联回路加到输出 Q4.7。只要有一个触点闭合，输出 Q4.7 的信号状态就为“1”。如果所有的触点都是打开的，则输出 Q4.7 就为“0”。在图 6-8a 中，仅当输入 I17.1 和输出 Q5.6 两者都为“0”，且 M3.5 为“1”时，输出 Q4.7 才为“0”。

与图 6-8a 对应的语句表指令，如图 6-8b 所示。

(3)“异或”和“异或非”(X、XN)指令

用 LAD 和 STL 都可以实现“异或”逻辑关系。STL 指令中的“X”检查常开触点的信号状态，使用“XN”检查常闭触点的信号状态，并将检查结果与逻辑运算结果(RLO)进行“异或”运算。

图 6-9 是“异或”指令的梯形图和语句表表达方式。当执行语句表中的第一条指令时，首次扫描的结果被直接保存在 RLO 中，然后 RLO 中的值和第二条指令的扫描结果进行“异或”操作，得到的新结果再存入 RLO。如此扫描，“异或”并刷新 RLO，直到赋值指令将 RLO 值赋给输出。在本例中，仅当两个触点(输入 I1.0 和输入 I1.1)的扫描结果不同，即只有一个为“1”时，RLO 才为“1”，并赋值给输出使 Q 4.0 为“1”。若两个信号的扫描结果相同(均为“1”或“0”)，则 Q 4.0 为“0”。

图 6-10 是“同或”指令的梯形图和语句表程序。

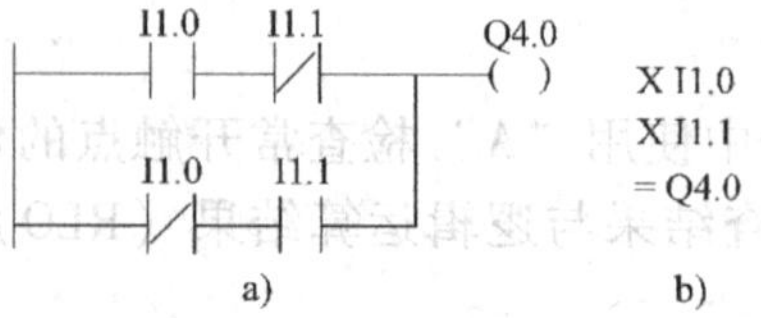

图6-9 “异或”指令
a）“异或”逻辑梯形图 b）“异或”语句表

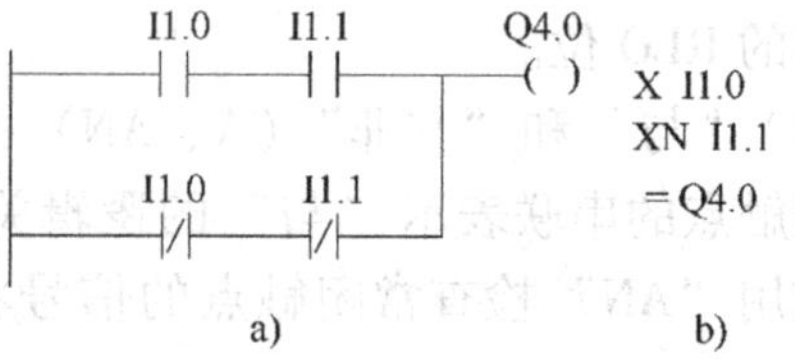

图6-10 “同或”指令
a）“同或”逻辑梯形图 b）“同或”语句表

(4) 嵌套表达式和先“与”后“或”

当逻辑串是串并联的复杂组合时，CPU的扫描顺序是先“与”后“或”。图6-11给出的逻辑是触点先并后串的例子，图6-12则是先串后并的例子。

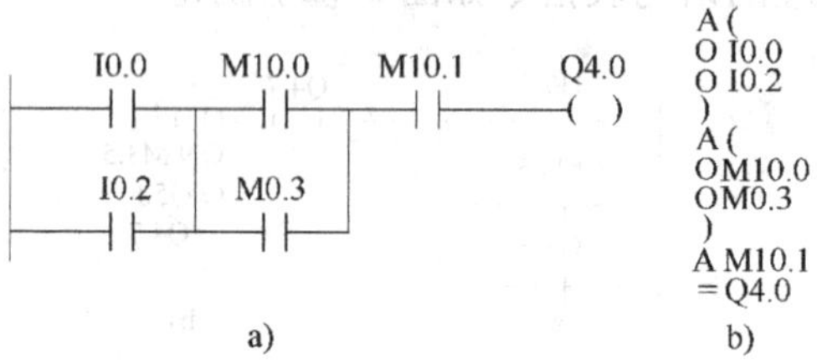

图6-11 先并后串操作示例
a）先并后串逻辑梯形图 b）先并后串语句表

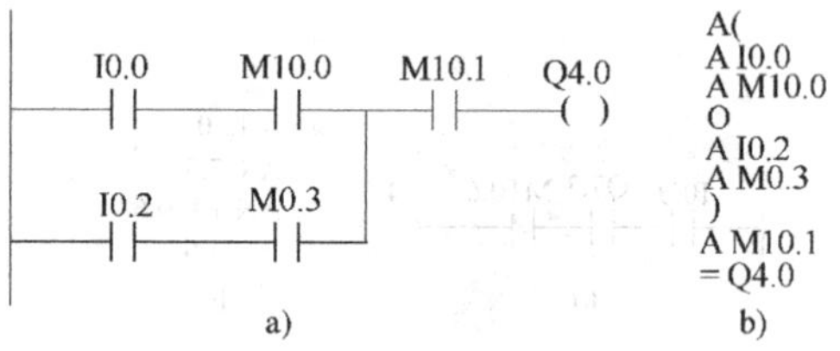

图6-12 先串后并操作示例
a）先串后并逻辑梯形图 b）先串后并语句表

(5) 对RLO的直接操作指令

表6-8中指令直接对逻辑操作结果RLO进行操作，改变状态字中RLO位的状态。

表6-8 对RLO直接操作的指令

LAD 指令	STL 指令	功能	说 明
——|NOT|——	NOT	取反 RLO	在逻辑串中，对当前的 RLO 取反；置位 STA
—	SET	置位 RLO	把 RLO 无条件置 1，并结束逻辑串；使 STA 置 1，OR、$\overline{FC}$清 0
—	CLR	复位 RLO	把 RLO 无条件清 0，并结束逻辑串；清 0STA、OR、$\overline{FC}$
——(SAVE)——	SAVE	保存 RLO	把 RLO 存入状态字的 BR 位，该指令不影响其他状态位

6.1.4 STEP 7 编程软件的使用方法

1. STEP 7 编程软件简介

STEP 7是SIEMENS公司生产的SIMATIC可编程序控制器组态和编程的标准软件包。包括项目管理器、符号编辑器、硬件组态、编程语言及诊断硬件等一系列的应用工具。下面对各种应用工具分别进行简单的介绍。

(1) 项目管理器

适用于SIEMENS的各个可编程序控制系统，用来管理一个自动化项目中所有的数据。编辑各种数据的工具都由项目管理器启动，然后进行相应的数据修改、测试等工作。

(2) 符号编辑器

管理所有的共享符号，可以为过程信号（输入/输出）、位存储、块建立符号名和注释。

（3）硬件组态功能

可以为自动化项目的硬件作组态和参数赋值，具有以下功能。

1）组态可编程序控制器，即从电子目录中选择一个机架，并将选中的模块安排在机架中的槽上。

2）组态分布式I/O与中央I/O。

3）在给CPU赋值参数的过程中可以通过菜单设置参数。

4）在向模块做参数赋值的过程中，所有可以设置的参数都是用对话框来设置的。模块可以相互交换而无须赋值新的参数。

5）功能模块的参数赋值也是在硬件组态工具中完成的。对每一个功能模块FM和通信模块CP都有指定的对话框规则，可以防止不正确的输入。

（4）编程语言

用于S7-300系列PLC的编程语言包括梯形图（LAD）、语句表（STL）和功能块图（FBD）等。

（5）诊断硬件

此功能用于提供可编程序控制器的一个概况。这个概况中可以显示符号来指示各个模块是否正常。双击故障模块显示有关故障的详细信息，信息的范围依据各个模块而定。

1）显示模块的概况信息以及模块状态。

2）显示中央I/O和分布式从站的模块信息。

3）显示来自诊断缓存区的报文。

2. 项目的创建与项目的结构

（1）项目的创建

创建项目时，首先双击桌面上的STEP 7图标，进入“SIMATIC Manager”（管理器）窗口，并弹出标题为“STEP 7 Wizart：‘New Project’”（新项目向导）的小窗口。

单击“NEXT”按钮，在新项目中选择CPU模块的型号为CPU 314。

单击“NEXT”按钮，选择需要生成的逻辑块，至少需要生成作为主程序的组织块OB1。

单击“NEXT”按钮，输入项目的名称“电动机单向连续运转控制”。生成的项目如图6-13所示。

生成项目后，可以先组态硬件，然后生成软件程序。也可以在没有组态硬件的情况下，首先生成软件。

下面用一个简单的例子来介绍在STEP 7中生成项目和组态硬件的方法，以及项目的结构和符号表在程序设计中的应用。

图6-14是异步电动机单向连续运转控制的PLC外部接线图，图6-15是OB1中的梯形图程序，主电路如图1-16所示。按下起动按钮，I0.0的常开触头闭合，使KM的线圈得电，主电路中的接触器KM主触头动作时，异步电动机起动运行。按下停车按钮，I0.1的常闭触头断开，使KM的线圈断电，电动机停止运行。

（2）项目的分层结构

在项目中，数据在分层结构中以对象的形式保存，右边窗口内的树（Tree）显示项目的

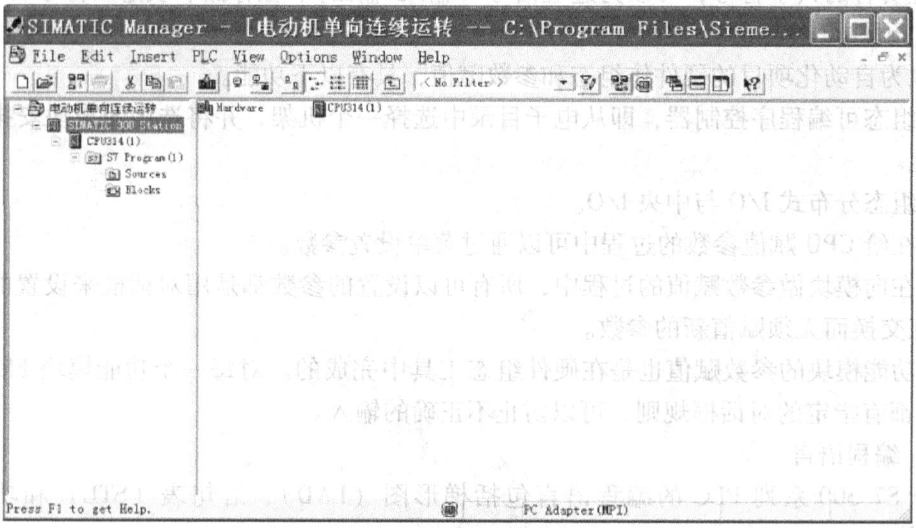

图 6-13　SIMATIC 管理器中项目的结构

结构（见图 6-13）。第一层为项目，第二层为站（Station），站是组态硬件的起点。“S7 Program”文件夹是编写程序的起点，所有的软件均存放在该文件夹中。

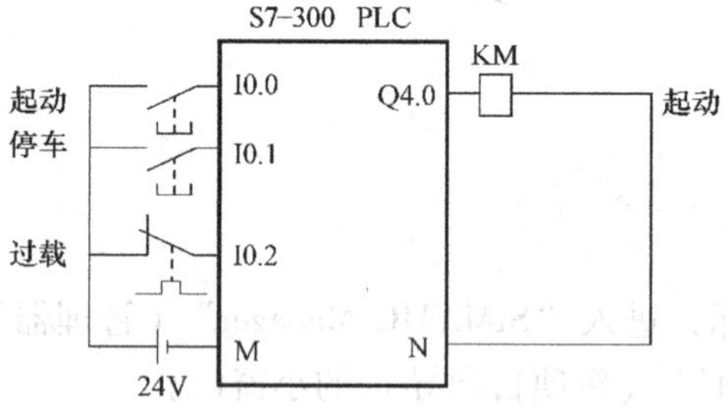

图 6-14　PLC 外部接线图

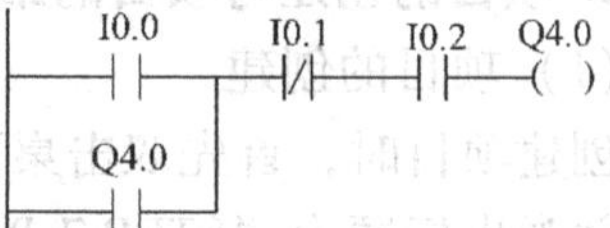

图 6-15　电动机连续运转梯形图

用鼠标选中图 6-13 中某一层的对象，在管理器右边的工作区将显示所选文件夹内的对象和下一级的文件夹。双击工作区中的图标，可以打开并编辑对象。

项目对象中包含站对象和 MPI 对象，站（Station）对象包含硬件（Hardware）和 CPU，CPU 对象包含 S7 程序（S7 Program）和连接（Connection）对象，S7 Progrom 对象包含源文件（Source）、块（Blocks）和符号表（Symbo1s）。生成程序时会自动生成一个空的符号表。

Blocks（块）对象包含程序块（Blocks）、用户定义的数据类型（UDT）、系统数据（System data）和调试程序用的变量表（VAT）。程序块包括逻辑块（OB、FB、FC）和数据块（DB），需要把它们下载到 CPU 中，用于执行自动控制任务，符号表、变量表和 UDT 不用下载到 CPU。生成项目时会在块文件夹中自动生成一个空的组织块 OB1。

在用户程序中可以调用系统功能（SFC）和系统功能块（SFB），但是用户不能编写或修改 SFC 和 SFB。

选中最上层的项目图标后，用菜单命令“Insert”→“Station”插入新的站，用类似的方法插入程序和逻辑块等。也可以用鼠标右键单击项目图标，在弹出的菜单中选择插入站。

用户生成的变量表（VAT）在调试用户程序时用于监视和修改变量。系统数据块（SDB）中的系统数据含有系统组态和系统参数的信息，它是用户进行硬件组态时提供的数据自动生成的。

除了系统数据块，用户程序中其他的块都需要用相应的编辑器进行编辑。这些编辑器在双击相应的块时自动打开。

3. 硬件组态

硬件组态的任务就是在 STEP 7 中生成一个与实际的硬件系统完全相同的系统，例如要生成网络、网络中各个站的机架和模块，以及设置各硬件组成部分的参数，即给参数赋值。所有模块的参数都是用编程软件来设置的，完全取消了过去用来设置参数的硬件 DIP 开关。硬件组态确定了 PLC 输入输出变量的地址，为设计用户程序打下了基础。

组态时设置的 CPU 的参数保存在系统数据块 SDB 中，其他模块的参数保存在 CPU 中。在 PLC 启动时 CPU 自动地向其他模块传送设置的参数，因此在更换 CPU 之外的模块后不需要重新对它们赋值。

PLC 在启动时，将 STEP 7 中生成的硬件设置与实际的硬件配置进行比较，如果二者不符，将立即产生错误报告。模块在出厂时带有预置的参数，或称为默认的参数，一般可以采用这些预置的参数。

（1）硬件组态的步骤

在项目管理器左边的树中选择“SIMATIC 300 Station”（站）对象（见图 6-13），双击工作区中的“Hardware”（硬件）图标，进入“HW Config”（硬件组态）窗口（见图 6-16）。

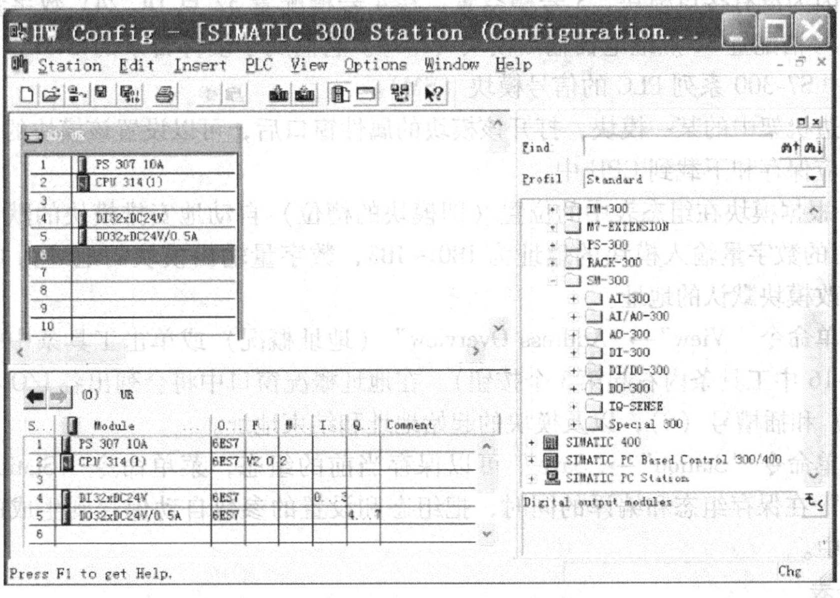

图 6-16　S7-300PLC 的硬件组态窗口

图 6-16 左上部的窗口是一个组态简表，它下面的窗口列出了各模块详细的信息，例如订货号、MPI 地址和 I/O 地址等。右边是硬件目录窗口。可以用菜单命令“View”→“Catalog”打开或关闭它，左下角的窗口中向左和向右的箭头用来切换机架。

组态时用组态表来表示机架，可以用鼠标将右边硬件目录中的元件“拖放”到组态表的某一行中，就好像将真正的模块插入机架上的某个槽位一样。也可以双击硬件目录中选择的硬件，它将被放置到组态表中预先被鼠标选中的槽位上。

用鼠标右键单击某一 I/O 模块，在出现的菜单中选择“Edit Symbolic names”，可以打开和编辑该模块的 I/O 元件的符号表。

（2）硬件组态举例

对站对象组态时，首先从硬件目录窗口中选择一个机架，S7-300 系列 PLC 应选硬件目录窗口文件夹\SIMATIC 300\RACK-300 中的导轨（Rail）。

在硬件目录中选择需要的模块，将它们安排在机架中指定的槽位上。

S7-300 系列 PLC 中央机架（Slot 0）的电源模块占用 1 号槽，CPU 模块占用 2 号槽，3 号槽用于接口模块（或不用），4～11 号槽用于其他模块。

以在 1 号槽配置电源模块为例，首先选中 1 号槽，即用鼠标单击左边 0 号中央机架 UR 的 1 号槽（表格中的第 1 行），使该行的显示内容反色，背景变为深蓝色。然后在右边硬件目录窗口中选择\SIMATIC 300\PS 300，目录窗口下面的灰色小窗口中将会出现选中的电源模块的订货号和详细的信息。

用鼠标双击目录窗口中的“PS 307 10A”，1 号槽所在的行将会出现“PS 307 10A”，该电源模块就被配置到 1 号槽了。

也可以用鼠标左键单击并按住右边硬件目录窗口中选中的模块，将它“拖”到左边窗口中指定的行，然后松开鼠标左键，该模块就被配置到指定的槽了。

用同样的方法，在文件夹\SIMATIC 300\CPU-300 中选择 CPU 314 模块，并将后者配置到 2 号槽。因为没有接口模块，3 号槽空置。在 4 号槽配置 32 点 DC 24V 数字量输入模块（DI），在 5 号槽配置 32 点继电器输出模块（DO）。它们属于硬件目录的\SIMATIC 300\SM-300 子目录中 S7-300 系列 PLC 的信号模块（SM）。

双击左边机架中的某一模块，打开该模块的属性窗口后，可以设置该模块的属性。硬件设置结束后应保存和下载到 CPU 中。

STEP 7 根据模块在组态表中的位置（即模块的槽位）自动地安排模块的默认地址，例如图 6-16 中的数字量输入模块的地址为 IB0～IB3，数字量输出模块的地址为 QB4～QB7。用户可以修改模块默认的地址。

执行菜单命令“View”→“Address Overview”（地址概况）或单击工具条中的地址概况按钮（图 6-16 中工具条内右起第 3 个按钮）。在地址概况窗口中将会列出各 I/O 模块所在的机架号（R）和插槽号（S），以及模块的起始地址和结束地址。

执行菜单命令“Station”→“Save”可以保存当前的组态，菜单命令“Station”→“Save and Compile”在保存组态和编译的同时，把组态和设置的参数自动保存到生成的系统数据块（SDB）中。

4. 符号表

（1）符号地址

一个绝对地址由一个地址标识符和一个存储地址组成（如 Q4.0、I1.1、M2.0、FB21）。如果给绝对地址赋予一个具有实际意义的符号名字，则称为符号地址。在程序中可以用绝对地址（例如 I0.3）访问变量，但是使用符号地址可使程序更容易阅读和理解。

符号地址分为共享符号（又称全局符号或者全局变量）和局域符号（又称局域变量）。共享符号在符号表中定义，可供程序中所有的块使用，在所有的块中的含义是一样的。在整个用户程序中，同一个共享符号不能定义两次或多次。共享符号由汉字、字母、数字及特殊字符组成，长度不能超过 24 个字符。可以为 I、Q、PI、PQ、M、T、C、FB、FC、SFB、SFC、DB、UDT（用户定义的数据类型）和 VAT（变量表）定义符号。

局域符号在某个块的变量声明表中定义，局域符号只在定义它的块中有效，同一个符号名可以在不同的块中用于不同的局域变量。局域符号只能使用字母、数字和下划线，不能使用汉字。可以为块参数（输入、输出及输入/输出参数）、块的静态数据（STAT）和块的临时数据（TEMP）定义局域符号。

在符号表中定义了符号地址后，STEP 7 可以自动地将绝对地址转换为符号地址。例如在符号表中定义 I0.1 为“起动按钮”，在程序中就可以用“起动按钮”来代替地址 I0.1。可以设置在输入地址时自动起动一个弹出式的地址表，在地址表中选择要输入的地址，双击它就可以完成该地址的输入。也可以直接输入符号地址或绝对地址，如果选择了显示符号地址，输入绝对地址后，将自动地转换为符号地址。

在梯形图、功能块图及语句表这 3 种编程语言中，都可以使用绝对地址或符号地址来输入地址、参数和块。

(2) 生成与编辑符号表

单击管理器左边的“S7 Program”图标，右边的工作区将出现“Symbols”（符号表）图标，双击它后进入符号表窗口（见图 6-17）。在符号表中需要输入符号（Symbol）和地址（Address），CPU 将自动地为程序中的全局符号加双引号，在局部变量的前面自动加“#”号。生成符号表和块的局域变量表时用户不用为变量添加引号和#号。打开某个块后，可以用菜单命令“View”→“Display with”→“Symbolic Representation”选择显示符号地址或显示绝对地址。

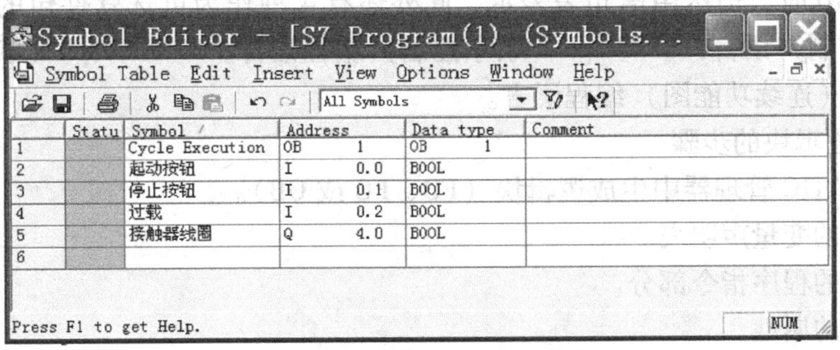

图 6-17 符号表

数据块中的地址（DBD、DBW、DBB 和 DBX）不能在符号表中定义。它们的名字应在数据块的声明表中定义。

组织块（OB）、系统功能块（SFB）和系统功能（SFC）已预先被赋予了符号名，编辑符号表时可以引用这些符号名。

输入地址后，软件将自动添加数据类型（Data type），用户也可以修改它。如果所作的修改不适合该地址或存在语法错误，在退出该区域时会显示一条错误信息。

注释“Comment”是可选的输入项，简短的符号名与更详细的注释混合使用，使程序更易于理解，注释最长80个字符，输入完后需保存符号表。

用菜单命令“Symbol Table”→“Import/Export”（导入/导出），可将当前符号表存入文本文件，用文本编辑器进行编辑。可以导出整个符号表或导出选择的若干行，也可将其他应用程序生成的符号表导入当前的符号表。

在管理器中选择块文件夹，执行“Edit”→“Object Properties”菜单命令，在“Address Priority”选项卡中，可以选择符号（Symbolic）优先或绝对地址（Absolute）优先。如果选择符号优先，修改了符号表中某个变量的地址后，变量保持其符号不变。

用下述方法可以在编程时输入单个共享符号：在程序中选中使用绝对地址的某元件，用菜单“Edit”→“Symbols”编辑它，新变量会自动进入总的符号表。

5. 逻辑块

（1）逻辑块的组成

逻辑块包括组织块OB、功能块FB和功能FC。逻辑块由变量声明表、程序指令和属性组成。

1）变量声明表。在变量声明表中，用户可以设置变量的各种参数，例如变量的名称、数据类型、地址和注释等，在变量声明表中定义的变量都是局域变量。

2）程序指令。在程序指令部分，用户编写能被PLC执行的指令代码。可以用梯形图（LAD）、功能块图（FBD）或语句表（STL）来生成程序指令。

3）块属性。块属性中有块的信息，例如由系统自动输入的时间标记和存放块的路径。此外用户可以输入块名、系列名、版本号和块的作者等。

（2）选择编程语言

可以选择3种基本编程语言：梯形图（LAD）、语句表（STL）和功能块图（FBD）。程序没有错误时，可以用“View”菜单中的命令切换这3种语言。STL编写的某个网络不能切换为LAD和FBD时，仍然用语句表表示。此外还有4种作为可选软件包的编程语言：S7 SCL（结构化控制）语言；S7 Graph（顺序控制）编程语言；S7 HiGraph（状态图形）编程语言和S7 CFC（连续功能图）编程语言。

（3）生成逻辑块的步骤

1）在SIMATIC管理器中生成逻辑块（FB、FC或OB）。

2）编辑块的变量声明表。

3）编辑块的程序指令部分。

4）编辑块的属性。

5）用菜单命令“File”→“Save”保存块。

（4）生成逻辑块

在SIMATIC管理器中用菜单命令“Insert”→“S7 Block”生成逻辑块，也可以用鼠标右键单击管理器中右边的块工作区，在弹出的菜单中选择命令“Insert New Object”（插入新的对象），生成新的块。双击工作区中的某一个块，将进入程序编辑器。

程序指令部分（见图6-18右下部分的窗口）以块标题和块注释开始。在程序指令部分的代码区，用户通过输入STL的语句或图形编程语言中的元素来组成逻辑块中的程序。输入完一条语句或一个图形元素后，编辑器立即启动句法检查，发现的错误用红色斜体字符

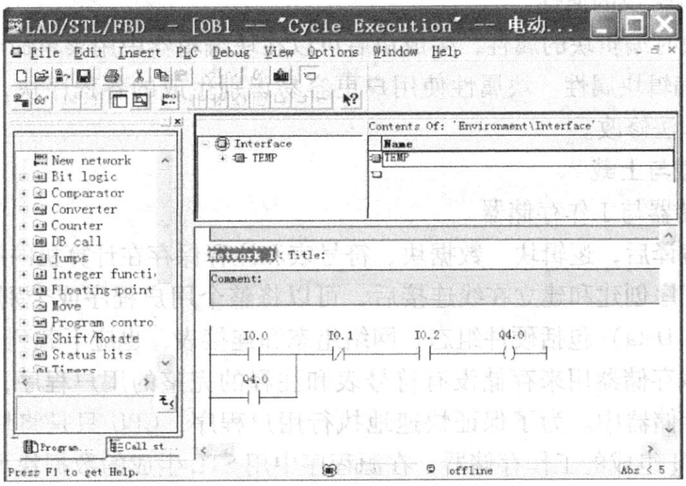

图 6-18　梯形图编辑器

显示。

用菜单命令“View”→“Toolbar”可以打开或关闭工具条。单击工具条上的触点图标，将在光标所在的位置放置一个触点，放置线圈的方法与此相同。单击触点或线圈上面的红色问号“??.?”，输入该元件的绝对地址或符号地址。单击工具条上中间有两个问号的指令框图标，在出现的下拉式菜单中选择需要输入的指令，也可以在最上面的文本输入框内直接输入指令助记符。放置指令框后，单击同时出现的红色问号“??.?”，输入绝对地址、符号地址或其他参数。单击带箭头的转折线，可以生成分支电路或并联电路。

用菜单命令“View”→“Overview”可以打开或关闭指令的分类目录（见图 6-18 左边的窗口），可以直接使用目录中的指令。例如在“Timer”（定时器）文件夹中找到 SD 线圈（接通延时定时器线圈）后，用鼠标左键双击它，就可以将它放置在梯形图内光标所在的位置。也可以用鼠标“拖放”的方法将它“拖”到梯形图中某个地方，即用鼠标左键单击并按住它，将它“拖”到需要的地方后再松开它。如果元件被放置到错误的位置，将会给出提示信息。

（5）网络

程序被划分为若干个网络（Network），在梯形图中，每块独立电路就是一个网络，每个网络都有网络编号。如果在一个网络中放置一个以上的独立电路，编译时将会出错。

执行菜单命令“Insert”→“Network”，或双击工具条中的“New Network”图标，可以在用鼠标选中的当前网络的下面生成一个新的网络。

每个网络由网络编号（例如 Network1）开始，网络标题在网络编号的右边，网络注释在网络标题的下面。网络注释下面的语句或图形是网络的主体。

单击网络标题域或网络注释域，打开文字输入框，可以输入标题或注释，标题最多由 64 个字符组成。可以用菜单命令“View”→“Display”→“Comments”来激活或取消块注释和网络注释。

可以用剪贴板在块内部和块之间复制及粘贴网络，按住〈Ctrl〉键，用鼠标可以选中多个需要同时复制的网络。

(6) 打开和编辑块的属性

可以在生成块时编辑块的属性，生成块后可以在块编辑器中用菜单命令“File”→“Properties”来查看和编辑块属性。块属性使用户更容易识别生成的各程序块，还可以对程序块加以保护，防止非法修改。

6. 程序的下载与上载

(1) 装载存储器与工作存储器

用户程序被编译后，逻辑块、数据块、符号表和注释保存在计算机的硬盘中。在完成组态、参数赋值、程序创建和建立在线连接后，可以将整个用户程序或个别的块下载到 PLC。系统数据（System Data）包括硬件组态、网络组态和连接表，也应下载到 CPU。

CPU 中的装载存储器用来存储没有符号表和注释的完整的用户程序，这些符号和注释保存在计算机的存储器中。为了保证快速地执行用户程序，CPU 只是将块中与程序执行有关的部分装入 RAM 组成的工作存储器。在源程序中用 STL 生成的数据块可以标记为“与执行无关”，其关键字为“UNLINKED”。它们被下载到 CPU 时只是保存在装载存储器中。如果需要，可以用 SFC 20“BLKMOV”复制到工作存储器中，这样处理可以节省存储空间。

(2) 在线连接的建立与在线操作

打开 STEP 7 的 SIMATIC 管理器时，建立的是离线窗口，看到的是计算机硬盘上的项目信息。Block（块）文件夹中包含硬件组态时产生的系统数据和程序编辑器生成的块。

STEP 7 与 CPU 成功地建立起连接后，将会自动生成在线窗口，该窗口中显示的是通过通信得到的 CPU 中的项目结构。块文件夹中包含系统数据块、用户生成的块（OB、FB 和 FC）以及 CPU 中的系统块（SFB 和 SFC）。

1) 建立在线连接。下面的操作需要在编程设备和 PLC 之间建立在线连接：下载 S7 用户程序或块、从 PLC 上载程序到计算机；测试用户程序；比较在线和离线的块；显示和改变 CPU 的操作模式；为 CPU 设置时间和日期；显示模块信息和硬件诊断。

为了建立在线连接，计算机和 PLC 必须通过硬件接口（例如多点接口 MPI）连接，然后通过在线的项目窗口访问 PLC。

在 SIMATIC 管理器中执行菜单命令“View”→“Online”进入在线（Online）状态，执行菜单命令“View”→“Offline”进入离线（Offline）状态。也可以用管理器工具条中的“Online”和“Offline”图标来切换两种状态。在线状态意味着 STEP 7 与 CPU 成功地建立了连接。

使用菜单命令“View”→“Online”打开一个在线窗口，该窗口最上面的标题栏中的背景变为浅蓝色。在块工作区出现了 CPU 中大量的系统功能块 SFB、系统功能 SFC 和已下载到 CPU 的用户编写的块。SFB 和 SFC 在 CPU 的操作系统中，无须下载，也不能用编程软件删除。在线窗口显示的是 PLC 中的内容，而离线窗口显示的是计算机中的内容。

SIMATIC 管理器的“PLC”菜单中的某些功能只能在在线窗口中激活，不能在离线窗口中使用。

2) 访问 PLC 的口令保护。使用口令可以保护 CPU 中的用户程序和数据，未经授权不能改变它们（有写保护），还可以用“读保护”来保护用户程序中的编程专利，对在线功能的保护可以防止可能对控制过程的人为的干扰。保护级别和口令可以在设置 CPU 属性的“Protection”选项卡中设置，需将它们下载到 CPU 模块。

设置了口令后，执行在线功能时，会显示出“Enter Password”对话框。若输入的口令正确，就可以访问该模块。此时可以与被保护的模块建立在线连接，并执行属于指定的保护级别的在线功能。

执行菜单命令“PLC”→“Access Rights”→“Setup”，在出现的“Enter Password”对话框中输入口令，以后在线访问时，将不再询问。输入的口令将一直有效，直到SIMATIC管理器被关闭，或使用菜单命令“PLC”→“Access Rights”→“Cancel”取消口令。

3）处理模式与测试模式。可以在设置CPU属性的对话框的“Protection”（保护）选项卡中选择处理（Process）模式或测试（Test）模式。

在处理模式，为了保证不超过在“Protection”选项卡中设置的循环扫描时间的增量，像程序状态或监视/修改变量这样的测试功能是受到限制的。因此在处理模式中不能使用断点测试和程序的单步执行功能。

在测试模式，所有的测试功能都可以不受限制地使用，即使这些功能可能会使循环扫描时间显著地增加。

4）显示与设置时间和日期。进入在线状态后，在项目管理器左边的树形结构中选择某一个站，然后执行菜单命令“PLC”→“Diagnostics/Settings”→“Set Time of Day”，在打开的对话框中将显示CPU和编程设备/计算机（PG/PC）中当前的日期和时间。

可以在“Date”（日期）和“Time”（时间）栏中输入新的值，或者用默认选项接收PC的时间和日期。

如果CPU模块没有实时时钟，对话框的时间显示为“00：00：00”，日期显示为“00.00.00”。

（3）下载与上载

下载的准备工作：计算机与CPU之间必须建立起连接，编程软件可以访问PLC；要下载的程序已编译好；PLC处在允许下载的工作模式（STOP）下。建议在下载块之前，一定要先保存块（将块存盘）。

1）在离线模式和SIMATIC管理器窗口中下载。在块工作区选择块，可用〈Ctrl〉键和〈Shift〉键选择多个块，用菜单命令“PLC”→“Download”将被选择的块下载到CPU。

也可以在管理器左边的目录窗口中选择Blocks对象（包括所有的块和系统数据），用菜单命令“PLC”→“Download”下载它们。

2）在离线模式和其他窗口下载。对块编程或组态硬件和网络时，可以在当时的应用程序的主窗口中，用菜单命令“PLC”→“Download”下载当前正在编辑的对象。

3）上载程序。可以用装载功能从CPU的RAM装载存储器中，把块的当前内容上载到计算机编程软件打开的项目中，该项目原来的内容将被覆盖。要保存修改后的程序块，应将它保存到硬盘上，或保存到FEPROM中。使用菜单命令“PLC”→“Download to EPROM Memory Card on CPU”可以直接下载到CPU的存储器中，存储器的内容必须先擦除。

7. 使用变量表调试程序

（1）变量表的功能

当编写的程序较大时，用户在同一屏幕上往往不能同时观察调试过程中某些变量的变化过程。而变量表可以有效地解决上述问题。使用变量表可以在一个画面中同时监视、修改和强制用户感兴趣的全部变量。一个项目可以生成多个变量表，以满足不同的调试要求。

在变量表中可以赋值或显示的变量包括输入、输出、位存储器、定时器、计数器、数据块内的存储器和外设 I/O。可以通过定义触发点和触发频率来决定变量什么时候、以什么样的频率被监视或赋予新值。

使用变量表测试程序时，具有如下功能。

1）监视（Monitor）变量。在编程设备或 PC（计算机）上显示用户程序中或 CPU 中每个变量的当前值。

2）修改（Modify）变量。将固定值赋给用户程序或 CPU 中的变量。

3）对外设输出赋值。允许在停机状态下将固定值赋给 CPU 中的每个输出点 Q。

4）强制变量。给用户程序或 CPU 中的某个变量赋予一个固定值，用户程序的执行不会影响被强制的变量的值。

（2）用变量表监视和修改变量的基本步骤

1）生成新的变量表或打开已存在的变量表，编辑和检查变量表的内容。

2）建立计算机与 CPU 之间的硬件连接，将用户程序下载到 PLC。在变量表窗口中用菜单命令“PLC”→“Connect to”，可建立当前变量表与 CPU 之间的在线连接。

3）用菜单命令“Variable”→“Trigger”选择合适的触发点和触发条件。

4）将 PLC 由 STOP 模式切换到 RUN 模式。

5）用菜单命令“Variable”→“Monitor”或“Variable”→“Modify”激活监视或修改功能。

（3）变量表的生成

利用变量表调试程序之前，首先必须生成一个变量表并输入需要监视的变量。

1）生成变量表的方法。生成变量表可以选择以下 3 种方法。

① 一般在 SIMATIC 管理器中生成变量表，用菜单命令“Insert”→“S7-Block”→“Variable Table”生成新的表。或者用鼠标右键单击 SIMATIC 管理器的块工作区，在弹出的菜单中选择“Insert New Object”→“Variable Table”命令来生成新的变量表。在出现的对话框中，可以给变量表取一个符号名，一个变量表最多有 1024 行。

② 在程序编辑窗口中，执行菜单命令“PLC”→“Monitor/Modify Variables”（监视修改变量）生成一个无名的在线变量表。输入需要监视或修改的变量后，单击变量表视窗中的“Save”按钮，可以在打开的保存对话框中为这个变量表命名，并选择保存在项目路径的“块”下。保存好新建的变量表后，同时也可以在 SIMATIC 管理器中显示，如图 6-19 所示。

③ 在变量表编辑器中，用菜单命令“Table”→“New”生成一个新的变量表。该表没有赋给任何程序，所以需要按照上述第二种方法进行保存。

像其他文件一样，可以通过剪贴板复制、剪切和粘贴来复制和移动变量表，目标程序的符号表中已有的符号将被修改。在移动变量表时，源程序符号表中相应的符号也被移动到目标程序的符号表中。变量表不需要下载到 PLC 中。

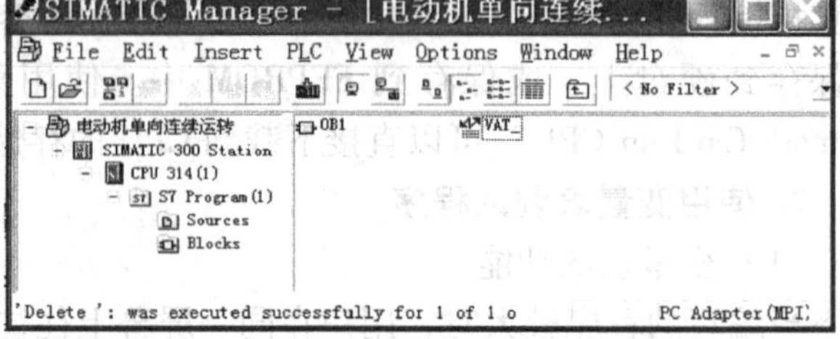

图 6-19 变量表的图标

2）输入变量。以图6-20（电动机单向连续运转控制的变量表）为示例介绍在变量表中输入变量的方法。双击变量表图标，进入变量表编辑窗口。每个变量有5个属性：Address（地址）、Symbol（符号）、Display Format（显示格式）、Status Value（状态值）、Modify Value（修改值）。当用〈Enter〉键完成输入项时，其余的明细数据会加进来。

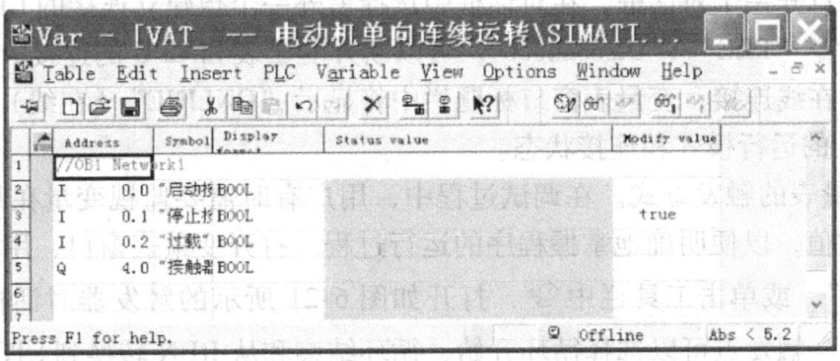

图6-20 变量表

输入变量时需要注意以下几点。

① 只能在“Symbol”（符号）栏输入在符号表中已定义过的符号，在地址栏将会自动出现该符号的地址，也可以在“Address”（地址）栏输入地址。如果该地址已在符号表中定义了符号，将会在符号栏自动地出现它的符号。

② 在输入变量时应将逻辑块中有关联的变量放在一起。

③ 符号名中如果含有特殊的字符，必须用引号引起来，例如“Motor. off”和“Motor-off”等。

可以在变量表的显示格式（Display format）栏直接输入格式，也可以执行菜单命令“View”→“Select Display Format”，或用右键单击该列，在弹出的格式菜单中选择需要的格式。

在变量表中输入变量时，每行输入结束时都要执行语法检查。任何不正确的输入都被标为红色。如果将光标放在红色的行上，可以从状态栏读到错误的原因。按〈F1〉键可以得到纠正错误的信息。

若要建立注释行，则在输入时以“//”开始，此行将变为绿色。

如果想使一行或多行变量变为无效，需先选中一行或多行变量，然后使用菜单命令“Edit”→“Row Not Effective”或工具栏中的按钮。

（4）使用变量表

1）建立变量表与CPU的连接。为了监视或修改在当前变量表（VAT）中输入的变量，必须与要监视的CPU建立在线连接。

可以在变量表中用菜单命令“PLC”→“Connect to”→“…”来建立与CPU的连接，以便进行变量监视或修改。此菜单有3个子菜单，分别介绍如下。

① 组态的CPU。菜单命令“PLC”→“Connect to”→“Configured CPU”用于建立被激活的变量与CPU的在线连接，与单击工具栏中按键相同。

② 直接的CPU。菜单命令“PLC”→“Connect to”→“Direct CPU”用于建立被激活的变量表与直接连接的CPU的在线连接，例如“MPI = 2（directly）”。连接的CPU是指与计算机

用编程电缆连接的 CPU，在“Accessible Nodes”（可访问的站）窗口中被标记为“（directly)”。

③ 可访问的 CPU。菜单命令“PLC”→“Connect to”→“Accessible CPU”用于建立被激活的变量表与可以选择的 CPU 之间的在线连接。如果用户程序已经与一个 CPU 连接了，可以用这个命令来打开一个对话框，在对话框中选择另外一个想建立连接的 CPU。

使用菜单命令“PLC”→“Disconnect”，可以断开变量表和 CPU 的连接。

如果建立了在线连接，变量表窗口标题栏中将显示“ONLINE”（在线）。变量表下面的状态栏显示 PLC 的运行模式和连接状态。

2）定义变量表的触发方式。在调试过程中，用户有时需要监视变量在某一特定点（触发点）的当前数值，以便明确地掌握程序的运行过程。打开变量表窗口，用菜单命令“Variable”→“Trigger”，或单击工具栏中，打开如图 6-21 所示的触发器对话框，可以设置触发点和触发条件。触发点可以选择循环开始、循环结束和从 RUN 转换到 STOP。触发条件可以选择触发一次或在定义的触发点每个循环触发一次。如果设置为触发一次，单击一次监视变量或修改变量的按钮，执行一次相应的操作。

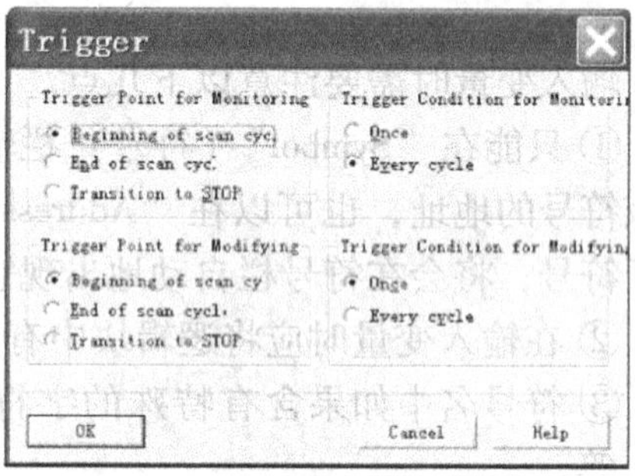

图 6-21 变量表的触发设置对话框

3）监视变量。在以上 3 个步骤完成之后，就可以启动监视变量的功能，直接在编程器上观察程序执行的状态。将 CPU 的模式开关扳到 RUN-P 位置，执行菜单命令“Variable”→“Monitor”或单击工具栏中按钮，启动监视功能。变量表中的状态值（Status Value）按设定的触发点和触发条件显示在变量表中。如果触发条件设为“Every Cycle”（每一循环），用菜单命令“Variable”→“Monitor”可以关闭监视功能。

可以用菜单命令“Variable”→“Update Monitor Values”，对所选变量的数值作一次立即刷新，该功能主要用于停机模式下的监视和修改。

如果在监视功能被激活的状态下按〈Esc〉键，不经询问就会退出监视功能。

4）修改变量。可以用下述方法修改变量表中的变量：执行菜单命令“Variable”→“Modify”或单击按钮，启动监视功能。在要修改变量的“Modify Value”栏输入变量新的值，显示格式为 BOOL 的数字量输入 0 或 1，输入后自动变为“false”或“true”。按工具栏中的激活修改值按钮或用菜单命令“Variable”→“Activate Modify Values”，将修改值立即送入 CPU。可以用菜单命令“Variable”→“Update Modify Values”，对所选变量的数值作一次立即刷新，该功能主要用于停机模式下的监视和修改。

在 STOP 模式下修改变量时，因为没有执行用户程序，各变量的状态是独立的，所以修改变量不会互相影响。I、Q、M 数字量变量可以任意地设置为 1 或 0 状态，并且有保持功能，相当于对它们置位或复位。这种变量修改功能常用来测试数字量输出点的硬件功能是否正常。

在 RUN（或 RUN-P）模式下，如果数字量输出变量受到用户程序的控制，则用户不能随意改变输出变量的数值。例如假设用户程序运行的结果使某数字量输出为 0，用变量表不可能将它修改为1。同样，在RUN（或RUN-P）模式下也不能改变数字量输入（I映像区）的状态，因为它们的状态取决于外部输入电路的通/断状态。

5）强制变量。强制变量操作是指给用户程序中的变量赋一个固定的值，它独立于程序的运行，这个值不会因为用户程序的执行而覆盖。这一功能只能被某些CPU支持。强制功能用于用户程序的调试，例如用来模拟输入信号的变化。

选中要强制的变量，用菜单命令“Variable”→“Display Force Values”打开该窗口。然后在强制变量窗口的“Force Values”列中，输入强制的数值，执行菜单命令“Variable”→“Force”，将当前窗口的内容写到CPU中，作为一个新的强制操作。此时激活的强制变量（以红色的F标记）和它们的强制值就都显示在窗口中。删除或终止强制作业只能用菜单命令“Variable”→“Stop Forcing”。

6.1.5 S7-PLCSIM仿真软件在程序调试中的应用

STEP 7专业版包含S7-PLCSIM，安装STEP 7的同时也安装了S7-PLCSIM。对于标准版的STEP 7，在安装好STEP 7后再安装S7-PLCSIM，S7-PLCSIM将自动嵌入STEP 7。

S7-PLCSIM是一个功能非常强大的仿真软件，它可以在计算机上对S7-300系列PLC的用户程序进行离线仿真与调试，因为S7-PLCSIM与STEP 7是集成在一起的，仿真时计算机不需要连接任何PLC的硬件。可以对语句表、梯形图、功能块图和S7 Graph（顺序功能图）、S7 HiGraph、S7-SCL和CFC等语言编写的程序仿真。

在以下情况下需要对程序进行仿真调试：设计好程序后，PLC的硬件尚未购回；控制设备不在本地，设计者需要对程序进行修改和调试；PLC已经在现场安装好了，但是在实际系统中进行某些调试有一定的风险等。利用S7-PLCSIM可以在开发阶段发现和排除错误，从而提高用户程序的质量和降低试车的费用。

1. 使用S7-PLCSIM仿真软件调试程序的步骤

S7-PLCSIM用仿真PLC来模拟实际PLC的运行，用户程序的调试是通过视图对象（View Objects）来进行的。S7-PLCSIM提供了多种视图对象，用它们可以实现对仿真PLC内的各种变量、计数器和定时器的监视与修改。

1）在STEP 7编程软件中生成项目，编写用户程序。

2）单击STEP 7的SIMATIC管理器工具条中的“Simulation on/off”按钮，或执行菜单命令“Options”→“Simulate Modules”，打开S7-PLCSIM仿真窗口（见图6-22），窗口中自动出现CPU视图对象。与此同时，自动建立了STEP 7与仿真CPU的连接。

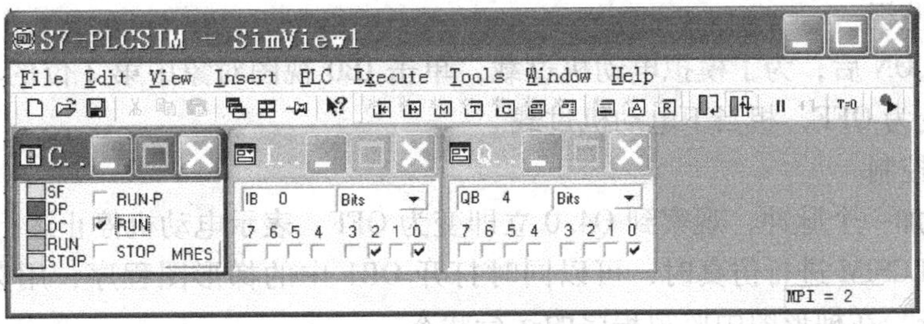

图6-22 S7-PLCSIM仿真窗口

3）在S7-PLCSIM窗口中用菜单命令“PLC”→“Power on”接通仿真PLC的电源；在

CPU 视图对象中单击 STOP 小框，令仿真 PLC 处于 STOP 模式。执行菜单命令“Execute”→“Scan Mode”→“Continuous Scan”或单击“Continuous Scan”按钮，令仿真 PLC 的扫描方式为连续扫描。

4）在 SIMATIC 管理器中打开要仿真的用户项目，选中“块”对象，单击工具条中的下载按钮，或执行菜单命令“PLC”→“Download”，将块对象下载到仿真 PLC 中。

对于下载时的提问“Do you want to load the system data?”（你想下载系统数据吗?），一般应回答“Yes”。

5）单击 S7-PLCSIM 工具条中标有“I”的按钮，或执行菜单命令“Insert”→“Input Variable”（插入输入变量），创建输入 IB 字节的视图对象。用类似的方法生成输出字节 QB、位存储器 M、定时器和计数器的视图对象，输入和输出一般以字节中的位的形式显示（见图 6-22），根据被监视变量的情况确定 M 视图对象的显示格式。

6）用视图对象来模拟实际 PLC 的输入/输出信号，用它来产生 PLC 的输入信号，或通过它来观察 PLC 的输出信号和内部元件的变化情况，检查下载的用户程序的执行是否能得到正确的结果。

7）退出仿真软件时，可以保存仿真时生成的 LAY 文件及 PLC 文件，以便于下次仿真时直接使用本次的各种设置。

2. 应用举例

下面以调试电动机单向连续运转的控制程序（见图 6-22）为例，介绍用 S7-PLCSIM 进行仿真的步骤。

OB1 中的控制程序实现下述功能：按下开机按钮 I0.0，Q4 .0 变为 1 状态，电动机起动；按下停机按钮 I0.1，Q4.0 变为 0 状态，电动机停止运行。输入完程序后，将它下载到仿真 PLC。

在 PLCSIM 中创建输入字节 IB0、输出字节 QB4 的视图对象（见图 6-22），IB0 和 QB4 以位的形式显示。

单击 CPU 视图对象中标有 RUN 或 RUN-P 的小框，将仿真 PLC 的 CPU 置于运行模式。

（1）开机控制

给 IB0 的第 0、2 位（I0.0、I0.2）施加一个脉冲，模拟按下起动按钮和过载常闭触点，即用鼠标单击 IB0 视图对象中第 0、2 位的单选框，出现符号“√”，IB0.0、IB0.2 变为 ON；再单击一次“√”消失，IB0.0 变为 OFF，相当于放开起动按钮。

IB0.0 变为 ON 后，观察到视图对象 QB4 中的第 0 位的小框内出现符号“√”，表示 Q4.0 变为 ON，即电动机开始起动。

（2）过载监视

Q4.0 变为 ON 后，为了模拟电动机过载，单击 IB0 视图对象中第 2 位的单选框，“√”消失，IB0.2 变为 OFF，相当于电动机过载。

（3）停机控制

给 I0.1 施加一个脉冲，观察到 Q4.0 立即变为 OFF，表示电动机停止运行。

在用 S7-PLCSIM 进行仿真时，可以同时打开 OB1 中的梯形图程序，用菜单命令“Debug”→“Monitor”在梯形图中监视程序的运行状态。

3. 视图对象

（1）插入视图对象

使用“Insert”（插入）菜单或工具条上相应的按钮，可以在PLCSIM窗口中生成下列元件的视图对象：输入变量（I）、输出变量（Q）、位存储器（M）、定时器（T）、计数器（C）、通用变量、累加器与状态字、块寄存器、垂直位变量等。它们用于访问和监视相应的数据区，可选的数据格式有位、二进制、十进制、十六进制BCD码、S5Time、日期时间（DATE_ AND_ TIME，简写为DT），S7格式（例如w#16#0）、字符和字符串。

字节变量只能用滑动条设置十进制数（Dec），字变量可以用滑动条设置十进制数和整数（Int），双字变量可以用滑动条设置十进制数、整数和实数（Real）。

（2）CPU视图对象

图6-22中标有“CPU”的小窗口是CPU视图对象。开始新的仿真时，将自动出现CPU视图对象，用户可以用单选框来选择运行（RUN）、停止（STOP）和暂停（RUN-P）模式。

选择菜单命令“PLC”→“Clear/Reset”或单击CPU视图对象中的MRES按钮，可以复位仿真PLC的存储器，删除程序块和硬件组态信息，CPU将自动进入STOP模式。

CPU视图对象中的LED指示灯“SF”表示有硬件、软件错误；“RUN”与“STOP”指示灯表示运行模式与停止模式；“DP”（分布式外设或远程I/O）用于指示PLC与分布式外设或远程I/O的通信状态；“DC”（直流电源）用于指示电源的通断情况。用“PLC”菜单中的命令可以接通或断开仿真PLC的电源。

（3）其他视图对象

通用变量（Generic Variable）视图对象用于访问仿真PLC所有的存储区（包括数据块）。垂直位（Vertical Bits）视图对象可以用绝对地址或符号地址来监视和修改I、Q、M等存储区。

累加器与状态字视图对象用来监视CPU中的累加器、状态字和用于间接寻址的地址寄存器AR1和AR2。S7-300系列PLC有两个累加器，S7-400系列PLC有4个累加器。

块寄存器视图对象用来监视数据块地址寄存器的内容，也可以显示当前和上一次打开的逻辑块的编号，以及块中的步地址计数器SAC的值。

定时器视图对象和计数器视图对象用于监视和修改它们的实际值，在定时器视图对象中可以设置定时器的时间基准。视图对象和工具条内标有“T=0”的按钮分别用来复位指定的定时器或所有的定时器。可以在“Execute”菜单中设置定时器为自动方式或手动方式。

手动方式允许修改定时器的时间值或将定时器复位，自动方式时定时器受用户程序的控制。

4. 仿真软件的设置与存档

（1）设置扫描方式

S7-PLCSIM可以用两种方式执行仿真程序。

1）单次扫描。每次扫描包括读外设输入、执行程序和将结果写到外设输出。CPU执行一次扫描后处于等待状态，可以用“Execute”→“Next Scan”菜单命令执行下一次扫描。通过单次扫描可以观察每次扫描后各变量的变化。

2）连续扫描。这种运行方式与实际的CPU执行用户程序相同，CPU执行一次扫描后又开始下一次扫描。可以用工具条中的按钮或用“Execute”菜单中的命令选择扫描方式。

（2）组态MPI地址

使用菜单命令“PLC”→“MPI Address...”，可以设置仿真PLC在指定的网络中的节点地址。用菜单命令“Save PLC”或“Save PLC As...”保存新地址。

(3) LAY 文件和 PLC 文件

用 S7-PLCSIM 仿真时自动生成 LAY 文件和 PLC 文件，退出仿真软件时将会询问是否保存 LAY 文件或 PLC 文件。LAY 文件用于保存仿真时各视图对象的信息，例如各视图对象选择的数据格式等；PLC 文件用于保存上次仿真运行时设置的数据和动作等，包括程序、硬件组态、CPU 工作方式的选择、运行模式（单周期运行模式或连续运行模式）的选择、I/O 状态、定时器的值、符号地址、电源的通/断等。下一次仿真时，不需要重复上次的操作，可以直接调用这两个文件。

5. 仿真 PLC 与实际 PLC 的区别

(1) 仿真 PLC 特有的功能

仿真 PLC 有下述实际 PLC 没有的功能。

1) 可以立即暂时停止执行用户程序，对程序状态不会有什么影响。

2) 由 RUN 模式进入 STOP 模式不会改变输出的状态。

3) 在视图对象中的变动立即使对应的存储区中的内容发生相应的改变。实际的 CPU 要等到扫描结束时才会修改存储区。

4) 可以选择单次扫描或连续扫描。

5) 可使定时器自动运行或手动运行，可以手动复位全部定时器或复位指定的定时器。

(2) 仿真 PLC 与实际 PLC 的区别

1) PLCSIM 不支持写到诊断缓冲区的错误报文，例如不能对电池失电和 EEPROM 故障仿真，但是可以对大多数 I/O 错误和程序错误仿真。

2) 工作模式的改变（例如由 RUN 转换 STOP 模式）不会使 I/O 进入“安全”状态。

3) 不支持功能模块和点对点通信。

4) S7-300 系列 PLC 的大多数 CPU 的 I/O 是自动组态的，模块插入物理控制器后被 CPU 自动识别。仿真 PLC 没有这种自动识别功能。如果将自动识别 I/O 的 S7-300 系列 PLC CPU 的程序下载到仿真 PLC，系统数据没有包括 I/O 组态。因此在用 PLCSIM 仿真 S7-300 系列 PLC 程序时，如果想定义 CPU 支持的模块，首先必须下载硬件组态。另外，在仿真 PLC 中编程的地址如果和硬件组态的地址不一致，运行仍然正常。但真实 PLC 编程地址必须和硬件组态地址一致，否则输入不能设定或者输出设备不动作。

6.1.6 程序控制指令

逻辑块包括功能（FC）、功能块（FB）、系统功能（SFC）和系统功能块（SFB）。程序控制指令包括逻辑块调用指令和逻辑块结束指令。调用块或结束块可以是有条件的或是无条件的。

1. STL 程序控制指令

语句表中的程序控制指令如表 6-9 所示。

CALL 指令可以调用用户编写的逻辑块或操作系统提供的逻辑块，CALL 指令的操作数是逻辑块类型及其编号，当调用的是功能块（FB）时还要提供相应的背景数据块 DB。使用 CALL 指令可以为被调用功能块中的形参赋以实际参数，调用时应保证实参与形参的数据类型一致。

表 6-9　语句表程序控制指令

指令	说　明
CALL	该指令在程序中无条件执行，调用 FB、FC、SFB、SFC
UC	该指令在程序中无条件调用 FC 或 SFC 类型的逻辑块，但不能使用调用程序传递参数
CC	如果 RLO = 1，调用 SFC、FC 类型的逻辑块，但不能使用调用程序传送参数
BEU	该指令无条件结束当前块的扫描，并跳转到调用当前块的程序块
BEC	如果 RLO = 1，结束当前块的扫描，并跳转到调用当前块的程序块

在下面的例子中，功能块 FB59 的一个背景数据块是 DB1。FB59 中定义了 3 个形参，各形参的参数名及数据类型分别是以下类型。

① IN1：BOOL。

② IN2：WORD。

③ OUT1：DWORD。

“：=”前面是用符号地址表示的形参，“：=”后面是实参。

CALL 指令用法如下。

```
CALL   FB59,DB1           //调用 FB59,并指明背景数据块为 DB1
IN1:=I2.0                 //将实参 I2.0 分配给形参 IN1
IN2:=MW4                  //将实参 MW4 分配给形参 IN2
OUT1:=MD10                //给形参 OUT1 分配实参 MD10
```

UC 和 CC 指令用于不需传递参数的场合，如：

```
A  I0.0                   //检查输入 I0.0 的信号状态
CC  FC2                   //当 I0.0=1 时调用 FC2
UC  FC12                  //不管 I0.0 结果为何,总是调用 FC12
```

2. 梯形图程序控制指令（见表 6-10）

表 6-10　梯形图程序控制指令

LAD 指令	参数	参数类型	存储区	说　明
<FC/SFC 号> —(CALL)	<FC/SFC 号>	BLOCK_FC BLOCK_SFC	—	只有当 CALL 线圈的 RLO 为“1”时，才能无参数调用 FC 或 SFC 指令
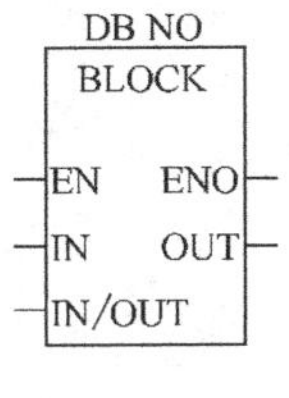	DB NO	BLOCK_DB	—	背景数据块号，只在调用 FB 时提供
	BLOCK NO	BLOCK_FB BLOCK_SFB BLOCK_FC BLOCK_SFC	—	被调用的功能块号
	EN	BOOL	I、Q、M、D、L	使能输入
	ENO	BOOL	I、Q、M、D、L	使能输出
—(RET)	无	—	—	条件返回指令

梯形图调用逻辑块有两种方式：一是用线圈驱动指令调用逻辑块，这种方式相当于 STL 指令 UC 和 CC，不能实现参数传递；二是用方块指令调用逻辑块，相当于 STL 指令 CALL，可以传递参数，在 EN 为“1”时执行调用指令，如果没有出现错误，则 ENO 也为“1”。RET 用于有条件的结束一个块，条件由控制它的触点电路提供，RET 线圈不能直接接左

母线。

6.1.7 功能块和功能编程及调用

采用结构化编程时，用户程序通常由组织块（OB）、功能块（FB）、功能（FC）和数据块（DB）组成。图6-23给出了块的调用过程。

功能块和功能是结构化编程中使用最多的块。功能块和功能主要由两个部分组成：一部分是变量声明表，用于声明此块的局部数据；另一部分是程序，程序要用到变量声明表中定义的局部数据。

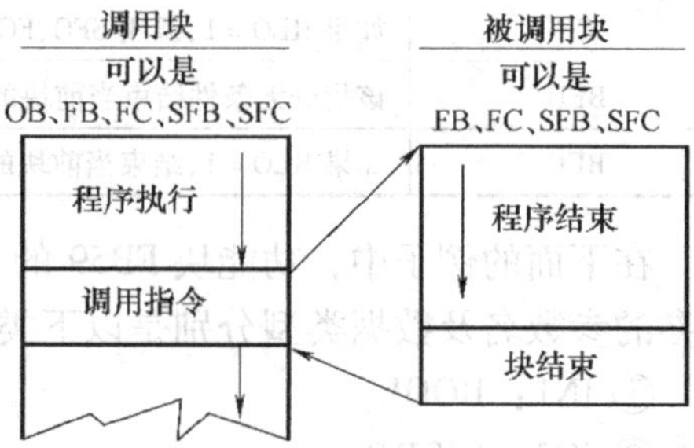

图6-23 调用功能块

当调用功能块和功能时，需提供块执行时要用到的数据或变量，也就是将外部数据传递给功能块，这被称为参数传递。参数传递的方式使得功能块具有通用性，它可被其他的块调用，以完成多个类似的控制任务。

1. 变量声明表（局部数据）

每个逻辑块都有一个变量声明表，用来定义逻辑块中用到的局部数据，只有经过定义的数据才能在调用的过程中进行数据传递。建立功能块和功能后打开该块就出现如图6-24所示的界面。该界面的左边是指令列表，右上部分是变量声明表，右下部分是程序指令部分。局部数据分为参数和局部变量两大类。参数包括输入参数、输出参数和输入/输出参数。局部变量包括静态变量和临时变量（暂态变量）两种。表6-11给出了局部数据声明类型。

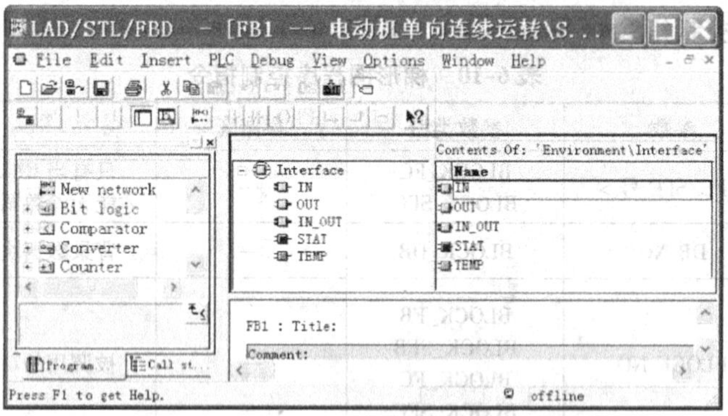

图6-24 块中的变量声明表

表6-11 局部数据声明类型

变量名	类型	说　明
输入参数	In	由调用逻辑块的块提供数据，输入给逻辑块
输出参数	Out	返回给调用它的块的输出参数，即从逻辑块输出数据结果
输入/输出参数	In_Out	参数的值由调用块的块提供，被子程序块修改后返回给调用它的块
静态变量	Stat	静态变量存储在背景数据块中，块调用结束后，其内容被保留
临时变量	Temp	临时变量存储在L堆栈中，块执行结束后变量的值因被其他内容覆盖而丢掉

参数是在调用块和被调用块间传递的数据。静态变量定义后用来保存一些有参考价值的数据，调用结束之后变量被保存在背景数据块中。而临时变量在块调用过程中系统自动为其分配存储空间，调用结束之后临时变量不保存，存储空间被释放。静态变量和临时变量仅在定义它的逻辑块中有效。

在功能块 FB 的变量声明表中，包括输入参数、输出参数、输入/输出参数、静态变量和临时变量。功能块 FB 被调用时自动生成背景数据块，背景数据块中的数据由变量声明表中定义的参数和静态变量（不包括临时变量）组成，而且背景数据块的格式与 FB 变量声明表中格式一样。当被调用块运行时，能读出或修改静态变量，被调用块运行结束后，静态变量保留在数据块中。

在功能 FC 中，包括输入参数、输出参数、输入/输出参数和临时变量。由于没有背景数据块，因而 FC 不能使用静态变量。

对于组织块 OB 来说，其调用是由操作系统管理的，用户不能参与，因此 OB 块只有临时变量。

功能块和功能调用时必须用实参代替形参。形参是在功能块和功能编程之前在变量声明表中定义的参数。为保证功能块对一类设备控制的通用性，用户在编程时就不能使用具体设备对应的存储区地址参数（如不能使用绝对地址 I1.0 等），而是使用这类设备的抽象地址参数。这些抽象参数称为形式参数，简称形参。通过调用功能块对具体设备控制时，将该设备的相应实际存储区地址参数（简称实参）传递给功能块，功能块在运行时以实参替代形参，从而实现对具体设备的控制。当对另一设备控制时，同样调用并将实参传递给功能块。在调用 FB 时，若没有提供实参，则功能块使用背景数据块中的数值。由于 FC 块没有背景数据块，因此在调用 FC 时，必须为所有形参赋实参。

2. 功能编程举例

对功能编程分为两步进行：首先定义局部变量（编写变量声明表）；然后编写执行程序，可以使用梯形图或语句表等形式编程，并在编程中使用变量声明表中定义的局部变量名。局部变量名前自动加“#”。若使用全局变量则在变量名前加双引号。

电动机点动、连续运转控制线路在前面项目中已经介绍过，电气控制线路原理图如图 1-18 所示，现在用 PLC 来实现其控制过程。I/O 地址分配表如表 6-12 所示。

表 6-12　I/O 地址分配表

功　能	端口地址	功　能	端口地址
停止按钮	I0.0	过载	I0.3
点动按钮	I0.1	接触器	Q4.0
连续运转按钮	I0.2		

建立功能 FC1 作为电动机点动、连续运转控制，打开 FC1 编程窗口首先进行变量声明，如图 6-25 所示。然后在 FC1 中进行梯形图编程，如图 6-26 所示。

OB1 对功能 FC1 进行调用。调用时用实参代替形参，如图 6-27 所示。使用不同的实参，可以实现类似的功能，这就是结构化编程的魅力所在。

3. 功能块编程举例

功能块的使用过程与功能基本相似，不同之处在于，在功能块的变量声明表中要进行静态变量（STAT）的定义。在调用功能块时要提供相应的背景数据块。

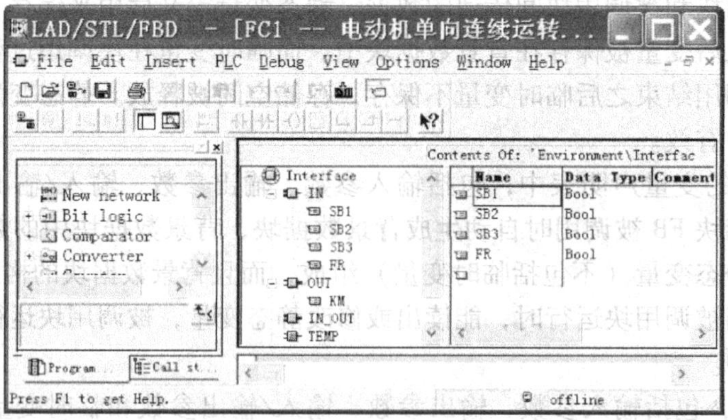

图 6-25　FC1 中的参数定义

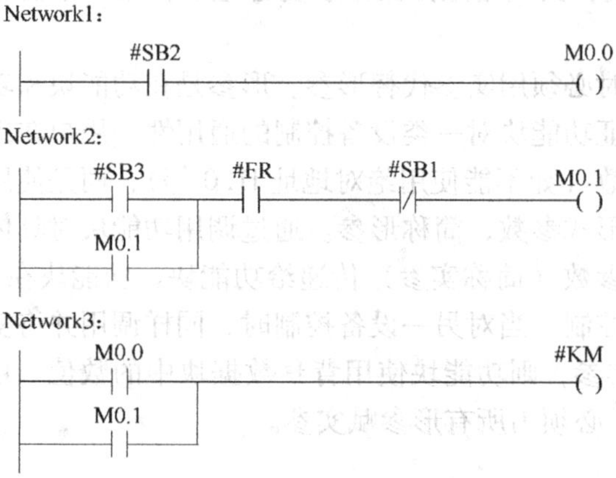

图 6-26　FC1 中的梯形图程序

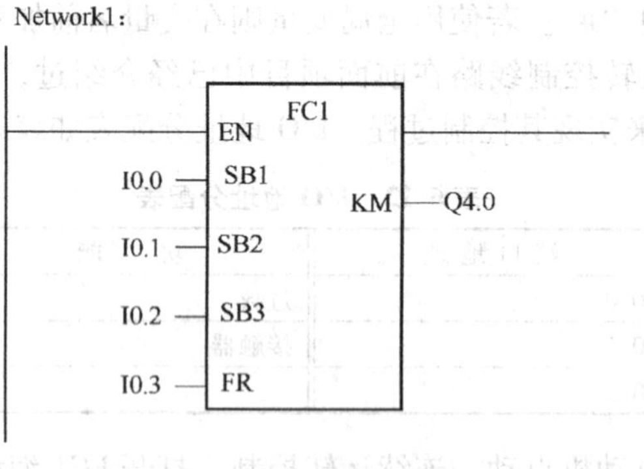

图 6-27　主程序 OB1 中的程序

背景数据块在 STEP 7 软件包的 SIMATIC 管理器中生成。首先在 SIMATIC 管理器窗口中单击鼠标右键选择 "Insert New Object"→"Function Block" 生成功能块 FB1，然后同样在 SIMATIC 管理器窗口中单击鼠标右键选择 "Insert New Object"→"Data Block" 再生成背景数据块 DB1，如图 6-28 所示。背景数据块的名称选为 "DB1"，类型选为 "Istance DB"。这样属于功能块 FB1 的背景数据块就生成了。

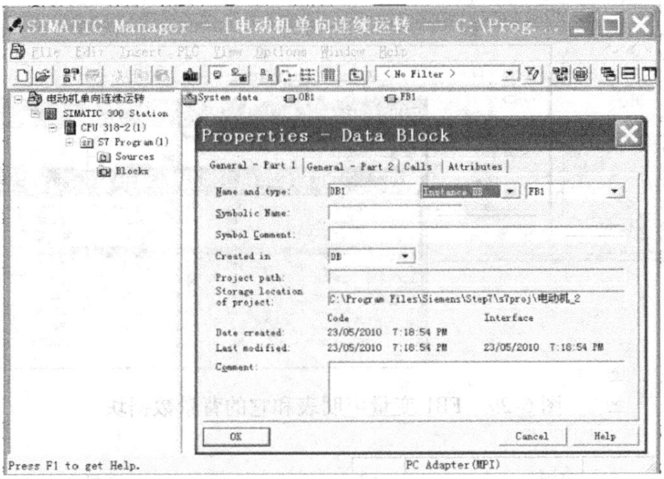

图 6-28　背景数据块 DB1 的生成

某设备有 3 台风机，当设备处于运行状态时，如果风机至少有两台以上转动，则指示灯常亮；如果仅有一台风机转动，则指示灯以 0.5Hz 的频率闪烁；如果没有任何风机转动，则指示灯以 2Hz 的频率闪烁。当设备不运行时，指示灯不亮。

I/O 地址表如表 6-13 所示。当风机转动时，信号状态为 1。使用 CPU 中的时钟存储器功能，并将其定义在存储字节 MB9，则存储位 M9.3 为 2Hz 频率信号，M9.7 为 0.5Hz 频率信号。存储位 M10.0 为 1 时用于表示至少有两台风机转动，M10.1 为 1 表示没有风机转动。设备运行状态用输出位 Q4.0 表示，为 1 时设备运行。风机转动状态指示灯由 Q4.1 控制。

表 6-13　I/O 地址分配表

端口地址	信号名称	端口地址	信号名称
I0.0	风机 1sb1	I0.4	设备停止按钮 sb5
I0.1	风机 2sb2	Q4.0	设备运行状态 km1
I0.2	风机 3sb3	Q4.1	风机转动状态指示灯 km2
I0.3	设备起动按钮 sb4		

功能块 FB1 的变量声明表和背景数据块如图 6-29 所示。从图 6-29 可以看出，背景数据块的格式与 FB1 变量声明表的格式是一样的。存储位 M10.0 和 M10.1 定义为静态变量，这样在调用 FB1 块时，它们的状态保存在背景数据块中，即使块 FB1 调用结束，它们的信号状态也将继续保持。

编写带形参的 FB 块与编写带形参的 FC 块类型类似，如图 6-30 所示。

OB1 调用功能块 FB1 的程序如图 6-31 所示。调用 FB1 时需要指定背景数据块的代码 DB1，所赋的实参将保存在它的背景数据块中。

实现风机状态检测的语句表程序如图 6-32 所示，从中可看出中间输出指令的用法。

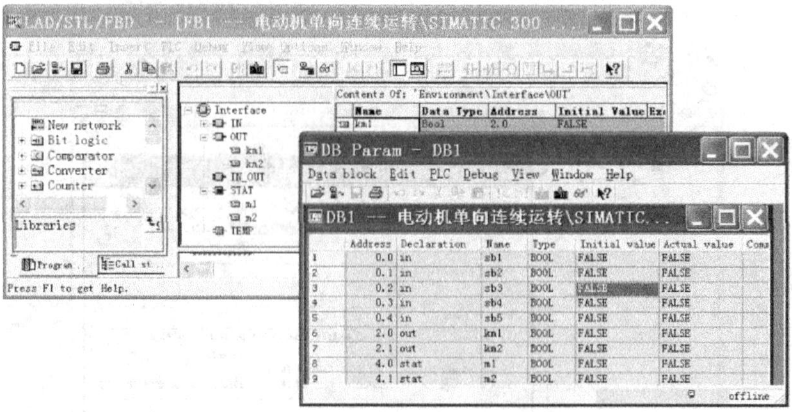

图 6-29　FB1 变量声明表和它的背景数据块

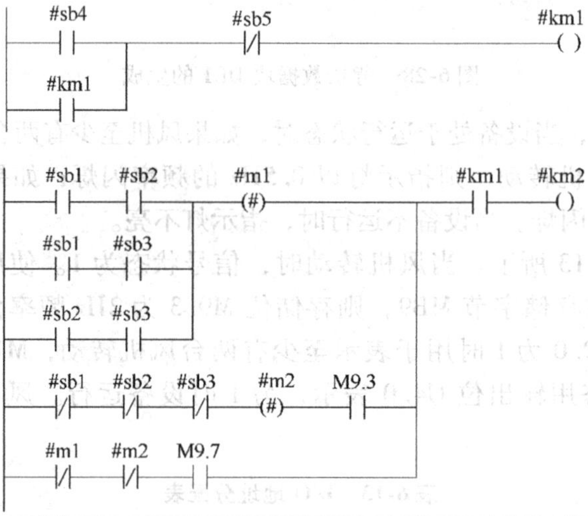

图 6-30　带形参的风机监控程序块 FB1

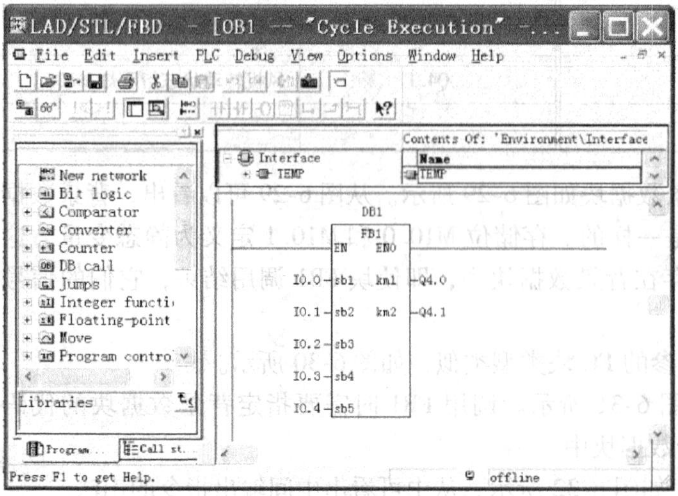

图 6-31　调用风机监控子程序 FB1

```
A(                 A    #m1
O    #sb4          O
O    #km1          (
)                  AN   #sb1
AN   #sb5          AN   #sb2
=    #km1          AN   #sb3
A(                 =    #m2
A(                 A    #m2
A    #sb1          A    M9.3
A    #sb2          )
O                  O
A    #sb1          AN   #m1
A    #sb3          AN   #m2
O                  A    M9.7
A    #sb2          )
A    #sb3          A    #km1
)                  =    #km2
=    #m1
```

图 6-32　功能块 FB1 的语句表程序

6.2 项目简述

在项目 1 中已经介绍了由继电器-接触器控制的电动机正反转控制电路。由继电器-接触器控制的线路具有结构简单、价格便宜、易于掌握等优点，在工业生产中应用广泛。但是，这些装置具有体积大、耗电多、可靠性低、接线复杂、排错困难。当生产工艺改变或被控对象改变时，原有的接线就要重新改变，灵活性和通用性差。为了克服这些缺点，现在很多继电器-接触器控制线路都由 PLC 来实现。

6.3 应用举例

6.3.1 三相异步电动机的正反转 PLC 控制

下面采用 PLC 实现电动机的正反转控制，设计步骤如下。

1. 主电路设计

电动机正反转控制电路如图 1-1 所示。

2. I/O 地址分配

根据电动机正反转的控制要求，应该有 4 个输入信号、两个输出信号，I/O 地址分配如表 6-14 所示。

表 6-14　I/O 地址分配表

输　入		输　出	
输入设备名称	输入端口地址	输出设备名称	输出端口地址
停止按钮	I0.0	正转接触器 KM1	Q4.0
正转起动按钮	I0.1	反转接触器 KM2	Q4.1
反转起动按钮	I0.2		
热继电器 FR	I0.3		

3. 画出 PLC 的外部电路接线图

PLC 的外部电路接线图如图 6-33 所示。在电动机正反转控制电路中，如果 KM1 和 KM2 同时动作，将会造成三相电源相间短路，为此图 6-34 中控制 KM1、KM2 的 Q4.0 和 Q4.1 的线圈串联了对方的常闭触头，实现了软件互锁。实践表明，即便有软件互锁，但是 KM1 和 KM2 的状态几乎是同时切换，如果没有 PLC 外部的硬件互锁，将会造成三相电源瞬间短路，使熔断器熔断。因此在电动机正反转控制线路中，不但要实现软件互锁，还要实现硬件互锁。

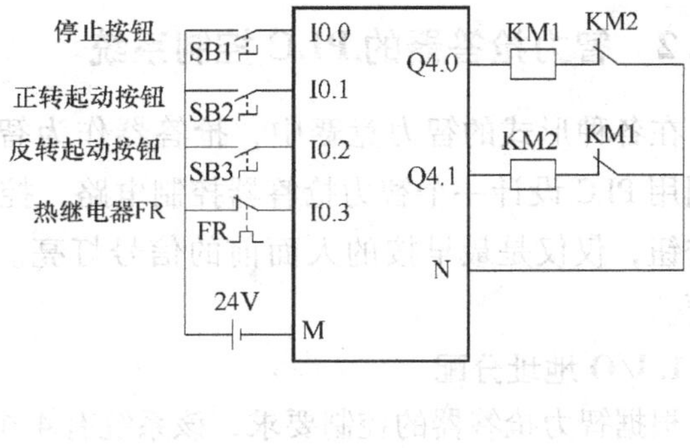

图 6-33　PLC 外部电路接线图

4. 程序设计

梯形图和语句表如图 6-34 所示。在梯形图中，I0.1 和 I0.2 的常闭触点接在对方电路中用来实现按钮软件互锁，Q4.0 和 Q4.1 的常闭触点接在对方电路中实现软件互锁。

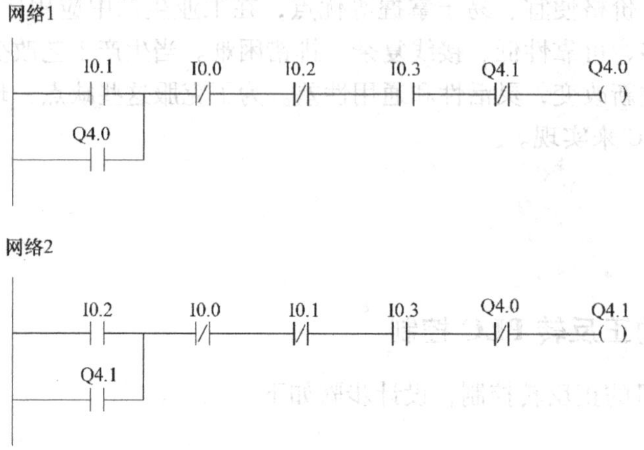

a)

```
网络1
A(
O    I0.1
O    Q4.0
)
AN   I0.0
AN   I0.2
A    I0.3
AN   Q4.1
=    Q4.0
网络2
A(
O    I0.2
O    Q4.1
)
AN   I0.0
AN   I0.1
A    I0.3
AN   Q4.0
=    Q4.1
```

b)

图 6-34　异步电动机正反转控制程序

a）梯形图　b）指令表

5. 系统运行调试

主电路接线按照图 1-1 进行，顺序安装三相电源、组合开关 QS、主电路熔断器、接触器 KM1、KM2 主触头、热继电器 FR 以及电动机 M。在 PLC 关机状态下，按照 PLC 外部接线图 6-33 正确连接输入设备（停止按钮 SB1、正转起动按钮 SB2、反转起动按钮 SB3、热继电器 FR 常闭触点）和输出设备（交流接触器 KM1、KM2 线圈以及 220V 交流电源）。打开 PLC 电源，方式开关置于 STOP 状态下，将程序下载到 PLC 中，然后将方式开关置于 RUN 状态下，运行程序，先按下正转起动按钮 SB2，I0.1 闭合，接触器 KM1 得电，电动机 M 正转起动运行，按下停止按钮 SB1，I0.0 断开，接触器 KM1 失电，电动机 M 停转；按下反转起动按钮 SB3，I0.2 闭合，接触器 KM2 线圈得电，电动机 M 反转起动运行，按下停止按钮 SB1，I0.0 断开，线圈 KM2 失电，电动机 M 停转。

6.3.2　智力抢答器的 PLC 控制系统

在各种形式的智力竞赛中，抢答器作为智力竞赛的批判装置得到了广泛的应用。下面利用 PLC 设计一个智力抢答器控制电路，控制要求为：出题人提出问题，3 个答题人按动按钮，仅仅是最早按的人面前的信号灯亮。然后出题人按动复位按钮后，引出下一个问题。

1. I/O 地址分配

根据智力抢答器的控制要求，该系统有 4 个输入信号，3 个输出信号，I/O 地址分配如表 6-15 所示。

表 6-15　I/O 地址分配表

输入		输出	
输入设备名称	输入端口地址	输出设备名称	输出端口地址
答题人 1 按钮	I0.0	答题人 1 指示灯	Q4.0
答题人 2 按钮	I0.1	答题人 2 指示灯	Q4.1
答题人 3 按钮	I0.2	答题人 3 指示灯	Q4.2
复位按钮	I0.3		

2. 画出 PLC 的外部电路接线图

智力抢答器的 PLC 外部接线图如图 6-35 所示。

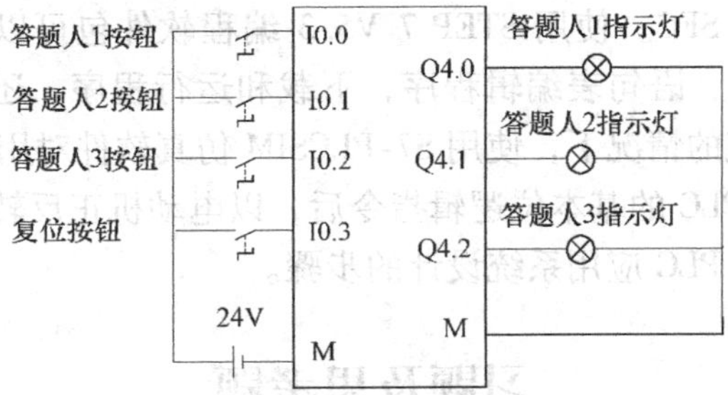

图 6-35　PLC 外部接线图

3. 程序设计

梯形图如图 6-36 所示。该系统设计是以自锁和互锁为电路基础的。

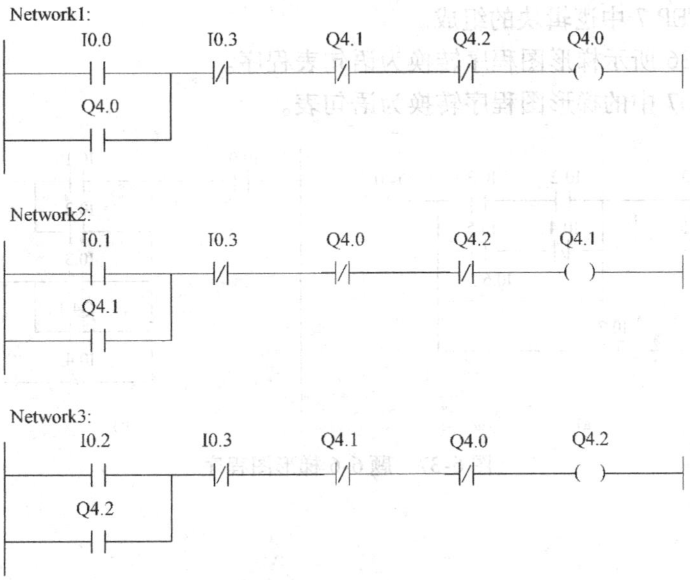

图 6-36　智力抢答器的梯形图

4. 系统运行调试

在 PLC 关机状态下，按照 PLC 外部接线图 6-35 正确连接输入设备（答题人 1 按钮、答题人 2 按钮、答题人 3 按钮、复位按钮）和输出设备（答题人 1 指示灯、答题人 2 指示灯及答题人 3 指示灯）。打开 PLC 电源，方式开关置于 STOP 状态下，将程序下载到 PLC 中，然后将方式开关置于 RUN 状态下，运行程序。总是最先按下按钮的人其面前的指示灯亮，同时其他两人即使按下按钮，其面前的指示灯也不会再亮，当出题人按下复位按钮时指示灯灭。

项目小结

本项目首先介绍了 STEP 7 编程中使用的数制、数据类型，接着介绍 S7-300 系列 PLC CPU 中存储区分布及寄存器。S7-300 系列 PLC 支持结构化编程，使用主程序块 OB1 可以调用逻辑块 FB、FC、SFB、SFC。使用 STEP 7 V5.3 编程软件包可以完成用户应用程序的开发，用户可以使用梯形图、语句表编辑程序，下载和运行程序，还可以监控和调试用户程序。在没有 PLC 硬件系统的情况下，使用 S7-PLCSIM 仿真软件对用户程序进行仿真及调试。

介绍了 S7-300 系列 PLC 的基本位逻辑指令后，以电动机正反转和智力抢答器的 PLC 控制系统设计为例，介绍了 PLC 应用系统设计的步骤。

习题及思考题

6-1　S7-300 系列 PLC CPU 的存储区分为哪几部分？系统存储器区分为哪几部分？

6-2　简述功能块和功能调用的方法。

6-3　数据块有哪些？各有什么作用？

6-4　简述 STEP 7 中逻辑块的组成。

6-5　将图 6-36 所示梯形图程序转换为语句表程序。

6-6　将图 6-37 中的梯形图程序转换为语句表。

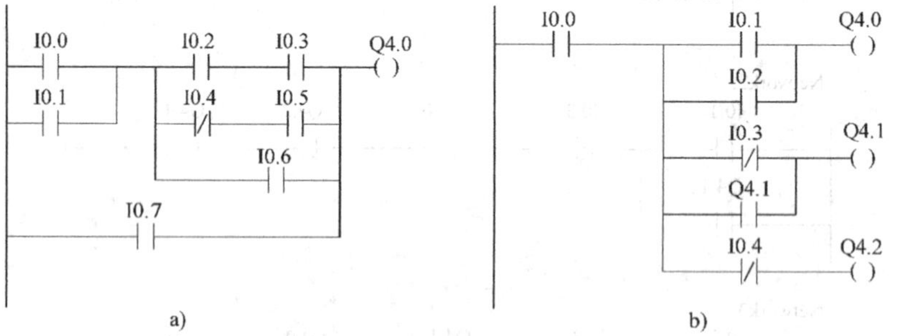

图 6-37　题 6-6 梯形图程序

项目7 PLC控制三相异步电动机Y-△降压起动

【学习目标】

1. 掌握S7-300系列PLC中的边沿检测指令的特点及使用。

2. 掌握S7-300系列PLC中定时器的种类、特点及使用。

3. 掌握S7-300系列PLC中置位/复位指令、装入/传送指令的特点及使用。

4. 能独立完成简单时序控制系统（异步电动机Y-△降压起动、脉冲定时器、交通信号灯和搬运机械手控制系统设计）的硬件设计、软件设计及系统运行调试。

7.1 项目简述

异步电动机Y-△降压起动是应用最广泛的起动方式，图2-22是异步电动机Y-△降压起动的电气控制线路原理图，现在用PLC控制来实现，控制要求如下。

1）当接通三相电源时，电动机M不运转。

2）当按下SB2按钮后，电动机M以Y联结降压起动。

3）9s后，电动机自动转接为△接法全压运行。

4）按下SB1按钮，电动机停止运行。

5）使用热继电器FR做过载保护，若FR触点动作，电动机立即停转。

在本项目中，除了要使用前面介绍的知识外，电动机的起动过程要由定时器来实现，定时器的复位信号由复位指令来实现，用装入和传送指令完成当前剩余时间值的存储。因此接下来我们首先要介绍置位/复位、边沿检测、装入/传送、定时器等指令。

7.2 相关知识

7.2.1 置位与复位指令

置位和复位指令的线圈指令和语句表如表7-1所示。

表7-1 置位和复位指令

LAD指令	STL指令	功能	操作数	数据类型	存储区
〈位地址〉 ——(R)	R〈位地址〉	被复位的位	〈位地址〉	BOOL	I、Q、M、D、L、T、C
〈位地址〉 ——(S)	S〈位地址〉	被置位的位	〈位地址〉	BOOL	I、Q、M、D、L

置位/复位指令根据RLO的值，来决定被寻址位的信号状态是否需要改变。对于置位操作，一旦RLO为1，则被寻址信号（输出信号）状态置1，如果RLO为0，对该指令没有任何作用，输出仍保持为1；对于复位操作，一旦RLO为1，则被寻址信号（输出信号）状态

置0，如果 RLO 为0，对该指令没有任何作用，输出仍保持为0。置位/复位指令用于结束一个逻辑串，因此在 LAD 中置位/复位指令要放在逻辑串的最右端，而不能放在逻辑串中间。复位指令还可用于复位定时器和计数器。图 7-1 说明了置位指令如何保持输出 Q4.0 的状态为 1，直至复位指令把它变为 0；该图也说明了复位指令如何保持输出 Q4.0 的状态为 0，而无论复位的触点 I1.1 如何变化，输出 Q4.0 仍然为 0，直到置位指令把它置为 1。

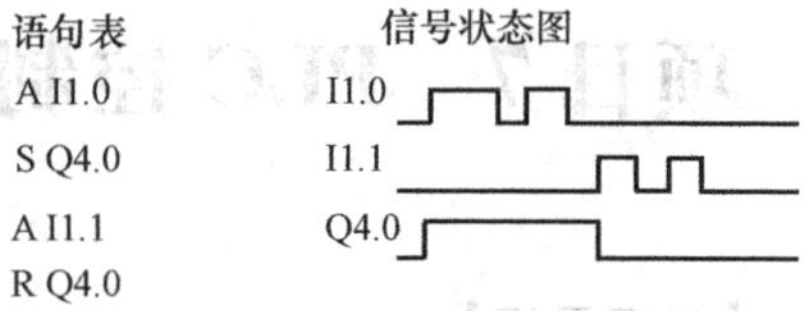

图 7-1　置位/复位指令

7.2.2　边沿检测指令

边沿检测指令用来检测信号状态是否发生变化。当信号状态从 0 变到 1 时，产生一个上升沿（或正跳沿）；若信号状态从 1 变到 0，则产生一个下降沿（或负跳沿）。跳变沿检测的原理是：在每个扫描周期中把当前信号状态和它在前一个扫描周期的状态进行比较，若不同则表明有一个跳变沿。因此前一个周期的信号状态必须被存储，以便能和新的信号状态相比较。

S7 中有两类跳变沿检测指令，一种是对 RLO 的跳变沿检测的指令，另一种是对触点跳变沿直接检测的梯形图方框指令。边沿检测指令如表 7-2 所示。

表 7-2　边沿检测指令

LAD 指令	STL 指令	功能	操作数	数据类型	存储区
〈位地址〉 ——(P)	FP〈位地址〉	RLO 正跳沿检测	〈位地址〉	BOOL	I、Q、M、D、L
〈位地址〉 ——(N)	FN〈位地址〉	RLO 负跳沿检测	〈位地址〉	BOOL	I、Q、M、D、L

触点正跳沿检测	触点负跳沿检测	参数	数据类型	存储区
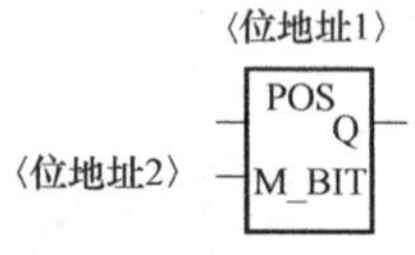	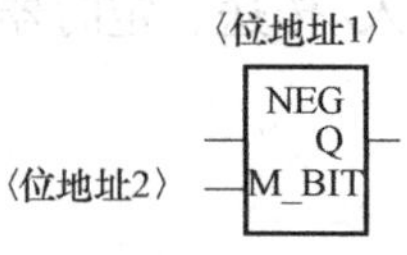	〈位地址 1〉：被检测的位	BOOL	I、Q、M、D、L
		〈位地址 2〉：M_BIT 存储被检测位上一个扫描周期的状态	BOOL	I、Q、M、D、L
		Q：单稳输出	BOOL	I、Q、M、D、L

图 7-2 是使用 RLO 正跳沿检测指令的例子。这个例子中，若 CPU 检测到输入 I0.0 有一个正跳沿，将使得输出 Q4.0 的线圈在一个扫描周期内通电。对输入 I0.0 常开触点扫描的 RLO 值存放在存储位 M1.0 中。

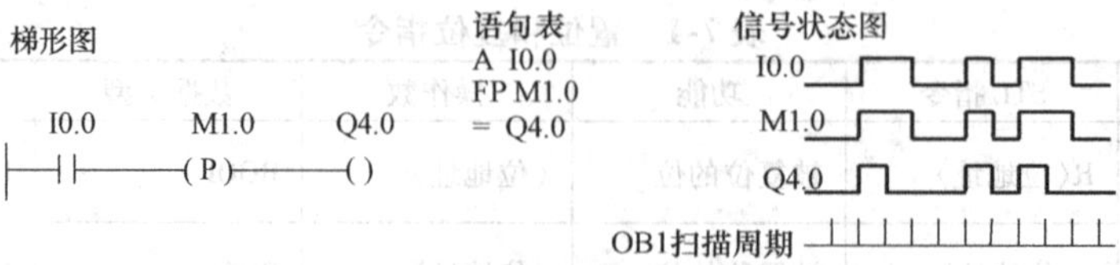

图 7-2　RLO 正跳沿检测

在 OB1 的扫描周期中，CPU 对 I0.0 信号状态扫描并形成 RLO 值，若该 RLO 值是 1 而存放在 M1.0 中的上次 RLO 值是 0，这说明 FP 指令检测到一个 RLO 的正跳沿，那么 FP 指令把 RLO 位置 1。如果 RLO 在相邻的两个扫描周期中相同（全为 1 或 0），那么 FP 语句把

RLO 位清 0。

在梯形图中，触点跳变沿检测方框可被看做一个特殊常开触点。常开触点的特性是：若方框的 Q 为 1，触点闭合；若 Q 为 0，则触点断开。

7.2.3 装入和传送指令

S7 可以按字节、字、双字对存储区访问。累加器是处理器中的一种专用寄存器，可作“缓冲器”使用。数据的传送与变换一般通过累加器进行，而不是在存储区“直接”进行。S7-300 系列 PLC 的 CPU 有两个 32 位的累加器，即累加器 1 和累加器 2。累加器 1 是主累加器，累加器 2 是辅助累加器，与累加器 1 进行运算的数据存储在累加器 2 中。

装入（L，Load）和传送（T，Transfer）指令可以在存储区之间或存储区与过程输入、输出之间交换数据。CPU 执行这些指令不受逻辑操作结果 RLO 的影响。L 指令将源操作数装入累加器 1 中，而累加器原有的数据移入累加器 2 中，累加器 2 中原有的内容被覆盖。T 指令将累加器 1 中的内容写入目的存储区中，累加器 1 的内容保持不变。L 和 T 指令可对字节（8 位）、字（16 位）、双字（32 位）数据进行操作，当数据长度小于 32 位时，数据在累加器右对齐（低位对齐），其余各位填 0。

1. 对累加器 1 的装入和传送指令

装入和传送操作有 3 种寻址方式：立即寻址、直接寻址和间接寻址。

（1）立即寻址

L 指令对常数的寻址方式称为立即寻址，下面是使用立即寻址的装入指令的例子。

```
L  +5                        //累加器 1 中装入一个 16 位整数常数
L  B#16#EF                   //累加器 1 中装入一个 8 位十六进制常数
L  2#1111_0000_1111_0000     //累加器 1 中装入一个 16 位二进制常数
L  'AB'                      //累加器 1 中装入两个字符
L  P#I1.0                    //累加器 1 中装入 32 位指向 I1.0 的指针
L  S5T#2S                    //累加器 1 中装入 16 位 S5 TIME 时间常数
L  C#100                     //累加器 1 中装入 16 位计数常数
```

（2）直接寻址

L 和 T 指令可以对各存储区内的字节、字、双字进行直接寻址，下面是直接寻址的 L 和 T 指令的例子。

```
L  MB10      //将 8 位存储器字节装入累加器 1 最低的字节
L  DIW10     //将 16 位背景数据字装入累加器 1 的低字
L  LD1       //将 32 位局域数据双字装入累加器 1
T  QB4       //将累加器 1 中的数据传送到过程映像输出字节 QB4
T  MW10      //将累加器 1 中的数据传送到存储器字 MW10
T  DBD0      //将累加器 1 中的数据传送到数据双字 DBD0
```

（3）间接寻址

在存储器间接寻址的指令中，给出了一个存储器的地址，该存储器的内容是操作数所在存储单元的地址，该地址被称为地址指针，只有双字 MD、LD、DBD、DID 能作地址指针。

在寄存器间接寻址指令中，地址寄存器 AR1 或 AR2 的内容加上偏移地址形成地址指针，后者指向操作数所在的存储单元。

使用地址寄存器可以在执行 L 或 T 指令时，实现存储器区间间接寻址。此时地址寄存器的位 31 为 1，位 24、25 和 26 指出寻址的存储区（见表 6-4），位 3 ~ 位 18 指出寻址的具体存储器单元号。

下面是间接寻址的 L 和 T 指令的例子。

```
L   DBB[MD0]             //将数据字节装入累加器 1 中,其地址在存储器双字 MD0
L   PQW[AR2,P#4.0]       //将外设输出存储区字装入累加器 1 中,其地址为 AR2 中的地址加上偏
                           移量 P#4.0
L   W[AR1,P#4.0]         //将字装入累加器 1 中,其地址为 AR1 中的地址加上偏移量 P#4.0,数据
                           区的类型由 AR1 中的地址标识符确定
T   D[AR2,P#6.0]         //将累加器 1 中的内容传送到双字,其地址为 AR2 中的地址加上偏移量
                           P#6.0,数据区的类型由 AR2 中的地址标识符确定
```

2. 取或传送状态字

```
L   STW                  //将状态字装入累加器 1。S7-300 系列 PLC 不能用该指令装入FC、STA
                           和 OR 位
T   STW                  //将累加器 1 中的内容传送到状态字中
```

3. 装入时间值或计数值

```
L   T1                   //定时器字中的剩余时间值以二进制格式保存装入累加器 1
LC  T1                   //以 BCD 码格式读出剩余时间值,装入累加器 1 低字
L   C1                   //将当前计数器值以整数格式装入累加器 1
LC  C1                   //将当前计数器值以 BCD 码格式装入累加器 1
```

以 BCD 码格式装入时间值可以同时获得时间值和时基，时基与时间值相乘就得到定时剩余时间。

4. 地址寄存器装入和传送指令

地址寄存器装入和传送指令如表 7-3 所示。

表 7-3　地址寄存器装入和传送指令

指令	说　明
LAR1	将操作数的内容装入地址寄存器 1(AR1),装入 AR1 的可以是立即数,或是存储区或地址寄存器 2(AR2)中的内容,若在指令中没有给出操作数则将累加器 1 的内容装入 AR1
LAR2	将操作数的内容装入地址寄存器 2(AR2),操作数可以是立即数或是存储区内容,若在指令中没有给出操作数则将累加器 1 的内容装入 AR2
TAR1	将 AR1 的内容传给存储器区或 AR2,若指令中没有给出操作数则传给累加器 1
TAR2	将 AR2 的内容传给存储器区,若指令中没有给出操作数则传给累加器 1
CAR	交换 AR1 和 AR2 的内容

对于地址寄存器，可以不经过累加器 1 而直接将操作数装入或传出，或将两个地址寄存器的内容直接交换。下面是地址寄存器装入和传送指令的用法。

```
LAR1  P#I0.0             //将输入位 I0.0 的地址指针装入 AR1
LAR1  P#Start            //将符号名为 Start 的存储器的地址指针装入 AR1
LAR1  AR2                //将 AR2 的内容装入 AR1
LAR1  DBD20              //将数据双字 DBD20 的内容装入 AR1
TAR1  AR2                //将 AR1 的内容传送至 AR2
TAR2                     //将 AR2 的内容传送至累加器 1
TAR1  MD20               //将 AR1 的内容传送至存储器双字 MD20
```

```
CAR          //交换 AR1 和 AR2 的内容
```

7.2.4 定时器指令

1. 定时器种类和存储区

定时器相当于继电器电路中的时间继电器，它用于实现或监控时间序列。例如，定时器可提供等待时间或监控时间，定时器还可产生一定宽度的脉冲，亦可测量时间。S7-300 系列 PLC 提供了 5 种形式的定时器：脉冲定时器（SP）、扩展脉冲定时器（SE）、接通延时定时器（SD）、带保持的接通延时定时器（SS）和断电延时定时器（SF）。在梯形图中既可以用指令框表示定时器，也可以用线圈形式来表示。

S7 CPU 的存储器中为定时器留出了一片存储区域。为每个定时器分配一个 16 位的字和一个二进制的位，定时器的字用于存储定时器的定时时间值，定时器的触点状态由它的位的状态来决定。在 S7-300 系列 PLC 中，定时器区为 512Byte，因此最多允许使用 256 个定时器。用定时器区域的编址（以 T 打头后跟定时器号，例如 T1）来存取它的时间值和定时器位，带字操作数的指令来存取定时器的时间值，带位操作数的指令存取定时器位。

S7 中定时时间由时基和定时值两部分组成，定时时间等于时基与定时值的乘积。当定时器运行时，定时值不断减 1（即每次减去由时基规定的时间间隔），直至减到 0，减到 0 表示定时时间到。定时时间到后会引起定时器触点的动作。

定时器字（见图 7-3）的第 0 ~ 11 位存放二进制格式的定时值，这 12 位二进制代码表示的数值范围是 0 ~ 4096，实际使用范围是 0 ~ 999。第 12、13 位存放二进制格式的时基。时基和时间值可以任意组合，以得到不同的定时分辨率和定时时间。表 7-4 中给出了可能的组合情况。从表 7-4 中可以看出：时基小定时分辨率高，但定时时间范围窄；时基大分辨率低，但定时范围宽。时基是定义时间值递减的单位时间间隔。

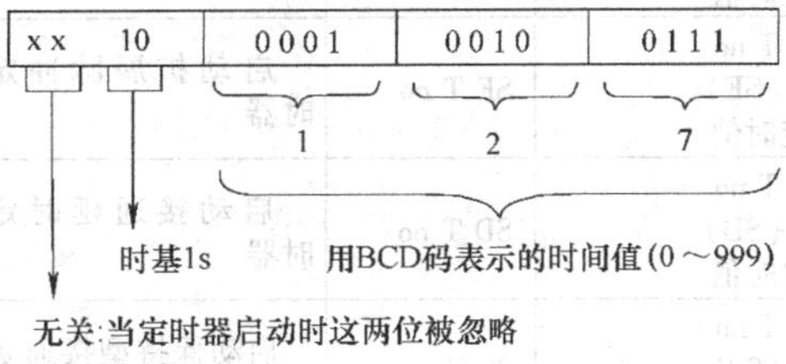

图 7-3 定时器字

表 7-4 时基与定时器范围

时基	时基的二进制代码	分辨率	定时范围
10ms	00	0.01s	10ms ~ 9m_990ms
100ms	01	0.1s	100ms ~ 1m_39s_900ms
1s	10	1s	1s ~ 16m_39s
10s	11	10s	10s ~ 2h_46m_30s

当定时器启动时，累加器 1 低字的内容被当做定时时间装入定时字中。这一过程是由操作系统控制自动完成的，用户只需给累加器 1 装入不同的数值，即可设置需要的定时时间。为累加器 1 装入数值的指令很多，但在累加器 1 低字中的数据应符合图 7-3 所示的格式。可以使用下列格式预装一个时间值。

1）W#16#wxyz。其中，w 是时基（或分辨率），取值为 0、1、2 或 3，分别表示时基为 10ms、100ms、1s 或 10s；xyz 是 BCD 码格式的定时值，取值范围为 1 ~ 999。

2）S5T#aH-bM-cS-dMS。其中，a、b、c、d 分别表示小时、分钟、秒、毫秒的数值，范围为 10ms ~ 2h46min30s；此时，时基是 CPU 自动选择的，选择的原则是在满足定时范围要求的条件下选择最小的时基。

2. 定时器启动与运行

PLC 中的定时器相当于时间继电器。在使用时间继电器时，首先要为其设置定时时间，当时间继电器的线圈通电后，时间继电器被启动。若定时时间到，继电器的触点动作。当时间继电器的线圈断电时，也将引起其触点的动作。该触点可以在控制线路中控制其他继电器。

S7 中的定时器与时间继电器的工作特点相似，对 PLC 中的定时器同样要设置定时时间，也要启动定时器（使定时器线圈通电）。除此之外，定时器还增加了一些功能，如随时复位定时器、随时重置定时时间（定时器再启动）、查看当前剩余定时时间等。S7 中的定时器不仅功能强，而且类型多。以下介绍各种定时器的运行原理及使用方法。

3. 定时器线圈和语句表指令

定时器线圈和语句表指令如表 7-5 所示。

表 7-5 定时器线圈和语句表指令

LAD 指令	STL 指令	功 能	说 明
T no —(SP) 定时值	SP T no	启动脉冲定时器	以脉冲定时器方式工作；T no 为定时器号，数据类型为 TIMER；定时值的数据类型为 S5TIMER，可在 I、Q、M、D、L 中，也可为常量。对 STL 指令来说，以累加器 1 中的内容为时间值
T no —(SE) 定时值	SE T no	启动扩展脉冲定时器	以扩展脉冲定时器方式工作（其他同上）
T no —(SD) 定时值	SD T no	启动接通延时定时器	以接通延时定时器方式工作（其他同上）
T no —(SS) 定时值	SS T no	启动保持型接通延时定时器	以保持型接通延时定时器方式工作（其他同上）
T no —(SF) 定时值	SF T no	启动关断延时定时器	以关断延时定时器方式工作（其他同上）
	FR T no	允许再启动定时器	用于触发一个正在运行的定时器再启动

（1）脉冲定时器

如果 RLO（启动输入信号）有正跳沿，则脉冲定时器以给出的时间值启动指定的定时器。只要 RLO 为 1，定时器就保持运行。在定时器运行时，其常开触点闭合。当定时时间到，常开触点断开。如果在规定时间值过去之前 RLO 由 1 变为 0，则定时器被复位至启动前的状态，定时器的常开触点断开。在定时器输出为 1 时，如果定时器复位输入信号有正跳沿，定时器被复位，输出为 0 状态，并清零剩余时间值。

图 7-4 是使用脉冲定时器的编程例子，图 7-5 是与图 7-4 对应的脉冲定时器的时序。

（2）扩展脉冲定时器

如果 RLO（启动输入信号）有正跳沿，则扩展脉冲定时器以给出的时间值启动指定的定时器，定时器输出为 1（即常开触点闭合）。即使 RLO 变为 0，定时器仍保持运行，直到定时时间到后才停止（定时器被复位）。当定时时间到后，则常开触点断开。在定时期间，如果 RLO 由 0 变为 1，则定时器重新启动，开始以预置的时间值定时。若给定时器一个复位信号，定时器被复位，输出为 0，并清零剩余时间值。在定时器的复位信号为 1 时，即使

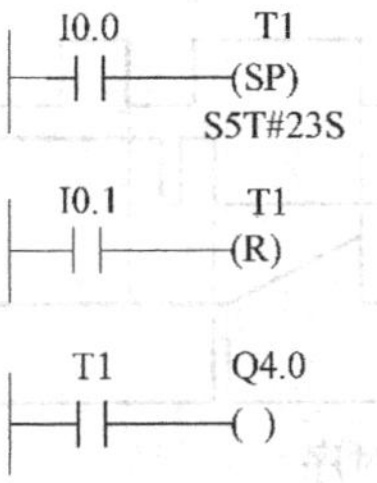

a)

```
A I0.0
L S5T#23S
SP T1   //以脉冲定时器方式启动T1
A I0.1
R T1    //复位定时器T1
A T1
= Q4.0//使用定时器T1的触点
```

b)

图 7-4　使用脉冲定时器

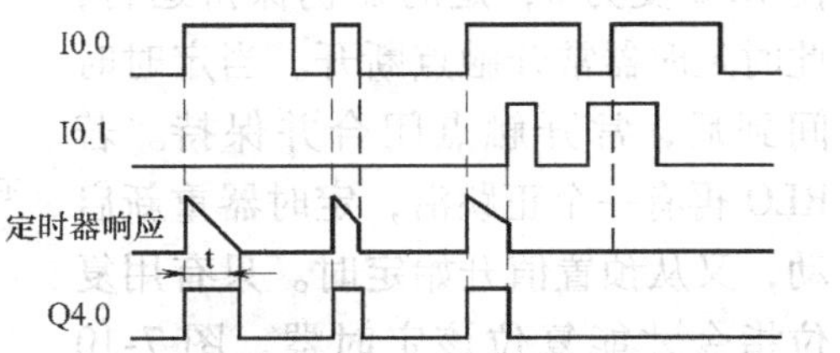

图 7-5　脉冲定时器时序

RLO 有正跳沿，定时器仍处于复位状态。

图 7-6 是使用扩展脉冲定时器的编程例子。图 7-7 是与图 7-6 对应的扩展脉冲定时器的时序。

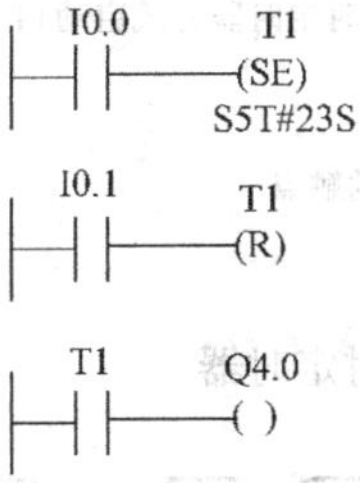

a)

```
A I0.0
L S5T#23S//预置累加器1为23S
SE T1      //以扩展脉冲定时器方式启动
A I0.1
R T1       // 复位定时器T1
A T1
= Q4.0     // 使用定时器T1的触点
```

b)

图 7-6　使用扩展脉冲定时器

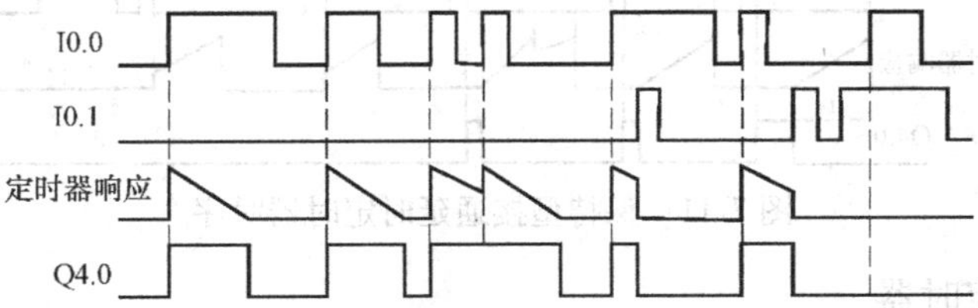

图 7-7　扩展脉冲定时器时序

（3）接通延时定时器

如果 RLO 有正跳沿，则接通延时定时器以给出的时间值启动指定的定时器，当定时时间到后，则常开触点闭合并保持，直到 RLO 变为 0，定时器才被复位至启动前的状态，此时定时器的常开触点断开。若在给定的时间（即定时时间）过去之前 RLO 由 1 变为 0，则定时器也被复位。

只要定时器的复位信号有一个上升沿，则定时器即被复位。

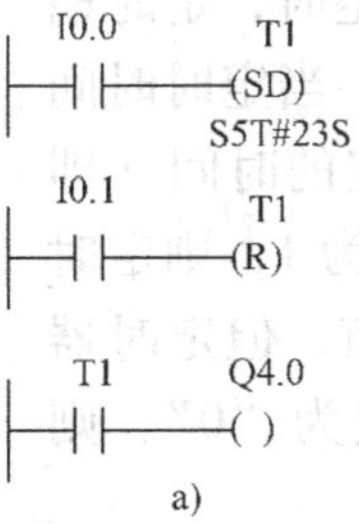

a)

```
A I0.0
L S5T#23S
SD T1 //以接通延时定时器方式启动T1
A I0.1
R T1  //复位定时器T1
A T1
= Q4.0 //使用定时器T1的触点
```

b)

图 7-8　使用接通延时定时器

图 7-8 是使用接通延时定时器的编程例子，图 7-9 是与图 7-8 对应的接通延时定时器的时序。

（4）保持型接通延时定时器

如果 RLO 有正跳沿，则保持型接通延时定时器以给出的时间值启动指定的定时器，即使 RLO 变为 0，定时器仍保持运行，此时定时器常开触点断开。当定时时间到后，常开触点闭合并保持。若 RLO 再有一个正跳沿，定时器重新启动，又从预置值开始定时。只有用复位指令才能复位该定时器。图 7-10 是使用保持型接通延时定时器的编程例子，图 7-11 是与图 7-10 对应的保持型接通延时定时器的动作时序。

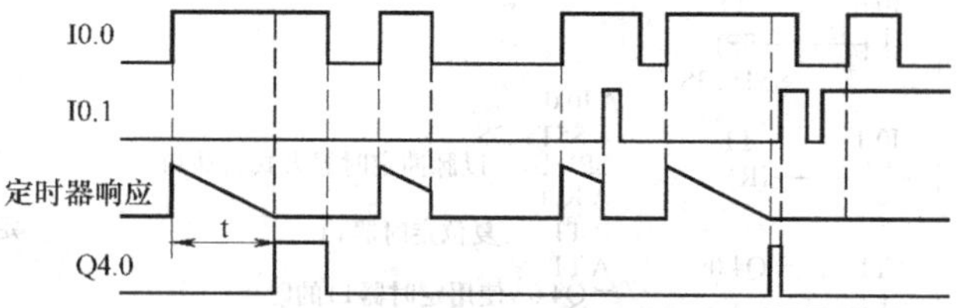

图 7-9　接通延时定时器时序

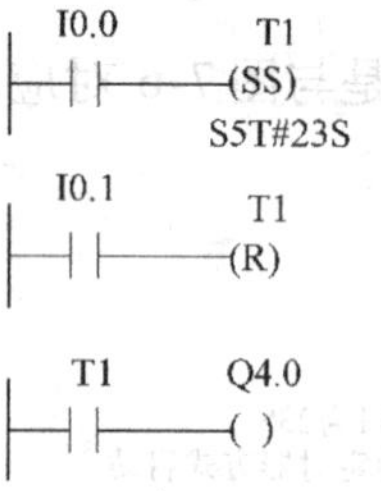

a)

```
A I0.0
L S5T#23S
SS T1  //以保持型接通延时定时器方式启动T1
A I0.1
R T1   //复位定时器T1
A T1
= Q4.0// 使用定时器T1的触点
```

b)

图 7-10　使用保持型接通延时定时器

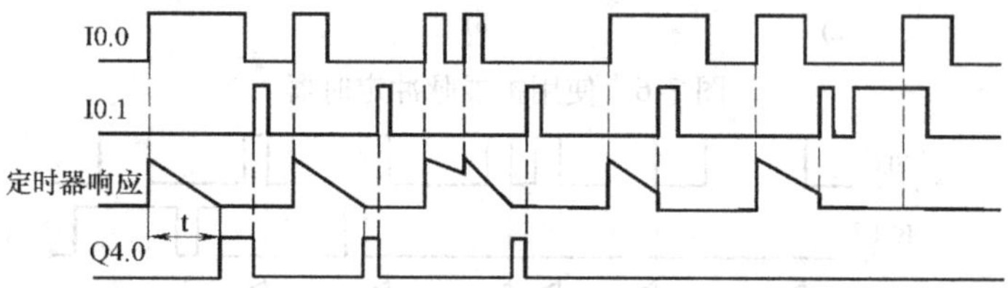

图 7-11　保持型接通延时定时器时序

（5）关断延时定时器

如果 RLO 有上升沿时，则关断延时定时器输出为 1，常开触点闭合，但是定时器不定时；当 RLO 为下跳沿时，定时器开始定时，定时期间输出始终为 1（常开触点闭合），当定时时间到后，则常开触点断开。若在给定的时间（即定时时间）过去之前 RLO 由 0 变为 1，则定时器停止定时，保持当前剩余定时值，但定时器输出仍为 1。如果 RLO 从“1”变为“0”，则定时器重新开始定时。

```
A I0.0
L S5T#23S
SF T1     //以关断延时定时器方式启动T1
A I0.1
R T1      //复位定时器T1
A T1
= Q4.0    //使用定时器T1的触点
L T1
T MW10 //将定时器T1的当前剩余时间值以二进制码装入
LC T1     //将定时器T1的当前剩余时间值以BCD码装入
T MW12
```

图 7-12　使用关断延时定时器

当定时器的复位输入信号为 1 状态时，定时器被复位，时间值被清 0，输出为 0。

图 7-12 是使用关断延时定时器的语句表编程例子，图 7-13 是与图 7-12 对应的关断延时定时器的动作时序。在图 7-12 语句表程序中使用了装入指令，分别将定时器的当前时间值以整数格式存入 MW10 和以 BCD 码格式存入 MW12。

4. 定时器的梯形图方框指令

定时器的梯形图方框指令如表 7-6 所示。

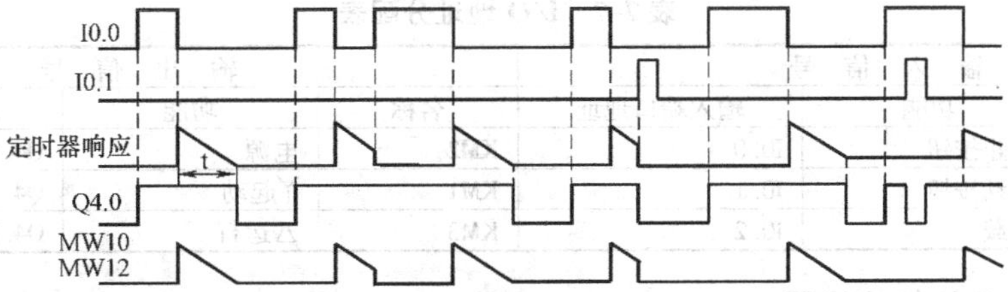

图 7-13　关断延时定时器时序

表 7-6　定时器的梯形图方框指令

脉冲定时器	扩展脉冲定时器	接通延时定时器	保持型接通延时定时器	关断延时定时器
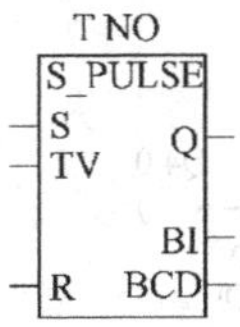	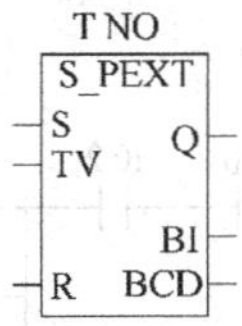	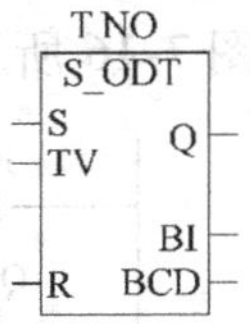	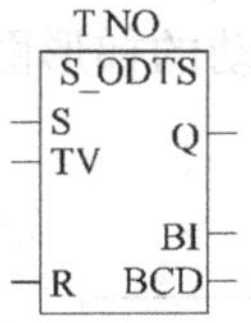	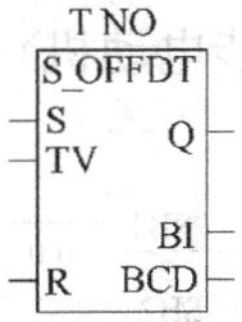
参数	数据类型	存储区	说　明	
T NO	TIMER	T	定时器标识号	
S	BOOL	I、Q、M、D、L	启动输入端	
TV	SSTIME	I、Q、M、D、L	设置定时时间（SSTIME 格式）	
R	BOOL	I、Q、M、D、L	复位输入	
Q	BOOL	I、Q、M、D、L	定时器的状态输出（位状态）	
BI	WORD	I、Q、M、D、L	剩余时间值输出（整数格式）	
BCD	WORD	I、Q、M、D、L	剩余时间值输出（BCD 码格式）	

S7 中的定时器方框与 S5 中的定时器指令相同，因此又可称为 S5 定时器指令。图 7-14a 表示接通延时定时器方框的用法，图 7-14b 是与图 7-14a 对应的语句表程序。其中输入 I0.0 控制定时器 T1 启动，输入 I0.1 控制定时器复位，定时时间为 10s，定时器的状态用于控制输出 Q4.0，当前剩余时间值分别输出给 MW10 和 MW12。

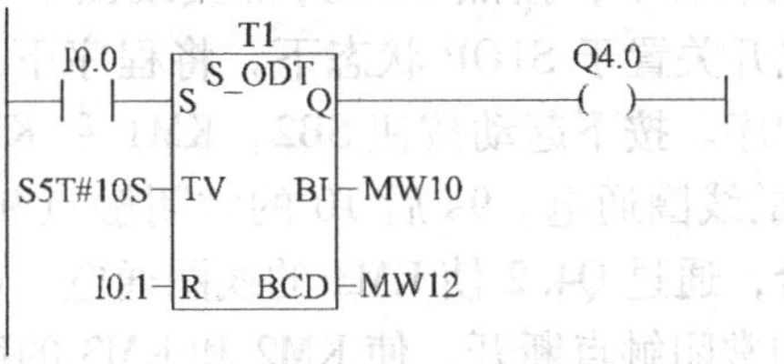

a)

```
A    I0.0
L    S5T#10S
SD   T1
A    I0.1
R    T1
L    T1
T    MW10
LC   T1
T    MW12
A    T1
=    Q4.0
```

b)

图 7-14　使用接通延时定时器方框编程

7.3　应用举例

7.3.1　三相异步电动机Y-△降压起动 PLC 控制线路

1. 设计主电路

主电路接线仍然是控制电路的主接线，如图 2-22 所示。

2. 分配 I/O 地址表

I/O 地址表的分配如表 7-7 所示。

表 7-7　I/O 地址分配表

输　入　信　号			输　出　信　号		
名称	功能	输入端口地址	名称	功能	输出端口地址
SB1	停止按钮	I0.0	KM2	电源	Q4.0
SB2	起动按钮	I0.1	KM1	Y起动	Q4.1
FR	过载	I0.2	KM3	△运行	Q4.2

3. 画出 PLC 外部接线图

异步电动机Y-△降压起动的 PLC 外部接线图如图 7-15 所示。如果 KM1 和 KM3 同时动作，将会造成三相电源相间短路，为此不但要实现软件互锁，还要实现硬件互锁。

4. 程序设计

异步电动机Y-△降压起动的梯形图程序如图 7-16 所示。

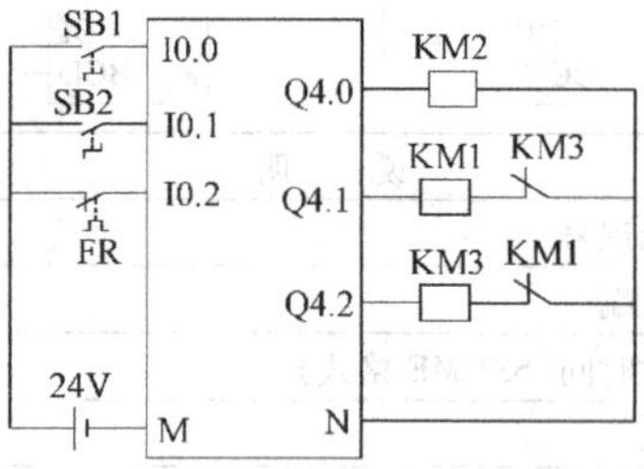

图 7-15　PLC 外部接线图

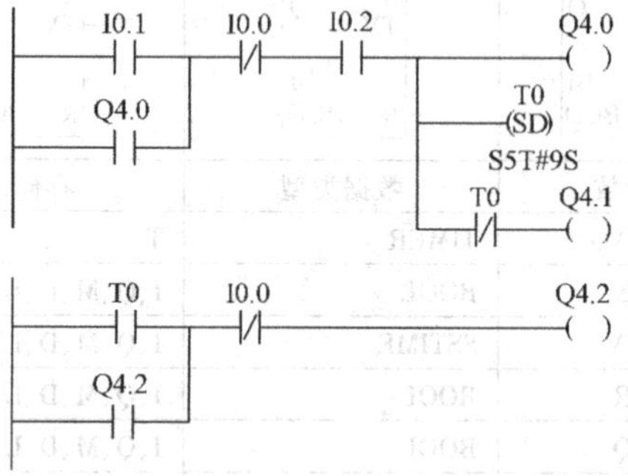

图 7-16　异步电动机Y-△降压起动梯形图程序

5. 系统运行调试

在 PLC 关机状态下，按照 PLC 外部接线图 7-15 正确连接输入设备和输出设备。打开 PLC 电源，方式开关置于 STOP 状态下，将程序下载到 PLC 中，然后将方式开关置于 RUN 状态下，运行程序。按下起动按钮 SB2，KM1 和 KM2 同时动作，电动机按星形联结方式运行，定时器 T0 的线圈通电。9s 后 T0 的常闭触点断开，通过 Q4.1 使 KM1 的线圈断电，T0 的常开触点闭合，通过 Q4.2 使 KM3 的线圈通电，电动机改为三角形联结方式运行。按下停车按钮，I0.0 的常闭触点断开，使 KM2 和 KM3 的线圈断电，电动机停止运行。

7.3.2　脉冲发生器设计

用定时器可构成脉冲发生器，这里用了两个定时器产生频率占空比均可设置的脉冲信

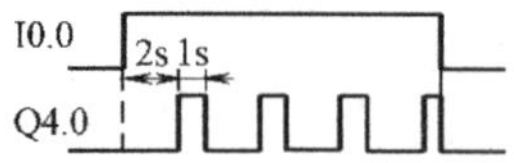

图 7-17　脉冲发生器时序

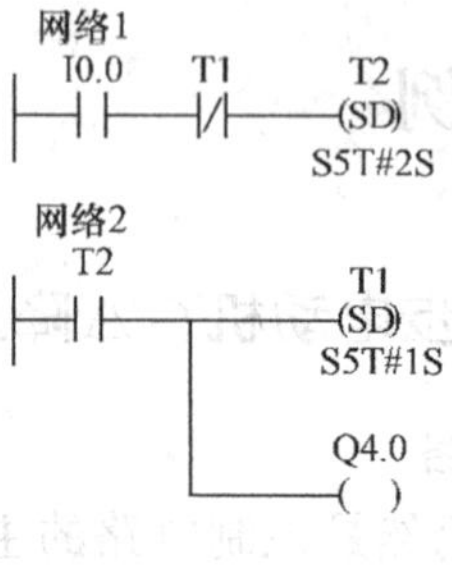


```
网络1
A    I0.0
AN   T1
L    S5T#2S
SD   T2
网络2
A    T2
L    S5T#1S
SD   T1
A    T2
=    Q4.0
```

a)　　b)

图 7-18　脉冲发生器

a）梯形图　b）语句表

号。当输入I0.0为1时，输出Q4.0为1或为0交替进行。图7-17是脉冲发生器的时序，脉冲信号的周期为3s，脉冲宽度为1s。图7-18为脉冲发生器的梯形图和语句表程序，在程序中，用定时器T1设置输出Q4.0为1的时间（脉冲宽度），Q4.0为0的时间由定时器T2设置为2s。

本例子比较简单，故只给出程序设计，I/O地址分配、PLC外部接线图和系统运行调试由读者自行完成。

7.3.3 交通信号灯的PLC控制系统

1. 控制要求

在十字路口南北方向以及东西方向均设有红、黄、绿3只信号灯，12只信号灯依一定的时序循环往复工作。

信号灯受电源总开关控制，接通电源，信号灯系统开始工作；关闭电源，所有的信号灯都熄灭。当程序运行出错，东西与南北方向的绿灯同时点亮时，程序自动关闭。在晚上车辆稀少时，要求交通灯处于下班状态，即两个方向的黄灯一直闪烁，闪烁的频率为0.5Hz。

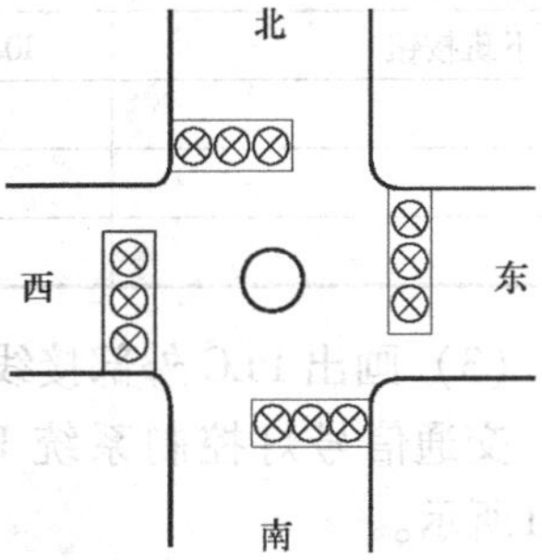

图7-19 交通灯示意图

白天信号灯处于上班状态时，东西以及南北方向的红灯为长亮，时间为30s；东西以及南北方向的绿灯为长亮25s，然后闪烁3s，闪烁频率为0.5Hz；接着东西以及南北方向的黄灯同时亮，时间为2s。交通灯示意图如图7-19所示，时序图如图7-20所示。

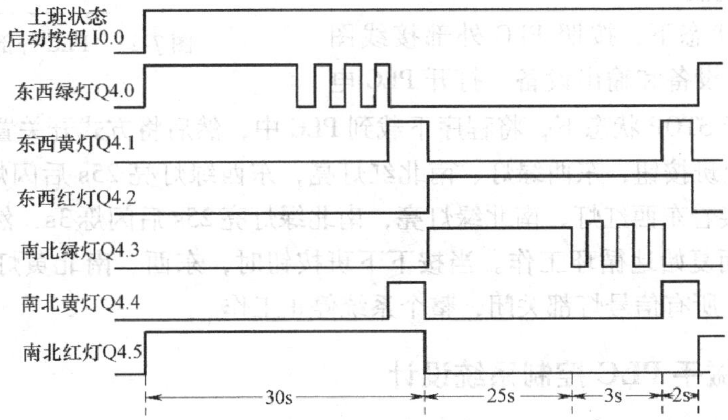

图7-20 交通灯时序图

2. 系统硬件设计

系统的硬件设计包括PLC的硬件配置、I/O地址分配以及画出PLC的外部接线图。

（1）硬件配置

根据交通信号灯控制系统的要求，PLC具体硬件配置如表7-8所示。

（2）I/O地址分配

交通灯控制系统中输入/输出信号具体地址分配如表7-9所示。

表 7-8　PLC 配置说明

序号	名　称	订货号	说　明	数量
1	CPU 模块	6ES7 314-1AF10-0AB0	CPU 314	1
2	电源模块	6ES7 307-1KA00-0AA0	PS 307 10A	1
3	开关量输入模块 SM321	6ES7 321-1BL00-0AA0	DI 32 × DC24V	1
4	开关量输出模块 SM322	6ES7 322-IBL00-0AA0	DO 32 × DC24V/0.5A	1

表 7-9　开关量 I/O 信号一览表

输入信号		输出信号	
功　能	输入端口地址	功　能	输出端口地址
上班按钮	I0.0	东西绿灯	Q4.0
电源开关	I0.1	东西黄灯	Q4.1
下班按钮	I0.2	东西红灯	Q4.2
		南北绿灯	Q4.3
		南北黄灯	Q4.4
		南北红灯	Q4.5

（3）画出 PLC 外部接线图

交通信号灯控制系统 PLC 外部接线图如图 7-21所示。

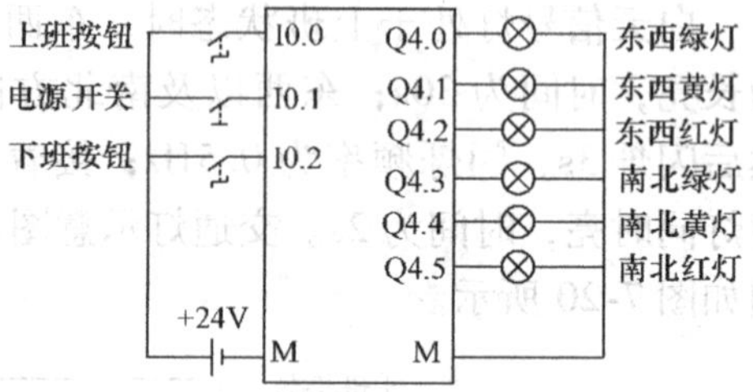

图 7-21　PLC 外部接线图

3. 程序设计

本例因功能比较简单，采用线性化编程，OB1 中程序（梯形图编程方式）如图 7-22 所示。

4. 系统运行调试

在 PLC 关机状态下，按照 PLC 外部接线图 7-21正确连接输入设备和输出设备。打开 PLC 电源，方式开关置于 STOP 状态下，将程序下载到 PLC 中，然后将方式开关置于 RUN 状态下，运行程序。按下上班按钮，东西绿灯、南北红灯亮，东西绿灯亮 25s 后闪烁 3s，然后东西、南北黄灯亮 2s，接着东西红灯、南北绿灯亮，南北绿灯亮 25s 后闪烁 3s，然后东西、南北黄灯亮 2s，这样周而复始地循环工作。当按下下班按钮时，东西、南北黄灯同时闪烁。当按下电源总开关时，所有信号灯都关闭，整个系统停止工作。

7.3.4　搬运机械手 PLC 控制系统设计

随着工业自动化的普及和发展，控制器的需求量逐年增大，搬运机械手的应用也逐渐普及，主要在汽车、电子、机械加工、食品、医药等领域的生产流水线或货物装卸调运，可以更好地节约能源和提高运输设备或产品的效率，可代替人的繁重劳动，改善热、累等劳动条件，实现生产的机械化和自动化。

图 7-23 所示为一简易搬运机械手的示意图。该机械手是一个水平/垂直位移的机械设备，其操作是将工件从左工作台 A 搬运到右工作台 B，由光电传感器来检测工作台上有没有工件。机械手初始位置通常位于原点，它的动作全部由气缸驱动，而气缸则由相应的电磁阀控制。其中上升/下降和左移/右移分别由双线圈二位电磁阀控制，放松/夹紧由一个单线圈

图 7-22　交通信号灯的梯形图

二位电磁阀（称为夹紧电磁阀）控制。

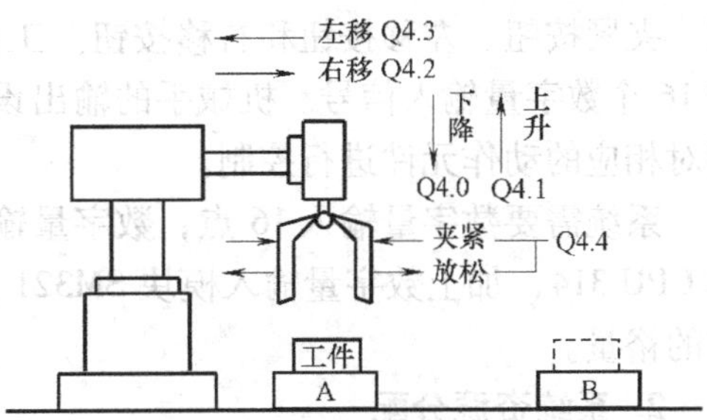

图 7-23　搬运机械手示意图

工艺过程为：光电传感器检测到左工作台 A 有工件，机械手开始由原点下降，下降到底时，碰到下限位开关后，停止下降并接通夹紧电磁阀夹紧工件。为保证工件可靠夹紧，在该位置等待 5s。夹紧后，上升电磁阀通电开始上升，上升到顶碰到上限位开关，停止上升，改向右移动，碰到右限位开关后，停止右移，改为下降至碰到下限位开关，下降电磁阀断电，停止下降，同时夹紧电磁阀断电，机械手将工件松开，放在右工作台 B 上，为确保可靠松开，在该位置停留

5s，然后上升，碰到上限位开关后改为左移，到原点时，碰到左限位开关，左移电磁阀断电，停止左移。至此，机械手搬运一个工件的全过程结束。

根据实际生产需要，机械手的工作方式设置4种，即手动方式、单周期动作、连续动作和自动返回初始状态。要求通过控制面板的相关转换开关和控制按钮来决定机械手的具体动作，各个动作的到位情况由检测元件完成。控制面板如图7-24所示。

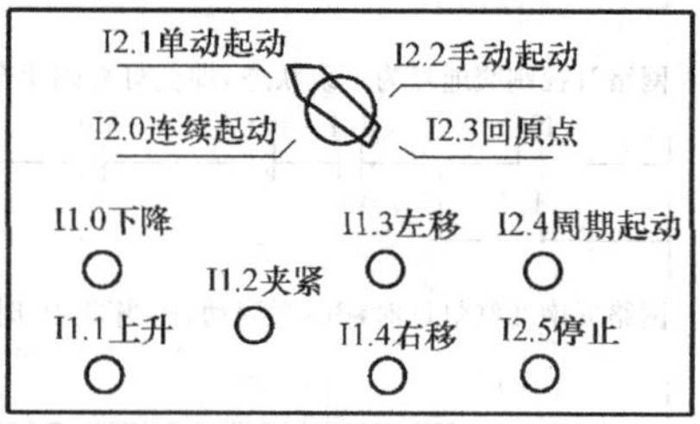

图7-24 控制面板

根据生产工艺过程，机械手搬运工件的一个控制周期可分为如下8个部分。

1）下降。当光电传感器检测到工作台A上有工件，机械手开始下降。下降到低位时，碰到下限位开关，机械手停止下降。

2）夹紧工件。机械手在最低位开始夹紧工件，延时5s抓住、抓紧。

3）上升。机械手上升到高位时，碰到上限位开关，停止上升。

4）右移。机械手右移到位时，碰到右限位开关，停止右移。

5）下降。当机械手下降到工作台B时，碰到下限位开关，机械手停止下降。

6）松开工件。机械手在最低位开始放松工件，延时5s。

7）上升。机械手上升到高位时，碰到上限位开关，停止上升。

8）左移。机械手在高位开始左移，碰到左限位开关，停止左移。

在进入单周期、连续工作方式之前，机械手应处于原始状态，条件是机械手在高位、左位、松开；如果不满足这一条件，可选择回原点工作方式，然后按下起动按钮I2.4，使系统自动返回原点状态。

如果选择的是单周期工作方式，按下起动按钮I2.4后，机械手按规定的顺序完成一个周期的工作后，返回并停留在初始步。如果选择连续工作方式，在初始状态下按下起动按钮I2.4后，机械手从初始状态开始一个周期接一个周期反复连续工作。

1. 硬件配置

工作方式选择开关是单刀4掷开关，分别完成连续方式、单动方式、原始位定位和手动方式的动作，一个单周期、回原点和连续工作方式的起动按钮，还需要1个停止按钮用来处理在任何情况下的停止运行。机械手运动的限位开关有4个，即高位限位开关、低位限位开关、左位限位开关和右位限位开关。手动操作信号共由5个按钮组成，即下降按钮、上升按钮、夹紧按钮、左移按钮和右移按钮。工作台A上有工件检测光电传感器的输入信号，共有16个数字量输入信号。机械手的输出设置下降、上升、右移、左移和取放5个信号，分别对相应的动作元件进行控制。

系统需要数字量输入16点，数字量输出5点，不需模拟量模块。选择S7-300系列PLC的CPU 314，加上数字量输入模块SM321及输出模块SM322就可以满足要求，而且还有一定的裕量。

2. 系统资源分配

I/O地址分配表如表7-10所示，其他辅助地址分配。

1）夹紧定时器T1，定时5s。

2）松开定时器T2，定时5s。

表 7-10　I/O 地址分配表

模块号	端口地址	信号名称	说　明
SM321	I2.0	连续起动	单刀 4 掷转换开关
	I2.1	单动起动	
	I2.2	手动起动	
	I2.3	回原点	
	I2.4	周期起动	按钮
	I2.5	停止	按钮
	I0.4	高位	限位开关
	I0.5	低位	限位开关
	I0.6	左位	限位开关
	I0.7	右位	限位开关
	I1.0	手动下降	按钮
	I1.1	手动上升	按钮
	I1.2	手动夹紧	按钮
	I1.3	手动左移	按钮
	I1.4	手动右移	按钮
	I1.5	A 台有工件	光电传感器
SM322	Q4.0	下降	电磁阀
	Q4.1	上升	电磁阀
	Q4.2	右移	电磁阀
	Q4.3	左移	电磁阀
	Q4.4	夹紧	电磁阀

3）连续方式标志 M0.0。

4）单周期工作方式标志 M0.1。

5）结束标志 M0.5。

3. PLC 外部接线图

PLC 外部接线图如图 7-25 所示。

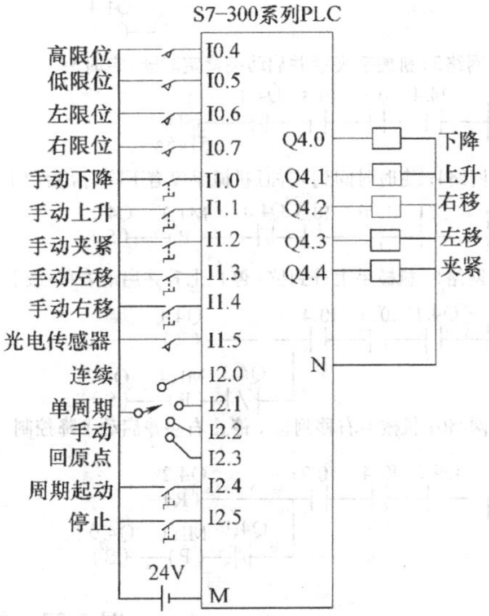

图 7-25　PLC 外部接线图

4. 程序设计

项目的名称为“搬运机械手控制”，在主程序 OB1 中，用调用功能（FC）的方式来实现各种工作方式的切换。由外部接线图可知，工作方式选择开关是单刀 4 掷开关，在同一时刻只能选择一种工作方式。选择回原点工作方式时调用回原点程序 FC1，选择连续方式和单周期工作方式时调用程序 FC2，选择手动方式时调用程序 FC3。

（1）自动返回原点程序

功能 FC1 实现自动返回原点功能，如图 7-26 所示。在回原点工作方式，I2.3 为 1 状态，按下起动按钮 I2.4，M10.0 为 1 状态并保持，复位 Q4.4，机械手松开，同时机械手上升，升到上限位开关改为左行，到左限位开关时，I0.6 为 1 状态，复位 Q4.2 和 Q4.3，至此机械手回到原点状态，为连续和单周期工作方式做好了准备。

（2）单周期、连续工作方式

单周期、连续工作方式由功能 FC2 处理，如图 7-27 所示。在连续工作方式时，I2.0 为 1 状态。在初始状态下按下起动按钮 I2.4，连续工作方式标志 M0.0 为 1 状态，系统运行一个周期后，反复连续地工作下去。

在单周期工作方式时，I2.1 为 1 状态。在初始状态下，按下周期起动按钮 I2.4，单周期工作方式标志 M0.1 为 1 状态，当一个周期结束之后，系统返回并停留在初始步，M0.1 被复位。按一次起动按钮，系统只工作一个周期。

（3）手动工作方式

功能 FC3 处理手动控制功能，如图 7-28 所示。手动操作时用按钮 I1.0 ~ I1.4 实现机械手的下降、上升、左移、右移和夹紧功能。为了保证系统的安

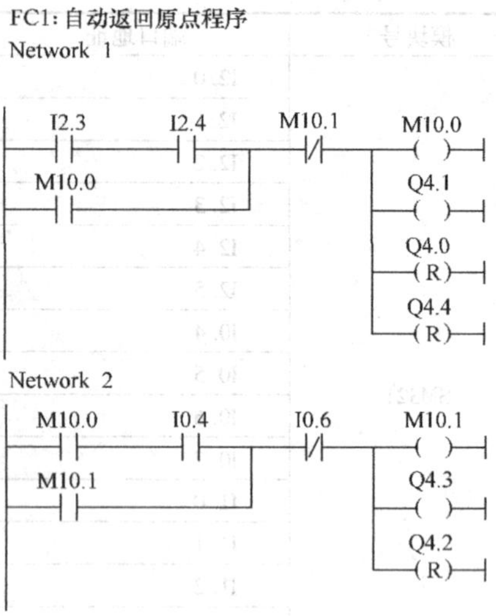

图 7-26 自动返回原点梯形图

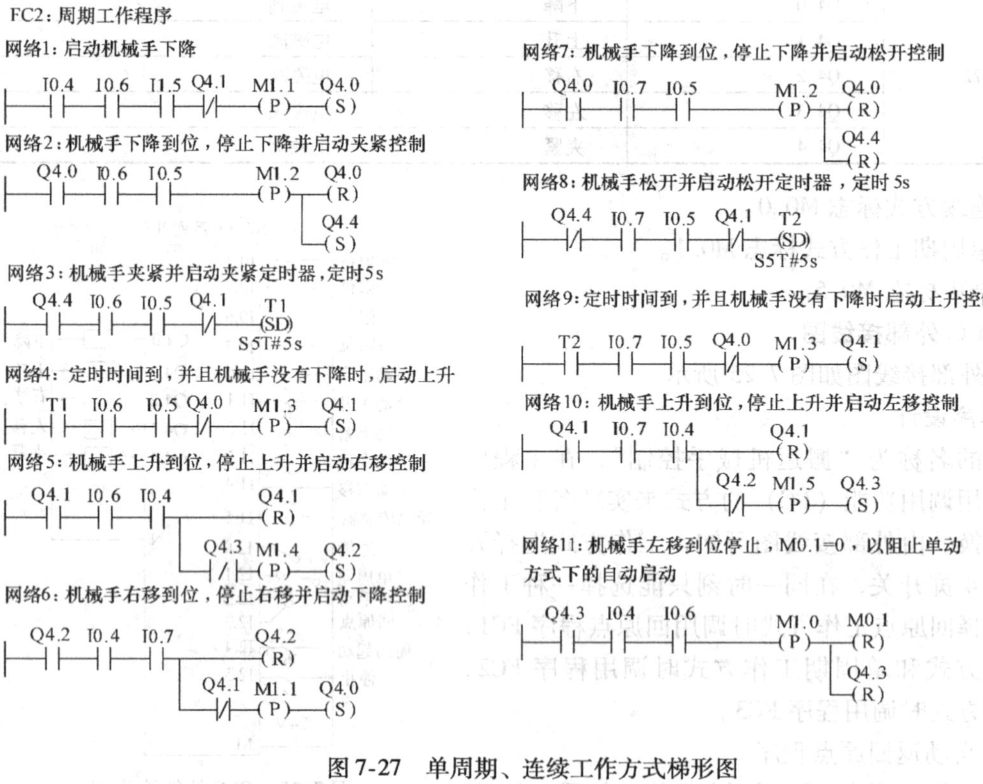

图 7-27 单周期、连续工作方式梯形图

全，在手动程序中设置了一些必要的连锁，例如限位开关对极限位置的防护；用互锁功能实现上升与下降之间、左移与右移之间两个相反方向的输出同时为 1。上限位开关与左移、右移线圈相串联，保证机械手在高限位时才能左右移动，以防止机械手在较低位置移动时与其他物体相碰撞。

（4）主程序 OB1

组织块 OB1 用于设定机械手起动方式，主要负责功能的调用，其梯形图如图 7-29 所示。

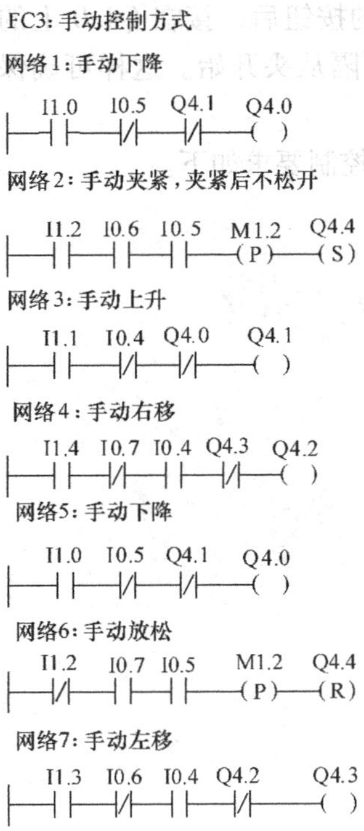

图 7-28　手动控制方式梯形图

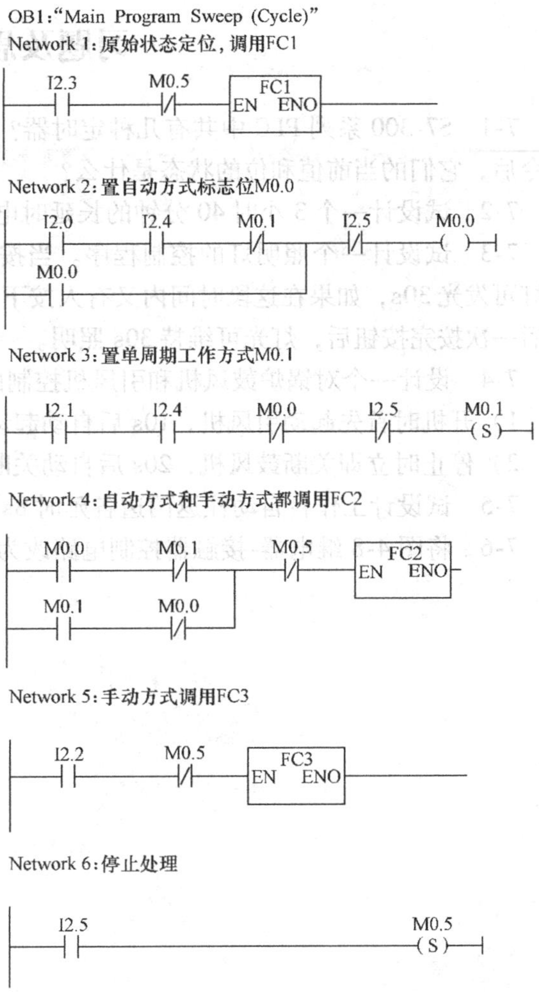

图 7-29　OB1 程序结构

项目小结

本项目以异步电动机Y-△降压起动和交通信号灯为例，介绍了定时器、装入/传送、边沿检测指令和置位/复位指令的编程方法。S7-300 系列 PLC 中共有 5 种定时器：脉冲定时器、扩展脉冲定时器、接通延时定时器、保持型接通延时定时器和关断延时定时器，这 5 种定时器各有自己的特点，在使用时要依据项目的要求进行选择。

边沿检测指令分为两种，一种是对 RLO 进行边沿检测的指令，另一种是对触点进行检测的指令，它们都是对信号的状态变化进行检测，其输出是单稳态。置位/复位指令根据 RLO 的值，来决定被寻址位的信号状态是否需要改变。

介绍完基本指令之后，接下来重点介绍了用 S7-300 系列 PLC 进行电动机Y-△降压起动、交通信号灯、脉冲定时器和搬运机械手控制系统的硬件设计、软件设计和系统的运行调试。

习题及思考题

7-1 S7-300 系列 PLC 中共有几种定时器？它们的运行方式有何不同？对它们执行复位指令后，它们的当前值和位的状态是什么？

7-2 试设计一个 3 小时 40 分钟的长延时电路程序。

7-3 试设计一个照明灯的控制程序。当按下接在 I0.0 上的按钮后，接在 Q4.0 上的照明灯可发光 30s，如果在这段时间内又有人按下按钮，则时间间隔从头开始。这样可确保在最后一次按完按钮后，灯光可维持 30s 照明。

7-4 设计一个对锅炉鼓风机和引风机控制的梯形图程序。控制要求如下。

1）开机时首先起动引风机，10s 后自动起动鼓风机；

2）停止时立即关断鼓风机，20s 后自动关断引风机。

7-5 试设计工作台自动往返两边各延时 8s 的 PLC 控制程序。

7-6 将图 4-8 继电器-接触器控制电路改为 PLC 控制。

项目 8　皮带运输机的 PLC 控制

【学习目标】

1. 掌握 S7-300 系列 PLC 中的比较指令、逻辑控制指令和梯形图方块传送指令的特点及使用。

2. 掌握 S7-300 系列 PLC 中计数器的种类、特点及使用。

3. 熟练使用定时器指令、计数器指令和比较指令完成皮带运输机、多台电动机的单按钮控制起停、长延时电路和扩展计数器系统等的硬件设计、软件设计及系统运行调试。

8.1　项目简述

皮带运输机是用于原材料输送的流水线设备，广泛应用于冶金、化工、机械、煤矿和建材等工业生产中。图 8-1 所示为某原材料皮带运输机的示意图。这类系统的控制需要动作稳定，具备连续可靠的工作能力，同时考虑到原材料运输过程中经常需要起、停处理的情况较多，所以对于设备的控制也有一些特殊的要求。采用 PLC 实现对原材料运输的控制，可以满足实际工艺要求的各种控制条件。

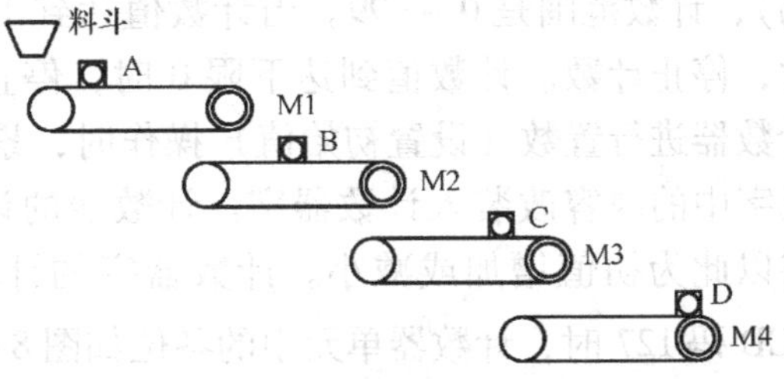

图 8-1　皮带运输机控制系统

原材料从给料器经过 A、B、C 和 D 4 台皮带运输机送出，由电磁阀 YV 控制从给料器向皮带 A 供料，皮带 A、B、C、D 分别由电动机 M1、M2、M3、M4 控制，SB1、SB2 分别为起动和停止按钮。具体控制要求如下。

1）初始状态。给料器、皮带 A、B、C、D 都处于关闭状态。

2）起动操作。起动时为了避免在前段运输皮带上造成物料堆积，要求各皮带机按原材料流动的逆序起动。其操作步骤为：M4→延时 5s→M3→延时 5s→M2→延时 5s→M1→延时 5s→给料器 YV。

3）停止操作。停止时为了使运输机皮带上不留剩余的物料，要求按原材料流动的方向按一定时间间隔顺序停止。其停止顺序为：给料器 YV→延时 5s→M1→延时 10s→M2→延时 5s→M3→延时 15s→M4。

本项目的程序设计主要是考虑如何实现起、停过程中的延时控制，对于这个问题可以有很多实现方法。通过对起停控制要求的分析，发现时间间隔的最小公约数是 5s，所以可以考虑设计一个周期为 5s 的脉冲发生器，对脉冲的输出进行计数，通过判断计数值的大小来得到皮带机的触发信号。计数值与脉冲周期的乘积就是经过的延时时间。

通过上面的分析，已经对皮带运输机的控制程序有了一定的实现思路，运用 PLC 的定时器、计数器和比较器就可以完成对控制程序的开发。下面首先来学习计数器指令、逻辑控制指令、梯形图方块传送指令和比较器指令。

8.2 相关知识

8.2.1 计数器指令

S7 中的计数器用于对 RLO 正跳沿计数。计数器是一种复合单元，它由表示当前计数值的字和表示其状态的位组成。S7 中有 3 种计数器，它们分别是：加计数器、减计数器和可逆计数器。

1. 计数器的存储器区

在 S7 CPU 中保留一块存储区作为计数器计数值存储区。每个计数器占用一个 16 位的字和一个二进制位。计数器字用来存放它的当前计数值，计数器触点的状态由它的位的状态来决定。用计数器地址（C 和计数器号组成，如 C1）来存取当前计数值和计数器位，不同的 CPU 支持 32 ~256 个计数器。

计数器字中的第 0 ~11 位表示计数值（BCD 码），计数范围是 0 ~999。当计数值达到上限 999 时，停止计数。计数值到达下限 0 时，停止计数。计数器进行置数（设置初始值）操作时，累加器 1 低字中的内容改装入计数器字。计数器的计数值，将以此为初值增加或减小。计数器字的计数值为 BCD 码 127 时，计数器单元中的各位如图 8-2 所示。二进制格式的计数值只占用计数器字的 0 ~9。

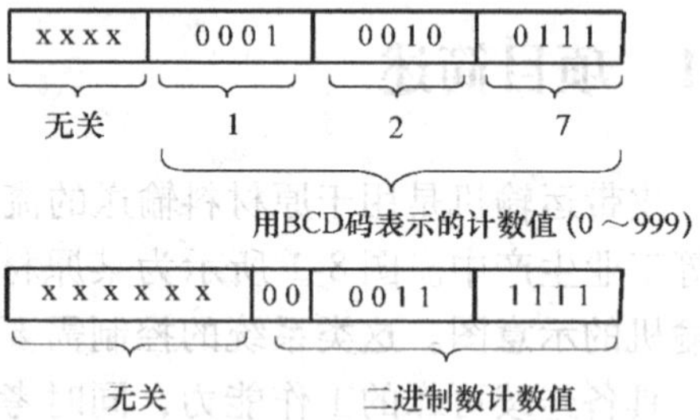

图 8-2　计数器字

2. 计数器线圈指令和语句表指令

计数器的线圈指令和语句表指令如表 8-1 所示。

表 8-1　计数器的线圈指令和语句表指令

LAD 指令	STL 指令	功　能	说　明
C NO —(SC) 〈预制值〉	S C NO	计算器置初值	该指令为计算器置初值，其中 NO 为计数器编号，数据类型为 COUNTER；〈预制值〉数据类型为 WORD，可用存储区为 I、Q、M、D、L，也可为常数；STL 指令的初始值在累加器 1 中
C NO —(CU)	CU C NO	加计数	执行指令时，RLO 每有一个正跳沿计数值加 1，若达上限 999，则停止计数
C NO —(CD)	CD C NO	减计数	执行指令时，RLO 每有一个正跳沿计数值减 1，若达下限 0，则停止计数
	FR C NO	允许计数器再启动	若 RLO 有正跳沿，则初始值再次装入，它不是计数器正常运行的必要条件

只要计数值不为 0，则计数器输出就为 1（即常开触点闭合）。使用复位指令 R 可复位计数器。计数器被复位后，其计数值被清 0，计数器输出状态也为 0（常开触点断开）。计数器的各项操作，应按下列顺序（编程顺序）进行。

1）指出计数器的类型（加计数或减计数）。

2）计数器置数。

3）计数器复位。

4）使用计数器输出状态信号。

5）读取当前剩余计数值。

图 8-3 是使用加计数器编程的例子，图 8-3a 是加计数器梯形图，图 8-3b 是与之对应的语句表程序。

这个例子用于对输入 I0.0 的正跳沿计数。每一个正跳沿使计数器 C5 的计数值加 1。输入 I0.1 的信号状态从 0 变为 1，则计数器 C5 被置初始值 100，C#表示以 BCD 码格式输入一个数值。若没有正跳沿，计数器 C5 的计数值保持不变。输入 I0.2 若为 1，计数器被复位。计数器 C5 的计数值若不等于 0，则 C5 输出状态为 1，Q4.0 也为 1。

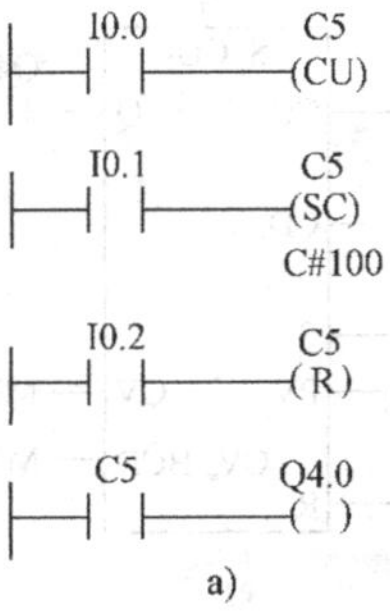

a)

```
A   I0.0
CU  C5
A   I0.1
L   C#100
S   C5
A   I0.2
R   C5
A   C5
=   Q4.0
```

b)

图 8-3　加计数器

a）梯形图　b）语句表

3. 计数器的梯形图方框指令

计数器的梯形图方框指令如表 8-2 所示。

表 8-2　计数器的梯形图方框指令

可逆计数器	加计数器	减计数器
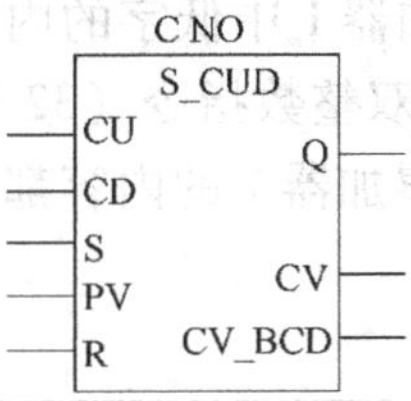	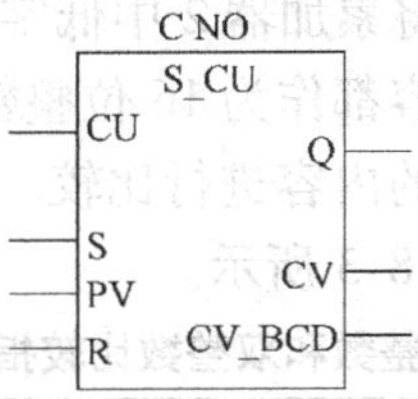	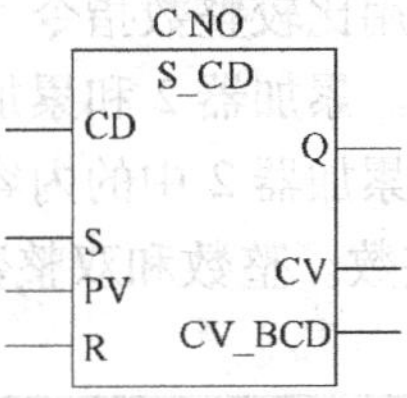

参　　数	数据类型	存储区	说　　明
NO	COUNTER	C	计数器标识号，范围与 CPU 有关
CU	BOOL	I、Q、M、D、L	加计数输入端
CD	BOOL	I、Q、M、D、L	减计数输入端
S	BOOL	I、Q、M、D、L	计数器预置输入端
PV	WORD	I、Q、M、D、L	计数初始值输入（BCD 码，范围 0 ~ 999），以 C#〈值〉形式表示
R	BOOL	I、Q、M、D、L	复位计数器输入端
Q	BOOL	I、Q、M、D、L	计数器的状态输出端
CV	WORD	I、Q、M、D、L	当前计数值输出端（十六进制格式）
CV_BCD	WORD	I、Q、M、D、L	当前计数值输出端（BCD 格式）

图 8-4 是使用可逆计数器编程的例子，图 8-4a 是可逆计数器的梯形图方框指令，图 8-4b是与之对应的语句表程序。输入 I2.1 有正跳沿时，如果计数器值小于 999，则计数器 C1 的计数值加 1。当输入 I2.2 有正跳沿时，如果计数器值大于 0，则计数值减 1。如果两个计数输入均为正跳沿，两条指令均被执行，计数值保持不变。当 I2.3 有正跳沿时，初始值 3 被置入计数器 C1。计数器 C1 的状态用于控制输出 Q4.0，计数值大于 0 时输出信号 Q4.0 为 1；计数值为 0 时，Q4.0 也为 0。当 I2.4 有正跳沿时，C1 被复位。

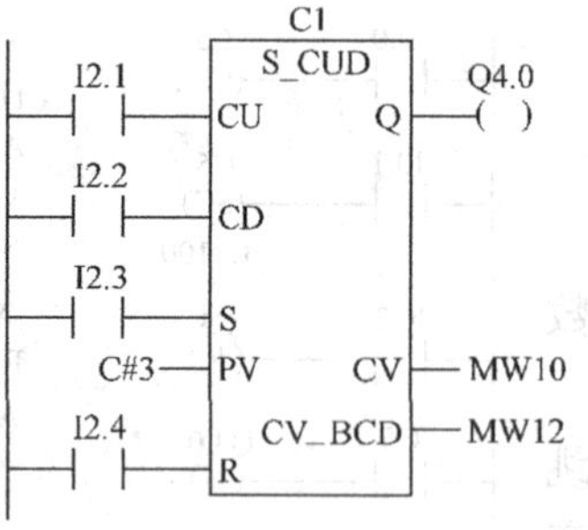

a)

```
A   I2.1
CU  C1      //若I2.1有正跳沿，则计数器C1的计数值加1
A   I2.2
CD  C1      //若I2.2有正跳沿，则计数器C1的计数值减1
A   I2.3
L   C#3
S   C1      //若I2.3有正跳沿，则C1置数
A   I2.4
R   C1      //若I2.4正跳沿，则C1复位
L   C1
T   MW10    //C1当前计数值装入MW10(十六进制)
LC  C1
T   MW12    //C1当前计数值装入MW12(BCD码)
A   C1
=   Q4.0    //若C1计数值不为0，则Q4.0为1
```

b)

图 8-4 可逆计数器

a) 梯形图 b) 语句表

8.2.2 比较指令

比较指令用于比较累加器 2 与累加器 1 中的数据大小。比较时应确保两个数的数据类型相同，数据类型可以是整数、双整数或实数。若比较的结果为真，则 RLO 为 1，否则为 0。比较指令影响状态字位 CC1 和 CC0，详细情况参见表 6-3。

1. 比较两个整数或双整数

使用比较整数指令（16 位），可以将累加器 2 中低字的内容与累加器 1 中低字的内容进行比较。累加器 2 和累加器 1 低字的内容都作为 16 位整数。使用比较双整数指令（32 位），可以将累加器 2 中的内容与累加器 1 中的内容进行比较。累加器 2 和累加器 1 的内容都作为 32 位整数。整数和双整数比较指令如表 8-3 所示。

表 8-3 整数和双整数比较指令

指 令	说 明
= =I = =D	累加器 2 低字中的整数是否等于累加器 1 低字的整数 累加器 2 中的长整数是否等于累加器 1 中的长整数
< >I < >D	累加器 2 低字中的整数是否不等于累加器 1 低字中的整数 累加器 2 中的长整数是否不等于累加器 1 中的长整数
>I >D	累加器 2 低字中的整数是否大于累加器 1 低字中的整数 累加器 2 中的长整数是否大于累加器 1 中的长整数
<I <D	累加器 2 低字中的整数是否小于累加器 1 低字中的整数 累加器 2 中的长整数是否小于累加器 1 中的长整数
> =I > =D	累加器 2 低字中的整数是否大于等于累加器 1 低字中的整数 累加器 2 中的长整数是否大于等于累加器 1 中的长整数
< =I < =D	累加器 2 低字中的整数是否小于等于累加器 1 低字中的整数 累加器 2 中的长整数是否小于等于累加器 1 中的长整数

下面的例子比较了存储字 MW10 和输入字 IW10 中整数的大小。如果两个整数相等，则输出 Q4.0 为 1；若 MW10 中的数大，则输出 Q4.1 为 1；若 IW10 中的数大，则输出 Q4.2 为 1。

```
L   MW10        //第一个待比较的数 MW10 装入累加器 1
L   IW10        //第二个待比较的数 IW10 装入累加器 1，第一个数 MW10 被装入累加器 2
= =I
=   Q4.0        //若 MW10 = IW10，则 Q4.0 为 1
>I
=  Q4.1         //若 MW100 > IW10，则 Q4.1 为 1
```

```
<I
= Q4.2            //若 MW10 < IW10，则 Q4.2 为 1
```

2. 比较两个实数

使用比较浮点数指令（32 位），可以将累加器 2 中的内容与累加器 1 中的内容进行比较。累加器 1 和累加器 2 的内容都作为 32 位浮点数。浮点数比较指令如表 8-4 所示。

表 8-4　浮点数比较指令

指令	说　明	指令	说　明
= =R	累加器 2 中的 32 位实数是否等于累加器 1 中的实数	<R	累加器 2 中的 32 位实数是否小于累加器 1 中的实数
< >R	累加器 2 中的 32 位实数是否不等于累加器 1 中的实数	> =R	累加器 2 中的 32 位实数是否大于等于累加器 1 中的实数
>R	累加器 2 中的 32 位实数是否大于累加器 1 中的实数	> =R	累加器 2 中的 32 位实数是否小于等于累加器 1 中的实数

下面的例子中，如果存储双字 MD24 中的实数大于 1.0，则输出 Q4.1 为 1；若小于 1.0，则输出 Q4.2 为 1。

```
L   MD24            //装入存储双字 MD24 的内容（浮点数）
L   +1.00E+00       //装入常数 +1.00E+00
>R
=   Q4.1            //若 MD24 > +1.00E+00，Q4.0 为 1
<R
=   Q4.2            //若 MD24 < +1.00E+00，Q4.2 为 1
```

3. 梯形图方框比较指令

梯形图方块比较指令能比较两个同类型的数。被比较的数可以是：两个整数、两个双整数或两个实数。比较方块的数值输入端分别为 IN1 和 IN2，比较操作是用 IN1 去和 IN2 比较。如 IN1 是否大于等于 IN2。在方框图输入信号为 1 时，比较 IN1 和 IN2 输入的两个操作数。梯形图方框比较指令如表 8-5 所示。

表 8-5　梯形图方框比较指令

比较的类型	方块上部的符号	整数比较举例	长整数比较举例	实数比较举例
IN1 等于 IN2 IN1 不等于 IN2 IN1 大于 IN2 IN1 小于 IN2 IN1 大于等于 IN2 IN1 小于等于 IN2	= = < > > < > = < =	CMP ==I IN1 IN2 (举例：等于)	CMP <>D IN1 IN2 (举例：不等于)	CMP <R IN1 IN2 (举例：小于)

参数	数据类型	存储区	说明
方框图输入	BOOL	I、Q、M、D、L	先前逻辑运算的结果
方框图输出	BOOL	I、Q、M、D、L	只有在方块图输入的 RLO 为“1”时才能处理比较结果
IN1	INT DINT REAL	I、Q、M、D、L	第一个参与比较的数

（续）

参　　数	数据类型	存储区	说　　明
IN2	INT DINT REAL	I、Q、M、D、L	第二个参与比较的数

梯形图方框比较指令在逻辑串中，等效于一个常开触点。如果比较结果为“真”，等效常开触点闭合（电流可流过触点），否则触点断开。图 8-5 给出了长整数比较指令的用法。

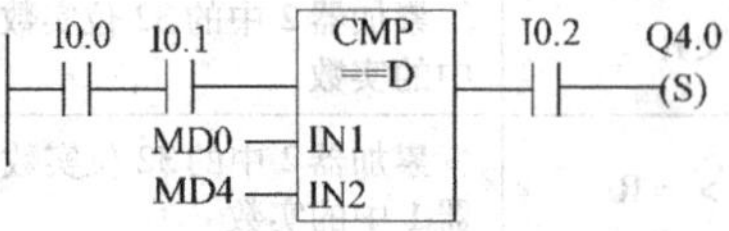

若下列条件同时成立，则输出位Q4.0为1。
1）输入I0.0和I0.1为1。
2）MD0=MD4。
3）输入I0.2为1。

图 8-5　双整数比较

与图 8-5 梯形图方框指令功能对应的语句表程序如下。

```
A     I0.0
A     I0.1
A (
L     MD0
L     MD4
==D
)
A     I0.2
S     Q4.0
```

8.2.3 梯形图方块传送指令

梯形图方块传送指令如表 8-6 所示。

表 8-6　梯形图方块传送指令

LAD 方块	参数	数据类型	存储区	说　　明
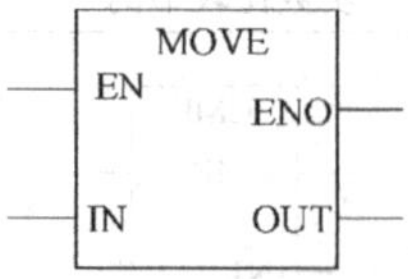 MOVE EN ENO IN OUT	EN	BOOL	I、Q、M、D、L	使能输入
	ENO	BOOL	I、Q、M、D、L	使能输出
	IN	8 位、16 位或 32 位的所有数据类型	I、Q、M、D、L 或常数	源数值（可以为常数）
	OUT	8 位、16 位或 32 位的所有数据类型	I、Q、M、D、L	目的地址

梯形图方块传送（MOVE）指令为变量赋值。如果使能输入端 EN 为 1，就执行传送操作，使输出 OUT 等于输入 IN，并使 ENO 为 1；如果 EN 为 0，则不进行传送操作，并使输出 ENO 为 0。ENO 总保持与 EN 相同的信号状态。

用 MOVE 方块指令，能传送数据长度为 8 位、16 位或 32 位的所有基本数据类型（包括常数）。但传送用户自定义的数据类型，如数组或结构，则必须用系统功能（SFC 20）进行复制。图 8-6 给出了 MOVE 方块指令的用法，下面是与图 8-6 的梯形图方块指令完全对应的语句表程序。

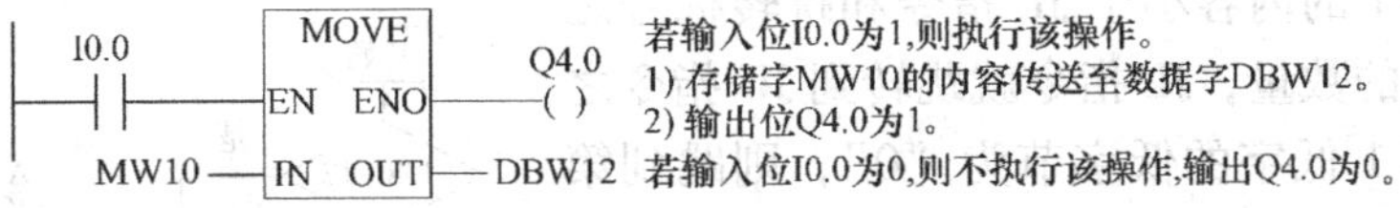

图 8-6　使用 MOVE 方块指令

```
A    I0.0
JNB  _ 001
L    MW10
T    DBW12
SET                 //使 RLO 为 1
SAVE                //使 BR 为 1
CLR
_ 001: A   BR
=    Q4.0
```

8.2.4　逻辑控制指令

逻辑控制指令是指逻辑块内的跳转和循环指令，这些指令中止程序原有的线性逻辑流，跳到另一处执行程序。跳转或循环指令的操作数是地址标号，该地址标号指出程序要跳往何处，标号最多为 4 个字符，第一个字符必须是字母，其余字符可为字母或数字。跳转标号后跟冒号“:”，并且其后紧接语句。

与它相同的标号还必须写在程序跳转的目的地前，称为目标地址标号。在一个逻辑块内，目标地址标号不能重名。在语句表中，目标标号与目标指令用冒号分隔，并且其后紧接语句。在梯形图中目标标号必须在一个网络的开始。在编程器上从梯形逻辑浏览器中选择 LABEL（标号），出现空方块。将标号名填入方块中。

由于 STEP 7 的跳转指令只在逻辑块内跳转，所以在不同逻辑块中的目标标号可以重名。

1. 无条件跳转指令

无条件跳转指令如表 8-7 所示。

表 8-7　无条件跳转指令

指　　令	说　　明
JU〈跳转标号〉	无条件跳转
JL〈跳转标号〉	多分支跳转

无条件跳转指令（JU）可以中断线性程序扫描，并跳转到一个跳转目的地，与状态字的内容无关，在跳转目的地重新进行线性程序扫描。无条件跳转指令举例如图 8-7 所示。

跳转到标号指令（JL）实质上是多路分支跳转语句，跳转目标列表最多有 255 个入口，从该指令的下一行开始，到该指令地址中参考跳转标号的前一行结束。每一个跳转目的地都由一个无条件跳转指令（JU）组成。跳转目的地的数量（0 ~ 255）存放在累加器 1 低字的低字节中。

只要累加器 1 的内容小于 JL 指令和跳转标号之间的跳转目的地的数量，JL 指令就跳转到 JU 指令之一。如果累加器 1 低字的低字节为“0”，则跳到第一个 JU 指令。如果累加器 1 低字的低字节为“1”，则跳到第二个 JU 指令。如果跳转目的地的标号太大，则 JL 指令跳转到 JL 指令中指定的参考标号处。

跳转目的地列表必须由位于 JL 指令地址中参考跳转标号前面的 JU 指令组成。跳转列表中的任何其他指令都是非法的。JL 指令的示例如图 8-8 所示。

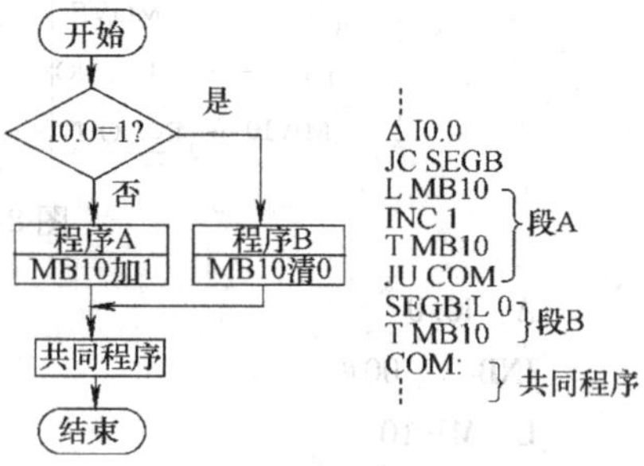

图 8-7　使用跳转指令控制程序流

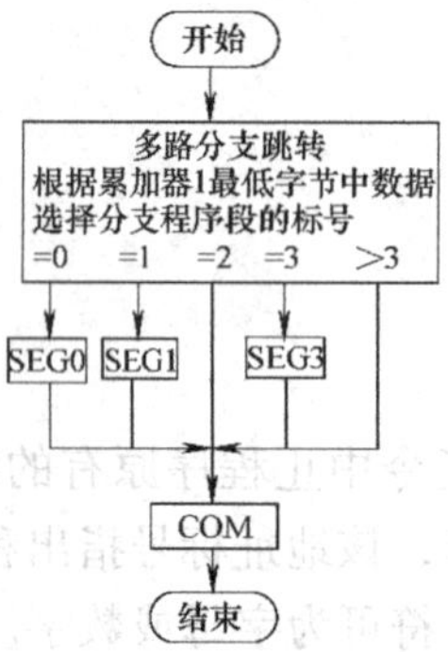


```
⋮
L MB100       //将跳转目标号装入累加器1最低字节
JL LIST       //如果累加器1低字低字节中的内容大于3，则跳转到LIST
JU SEG0       //如果累加器1低字低字节中的内容等于0，则跳转到SEG0
JU SEG1       //如果累加器1低字低字节中的内容等于1，则跳转到SEG1
JU COM        //如果累加器1低字低字节中的内容等于2，则跳转到COM
JU SEG3       //如果累加器1低字低字节中的内容等于3，则跳转到SEG3
LIST:JU COM
SEG0:…        //程序段0
⋮
JU COM
SEG1: …       //程序段1
⋮
JU COM
SEG3: …       //程序段3
⋮
COM:          //公用程序
```

图 8-8　使用多分支跳转指令控制程序流

2. 条件跳转指令

条件跳转指令如表 8-8 所示。条件跳转示例如图 8-9 所示。

表 8-8　条件跳转指令

	指　　令	说　　明
根据前一指令语句产生的逻辑运算结果（RLO）进行跳转	JC〈跳转标号〉	当 RLO = 1 时，跳转到标号所在的目的地址
	JCN〈跳转标号〉	当 RLO = 0 时，跳转到标号所在的目的地址
	JCB〈跳转标号〉	当 RLO = 1 且 BR = 1 时，跳转到标号所在的目的地址
	JNB〈跳转标号〉	当 RLO = 0 且 BR = 1 时，跳转到标号所在的目的地址
根据状态字中的一个位的信号状态进行跳转	JBI〈跳转标号〉	当 BR = 1 时，跳转到标号所在的目的地址
	JNBI〈跳转标号〉	当 BR = 0 时，跳转到标号指定的目的地址
	JO〈跳转标号〉	当 OV = 1 时，跳转到标号所在的目的地址
	JOS〈跳转标号〉	当 OS = 1 时，跳转到标号所在的目的地址
根据一个计算的结果进行跳转	JZ〈跳转标号〉	计算结果为零（CC1 = 0 同时 CC0 = 0）跳转到标号所在的目的地址
	JN〈跳转标号〉	计算结果为非零（CC1 = 1/CC0 = 0 或 CC1 = 0/CC0 = 1）跳转到标号所在的目的地址
	JP〈跳转标号〉	计算结果为正（CC1 = 1 同时 CC0 = 0）跳转到标号所在的目的地址
	JM〈跳转标号〉	计算结果为负（CC1 = 0 同时 CC0 = 1）跳转到标号所在的目的地址
	JMZ〈跳转标号〉	计算结果为小于或等于零（CC1 = 0/CC0 = 0 或 CC1 = 0/CC0 = 1）跳转到标号所在的目的地址
	JPZ〈跳转标号〉	计算结果为大于或等于零（CC1 = 1/CC0 = 0 或 CC1 = 0/CC0 = 0）跳转到标号所在的目的地址
	JUO〈跳转标号〉	如果 CC1 = 1 同时 CC0 = 1，表示指令出错（被 0 除；使用了非法指令；浮点数比较时使用了无效格式），跳转到标号所在的目的地址

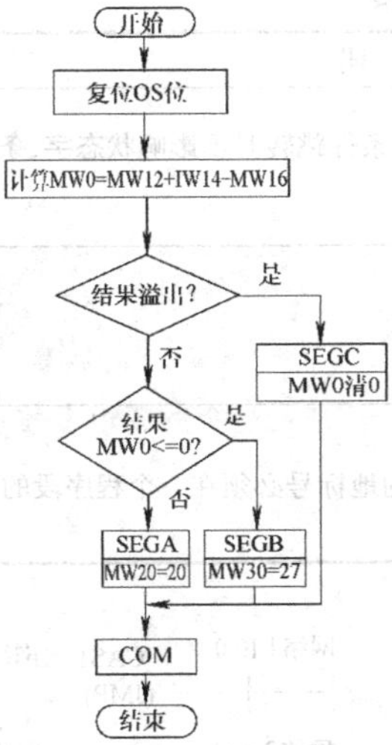


```
JOS BEG          //OS位清0
BEG:L MW12       //将MW12装入累加器1
L IW14           //累加器1的内容装入累加器2，IW14的内容装入累加器1
+I               //累加器1与累加器2的内容相加
L MW16           //累加器1的内容送入累加器2，MW16的内容送入累加器1
-I               //累加器2的内容减去累加器1的内容
T MW0            //累加器1的内容送入MW0
JOS SEGC         //累加器1溢出则跳转到SEGC处执行
JMZ SEGB         //如果MW0小于等于0则跳转到SEGB处执行
L +20            //将20送入累加器1
T MW20           //累加器1的内容送入MW20
JU COM           //无条件跳转到共同程序COM处
SEGB:L +27       //将27送入累加器1
T MW30           //将累加器1送入MW30
JU COM           //无条件跳转到共同程序COM处
SEGC:L 0         //将0送入累加器1
T MW0            //累加器1的内容送入MW0
COM:
```

图 8-9　条件跳转指令示例

3. 循环指令

使用循环指令（LOOP）可以多次重复执行特定的程序段，重复执行的次数存在累加器1中，即以累加器1为循环计数器。LOOP〈跳转标号〉指令执行时，将累加器1低字中的值减1，如果累加器1不为0，则跳转到〈跳转标号〉所指定的目的地处重新进行线性程序扫描，否则执行LOOP指令后面的指令。向前跳转和向后跳转均可，但只能在一个块内执行跳转，即跳转指令和跳转目的地必须位于同一块内。在该块内跳转目的地址必须是唯一的。

由于循环次数不能是负数，所以程序应保证循环计数器中的数为正整数（数值范围：0～32767）或字型数据（数值范围：W#16#0000～W#16#FFFF）。

【例12-1】用循环指令求10!（10的阶乘）。在本例中，考虑到循环体中要用到累加器1，设置了循环计数暂存器MW10。

```
L  L#1            //将32位整数常数装入累加器1,置阶乘的初值
T  MD20           //将累加器1中的内容传送到MD20,保存阶乘的初值
L  10             //将循环周期次数装入累加器1低字中
NEXT: T  MW10     //将累加器1低字中的内容传送到循环计数器
L  MD20           //取阶乘值送入累加器1
*  D              //将MW10乘以MD20
T  MD20           //将阶乘结果传送到存储双字MD20
L  MW10           //将循环计数器的内容装入累加器1中
LOOP  NEXT        //先将累加器1低字的内容减1,如果减1后大于"0",则跳转到NEXT
......            //如果累加器1低字中的内容减1后等于0,则循环结束,继续进行线性扫描
```

4. 梯形图中的跳转指令

梯形图中跳转指令只有两条，可用于无条件跳转或条件跳转控制。无条件跳转时对应STL指令JU，不影响状态字；条件跳转指令影响状态字，在梯形图中目的标号只能在梯形网络开始处。梯形图中跳转指令如表8-9所示。

在图8-10和图8-11中给出了梯形图跳转指令的用法及其对应的语句表。

表 8-9　梯形图中的跳转指令

指　　令	说　　明
〈跳转标号〉 ——(JMP)	用于无条件跳转或以 RLO = 1 为跳转条件，无条件跳转时不影响状态字，条件跳转时，清 OR 和FC，置位 STA 和 RLO
〈跳转标号〉 ——(JMPN)	当 RLO = 0 时，跳转到指定标号处
├——[LABEL]	LABEL 标号是跳转指令目的地的标识符，目的地标号必须在一个程序段的开始

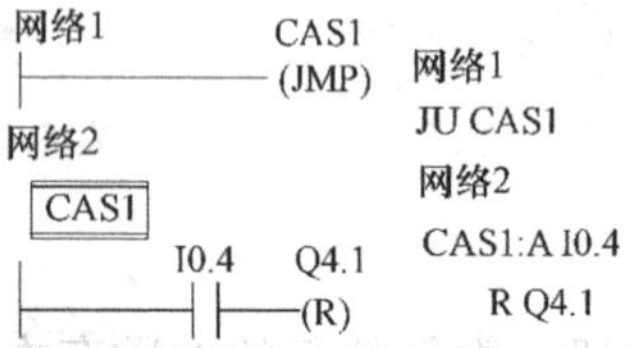

图 8-10　无条件跳转指令

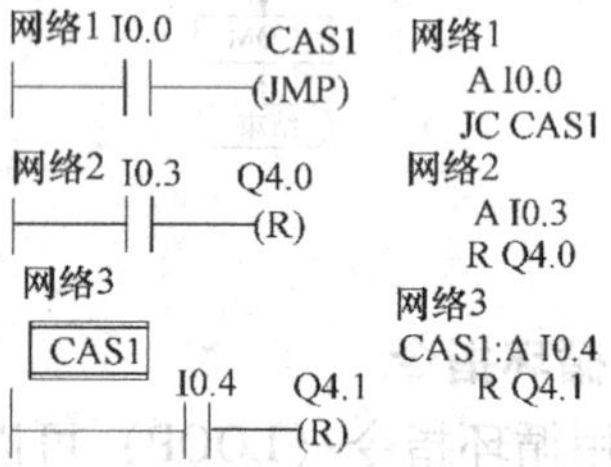

图 8-11　条件跳转指令

5. 梯形图中的状态位指令

状态位指令是位逻辑指令，以常开或常闭触点的形式出现，这些触点的状态取决于状态位 BR、OV、OS、CC1、CC0 的状态。与状态位有关的触点指令如表 8-10 所示。

表 8-10　状态位常开常闭触点指令

指　　令		说　　明
>0 —| |—	>0 —|/|—	算术运算结果大于 0，则常开触点闭合、常闭触点断开，该指令检查状态字条件码 CC0 和 CC1 的组合，决定结果与 0 的关系
<0 —| |—	<0 —|/|—	算术运算结果小于 0，则常开触点闭合、常闭触点断开，该指令检查状态字条件码 CC0 和 CC1 的组合，决定结果与 0 的关系
>=0 —| |—	>=0 —|/|—	算术运算结果大于等于 0，则常开触点闭合、常闭触点断开，该指令检查状态字条件码 CC0 和 CC1 的组合，决定结果与 0 的关系
<=0 —| |—	<=0 —|/|—	算术运算结果小于等于 0，则常开触点闭合、常闭触点断开，该指令检查状态字条件码 CC0 和 CC1 的组合，决定结果与 0 的关系
==0 —| |—	==0 —|/|—	算术运算结果等于 0，则常开触点闭合、常闭触点断开，该指令检查状态字条件码 CC0 和 CC1 的组合，决定结果与 0 的关系
<>0 —| |—	<>0 —|/|—	算术运算结果不等于 0，则常开触点闭合、常闭触点断开，该指令检查状态字条件码 CC0 和 CC1 的组合，决定结果与 0 的关系
BR —| |—	BR —|/|—	若状态字的 BR 位（二进制结果位）为 1，则 BR 常开触点闭合、常闭触点断开

（续）

指令		说明
UO —| |—	UO —|/|—	浮点算术运算结果非法操作，则 UO 常开触点闭合、常闭触点断开，该指令检查状态字条件码 CC0 和 CC1 的组合
OV —| |—	OV —|/|—	溢出异常位指令，若状态字的 OV 位（溢出位）为 1，则 OV 常开触点闭合、常闭触点断开
OS —| |—	OS —|/|—	溢出状态保持位指令，若状态字的 OS 位（溢出状态保持位）为 1，则 OS 常开触点闭合、常闭触点断开

在梯形图中，状态位触点可以与别的触点串并联。

在 S7 中，通过使用状态位的常开常闭触点指令，并与 JMP 和 JMPN 跳转指令相配合，即可实现根据运算结果的转移功能。图 8-12 给出了一个例子。网络 1 中，当 I0.0 为 1 时执行减法运算；在网络 2 中，对条件码（CC1，CC0）的组合状态检测，若状态表示为大于 0 则转向地址标号为 CAS1 的地方执行程序。

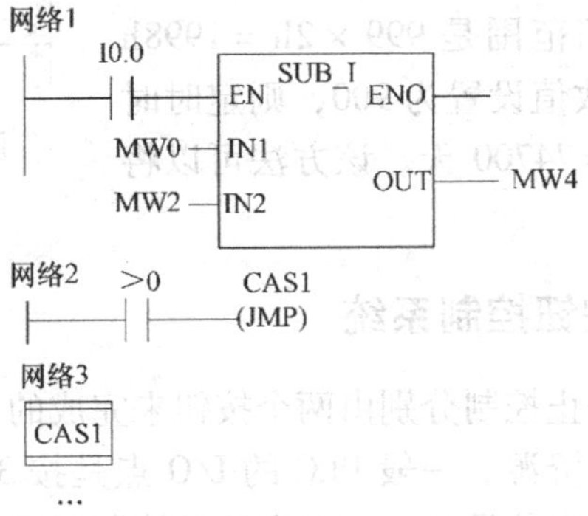

图 8-12　使用状态字中的位

8.3　应用举例

8.3.1　长延时设计

在 S7-300 系列 PLC 中定时器的定时范围最大为 9990s，如果这个定时时间不能满足控制要求可以对定时器进行定时范围扩展，即实现多次定时达到扩展的目的。

长延时电路的设计方法有多种，下面给出两种控制方案。

1. 控制方案 1——用计数器指令实现

设计一个长延时电路，延时时间为 24h，I1.0 为系统起动开关，定时时间到输出 Q4.0 为 1。

使用计数器指令实现 24h 的长延时电路梯形图如图 8-13 所示。

网络 1 和网络 2 构成振荡电路，振荡时间为 4h。在接通延时定时器定时时间到时，T1 输出高电平，其上跳沿启动定时器 T2，这样 T1 和 T2 就可以互相起振。当 T2 的定时时间到时，T2 的常闭触点断开，T1 失电，导致 T2 断电，接着 T2 的常闭触点闭合，T1 重新开始定时，如此循环下去。

在网络 3 中，赋值语句前加正跳沿触发指令，保证计数器初值只赋值一次。用 T1 的负跳沿触发指令来启动计数器，因为在开始 2h，T1 的输出为 0，2h 后，延时时间到，T1 的输出为 1，这样经过 4h，T1 才能出现负跳沿。如果用 T1 的正跳沿指令将少 2h。当减计数器计数值为 0 时，定时时间已经到 24h。以 C1 的常闭触点和 I1.0 起动开关的串联控制输出 Q4.0。

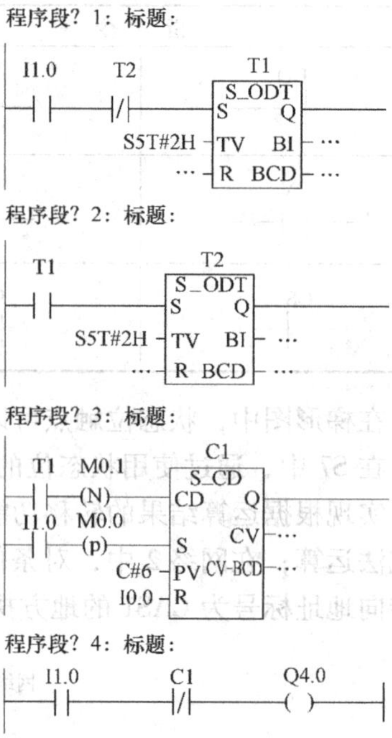

图 8-13　控制方案 1 梯形图

2. 控制方案 2——用数据传送指令及比较指令实现

使用数据传送指令和比较指令进行定时器扩展的梯形图如图 8-14 所示。

定时器 T0 定时时间为 2h，C0 的计数值最大可以达到 999，当计数器计数满时通过比较指令输出有效信号，将该信号输出到下一级的计数器 C1 作为计数脉冲。计数器 C0 计满一次，定时时间范围是 999 × 2h = 1998h（约 83 天）。如果将 C1 的计数值设置为 900，则定时时间最大可以达到 83 天 × 900 = 74700 天。该方法可以将定时范围无限地扩展。

8.3.2　多台电动机的单按钮控制系统

通常一个电路的起动和停止控制分别由两个按钮来完成的，当一个控制系统需要多个起停操作时，将占用很多的 I/O 资源。一般 PLC 的 I/O 点是按 3∶2 的比例配置的，由于大多数被控系统是输入信号多，输出信号少，有时在设计控制系统时，往往面临输入点不足的问题，因此用单按钮实现起停控制是非常有现实意义的。

设某设备有两台电动机，要求用 PLC 实现一个按钮同时对两台电动机的控制。具体要求如下。

1）第一次按按钮时只有第一台电动机工作。

2）第二次按按钮时第一台电动机停车，第二台电动机工作。

3）第三次按按钮时第二台电动机停车。

按控制任务要求，用单按钮对多台电动机进行起停控制有多种实现方案，如用逻辑指令，定时器和比较指令，计数器指令等。下面介绍两种实现方案。

1. 控制方案 1——用计数器及比较指令实现

要用计数器及比较指令实现两台电动机的单按钮起/停控制，可以用计数器累计按钮操作的次数，然后用比较指令判断计数器的当前值是否为 1，2 或 3。当计数器的当前值为 1 时，第一台电动机起动；当计数器的当前值为 2 时，第一台电动机停止，同时第二台电动机起动；当定时器的当前值为 3 时，第二台电动机停止。控制方案 1 的梯形图如图 8-15 所示。

2. 控制方案 2——用定时器指令实现

在此方案中，定时器起到滤波的作用，只要定时器的定时值略大于 2 个扫描周期，就可以确保一个周期只对 KM1 和 KM2 扫描一次，避免重复赋值而导致错误。控制方案 2 的控制程序如图 8-16 所示。

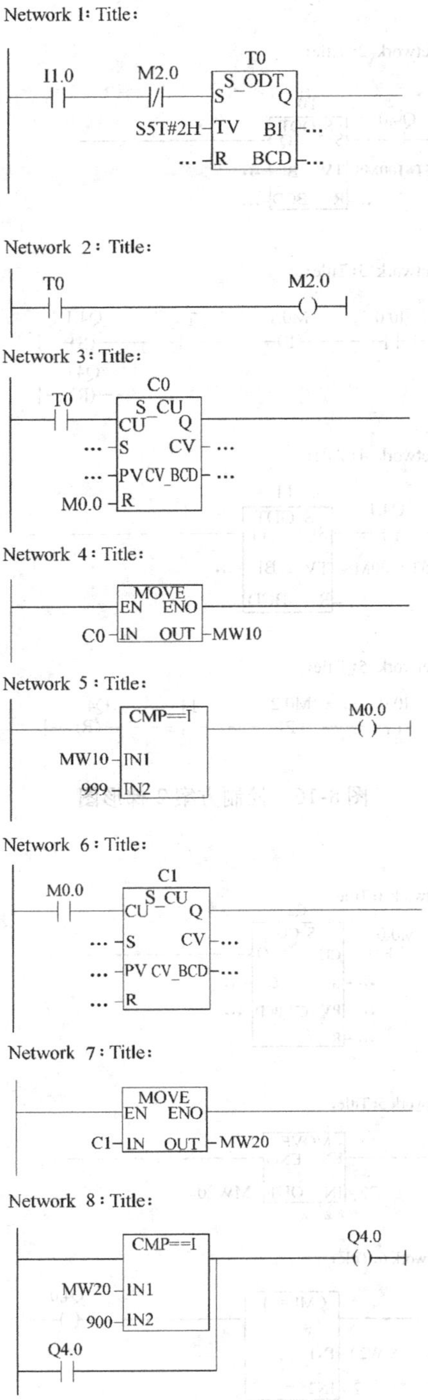

图 8-14　控制方案 2 梯形图

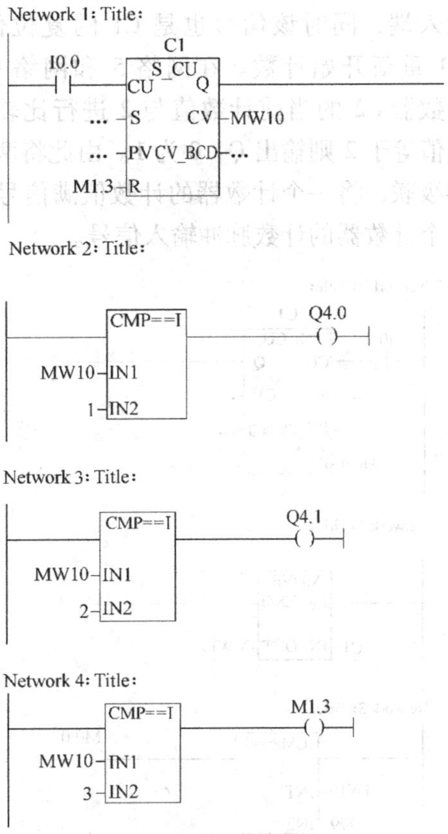

图 8-15　控制方案 1 梯形图

8.3.3 计数器扩展设计

在 S7-300 系列 PLC 中，单个的计数器最大计数值为 999，如果计数范围超过 999 就需要对计数器进行扩展。当一个计数器计数到时，下一个计数器接着开始计数，如果 n 个计数器级联，最大计数值可以达到 999^n。下面是两个计数器级联实现计数范围扩展的程序。I0.0 为计数脉冲输入信号，计数满 999 ×2 时使能输出信号指示灯 Q4.0，梯形图如图8-17所示。

网络 1 给出计数脉冲输入，计数器 C1 在该脉冲作用下开始计数，直到计数满 999。在网络 2 中使用传送指令 MOVE 将计数器的当前计数值传送到存储区 MW10 中。在网络 3 中将 MW10 与 999 进行比较，如果相等则输出位信号 M0.0，该信号是网络 4 中计数器 C2 计数脉冲输入端，同时该信号也是 C1 的复位信号，使 C1 重新开始计数。在网络 5 和网络 6 中，将计数器 C2 的当前计数值与 2 进行比较，若计数值等于 2 则输出 Q4.0 为 1。由此将两个计数器级联，将一个计数器的计数值满信号作为另一个计数器的计数脉冲输入信号。

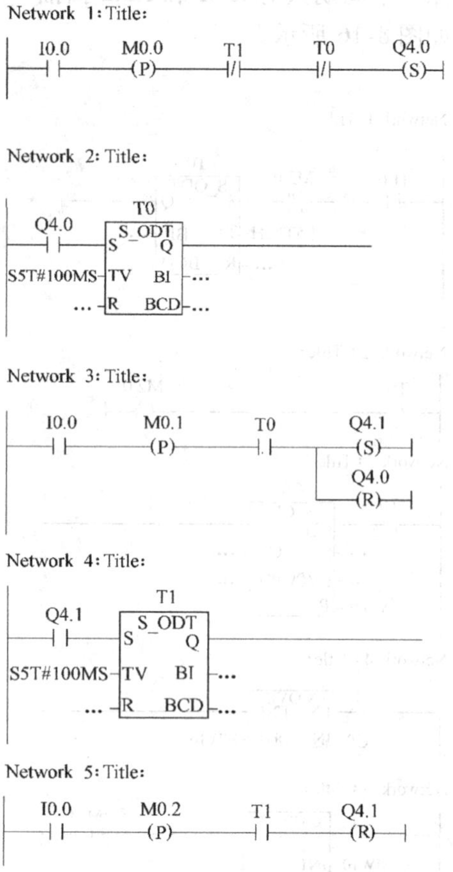

图 8-16 控制方案 2 梯形图

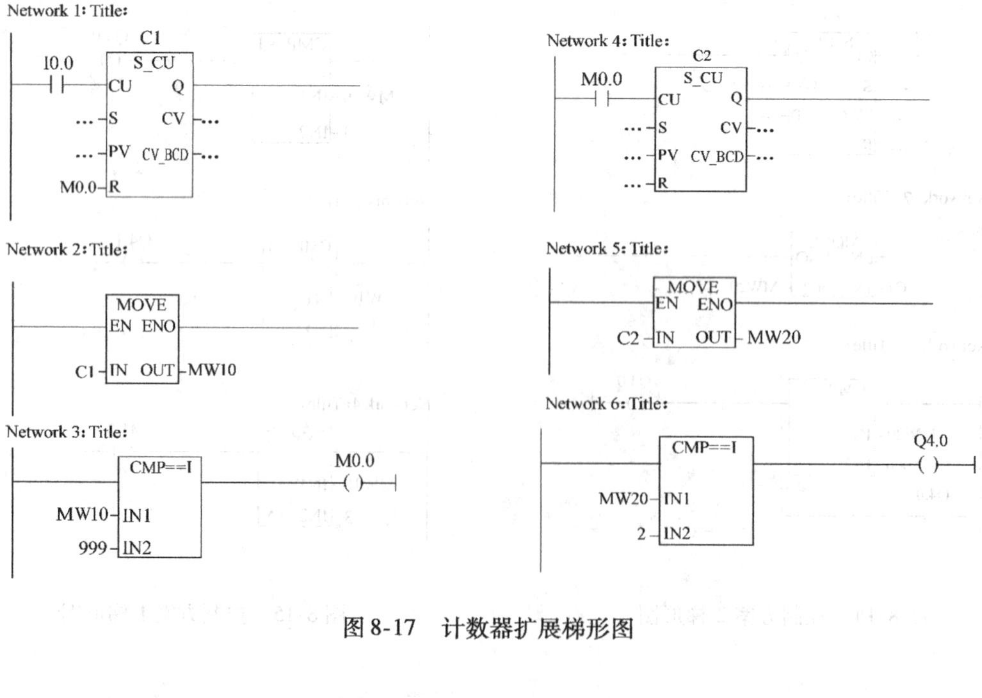

图 8-17 计数器扩展梯形图

8.3.4 皮带运输机的PLC控制系统设计

按照工艺要求，各单体设备是按照传送材料的逆顺序依次起动的，其起动的时间间隔设为固定的5s，而在停止时，则是按照不同的间隔时间顺序分别停止各个单体设备。通过对系统起停控制要求的分析，发现时间间隔的最小公约数是5s，所以考虑采用5s的脉冲发生器来实现起停时间的计数单元计数输入。

起动时，立即起动脉冲发生器，同时对脉冲进行计数。起动信号到来时，先起动电动机M4，计数器值为1时，起动电动机M3；计数器值为2时，起动电动机M2；计数器值为3时，起动电动机M1；计数器值为4时，起动电磁阀YV，同时复位计数器并停止脉冲发生器，完成系统的起动过程。

停止时，与起动过程实现思路基本相同。得到停车信号后，启动脉冲发生器和计数器。停止信号到来时，先停止上料电磁阀YV；计数器值为1时，停止电动机M1；计数器值为3时，停止电动机M2；计数器值为4时，停止电动机M3；计数器值为7时，停止电动机M4，同时复位计数器和脉冲发生器，按照不同的延时时间依次停止各个设备。

根据上述分析的系统起停控制方式，通过对定时器和计数器的配合，以及合理使用数据比较指令完成对皮带运输机的PLC控制程序的编写。在程序设计过程中，考虑到起停时间基数可能不一致的情况，所以设计使用两套定时、计数单元来实现控制程序，如果一致，可以简化为一套。

1. I/O地址分配

首先来分析一下对输入信号的需求。对于运输带系统来说，由于它的各单体设备需要连续合作工作，所以系统只需要一对起停信号来完成对整个系统的起停控制，但考虑到各单体设备、传动电动机等的自我保护，还需要给出各单体设备电控线路的对应正常信号，这些信号可以是电源合闸信号，也可以是过电流、过热保护信号等，这里统一视为该设备的工作允许信号。

运输系统的输出就是对各单体设备的起停信号。I/O地址分配表如表8-11所示。

表8-11 I/O地址分配表

输入信号		输出信号	
功能	输入端口地址	功能	输出端口地址
停止按钮	I0.0	电磁阀YV	Q4.0
起动按钮	I0.1	电动机M1	Q4.1
电磁阀YV允许信号	I0.2	电动机M2	Q4.2
电动机M1允许信号	I0.3	电动机M3	Q4.3
电动机M2允许信号	I0.4	电动机M4	Q4.4
电动机M3允许信号	I0.5		
电动机M4允许信号	I0.6		

2. 画出 PLC 的外部电路接线图

皮带运输机的 PLC 外部接线图如图 8-18 所示。

3. 程序设计

下面给出的程序只针对皮带机运输系统中关键的控制问题，也就是起停顺序控制作为实现的主线进行了设计。在实际的生产过程中，需要对有关的问题加以考虑，添加到控制程序中。

皮带运输机的 PLC 控制梯形图如图 8-19 所示。

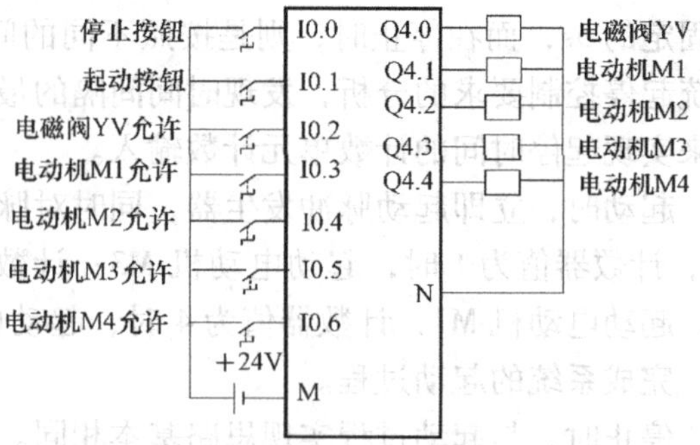

图 8-18 PLC 外部接线图

4. 系统运行调试

在 PLC 关机状态下，按照 PLC 外部接线图 8-18 正确连接输入设备和输出设备。打开 PLC 电源，方式开关置于 STOP 状态下，将程序下载到 PLC 中，然后将方式开关置于 RUN 状态下，运行程序。按下起动按钮，定时器 T1、计数器 C1 开始工作，同时立即起动电动机 M4，以后每隔 5s 依次起动电动机 M3、M2、M1 和电磁阀 YV，各单体设备都起动结束时停止定时器 T1 并复位计数器 C1。当按下停止按钮时，定时器 T2 和计数器 C2 开始工作，同时立即停止电磁阀 YV，5s 后停止电动机 M1，再过 10s 后停止电动机 M2，再过 5s 后停止电动机 M3，再延时 15s 后停止电动机 M4，同时停止定时器 T2 并复位计数器 C2。

项目小结

本项目以皮带运输机的 PLC 控制系统为例引出了计数器指令、逻辑控制指令、比较指令和梯形图方块传送指令的种类、特点及编程方法。S7-300 系列 PLC 中共有 3 种计数器：加计数器、减计数器和可逆计数器，这 3 种计数器各有自己的特点，在使用时要进行合理的选择。当输入信号有正跳沿时，计数器的计数值从初值开始作加 1 操作，计数到 999 时计数满，停止计数；减计数器的计数值从初值开始作减 1 操作，计数到 0 时计数满，停止计数；可逆计数器，当加计数端有正跳沿时作加 1 操作，当减计数端信号有正跳沿时作减 1 操作，如果加减计数端同时有正跳沿时则计数值保持不变。只要计数值不为 0，计数器的输出就为 1。

比较指令用于比较累加器 2 与累加器 1 中的数据大小。比较时应确保两个数的数据类型相同，数据类型可以是整数、双整数或实数。若比较的结果为真，则 RLO 为 1，否则为 0。比较指令影响状态字位 CC1 和 CC0。梯形图方块传送指令也称为赋值指令，能传送数据长度为 8 位、16 位或 32 位的所有基本数据类型（包括常数）。逻辑控制指令结束程序的运行，跳转到别处继续执行，逻辑控制指令只能在逻辑块内跳转。

完成了计数器指令、逻辑控制指令、比较指令和梯形图方块传送指令的介绍，接着重点讲述了长延时电路、多台电动机的单按钮控制、计数器扩展和皮带运输机等 PLC 控制系统的硬件、软件以及系统调试运行。

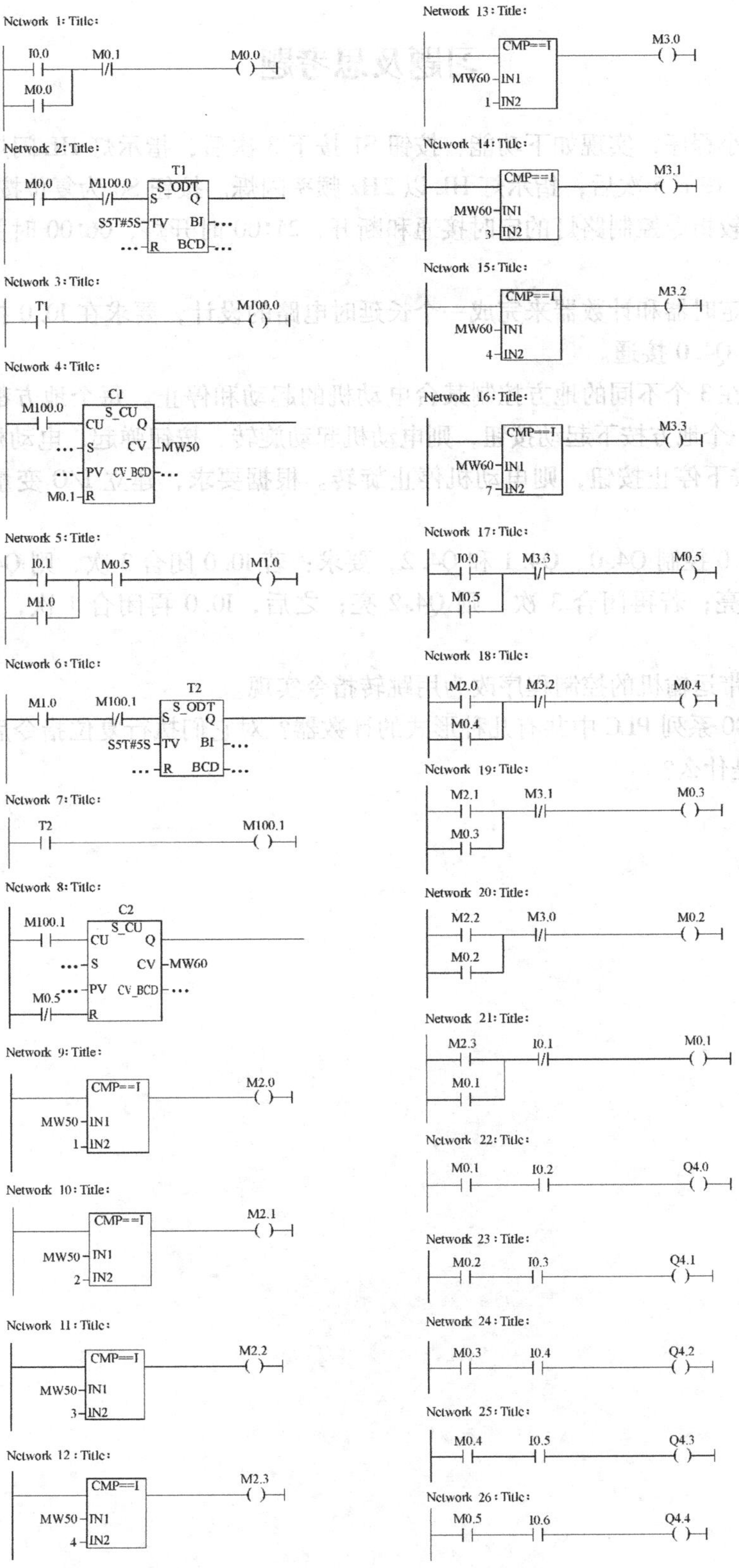

图 8-19　皮带运输机 PLC 控制梯形图

习题及思考题

8-1 一段小程序，实现如下功能：按钮 S1 按下 3 次后，指示灯 HL 闪烁，闪烁频率为 1Hz，当按钮 S1 按下 5 次后，指示灯 HL 以 2Hz 频率闪烁。按钮 S0 为复位按钮。

8-2 用比较指令控制路灯的定时接通和断开，21:00 时开灯，06:00 时关灯，设计 PLC 程序。

8-3 采用定时器和计数器来完成一个长延时电路的设计，要求在 I0.0 接通以后开始延时，1500s 后将 Q4.0 接通。

8-4 要求在 3 个不同的地方控制某台电动机的起动和停止。每个地方都有起动和停止按钮。在任意一个地方按下起动按钮，则电动机起动旋转，按钮弹起，电动机保持旋转；在任意一个地方按下停止按钮，则电动机停止旋转。根据要求，建立 I/O 变量表，并编制梯形图。

8-5 用 I0.0 控制 Q4.0、Q4.1 和 Q4.2，要求：若 I0.0 闭合 3 次，则 Q4.0 亮；再闭合 3 次，则 Q4.1 亮；若再闭合 3 次，则 Q4.2 亮；之后，I0.0 再闭合 1 次，Q4.0、Q4.1 和 Q4.2 都灭。

8-6 将皮带运输机的控制程序改为用跳转指令实现。

8-7 S7-300 系列 PLC 中共有几种形式的计数器？对它们执行复位指令后，它们的当前值和位的状态是什么？

项目 9　舞台艺术灯饰的 PLC 控制

【学习目标】

1. 掌握 RS/SR 触发器特点及使用。
2. 掌握各种移位指令和循环移位指令的特点及使用。
3. 会使用移位指令和循环移位指令编写简单的程序。

9.1　项目简述

舞台灯光效果对调节气氛非常重要。设计一个舞台艺术灯饰，上方 5 道组灯呈拱形，下方 3 道组灯呈阶梯形，如图 9-1 所示。在一个循环中，灯的变化有 4 种状态，按照 4 种状态顺序变化。第一种状态灯按照图 9-1 中编号的顺序先是拱形灯由内到外依次点亮，然后是阶梯形灯由上到下；第二种状态是按照与第一种状态相反的顺序点亮；第三种状态是单号灯和双号灯交替点亮；第四种状态是先点亮 0 号组灯和 4 号组灯，接着点亮 1 号组灯和 5 号组灯，然后是 2 号组灯和 6 号组灯，最后点亮 3 号组灯和 7 号组灯，并且在某组灯点亮的时候其他组灯是不亮的。如此循环。

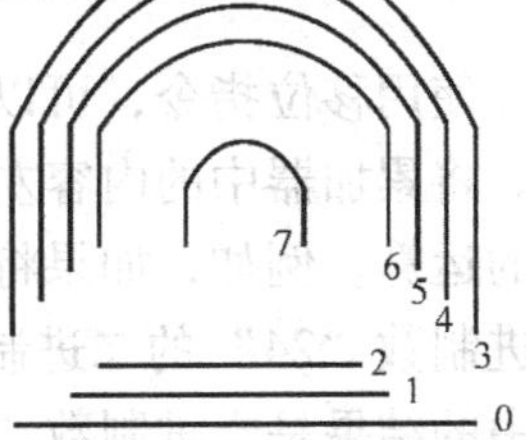

图 9-1　舞台艺术灯饰

本项目的程序设计中将要涉及 RS/SR 触发器、移位指令和循环移位指令，下面首先学习这些指令的特点、功能以及使用。

9.2　相关知识

9.2.1　RS 与 SR 触发器指令

RS/SR 触发器梯形图方框指令如表 9-1 所示。

RS 触发器用梯形图方框指令来表示。方框中标有一个置位输入（S）端，一个复位输入（R）端，输出端标为 Q。触发器可以用在逻辑串最右端，结束一个逻辑串，也可用在逻辑串中，影响右边的逻辑操作结果。

表 9-1　RS/SR 触发器

RS 复位置位触发器	SR 置位复位触发器	参　数	数据类型	存储区
〈位地址〉 RS R Q S	〈位地址〉 SR S Q R	〈位地址〉:需要置位、复位的位	BOOL	I、Q、M、D、L
		S 端:使能置位输入		
		R 端:使能复位输入		
		Q 端:〈位地址〉的信号状态		

对于 RS 复位置位触发器，如果复位端输入为 0，置位输入为 1，则触发器置位，此时即使置位输入为 0，触发器也保持置位不变。如果复位输入为 1，置位输入为 0，则触发器复位。此时即使复位输入为 0，触发器也保持复位不变。当两个输入端都为 1 时，因为先执行复位指令，后执行置位指令，触发器被置位。

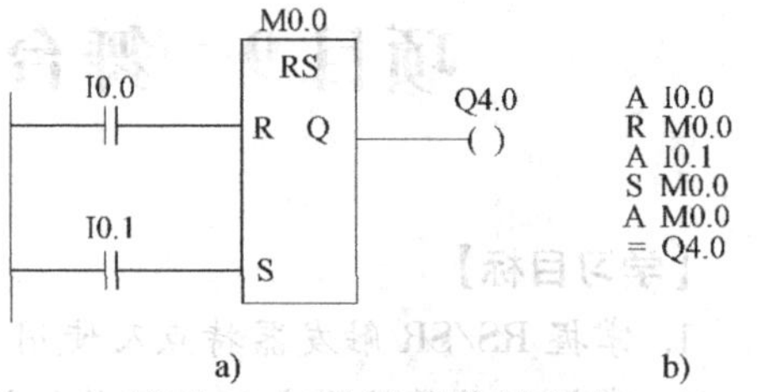

图 9-2 RS 复位置位触发器
a) 梯形图 b) 语句表

对于 SR 置位复位触发器，如果复位端输入为 0，置位输入为 1，则触发器置位，此时即使置位输入为 0，触发器也保持置位不变。如果复位输入为 1，置位输入为 0，则触发器复位。此时即使复位输入为 0，触发器也保持复位不变。当两个输入端都为 1 时，因为先执行置位指令，后执行复位指令，触发器被复位。

图 9-2 是使用 RS 复位置位触发器的例子。图 9-2a 是 RS 复位置位触发器的梯形图方框指令，图 9-2b 是与图 9-2a 对应的语句表程序。

9.2.2 移位指令和循环移位指令

使用移位指令，可以将累加器 1 低字中的内容或整个累加器的内容向左或向右逐位移动。将累加器中的内容左移相当于完成乘 2 加权；将累加器中的内容右移相当于完成除 2 加权的运算。例如，如果将十进制数值“3”的等效二进制数左移 3 位，则累加器中的结果是十进制数“24”的二进制数。如果将十进制数值“16”的等效二进制数右移两位，则累加器中的结果是十进制数“4”的二进制数。

执行移位指令所空出的位既可以用零填入，也可以用符号位的信号状态填入（“0”代表“正”，“1”代表“负”）。最后移出的位装入状态字的 CC1 位。状态字的 CC0 和 OV 位清零。可用跳转指令判断 CC1 位的状态。移位操作是无条件的，也就是说，它们的执行不根据任何条件，也不影响逻辑运算结果。循环移位指令与一般移位指令的差别是：循环移位指令的空位填入从累加器中移出的位。

移位和循环移位的位数可以用下面的两种方法来指定。

1）用移位指令后的数字来指定移位位数，16 位移位指令的允许值为 0 ~ 15，32 位移位指令的允许值为 0 ~ 32。如果移位的位数大于 0，状态字的 CC0 和 OV 被清 0；如果移位的位数等于 0，移位指令被当做 NOP（空操作）指令来处理。

2）移位指令后没有参数时，移位位数放在累加器 2 的最低字节中，移位位数的允许值为 0 ~ 255。如果移位位数等于 0，移位指令被当做 NOP（空操作）指令来处理。

1. 无符号数移位指令

无符号数移位指令如表 9-2 所示。

表 9-2 无符号数移位指令

指令	梯形图	说　明
SLW	SHL_W	将累加器 1 低字中的内容逐位左移，空出位填入 0
SRW	SHR_W	将累加器 1 低字中的内容逐位右移，空出位填入 0
SLD	SHL_DW	将累加器 1 整个内容逐位左移，空出位填入 0
SRD	SHR_DW	将累加器 1 整个内容逐位右移，空出位填入 0

图 9-3 给出了 16 位字左移的例子。

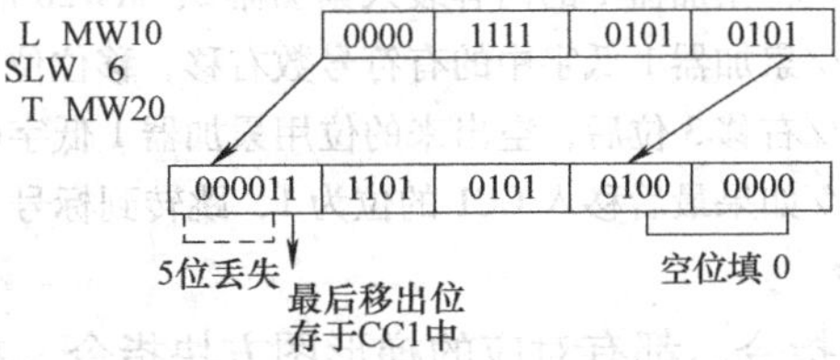

图 9-3　累加器 1 低字中的数左移 6 位

下面是 32 位字右移的例子。

```
L +3          //将 +3 装入累加器 1 中
L MD10        //将 MD10 的内容装入累加器 1,累加器 1 原值( +3)移入累加器 2
SRD           //累加器 1 中的内容右移 3 位
T MD20        //将累加器 1 的内容传送到存储双字 MD20
```

2. 有符号整数移位指令

有符号整数移位指令如表 9-3 所示。

表 9-3　有符号整数移位指令

指令	梯形图	说　明
SSI	SHR_I	将累加器 1 低字中的内容逐位右移,空出位填入符号位(正填 0,负填 1)
SSD	SHR_DI	将累加器 1 整个内容逐位右移,空出位填入符号位(正填 0,负填 1)

下面的有符号数右移指令用指令中的参数来指定移位位数。

```
L   MW4       //将 MW4 的内容装入累加器 1 的低字
SSI  6        //累加器 1 低字中的有符号数右移 6 位，结果仍在累加器 1 的低字中
T   MW8       //累加器 1 低字中的内容传送到 MW8 中
```

表 9-4 给出了移位前后累加器 1 中的二进制数的值，应注意两个问题。

表 9-4　有符号整数右移 6 位前后的数据

内　容	累加器 1 的高字	累加器 1 的低字
SSI 6 执行前	0101 1111 0110 0100	1001 1101 0011 1011
SSI 6 执行后	0101 1111 0110 0100	1111 1110 0111 0100

1）累加器低字中的数字为负数，右移位后低字的高位填了 6 个 1。

2）移位前后累加器 1 的高字没有变化。

在下面的例子中，移位位数（3）放在累加器 2 的低字中。移位位数的允许值为 0 ~ 255。移位位数 >16 时，总是产生同样的结果，即 ACCU1_L = 16#0000，CC1 = 0，或 ACCU1_L = 16#FFFF，CC1 = 1。换句话说，因为移位次数超过被移位数的位数，移位后被移位的数的各位全部变成了符号位。如果 0 < 移位位数 ≤16，状态字的 CC0 和 OV 被清 0；移位位数等于 0 时，移位指令被当做 NOP（空操作）指令来处理。下面是移位位数在累加器 2 的低字低字节中的例子。

```
L   +3            //将 +3 装入累加器 1
L   MW20          //将累加器 1 的内容装入累加器 2，MW20 的内容装入累加器 1
SSI               //累加器 1 低字中的有符号数右移，移位位数在累加器 2 的最低字节中，
                  //右移 3 位后，空出来的位用累加器 1 低字的符号位来填充
JP  NEXT          //如果最后移入 CC1 的位为 1，跳转到标号 NEXT 处
```

3. 梯形图中的移位指令

以上介绍的语句表移位指令，都有对应的梯形图方块指令，在编程器上，使用梯形图指令浏览器，可以选择需要的移位方块指令。图 9-4 是有符号整数右移指令 SHR_ I（Shift Right Integer）的方框指令。

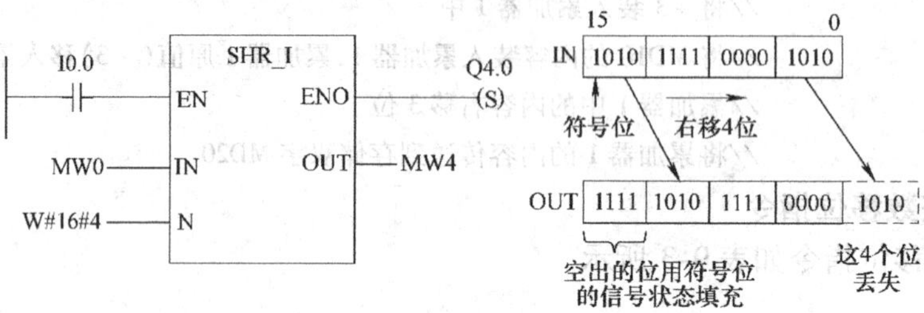

图 9-4 有符号整数右移指令

图 9-5 是梯形图中移位操作的方框指令。EN 为使能输入端，逻辑“1”信号激活；ENO 与 EN 具有相同的信号状态；IN 和 OUT 为 16 位或 32 位有符号整数或无符号数整数，IN 为操作数输入端，OUT 为运算结果输出端，N 为指定移位的位数，为 WORD 变量。

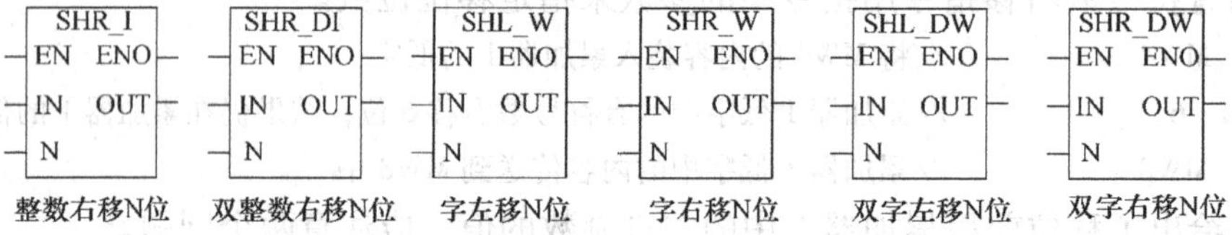

图 9-5 移位指令

下面是与图 9-4 中的梯形图对应的语句表程序，移位位数是 4 位，图 9-4 给出了移位的效果。

```
A   I0.0
JNB  _ 001
L   W#16#4        //移位位数 4 装入累加器 1 的最低字节
L   MW0           //累加器 1 的内容装入累加器 2，MW0 的值装入累加器 1 的低字
SSI               //累加器 1 的有符号整数右移 4 位
T   MW4           //累加器 1 低字的运算结果传送到 MW4
SET
SAVE
CLR
_ 001: A   BR
S   Q4.0
```

4. 循环移位指令

循环移位指令将累加器 1 的整个内容逐位循环左移或循环右移若干位（见表 9-5），即从累加器 1 移出来的位又送回累加器 1 另一端空出来的位。最后移出的位装入状态字的 CC1 位。

表 9-5　循环移位指令

指令	梯形图	说　明
RLD	ROL_DW	将累加器 1 整个内容逐位左移，空出位填入累加器 1 移出的位
RRD	ROR_DW	将累加器 1 整个内容逐位右移，空出位填入累加器 1 移出的位
RLDA	—	将累加器 1 整个内容带 CC1 位逐位左移，空出位填入从 CC1 移出的位
RRDA	—	将累加器 1 整个内容带 CC1 位逐位右移，空出位填入从 CC1 移出的位

5. 梯形图中的循环移位指令

图 9-6 为双字右循环方块指令应用编程举例。IN 为要循环数的输入端，N 为循环位数输入端，OUT 为循环操作结果输出端。本例中，被循环的数及结果均为双字，循环位数为字，它们可以存储在存储区 I、Q、M、D、L 中，其中被循环数和循环位数也能以常数形式给出。如果 EN 的信号状态为 1，进行循环操作，ENO 的状态与 EN 信号状态相同。若 EN 为 0，则不进行循环操作，并使 ENO 为 0，循环操作总将 OV 清 0。

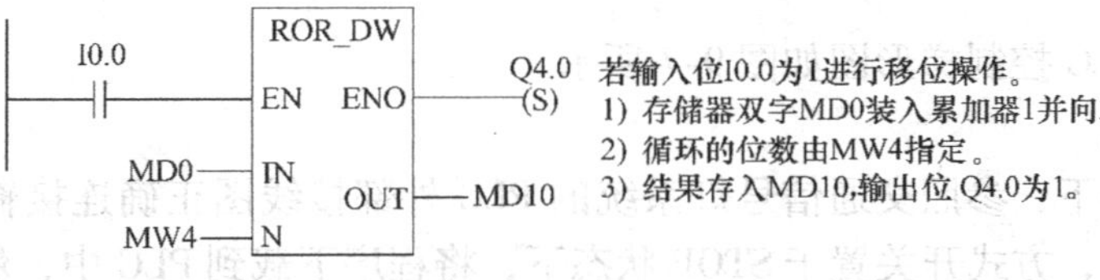

图 9-6　循环右移指令

以下是与图 9-6 梯形图完全对应的语句表程序。

```
A   I0.0
JNB  _001
L   MW4
L   MD0
RRD
T   MD10
SET
SAVE
CLR
_001: A   BR
S   Q4.0
```

9.3 应用举例

9.3.1 舞台艺术灯饰的PLC控制系统设计

1. 分配I/O地址表

舞台艺术灯饰的PLC控制系统I/O地址分配表如表9-6所示。每组灯分别由一个输出端子控制。

表9-6 I/O地址分配表

输入信号		输出信号	
功能	输入端口地址	功能	输出端口地址
停止按钮	I0.0	组灯0	Q4.0
起动按钮	I0.1	组灯1	Q4.1
		组灯2	Q4.2
		组灯3	Q4.3
		组灯4	Q4.4
		组灯5	Q4.5
		组灯6	Q4.6
		组灯7	Q4.7

2. 程序设计

舞台艺术灯饰PLC控制梯形图如图9-7所示。

3. 系统运行调试

在PLC关机状态下，参照交通信号灯系统的PLC外部接线图正确连接输入设备和输出设备。打开PLC电源，方式开关置于STOP状态下，将程序下载到PLC中，然后将方式开关置于RUN状态下，运行程序。按下起动按钮，灯饰先是进入第一种状态，然后依次进入第二种状态、第三种状态和第四种状态，在每种状态都显示两遍。如此循环。当按下停止按钮时，所有的灯都熄灭。

9.3.2 闪光灯控制

闪光灯正序亮至全亮、反序熄灭至全部熄灭。彩灯变化的时间是1s。系统中共有16个彩灯分别接在Q4.0~Q5.7，I0.0为系统起动按钮，梯形图如图9-8所示。

网络1用来赋初值，网络2和网络3用来产生1s的脉冲，网络4中采用有符号双整数右移指令，每来一个脉冲就向右移1位，当16个彩灯全部点亮之后，位存储区M0.3为“1”，执行网络6，灯顺序灭掉至全部熄灭，使用的是字左移指令。

9.3.3 工件自动装车系统设计

工件自动装车系统的控制要求是：当系统起动开关闭合（I0.0 =1），运货车到位

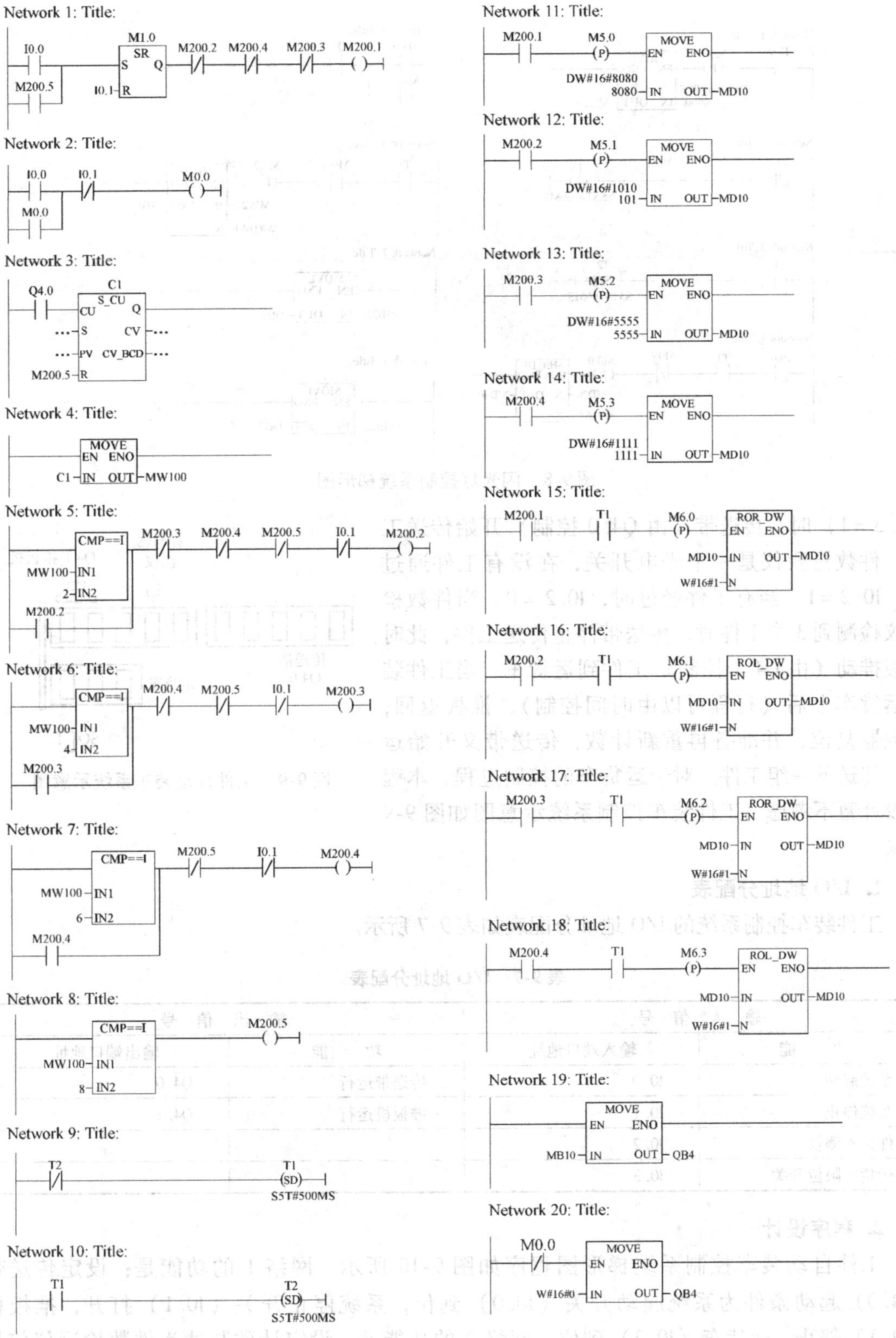

图 9-7　舞台艺术灯饰 PLC 控制梯形图

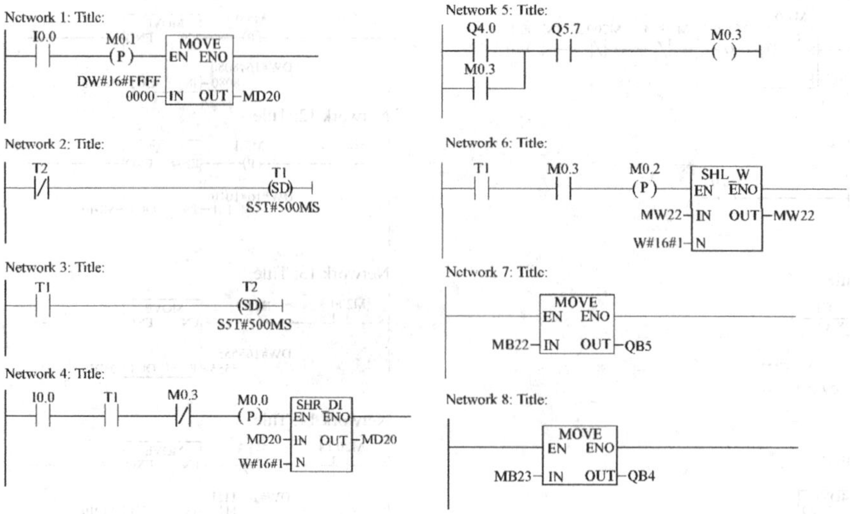

图 9-8　闪光灯控制系统梯形图

（I0.3 =1）时，传送带（由 Q4.0 控制）开始传送工件，件数检测仪是一个光电开关，在没有工件通过时，I0.2 =1，当有工件经过时，I0.2 =0。当件数检测仪检测到 3 个工件时，传送带停止传送工件，此时推板推动（由 Q4.1 控制）工件到运货车。当工件装到运货车上后（行程可以由时间控制），推板返回，计数器复位，并准备再重新计数，传送带又开始运行，传送下一组工件。对于运货车的控制过程，本程序设计暂不考虑。工件装车控制系统示意图如图 9-9 所示。

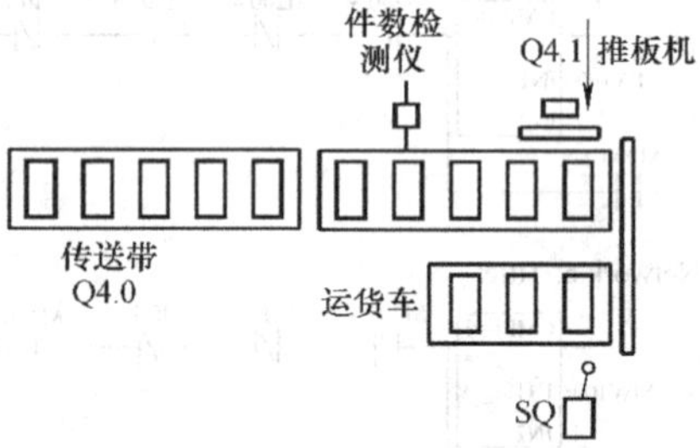

图 9-9　工件自动装车系统示意图

1. I/O 地址分配表

工件装车控制系统的 I/O 地址分配表如表 9-7 所示。

表 9-7　I/O 地址分配表

输入信号		输出信号	
功　能	输入端口地址	功　能	输出端口地址
系统起动	I0.0	传送带运行	Q4.0
系统停止	I0.1	推板机运行	Q4.1
件数检测仪	I0.2		
运货车限位开关	I0.3		

2. 程序设计

工件自动装车控制系统梯形图程序如图 9-10 所示。网络 1 的功能是：设定传送带（Q4.0）起动条件为系统起动开关（I0.0）到位，系统停止开关（I0.1）打开，推板机（Q4.1）停止，运货车（I0.3）到位。网络 2 的功能是：设定计数脉冲为件数检测仪信号 I0.2 的变化，计数器复位信号为中间变量 M0.7。网络 3 的功能是：设定计数器 C1 的当前值等于 3 时，置位中间变量 M0.7。网络 4 的功能是：设定传动带的停止条件是中间变量 M0.7 为 1 或系统停止信号闭合。设定推板机 Q4.1 的起动条件为中间变量 M0.7 为 1，即 C1 的当前值等于 3，推板机的行程由定时器 T0 的延时（20s）来确定，定时器 T0 延时 20s 到，推板机返回（Q4.1 =0）。网络 6 和网络 7 实现的功能是：推板机返回后，传送带又开始运行，传送下一组工件，由中间变量 M10.1 来完成。

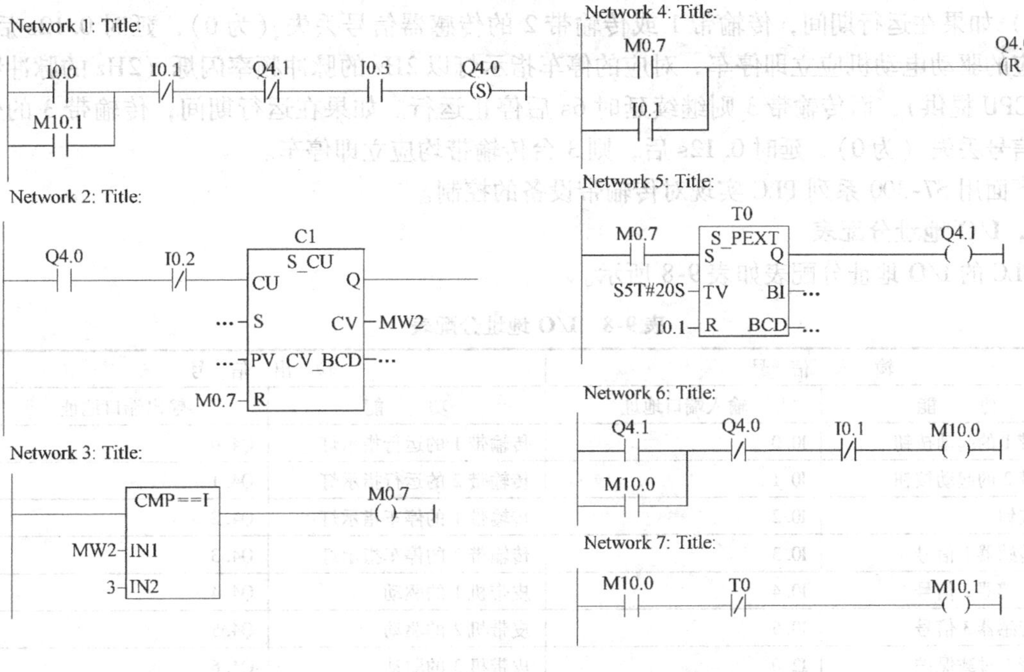

图 9-10　工件自动装车控制系统梯形图

9.3.4　传输带控制系统设计

这里以混凝土搅拌站运输砂子和石子为例来说明传输带设备控制要求。假设运输砂子和石子时需要 3 条传输带，传输带设备示意图如图 9-11 所示。左上角为装石子的料斗，右上角为装砂子的料斗，另外还有一个中间料斗，传输带 1 用来运输石子，传输带 2 用来运输砂子，传输带 3 用来运输由传输带 1 或传输带 2 传输过来的石子或砂子。

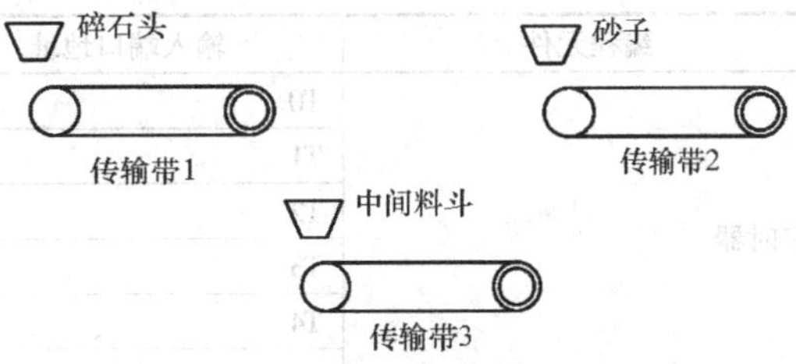

图 9-11　传输带设备示意图

控制要求如下。

1）每条传输带的电动机主电路需设过载保护 FR1、FR2、FR3。传输带 1 或传输带 2 过载时传输带 3 必须停止。当传输带 3 因过载停止运行时，正在工作的传输带 1 或传输带 2 必须立即停止运行。

2）传输带 1 和传输带 2 的起动和停止分别由按钮 SB1、SB2、SB3 控制。

3）传输带 1 和传输带 2 的运行状态由指示灯指示。

4）传输带 1 和传输带 2 不能同时运行。

5）当传输带 1 或传输带 2 运行时，传输带 3 自动投入运行。

6）为监测传输带的运行及传输带上的皮带是否断裂，在传输带 1、传输带 2 和传输带 3 上均装有传感器，如果传输带停止运行或传输带断裂，则传感器发送的信号状态为 0。

7）在起动阶段（持续 3s），传感器的检测信号不做计算。

8）为避免在传输带上堆料，当按下停止按钮后，传输带 1 或传输带 2 延时 2s 后停止运行，而传输带 3 则继续延时 6s 后停止运行。

9）如果在运行期间，传输带 1 或传输带 2 的传感器信号丢失（为 0），延时 0. 12s 后，则对应的驱动电动机应立即停车，对应的停车指示灯以 2Hz 的脉冲频率闪烁（2Hz 的脉冲频率由 CPU 提供），而传输带 3 则继续延时 6s 后停止运行。如果在运行期间，传输带 3 的传感器信号丢失（为 0），延时 0. 12s 后，则 3 台传输带均应立即停车。

下面用 S7-300 系列 PLC 实现对传输带设备的控制。

1. I/O 地址分配表

PLC 的 I/O 地址分配表如表 9-8 所示。

表 9-8　I/O 地址分配表

输入信号		输出信号	
功　能	输入端口地址	功　能	输出端口地址
传输带 1 的起动按钮	I0. 0	传输带 1 的运行指示灯	Q4. 0
传输带 2 的起动按钮	I0. 1	传输带 2 的运行指示灯	Q4. 1
停止按钮	I0. 2	传输带 1 的停车指示灯	Q4. 2
监测传感器 1 信号	I0. 3	传输带 2 的停车指示灯	Q4. 3
监测传感器 2 信号	I0. 4	皮带机 1 的驱动	Q4. 4
监测传感器 3 信号	I0. 5	皮带机 2 的驱动	Q4. 5
传输带 1 过载保护	I2. 0	皮带机 3 的驱动	Q4. 6
传输带 2 过载保护	I2. 1		
传输带 3 过载保护	I2. 2		

其他编程元件的地址分配表如表 9-9 所示。

表 9-9　其他编程元件的地址分配表

编程元件	输入端口地址	功　能	PV　值
定时器	T0	起动阶段延时	3s
	T1	传输带 1、2 监测延时	0. 12s
	T2	传输带 3 监测延时	0. 12s
	T3	传输带 1 停车延时	2s
	T4	传输带 2 停车延时	2s
	T5	传输带 3 停车延时	6s
内部存储器标志位存储器区	M10. 3	通过 STEP 7 设定	2Hz 频率脉冲发生器

2. PLC 外部接线图

选用 S7-300 系列 PLC 进行控制，输入模块选为 SM321 DI32 × DC24V，输出模块选为 SM322 DO32 × DC24V/0. 5A，外部接线图如图 9-12 所示。

3. 程序设计

启动“SIMATIC Manager”管理器并创建一个名为“传输带控制系统设计”的项目，打

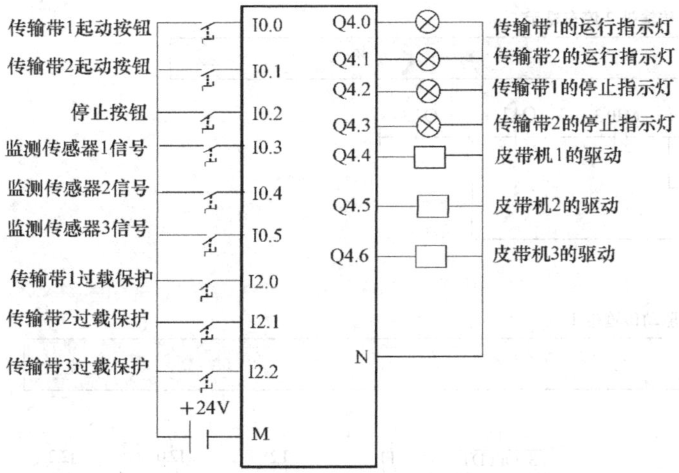

图 9-12　PLC 外部接线图

开“SIMATIC 300 Station”文件夹并双击“Hardware”可组态硬件。创建一个功能块 FC1，打开 FC1 可编写程序，梯形图如图 9-13 所示。在主循环组织块 OB1 中调用功能 FC1。

4. 系统运行调试

在 PLC 关机状态下，按照 PLC 外部接线图 9-12 正确连接输入设备和输出设备。打开 PLC 电源，方式开关置于 STOP 状态下，将程序下载到 PLC 中，然后将方式开关置于 RUN 状态下，运行程序。按下传输带 1 起动按钮 I0.0，传输带 1 和传输带 3 开始运行，石子从碎石料斗传输到传输带 1 上，通过传输带 1 运输到中间料斗，在传输到传输带 3 上，最后运输

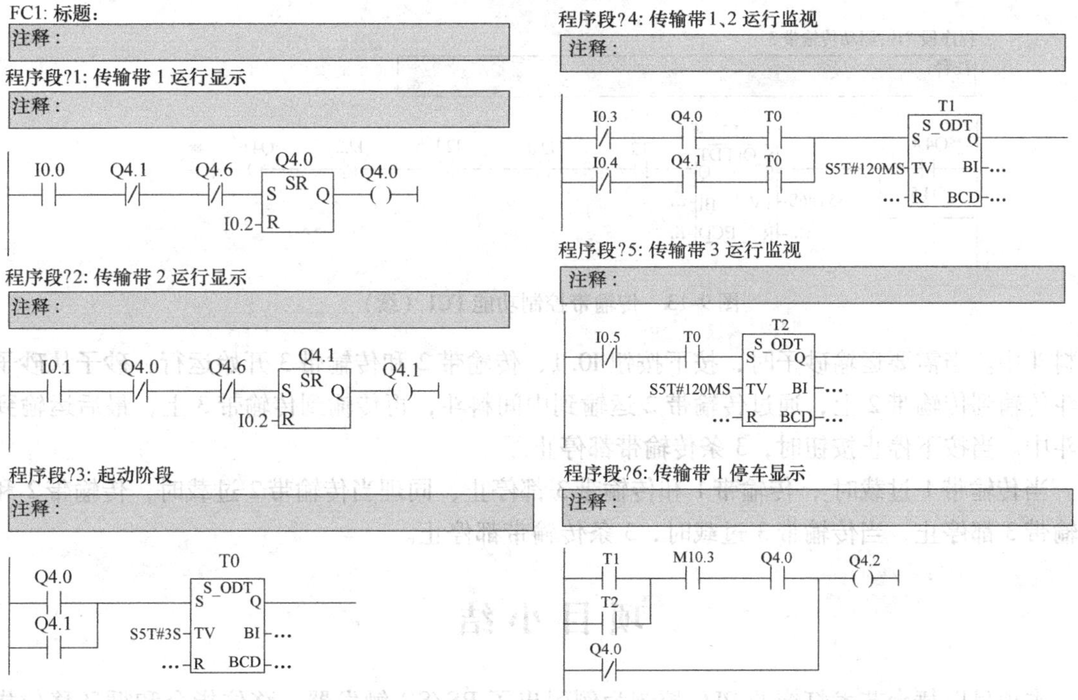

图 9-13　传输带控制功能 FC1

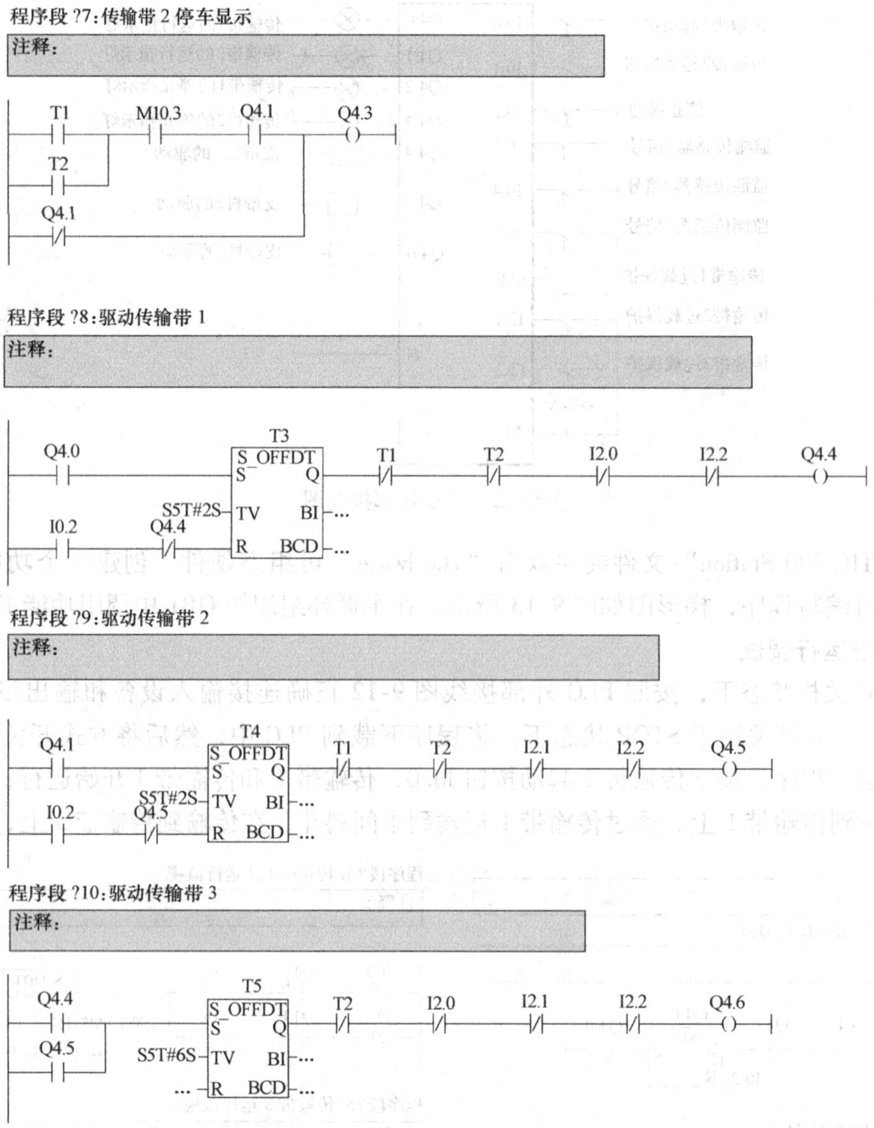

图 9-13　传输带控制功能 FC1（续）

到料斗中。当需要运输砂子时，按下按钮 I0.1，传输带 2 和传输带 3 开始运行，砂子从砂子料斗传输到传输带 2 上，通过传输带 2 运输到中间料斗，再传输到传输带 3 上，最后运输到料斗中。当按下停止按钮时，3 条传输带都停止。

当传输带 1 过载时，传输带 1 和传输带 3 都停止，同理当传输带 2 过载时，传输带 2 和传输带 3 都停止，当传输带 3 过载时，3 条传输带都停止。

项目小结

本项目以舞台艺术灯饰的 PLC 控制为例引出了 RS/SR 触发器、移位指令和循环移位指令的指令格式、特点及使用。RS/SR 触发器有两个输入信号端，一个是置位输入端，另一个是复位输入端，当两个信号同时为“1”时，按照顺序优先的原则，后执行的输入端有效。

移位指令分为无符号移位指令、有符号整数移位指令两种。无符号数移位时空出来的位填0，有符号整数移位时空出来的位填符号位，即正数填0，负数填1。循环移位指令分为两种，一种是累加器1本身的循环，空出来的位填入累加器1移出的位；另一种是累加器1带CC1位的循环，空出位填入从CC1移出的位。

完成了RS/SR触发器指令、移位指令和循环移位指令的介绍，接着重点讲述了舞台艺术灯饰控制、闪光灯控制、工件自动装车和传输带等PLC控制系统的软件设计以及系统调试运行。

习题及思考题

9-1 要求利用移位指令使8盏灯以间隔0.2s的速度自左向右亮起，到达最右侧后，再自动向左返回最左侧。如此反复。I0.0=1时移位开始，I0.0=0时移位停止。

9-2 易拉罐自动生产线上，需要统计出每小时生产的易拉罐数量。灌装易拉罐饮料一个接一个不断的经过计数装置。假设计数装置上有一个感应传感器，每当一听饮料经过时，就会产生一个脉冲。要求编制程序将8h的生产数量统计出来。

9-3 设计PLC控制数码管自动显示0~9数字系统。功能要求是：运行PLC后，7段数码管每隔1s自动循环显示0~9数字。

9-4 实现背景灯光的控制。现有由黄灯、绿灯和红灯组成的3种背景灯，要求以黄灯亮1s，红灯亮1s，黄灯与红灯共同亮1s，绿灯亮1s，全熄灭1s 5种状态循环工作。

9-5 如图9-1所示，要求重新设计PLC控制舞台艺术灯饰系统，控制要求如下。

1）7号组灯每隔1s亮一次。

2）6、5、4、3号4组灯由内到外每隔1s依次点亮，这样4s后再全亮1s，再全灭1s，以此循环往复。

3）2、1、0号组灯由上到下，每隔1s依次点亮，以此循环往复。

项目 10　PLC 和变频器在变频调速中的应用

【学习目标】

1. 了解变频器的工作原理、分类。

2. 掌握变频器的参数设置和操作流程。

3. 能独立完成变频器控制电动机调速（变频器多功能输入端子控制调速、变频器模拟信号控制调速、变频器多段速控制调速）。

4. 能独立完成 PLC-变频器联合控制电动机调速（PLC 联机变频器多段速控制、PLC 联机变频器模拟信号控制）。

10.1　项目任务分析

变频器作为电动机控制的电源驱动设备，在各类控制领域都有着广泛的应用。尤其是当采用 PLC 和变频器对电动机进行联合调速时，不但提高了系统的自动化水平，而且也提高了系统运行的平稳性、工作的可靠性，操作与维护也很方便，同时节约了大量电能。本项目首先介绍变频器的基础知识，CHF100 系列变频器的原理、分类、参数设置等，接下来介绍使用变频器控制电动机调速以及 PLC-变频器联合对电动机进行调速。

10.2　相关知识

10.2.1　变频器的基础知识

1. 概述

变频调速一般指的是对交流异步电动机的调速，可以连续调速，调速范围大。其优点是起动电流小，加减速度可调节，电动机可以高速化和小型化，防爆容易，保护功能齐全（如过载保护，短路保护，过电压和欠电压保护）等。

变频调速的应用领域非常广泛。它应用于风机、泵、搅拌机、挤压机、精纺机和压缩机，原因是节能效果显著。它应用于机床如车床、机械加工中心、钻床、铣床、磨床，主要目的是提高生产率和质量；它也广泛应用于其他领域，如各种传送带的多台电动机的同步、调速和起重机械等。

由式（3-1）可知，改变电源频率 f 就可改变电动机同步转速，因而转子转速也随之改变，达到调速的目的。异步电动机采用变频器进行调速控制时，为了避免电动机磁饱和，要控制电动机的磁通，同时抑制起动电流，这就需要根据电动机的特性对供电电压、电流、频率进行适当的控制，使电动机产生必需的转矩。

2. 变频器的基本控制方式

变频器的控制方式分为两种，即开环控制和闭环控制。开环控制有 U/f 控制方式，闭环控制有转差频率控制、矢量控制等方式。

（1）恒压频比（U/f）控制方式

恒压频比控制变频调速是20世纪70年代发展起来的，是目前通用变频器产品中使用较多的一种控制方式。它是通过电压/频率的值保持恒定而得到所需的转矩特性。U/f控制是转速开环控制，其优点是控制结构简单、成本较低，缺点是系统性能不高。这类变频器常用于风机、水泵类节能型调速系统或对速度的动态指标要求不高的简单机械上。

（2）转差频率控制方式

在U/f控制方式下，如果负载发生变化，转速也会随之变化，转速的变化与转差率成正比，因而U/f控制方式的静态调速精度较差。而转差频率控制方式是一种闭环控制方式，是对U/f控制方式的改进，该调速方式即使负载转矩发生较大变化时仍能达到较高的速度精度，同时具有较好的转矩特性。在电动机的轴上安装速度传感器检测电动机的实际转速，求出转差频率，再把它与速度设定值相叠加，以该叠加值作为逆变器的频率设定值，实现了转差补偿的闭环控制，提高了调速的精度。

（3）矢量控制

U/f控制方式和转差频率控制方式都是建立在异步电动机的静态数学模型上，适用于动态性能指标要求不高的场合，主要目的是为了节能。采用矢量控制方式可以提高变频调速的动态性能。

矢量控制是根据异步电动机的动态数学模型，通过矢量变换和磁场定向，实现定子电流转矩分量与励磁分量的解耦，得到类似直流电动机的动态数学模型，然后模拟直流电动机对电动机的转矩和磁场分别进行控制，获得良好的静、动态性能。

（4）直接转矩控制

直接转矩控制方式是由德国鲁尔大学M. Depenbrock教授在1985年首先提出的，它采用直接转矩控制理论DTC（Direct Torque Control）构成交流电动机变压变频调速控制方式。它摒弃了大量的矢量控制中坐标系变换的计算，而是把电动机的磁场和力矩作为被控量直接进行控制，其控制思路简单明了，控制性能卓越，目前已有产品问世，比如西门子公司的MM440系列变频器。

10.2.2 英威腾CHF100变频器概述

深圳市英威腾电气有限公司向市场投放了几大系列，上百种型号的高性能变频器，有CHV系列高性能矢量变频器、CHE系列开环型矢量变频器、CHF系列V/F控制变频器等，形成了覆盖高、中、低档市场丰富的产品线，并在石化、钢铁、建材、油田、化工、机床、矿山等行业领域大量成功应用。

CHF系列变频器为通用型变频器，主要面向简单调速应用场合，采用恒转矩/变转矩合一结构，更能满足大部分应用的功能需求。

CHF系列变频器采用DSP控制系统完成优化的V/F控制，比传统V/F控制更具优越的性能。

1. CHF100变频器的技术特性

CHF100-1R5G/2R2P-4型变频器的综合技术指标如下所示。

（1）输入输出接口参数

1）输入电压范围：380/220V ±15%。

2）输入频率范围：47 ~63Hz。

3）输出电压范围：0V 至额定输出电压。

4）输出频率范围：0 至 400Hz。

（2）外围接口特性

1）可编程数字量输入。4 路开关量输入，1 路高速脉冲输入。

2）可编程模拟量输入。AI1：0 ~10V 输入；AI2：0 ~10V 或 0 ~20mA 输入。

3）可编程开路集电极输出。1 路输出（开路集电极输出或高速脉冲输出）。

4）继电器输出。2 路输出。

5）模拟量输出。1 路输出，分别可选 0/4 ~20mA 或 0 ~10V。

（3）技术性能特性

1）控制方式。V/F 控制。

2）过载能力。150% 额定电流 60s；180% 额定电流 10s。

3）调速比。1:100。

4）载波频率 0.5 ~15.0kHz。

（4）功能特性

1）频率设定方式。数字设定、模拟量设定、脉冲频率设定、串行通信设定、多段速及简易 PLC 设定、PID 设定等，可实现设定的组合和方式切换。

2）PID 控制功能。

3）简易 PLC、多段速控制功能，16 段速控制。

4）摆频控制功能。

5）长度、时间控制功能。

6）瞬时停电不停机功能。

7）转速追踪再起动功能，实现对旋转中的电动机的无冲击平滑起动。

8）QUICK/JOG 键功能，用户自由定义的多功能快捷键。

9）自动电压调整功能，当电网电压变化时，能自动保持输出电压恒定。

10）提供多种故障保护功能，过电流、过电压、欠电压、过温、缺相、过载等保护功能。

2. CHF100 变频器的标准接线图

CHF100 变频器接线端子分为两大部分：一部分是主回路端子；另一部分控制回路的端子。CHF100 变频器的标准接线图如图 10-1 所示。主回路端子的功能说明如表 10-1 所示。控制回路端子的功能说明如表 10-2 所示。

10.2.3 CHF100 变频器的电气安装

1. 电源和电动机的连接

电动机和电源的接线如图 10-2 所示。

（1）断路器

在三相交流电源和电源输入端子（R、S、T）之间，需接入适合变频器功率的断路器，断路器的容量选为变频器额定电流的 1.5 ~2 倍之间。

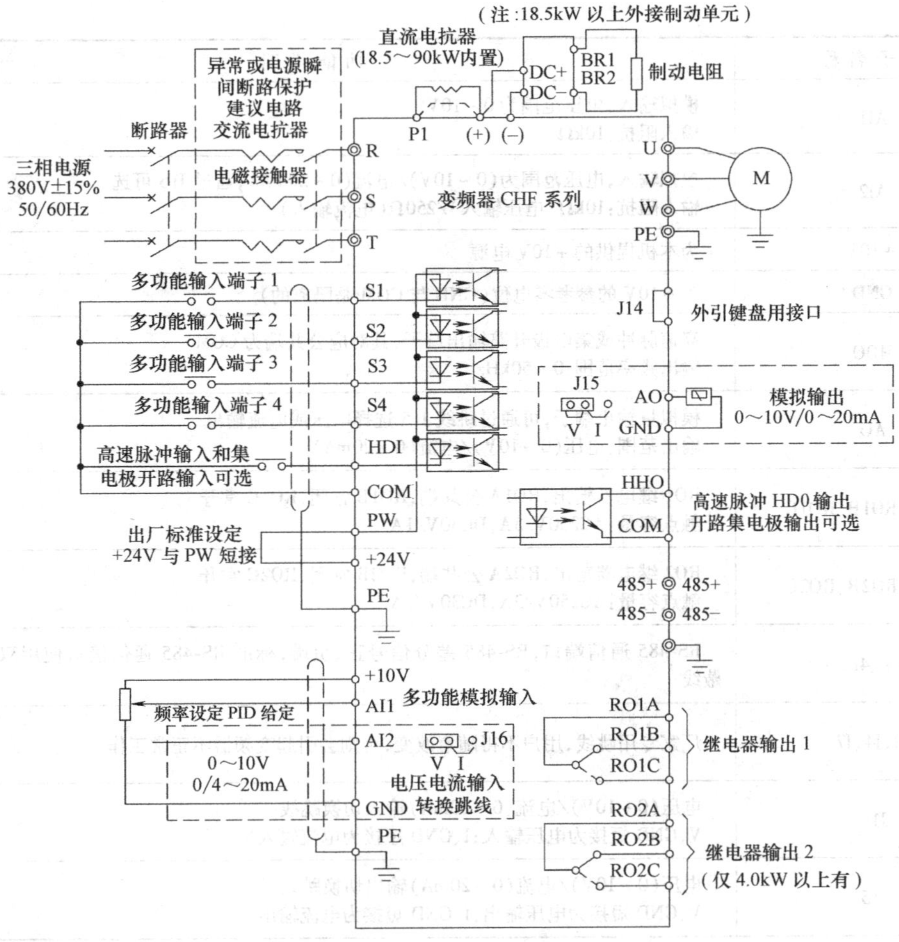

图 10-1 标准接线图

表 10-1 主回路端子功能说明

端子名称	功 能 说 明	端子名称	功 能 说 明
R、S、T	三相电源输入端子	U、V、W	三相交流输出端子
(+)、(−)	外接制动单元预留端子	PE	接地端子
P1、(+)	外接直流电抗器预留端子		

表 10-2 控制回路端子功能说明

端 子 名 称	功 能 说 明
S1～S4	开关量输入端子，与 PW 和 COM 形成光耦隔离输入 输入电压范围：9～30V 输入阻抗：303kΩ
HDI	高速脉冲或开关量输入，与 PW 和 COM 形成光耦隔离输入 脉冲输入频率范围：0～50kHz 输入电压范围：9～30V 输入阻抗：1.1kΩ
PW	外部电源，用户可直接对其接入电源（与 COM 之间），也可用本机提供的 +24V 电源，CHF 变频器出厂时，默认 +24V 与 PW 短接。当使用外部电源时，与 +24V 断开
+24V	为本机提供的 +24V 电源（电流：150mA）
COM	为 +24V 的公共端

（续）

端子名称	功能说明
AI1	模拟输入,电压范围为0～10V 输入阻抗:10kΩ
AI2	模拟输入,电压范围为(0～10V)/电流(0～20mA),通过J16可选 输入阻抗:10kΩ(电压输入)/250Ω(电流输入)
+10V	为本机提供的+10V电源
GND	为+10V的参考零电位(GND与COM是隔离的)
HDO	高速脉冲或集电极开路输出端子,其对应公共端为COM 输出频率范围:0～50kHz
AO	模拟量输出端子,可通过跳线J15选择电压或电流输出 输出范围:电压(0～10V)/电流(0～20mA)
RO1A、RO1B、RO1C	RO1继电器输出,RO1A公共端,RO1B常闭,RO1C常开 触点容量:AC250V/3A,DC30V/1A
RO2A、RO2B、RO2C	RO2继电器输出,RO2A公共端,RO2B常闭,RO2C常开 触点容量:AC250V/3A,DC30V/1A
485+、485-	RS-485通信端口,RS-485差分信号正、负端,标准RS-485通信接口使用双绞线或屏蔽线
J2、J4、J7	厂家专用跳线,用户不得随意改变,否则会引起变频器不正常工作
J16	电压(0～10V)/电流(0～20mA)输入切换跳线 V、GND短接为电压输入;I、GND短接为电流输入
J15	电压(0～10V)/电流(0～20mA)输出切换跳线 V、GND短接为电压输出:I、GND短接为电流输出
S1	RS-485通信阻抗匹配拨码开关,当拨到ON时,接上终端匹配电阻,当拨到OFF时,断掉终端匹配电阻(仅限4.0kW以上)
J17、J18	RS-485通信阻抗匹配条切换跳线,当两个跳线同时短接时,接上终端匹配电阻,当跳线去掉时,断掉终端匹配电阻(仅限1.5～2.2kW)

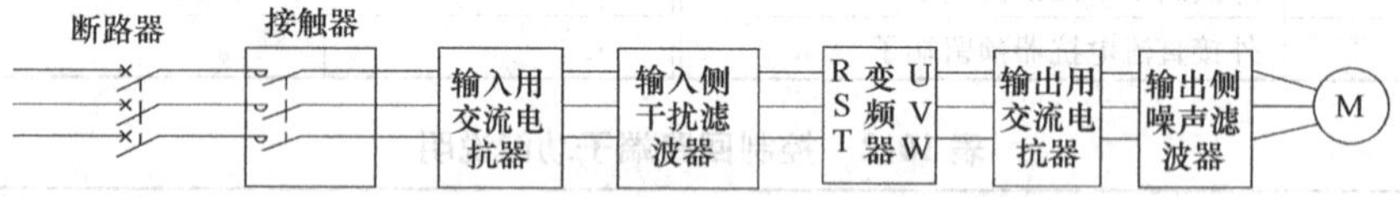

图10-2　电动机和电源的接线方法

（2）电磁接触器

为了能在系统故障时，有效地切除变频器的输入电源，可以在输入侧安装电磁接触器控制主回路电源的通断，以保证安全。

（3）输入交流电抗器

为了防止电网尖峰脉冲输入时，大电流流入输入电源回路而损坏整流部分器件，需在输入侧接入交流电抗器，同时也可改善输入侧的功率因数。为了有效保护变频器，建议380V等级变频器110kW（含）以上加装输入电抗器，220V等级45kW（含）以上加装输入电抗器。

（4）输入侧噪声滤波器

使用变频器时，有可能通过电源线干扰周围其他电子设备，使用滤波器可以减小对周围设备的干扰。

（5）制动单元的接线

CHF（380V 等级）变频器在 1.5kW 及以下机型内置制动单元，为了释放制动时回馈的能量，必须在（+），PB 端连接制动电阻。

1）制动电阻的配线长度应小于 5m。

2）制动电阻会因释放能量温度有所升高，安装制动电阻时应注意安全防护和良好通风。

3）需外接制动单元时，制动单元的（+）、（-）端与变频器（+）、（-）端一一对应，在制动单元的 BR1、BR2 端连接制动电阻。

4）变频器（+）、（-）端与制动单元（+）、（-）端的连线长度应小于 5m，制动单元 BR1、BR2 与制动电阻的配线长度应小于 10m。

5）输出电抗器。当变频器和电动机之间的距离超过 50m 时，由于长电缆对地的寄生电容效应导致漏电流过大，变频器容易频繁发生过电流保护，同时为了避免电动机绝缘损坏，须加输出电抗器补偿。

6）输出侧噪声滤波器。增加输出噪声滤波器可以减小由于变频器和电动机之间电缆造成的无线电噪声以及导线的漏电流。

7）接地线的连接（PE）。为了保证安全，防止电击和火警事故，变频器的接地端子 PE 必须良好接地，接地电阻小于 10Ω。接地线要短而粗，应使用 3.5mm^2 以上的多股铜芯线。多个变频器接地时，建议尽量不要使用公共地线，避免接地线形成回路。

8）控制回路的接线。使用多芯屏蔽电缆或双绞线连接控制端子。使用屏蔽电缆时（靠变频器的一端）应连接到变频器的接地端子 PE。布线时控制电缆应远离主电路和强电线路（包括电源线、电动机线、继电器、接触器连线等）20cm 以上，避免平行走线，建议采用垂直布线，以防止外部干扰引起变频器误动作。

2. 电磁干扰的防护

变频器的设计使它具有一定的抗干扰能力，能在电磁干扰很强的工业环境下运行。如果安装质量良好，变频器就可以安全无故障的运行，如果在运行中遇到问题，就可采取下面的措施进行处理。

1）所有的变频器控制端子连接线采用屏蔽线，屏蔽线在变频器入口处将屏蔽层就近接地，接地采用电缆夹片构成 360°环接。严禁将屏蔽层拧成辫子状再与变频器地连接。

2）变频器与电动机的连接线（电动机线）采用屏蔽线或独立的走线槽，电动机线的屏蔽层或走线槽的金属外壳一端与变频器地就近连接，另一端与电动机外壳连接。

3）同一控制柜内设备可分为强噪声设备和噪声敏感设备，把同类设备安装在同一区域，不同类设备间要保持 20cm 以上的距离。

4）电器柜内的信号线和电力线要分布于不同的区域，严禁二者在近距离（20cm）平行走线和交错走线，更不能将二者捆扎在一起。如果信号电缆必须穿越动力线，二者之间应保持成 90°角。电力线的进线和出线也不能交错配线或捆扎在一起，特别是在安装噪声滤波器的场合，这样会使电磁噪声经过进出线的分布电容形成耦合，从而使噪声滤波器失去作用。

5）不同控制系统应采用专用接地极接地，同一控制系统中的不同设备应采用公用接地极接地，同一供电线中的不同设备应采用地线串联接地。

6）降低载波频率可有效降低漏电流，当电动机线较长时（50m 以上），应在变频器输出侧安装交流电抗器或正弦波滤波器，当电动机线更长时，应每隔一段距离安装一个电抗器。

7）安装噪声滤波器能起到很好的电磁去耦作用。

3. 电气安装接线注意事项

1）禁止用高压绝缘测试设备来测试与变频器连接的电缆的绝缘。

2）即使变频器不处于运行状态，其电源输入线，直流回路端子和电动机端子上仍然可能带有危险电压。因此断开开关以后还必须等待 10min 以上，变频器放电完毕，才允许开始安装作业。

3）必须将变频器的接地端子可靠接地，接地电阻小于 10Ω，否则有触电和火灾的危险。

4）不要将三相电源线接到变频器输出端子（U、V、W），否则会导致变频器损坏。

5）变频器应工作在 -10 ~ +40℃之间，超过 40℃以上须降额使用，最高环境温度不超过 50℃。若超过 40℃环境温度，则每升高 1℃，降额 4%。空气的相对湿度≤90%，无凝露。

6）安装在海拔 1000m 以下时，可以运行在其额定功率，当海拔高度超过 1000m 后，变频器功率需要降额。具体降额幅度如图 10-3 所示。

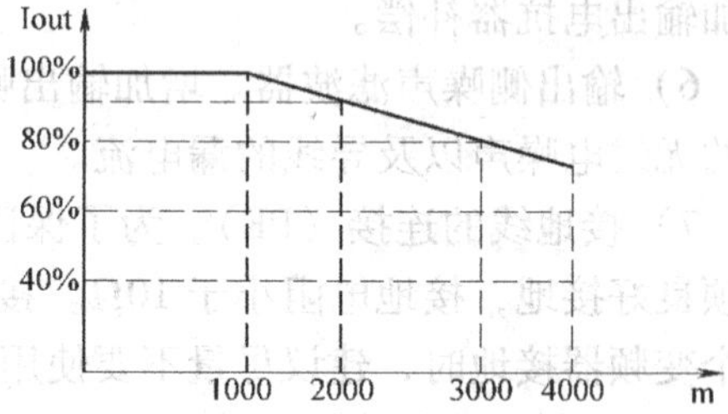

图 10-3　安装地点的海拔高度与降额幅度

7）不要安装在剧烈振动和冲击的场所，最大振幅不超过 5.8m/s^2（0.6g）。

8）安装在远离电磁辐射源的地方。

9）安装在金属粉末、尘埃、油、水等不能侵入到变频器内部的地方。

10）勿安装在阳光直射，有油雾、蒸汽、盐分的环境中。

10.2.4　CHF100 变频器操作面板说明

CHF 面板示意图如图 10-4 所示。按键功能说明如表 10-3 所示。功能指示灯说明如表 10-4 所示。单位指示灯说明如表 10-5 所示。5 位 LED 显示，可显示设定频率、输出频率等各种监视数据以及报警代码。

10.2.5　CHF100 变频器的参数

1. 基本功能组 P0

（1）机型选择功能码 P0.00

P0.00 = 0：G 型机，适用于恒转矩负载。

P0.00 = 1：P 型机，适用于恒功率负载。

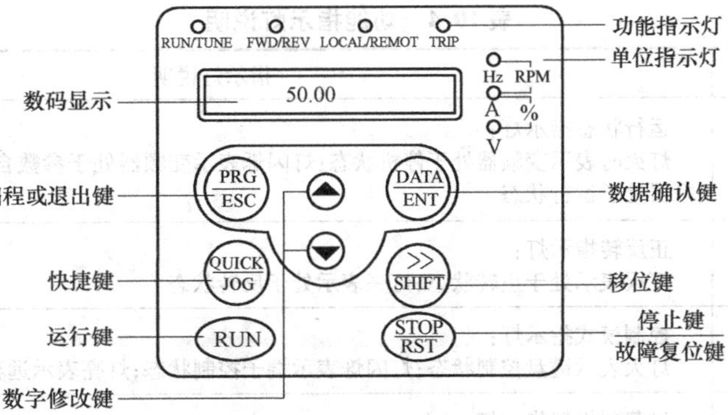

图 10-4 CHF 面板示意图

表 10-3 按键功能说明

按键符号	名　称	功能说明
PRG/ESC	编程键	一级菜单进入或退出
DATA/ENT	确定键	逐级进入菜单画面、设定参数确认
▲	UP 递增键	数据或功能码的递增
▼	DOWN 递减键	数据或功能码的递减
DATA/ENT + QUICK/JOG	组合	在停机显示界面和运行界面下，可左移循环选择显示参数，注意操作时需先按住 DATA/ENT 键，然后再按 QUICK/JOG 键
>>/SHIFT	右移位键	在停机显示界面和运行显示界面下，可右移循环选择显示参数；在修改参数时，可以选择参数的修改位
RUN	运行键	在键盘操作方式下，用于运行操作
STOP/RST	停止/复位键	运行状态时，按此键可用于停止运行操作；受功能码 P7.04 制约。故障报警状态时，所有控制模式都可用该键来复位操作
QUICK/JOG	快捷多功能键	该键功能由功能码 P7.03 确定 0：寸动运行，为点动键 1：正反转切换，为正反转转切换键 2：清除 UP/DOWN 设定，清除由 UP/DOWN 设定的频率值 3：快速调试模式 1（按固定菜单调试） 4：快速调试模式 2（按最近顺序调试） 5：快速调试模式 3（按非出厂值参数调试）
RUN + STOP/RST	组合	RUN 键和 STOP/RST 同时被按下，变频器自由停机

表 10-4　功能指示灯说明

指示灯名称	指示灯说明
RUN/TUNE	运行状态指示灯： 灯灭时表示变频器处于停机状态；灯闪烁表示变频器处于参数自学习状态；灯亮时表示变频器处于运行状态
FWD/REV	正反转指示灯： 灯灭表示处于正转状态；灯亮表示处于反转状态
LOCAL/REMOT	控制模式指示灯： 灯灭表示键盘控制状态；灯闪烁表示端子控制状态；灯亮表示远程通信控制状态
TRIP	过载预报警指示灯： 灯灭表示变频器正常状态；灯闪烁表示变频器过载预报警状态；灯亮表示变频器故障状态

表 10-5　单位指示灯说明

符号特征	符号内容描述	符号特征	符号内容描述
Hz	频率单位	RPM	转速单位
A	电流单位	%	百分数
V	电压单位		

CHF 系列变频器采用 G/P 合一的方式，用于恒转矩负载（G 型）时的适配电动机功率比用于风机、水泵类负载（P 型）时小一档。

变频器出厂参数设置为 G 型，如要选择 P 型，需将该功能码设置为 1 并重新设置 P2 组电动机参数。

（2）功能码 P0.01 和 P0.02

功能码 P0.01 是变频器额定功率，设定范围为 0.4～900.0；功能码 P0.02 是变频器额定电流，设定范围为 0.0～2000.0，默认值根据机型确定。这两个功能码仅能查看。

（3）运行指令通道功能码 P0.03

选择变频器控制指令的通道，取值范围为 0～2，默认值为 0。变频器控制指令包括：起动、停止、正转、反转、点动、故障复位等。

P0.03＝0：键盘指令通道（“LOCAL/REMOT”灯熄灭）。由键盘面板上的 RUN、STOP/RST 按键进行运行命令控制。多功能键 QUICK/JOG 若设置为 FWD/REV 切换功能（P7.03 为 1），可通过该键改变运转方向；在运行状态下，同时按下 RUN 与 STOP/RST 键，可使变频器自由停机。

P0.03＝1：端子指令通道（“LOCAL/REMOT”灯闪烁）。由多功能输入端子正转、反转、正转点动、反转点动等进行运行命令控制。

P0.03＝2：通信指令通道（“LOCAL/REMOT”灯点亮）。运行命令由上位机通过通信方式控制。

（4）最大输出功率功能码 P0.04

功能码 P0.04 用来设定变频器的最高输出频率，取值范围为 P0.05～400.00Hz，默认值为 50.00Hz。它是频率设定的基础，也是加减速快慢的基础。

（5）运行频率上限功能码 P0.05

功能码 P0.05 用来设定变频器输出频率的上限值，取值范围为 P0.06～P0.04，默认值为50Hz。该值应该小于或者等于最大输出频率。

（6）运行频率下限功能码P0.06

功能码P0.06设定变频器输出频率的下限值，取值范围为0.00～P0.04，默认值为0.00Hz。

（7）加减速时间0功能码P0.07和P0.08

加速时间指变频器从0Hz加速到最大输出频率（P0.04）所需的时间。减速时间指变频器从最大输出频率（P0.04）减速到0Hz所需的时间。

当设定频率等于最大频率时，实际加减速时间和设定的加减速时间一致。当设定频率小于最大频率时，实际的加速时间小于设定的加减速时间。实际的加减速时间=设定的加减速时间×(设定频率/最高频率)。

CHF系列变频器有4组加减速时间。第一组：P0.07、P0.08；第二组：P8.00、P8.01；第三组：P8.02、P8.03；第四组：P8.04、P8.05。可通过多功能数字输入端子中的加减速时间选择端子的组合来选择加减速时间。

功能码P0.07为加速时间0，设定范围为0.1～3600.0s，默认值由机型确定。

功能码P0.08为减速时间0，设定范围为0.1～3600.0s，默认值由机型确定。

（8）V/F曲线设定功能码P0.09

P0.09=0：直线V/F曲线。

P0.09=1：多点V/F曲线。可通过设置（P4.07～P4.12）来定义V/F曲线。

P0.09=2～4：多次幂V/F曲线。适用于变转矩负载场合，如风机、水泵等。

（9）载波频率设定功能码P0.11

功能码P0.11用于设定载波频率，设定范围为0.5～15.0kHz，默认值由机型确定。

高载波频率的优点是电流波形比较理想，电流谐波少，电动机噪声小；高载波频率的缺点是开关损耗增大，变频器温升增大，变频器输出能力受到影响，在高载频下，变频器须降额使用，同时变频器的漏电流增大，对外界的电磁干扰增加。

采用低频载波频率则与上述情况相反，过低的载波频率将引起低频运行不稳定，转矩降低甚至振荡现象。

变频器出厂时，已经对载波频率进行了合理的设置。一般情况下，用户无须对该参数进行更改。用户使用超过默认载波频率时，须降额使用，每增加1kHz载频，降额20%。

（10）电动机参数自学习功能码P0.12

P0.12=0：无操作。

P0.12=1：旋转参数自学习。

电动机参数自学习前，必须正确输入电动机铭牌参数（P2.01～P2.05），并将电动机与负载脱开，使电动机处于静止、空载状态，否则电动机参数自学习的结果有可能不正确。

电动机参数自学习前，应根据电动机的惯量大小适当设置加、减速时间（P0.07、P0.08），否则电动机参数自学习过程中有可能出现过电流、过电压故障。

设定P0.12为1然后按DATA/ENT，开始电动机参数自学习，此时LED显示“TUN”并闪烁，按RUN开始进行参数自学习，此时显示“TUN-0”、“TUN-1”后，电动机开始运行，“RUN/TUNE”灯闪烁。当参数自学习结束后，显示“END”，最后显示回到停机状态界面。当“TUN”闪烁时可按PRG/ESC退出参数自学习状态。

参数自学习的过程中可以按 STOP/RST 终止参数自学习操作。参数自学习完成后，该功能码自动恢复到 0。

P0.12 = 2：静止参数自学习。电动机静止参数自学习时，不必将电动机与负载脱开，电动机参数自学习前，必须正确输入电动机铭牌参数（P2.01 ~ P2.05）。自学习后将检测出电动机的定子电阻、转子的电阻以及电动机的漏感。而电动机的互感和空载电流将无法测量，用户可根据经验输入相应的数值。

（11）功能参数恢复功能码 P0.13

P0.13 = 0：无操作。

P0.13 = 1：变频器将所有参数恢复默认值。

P0.13 = 2：变频器清除近期的故障档案。

所选功能操作完成后，该功能码自动恢复到 0。

2. 起停控制组 P1

（1）起动运行方式功能码 P1.00

P1.00 = 0：直接起动，从起动频率开始起动。

P1.00 = 1：先直流制动再起动，先直流制动（设定参数 P1.03、P1.04），再从起动频率起动电动机运行。适用于小惯性负载在起动时可能产生反转的场合。

P1.00 = 2：转速追踪再起动，变频器先计算电动机的速度和方向，然后从当前速度开始运行，实现旋转中电动机的平滑无冲击起动，适用于大惯性负载的瞬时停电再起动。该功能仅限于 7.5kW 及以上的机型。

（2）功能码 P1.01 和 P1.02

功能码 P1.01 用于设定直接起动开始频率，设定范围为 0.00 ~ 10.00Hz，默认值为 0.00Hz。

功能码 P1.02 用于设定起动频率保持时间，设定范围为 0.0 ~ 50.0s，默认值为 0.0s。

设置合适的起动频率，可以增加起动时的转矩。变频器从起动频率（P0.01）开始运行，经过起动频率保持时间（P1.02）后，再按设定的加速时间加速到目标频率，若目标频率小于起动频率，变频器将处于待机状态。起动频率值不受下限频率限制。正反转切换过程中，起动频率不起作用。

（3）功能码 P1.03 和 P1.04

功能码 P1.03 设定起动前直流制动时，所加直流电流值，为变频器额定电流的百分比，设定范围为 0.0% ~ 150.0%，默认值为 0.0%。

功能码 P1.04 设定起动前制动时间，设定范围为 0.0 ~ 50.0s，默认值为 0.0s。P1.04 为直流电流持续时间，若设定直流制动时间为 0，则直流制动无效。

直流制动电流越大，制动力越大。

（4）加减速方式选择功能码 P1.05

起动、运行过程中频率变化方式选择。

P1.05 = 0：直线型。输出频率按照直线递增或递减。

P1.05 = 1：保留。

（5）停机方式选择功能码 P1.06

P1.06 = 0：减速停机。停机命令有效后，变频器按照减速方式及定义的减速时间降低输出频率，频率降为0后停机。

P1.06=1：自由停机。停机命令有效后，变频器立即终止输出。负载按照机械惯性自由停机。

（6）正反转死区时间P1.11

功能码P1.11设定变频器正反转过渡过程中，在输出零频处的过渡时间，设定范围为0.0~3600.0s，默认值为0.0s。

（7）运行频率低于频率下限动作功能码P1.12

该功能码是确定当运行频率低于下限频率时变频器的运行状态。

P1.12=0：以频率下限运行。

P1.12=1：停机。

P1.12=2：休眠待机。当运行频率低于下限频率时，变频器自由停车；当运行频率再次大于或者等于下限频率时，变频器自动运行。

该功能仅在下限频率大于零时有效。

（8）功能码P1.13和P1.14

功能码P1.13为停电再起动选择。

P1.13=0：禁止再起动。表示变频器掉电后，再一次上电，变频器不会自动起动。

P1.13=1：允许再起动。表示变频器停电后再上电时，会自动恢复以前的运行状态。即如果掉电前为运行状态，再上电后会延迟一段时间再起动，这段时间通过再起动等待时间（P1.14）来设置，之后自动起动运行（端子控制时，必须保证运行端子仍旧处于闭合状态），如果掉电前为停机状态，则再上电后，变频器不会自动起动。

P1.14为再起动等待时间，设定范围为0.0~3600.0s，默认值为0.0s。

该功能仅限于7.5kW以上机型使用，用户一定要慎重选择允许再起动功能，否则可能会引起严重后果。

3. 电动机参数组P2

（1）功能码P2.00~P2.04

功能码P2.00设定电动机额定功率，设定范围为0.4~900.0kW，默认值由机型确定。

功能码P2.01设定电动机额定频率，设定范围为0.01~P0.04，默认值为50.00Hz。

功能码P2.02设定电动机额定转速，设定范围为0~3600r/min，默认值为1460r/min。

功能码P2.03设定电动机额定电压，设定范围为0~460V，默认值由机型确定。

功能码P2.04设定电动机额定电流，设定范围为0.1~1000.0A，默认值由机型确定。

以上功能码应按照电动机的铭牌参数进行设置。优良的控制性能，需要准确的电动机参数。

（2）功能码P2.05~P2.09

功能码P2.05为电动机定子电阻，P2.06为电动机转子电阻，P2.07为电动机定、转子电感，P2.08为电动机定、转子互感，P2.09为电动机空载电流。电动机参数自学习正常结束后，P2.05~P2.09的设定值自动更新。这些参数是高性能V/F控制的基准参数，对控制的性能有着直接的影响。用户不要随意更改该组参数。

4. 频率给定功能组P3

（1）键盘设定频率功能码P3.00

当A频率指令选择为“键盘设定”时，该功能码值为变频器的频率数字设定初始值，设定范围为0.00~P0.04，默认值为50.00Hz。

(2) A频率指令选择P3.01

选择变频器A频率指令输入通道。共有8种主给定频率通道。

P3.01=0：键盘设定。通过修改功能码P3.00“键盘设定频率”的值，达到键盘设定频率的目的。

P3.01=1：模拟量AI1设定。指频率由模拟量输入端子来设定。模拟量输入的100.0%对应最大频率（功能码P0.04），-100.0%对应反向的最大频率（功能码P0.04）。

P3.01=2：模拟量AI2设定。当模拟量AI2选择0~20mA输入时，20mA对应的电压为5V。

P3.01=3：高速脉冲设定（HDI）。频率给定通过端子高速脉冲输入来设定。CHF系列变频器标准配置提供1路高速脉冲输入（HDI）。脉冲电压为15~30V，脉冲频率为0.0~50.0kHz。脉冲设定的100.0%对应最大频率，-100.0%对应反向的最大频率。

P3.01=4：简易PLC程序设定。

P3.01=5：多段速运行设定。选择此种频率设定方式，变频器以多段速方式运行。需要设置P5组和PA组参数来确定给定频率。如果P3.01没有设置成多段速设定，则多段速具有优先权，但其优先级仍低于寸动运行，多段速设定优先时，只能设定1~15段。如P3.01设置成多段速设定，则可设定0~15段。

P3.01=6：PID控制设定。选择此参数则变频器运行模式为过程PID控制。

P3.01=7：远程通信设定。频率指令由上位机通过通信方式给定。

(3) 功能码P3.06~P3.08

定义寸动运行时频率和加/减速时间。寸动运行过程按照直接起动方式和减速停机方式进行起停操作。

P3.06设定寸动运行频率，设定范围为0.00~P0.04，默认值为5.00Hz。

P3.07设定寸动运行加速时间，设定范围0.1~3600.0s，默认值由机型确定。

P3.08设定寸动运行减速时间，设定范围0.1~3600.0s，默认值由机型确定。

寸动加速时间指变频器从0Hz加速到最大输出频率（P0.04）所需时间。

寸动减速时间指变频器从最大输出频率（P0.04）减速到0Hz所需时间。

5. 输入端子组P5

CHF系列变频器有5个多功能数字输入端子（其中HDI可以用作高速脉冲输入端子），2个模拟量输入端子。

(1) HDI输入类型选择P5.00

P5.00=0：HDI为高速脉冲输入。

P5.00=1：HDI为开关量输入。

(2) 功能码P5.01~P5.05

功能码P5.01为S1端子功能选择，设定范围为0~39，默认值为1。

功能码P5.02为S2端子功能选择，设定范围为0~39，默认值为4。

功能码P5.03为S3端子功能选择，设定范围为0~39，默认值为7。

功能码P5.04为S4端子功能选择，设定范围为0~39，默认值为0。

功能码 P5.05 为 HDI 端子开关量输入功能选择，设定范围为 0～39，默认值为 0。

此组参数用于设定数字多功能输入端子对应的功能。

0：无功能。

1：正转运行（FWD）。

2：反转运行（REV）。

当运行指令通道为端子控制时，变频器的运行指令由上述端子功能给定。

3：三线式运行控制。

4：正转寸动。

5：反转寸动。

6：自由停车。命令有效后，变频器立即封锁输出，电动机停车过程不受变频器控制，对于大惯量负载且对停车时间没有要求时，建议采用该方式，该方式和 P1.08 所述自由停车含义相同。

7：故障复位。外部故障复位功能，用于远距离故障复位，与键盘上的 STOP/RST 键功能相同。

8：运行暂停。变频器减速停车，但所有运行参数均为记忆状态。如 PLC 参数、摆频参数、PID 参数。此信号消失后，变频器恢复运行到停车前状态。

9：外部故障输入。该信号有效后，变频器报外部故障（EF）并停机。

10：频率设定递增（UP）。

11：频率设定递减（DOWN）。

12：频率增减设定清零。

以上 3 个功能主要用来实现利用外部端子修改给定频率，UP 为递增指令，DOWN 为递减指令，频率增减设定清零则用来清除通过 UP/DOWN 设定的频率值，使给定频率恢复到由频率指令通道给定的频率。

13～15：频率通道切换。

16、17、18、19：多段速端子 1～4，通过此 4 个端子的状态组合，可实现 16 段速的设定。多段速端子 1 为低位，多段速端子 4 为高位。

20：多段速暂停。屏蔽多段速选择端子功能，使设定值维持在当前状态。

21、22：加减速时间选择端子 1、2。通过此两个端子的状态组合来选择 4 组加减速时间。

23：简易 PLC 复位。

24：简易 PLC 暂停。

25：PID 控制暂停。

26：摆频暂停。

27：摆频复位。

28：计数器复位。进行计数器状态清零。

29：长度复位。长度计数值清零。

30：加减速禁止。保证变频器不受外来信号影响（停机命令除外），维持当前输出频率。

31：计数器触发。内置计数器的计数脉冲输入口，最高频率为 200Hz。

32：频率增减设定暂时清零。

33~39：保留。

（3）功能码 P5.09~P5.13

功能码 P5.09 设定 AI1 下限值，设定范围为 0.00~10.00V，默认值为 0.00V。

功能码 P5.10 设定 AI1 下限对应设定，设定范围为 -100.0%~100.0%，默认值为 0.0%。

功能码 P5.11 设定 AI1 上限值，设定范围为 0.00~10.00V，默认值为 10.00V。

功能码 P5.12 设定 AI1 上限对应设定，设定范围为 -100.0%~100.0%，默认值为 100.0%。

功能码 P5.13 设定 AI1 输入滤波时间，设定范围为 0.00~10.00s，默认值为 0.10s

上述功能码定义了模拟量输入电压与模拟量输入对应的设定值之间的关系，当模拟输入电压超过设定的最大输入或最小输入的范围，以外部分将以最大输入或最小输入计算。

模拟输入 AI1 只能提供电压输入，其范围为 0V~10V。

6. 多段速控制组 PA

PA.02：多段速 0，设定范围为 -100.0%~100.0%，默认值为 0.0%。

PA.03：第 0 段运行时间，设定范围为 0.0~6553.5s，默认设置为 0.0s。

PA.04：多段速 1，设定范围为 -100.0%~100.0%，默认值为 0.0%。

PA.05：第 1 段运行时间，设定范围为 0.0~6553.5s，默认设置为 0.0s。

PA.06：多段速 2，设定范围为 -100.0%~100.0%，默认值为 0.0%。

PA.07：第 2 段运行时间，设定范围为 0.0~6553.5s，默认设置为 0.0s。

PA.08：多段速 3，设定范围为 -100.0%~100.0%，默认值为 0.0%。

PA.09：第 3 段运行时间，设定范围为 0.0~6553.5s，默认设置为 0.0s。

PA.10：多段速 4，设定范围为 -100.0%~100.0%，默认值为 0.0%。

PA.11：第 4 段运行时间，设定范围为 0.0~6553.5s，默认设置为 0.0s。

PA.12：多段速 5，设定范围为 -100.0%~100.0%，默认值为 0.0%。

PA.13：第 5 段运行时间，设定范围为 0.0~6553.5s，默认设置为 0.0s。

PA.14：多段速 6，设定范围为 -100.0%~100.0%，默认值为 0.0%。

PA.15：第 6 段运行时间，设定范围为 0.0~6553.5s，默认设置为 0.0s。

PA.16：多段速 7，设定范围为 -100.0%~100.0%，默认值为 0.0%。

PA.17：第 7 段运行时间，设定范围为 0.0~6553.5s，默认设置为 0.0s。

PA.18：多段速 8，设定范围为 -100.0%~100.0%，默认值为 0.0%。

PA.19：第 8 段运行时间，设定范围为 0.0~6553.5s，默认设置为 0.0s。

PA.20：多段速 9，设定范围为 -100.0%~100.0%，默认值为 0.0%。

PA.21：第 9 段运行时间，设定范围为 0.0~6553.5s，默认设置为 0.0s。

PA.22：多段速 10，设定范围为 -100.0%~100.0%，默认值为 0.0%。

PA.23：第 10 段运行时间，设定范围为 0.0~6553.5s，默认设置为 0.0s。

PA.24：多段速 11，设定范围为 -100.0%~100.0%，默认值为 0.0%。

PA.25：第 11 段运行时间，设定范围为 0.0~6553.5s，默认设置为 0.0s。

PA.26：多段速 12，设定范围为 -100.0%~100.0%，默认值为 0.0%。

PA. 27：第 12 段运行时间，设定范围为 0. 0 ~6553. 5s，默认设置为 0. 0s。

PA. 28：多段速 13，设定范围为 -100. 0% ~100. 0%，默认值为 0. 0%。

PA. 29：第 13 段运行时间，设定范围为 0. 0 ~6553. 5s，默认设置为 0. 0s。

PA. 30：多段速 14，设定范围为 -100. 0% ~100. 0%，默认值为 0. 0%。

PA. 31：第 14 段运行时间，设定范围为 0. 0 ~6553. 5s，默认设置为 0. 0s。

PA. 32：多段速 15，设定范围为 -100. 0% ~100. 0%，默认值为 0. 0%。

PA. 33：第 15 段运行时间，设定范围为 0. 0 ~6553. 5s，默认设置为 0. 0s。

多段速度在 - Fmax ~ Fmax 范围内，可连续设定。频率设定 100. 0% 对应最大频率（P0. 04）。CHF 系列变频器可设定 16 段速度，由外部端子 S1、S2、S3、S4 组合编码选择，分别对应多段速度 0 ~ 多段速度 15。

S1 = S2 = S3 = S4 = OFF 时，频率输入方式由代码 P3. 01 选择。S1、S2、S3、S4 端子不全为 OFF 时，以多段速运行，多段速度的优先级高于键盘、模拟、高速脉冲、简易 PLC、通信频率输入，通过 S1、S2、S3、S4 组合编码，最多可选择 16 段速度。

多段速度运行时的起动停车同样由功能码 P0. 03 确定，S1、S2、S3、S4 端子与多段速度段的关系如表 10-6 所示。

表 10-6　外部端子组合与多段速度段的关系

		端子状态															
端子	S1	OFF	ON	OFF	ON	OFF	ON	OFF	ON	OFF	ON	OFF	ON	OFF	ON	OFF	ON
	S2	OFF	OFF	ON	ON	OFF	OFF	ON	ON	OFF	OFF	ON	ON	OFF	OFF	ON	ON
	S3	OFF	OFF	OFF	OFF	ON	ON	ON	ON	OFF	OFF	OFF	OFF	ON	ON	ON	ON
	S4	OFF	OFF	OFF	OFF	OFF	OFF	OFF	OFF	ON	ON	ON	ON	ON	ON	ON	ON
段		0	1	2	3	4	5	6	7	8	9	10	11	12	13	14	15

关于 CHF100 系列变频器其他功能码请参看使用手册。

10. 3　应用举例

10. 3. 1　CHF100 变频器控制异步电动机

了解 CHF100 系列变频器的原理、构成及功能以后，需要进一步了解和掌握变频器的应用。以下以 CHF100-1R5G/2R2P-4 变频器和功率为 0. 4kW 的交流电动机为例，介绍变频器在交流变频调速系统中的各种功能应用。

1. 电动机参数自学习

变频器运行时，首先应进行电动机的参数自学习，输入电动机铭牌参数，CHF 系列变频器据此铭牌参数匹配标准电动机参数，以获得良好的控制功能。电动机自学习变频器参数设置如表 10-7 所示。

参数自学习前，必须正确输入电动机铭牌参数，并使电动机与负载断开，使电动机处于静止、空载状态，否则电动机参数自学习的结果有可能不正确。

表 10-7　电动机自学习变频器参数设置

功能码	出厂值	设定值	说　　明
P0.03	0	0	运行指令通道:键盘指令通道
P2.00	1.5	0.4	电动机额定功率:0.4kW
P2.01	50.00Hz	50.00Hz	电动机额定频率:50.00Hz
P2.02	1460r/min	1460r/min	电动机额定转速:1460r/min
P2.03	380V	380V	电动机额定电压:380V
P2.04	1.5A	1.0A	电动机额定电流:1.0A
P0.07	5.0	5.0	加速时间:5.0s
P0.08	5.0	5.0	减速时间:5.0s
P0.12	0	1	电动机参数自学习:旋转参数自学习

电动机参数自学习前，应根据电动机的惯量大小适当设置加、减速时间，否则电动机参数自学习中有可能出现过电流、过电压故障。

参数自学习的起动与停止只能由键盘控制；参数自学习完成后，功能码 P0.12 自动恢复到0。

2. 变频器多功能输入端子控制调速

（1）硬件接线

在变频器多功能输入端子外接按钮，并将该输入端子分别设置为电动机正转、电动机反转。硬件接线如图 10-5 所示。

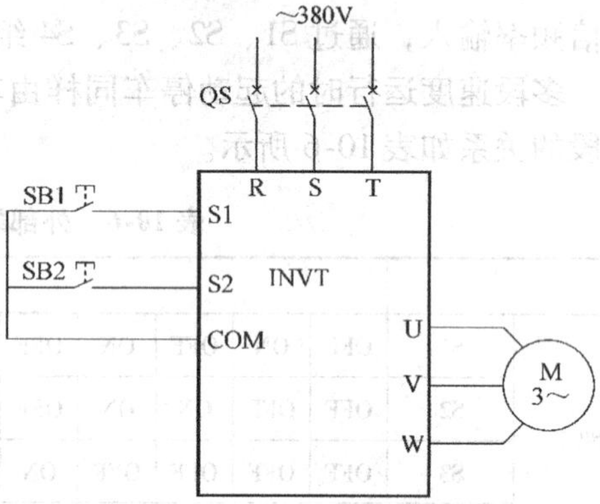

图 10-5　电动机的起停控制硬件接线

（2）参数设置

电动机起停控制变频器参数设置，如表 10-8 所示。

表 10-8　电动机起停控制参数设置

功能码	出厂值	设定值	说　　明
P0.00	1	1	变频器类型:P 型机
P0.03	0	1	运行指令通道:端子指令通道
P0.04	50.00Hz	50.00Hz	最大输出频率:50.00Hz
P0.05	50.00Hz	50.00Hz	运行频率上限:50.00Hz
P0.06	0.00Hz	0.00Hz	运行频率下限:0.00Hz
P1.00	0	0	起动运行方式:直接起动
P1.06	0	0	停机方式选择:减速停车
P5.01	1	1	S1 端子功能选择:正转运行(FWD)
P5.02	4	2	S2 端子功能选择:反转运行(REV)

其余部分参数可由变频器参数默认值给出，不需要特别设定。

（3）运行操作

确保电路正确连接，接通电源，按下按钮 SB1，电动机开始正转，频率逐渐上升至

50Hz，保持平稳运行，松开 SB1 后，电动机减速停机。

按下按钮 SB2 时，电动机开始反向转动，频率逐渐上升至 50Hz，然后保持平稳运行，松开 SB2 后，电动机减速停机。

3. 变频器模拟信号控制调速

INVT CHF 系列变频器标准配置提供两路模拟量输入端子，其中 AI1 为 0 ~ 10V 电压型输入，AI2 为 0 ~ 10V/0（4）~ 20mA 输入，电流/电压输入可由跳线 J16 进行切换（当模拟量 AI2 选择 0 ~ 20mA 输入时，20mA 对应的电压为 5V）。

（1）硬件接线

变频器模拟信号控制调速硬件接线如图 10-6 所示。

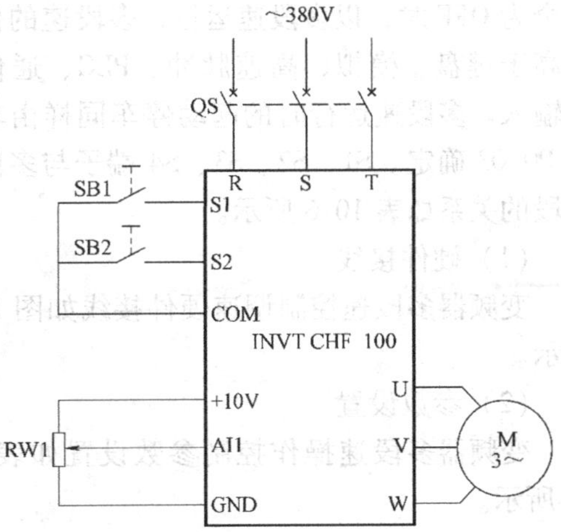

图 10-6　变频器模拟信号控制调速硬件接线图

（2）参数设置

变频器模拟信号控制调速参数设置如表 10-9 所示。

表 10-9　模拟信号控制调速参数设置

功能码	出厂值	设定值	说　明
P0. 00	1	1	变频器类型:P 型机
P0. 03	0	1	运行指令通道:端子指令通道
P0. 04	50. 00Hz	50. 00Hz	最大输出频率:50. 00Hz
P0. 05	50. 00Hz	50. 00Hz	运行频率上限:50. 00Hz
P0. 06	0. 00Hz	0. 00Hz	运行频率下限:0. 00Hz
P1. 00	0	0	起动运行方式:直接起动
P1. 06	0	0	停机方式选择:减速停车
P5. 01	1	1	S1 端子功能选择:正转运行(FWD)
P5. 02	4	2	S2 端子功能选择:反转运行(REV)
P3. 01	0	1	A 频率指令选择:模拟量 AI1 设定

（3）运行操作

按下 SB1 时，电动机正转，调节电位器改变变频器频率输出，用以控制电动机运行速度，松开 SB1，电动机停止转动。

按下 SB2 时电动机反转，调节电位器改变变频器频率输出，用以控制电动机运行速度，松开 SB2，电动机停止转动。

这样利用变频器控制电动机，通过调节模拟信号来调节变频器输出频率，可以实现平滑调速，但是由于电位器需要手动调节，不能精确地调整到固定的频率上，同时也不能实现远程控制和更为复杂的控制。

4. 变频器多段速控制调速

CHF 系列变频器可设定 16 段速度，由外部端子 S1、S2、S3、S4 组合编码选择，分别对应多段速 0 ~ 多段速 15。当 S1、S2、S3、S4 不全为 OFF 时，以多段速运行，多段速的优先级高于键盘、模拟、高速脉冲、PLC、通信频率输入。多段速运行时的起动停车同样由功能码 P0.03 确定。S1、S2、S3、S4 端子与多段速度段的关系如表 10-6 所示。

（1）硬件接线

变频器多段速控制调速硬件接线如图 10-7 所示。

（2）参数设置

变频器多段速操作控制参数设置如表 10-10 所示。

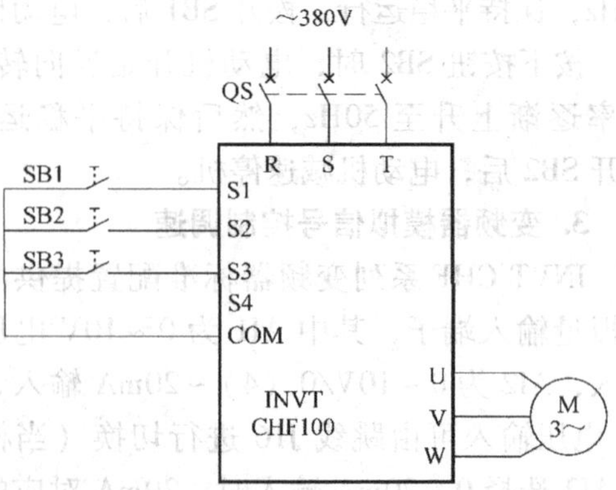

图 10-7　变频器多段速控制调速硬件接线图

表 10-10　变频器多段速操作控制参数设置

功能码	出厂值	设定值	说　明
P0.00	1	1	变频器类型：P 型机
P0.03	0	1	运行指令通道：端子指令通道
P0.04	50.00Hz	50.00Hz	最大输出频率：50.00Hz
P0.05	50.00Hz	50.00Hz	运行频率上限：50.00Hz
P0.06	0.00Hz	0.00Hz	运行频率下限：0.00Hz
P1.00	0	0	起动运行方式：直接起动
P1.06	0	0	停机方式选择：减速停车
P3.01	0	5	A 频率指令选择：多段速运行设定
P5.01	1	16	S1 端子功能选择：多段速端子 1
P5.02	4	17	S2 端子功能选择：多段速端子 2
P5.03	7	1	S3 端子功能选择：正转运行(FWD)
PA.02	0.0%	20%	多段速 0　10Hz
PA.04	0.0%	50%	多段速 1　25Hz
PA.06	0.0%	80%	多段速 2　40Hz

（3）运行操作

按下自锁按钮 SB3，电动机起动，以多段速 0 频率 10Hz 运行；然后按下 SB1，电动机以多段速 1 频率 25Hz 运行，松开 SB1，按下 SB2，电动机以多段速 2 频率 40Hz 运行；松开 SB3，电动机停止转动。

这是简单的三段调速，可以设计更为复杂的电路实现更多段速的调节。当 P3.01 功能码 A 频率指令选择为 5（多段速运行设定时），可以设定 0 ~ 15 段，如果 P3.01 没有设置为多段速设定，则多段速设定具有优先权，但其优先权仍低于寸动运行，多段速优先时，只能设定 1 ~ 15 段。

10.3.2　PLC 与变频器联机控制电动机调速

利用 PLC 来控制变频器，不但可以实现更为复杂的控制，还可以实现远程控制和自动控制。变频器仍选为 CHF100-1R5G/2R2P-4，交流电动机仍选为功率为 0.4kW。PLC 选为西门子 S7-300 系列 PLC。

1. PLC 联机变频器多段速控制

由 PLC 控制电动机的起停，在变频器中设置多段频率值，编写程序，使得电动机按一定的时间自动地进行频率转换，本次实现的是 7 段固定频率的转换，每个频率段内运行 5s 后自动进入下一个设定频率运行，时间和频率大小顺序可自行设定。

（1）硬件接线

PLC 联机变频器 7 段速控制硬件接线如图 10-8 所示。

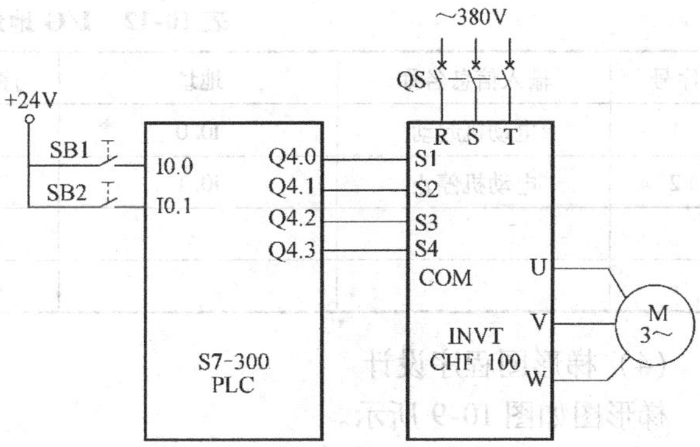

图 10-8　PLC 联机变频器 7 段速控制

（2）参数设置

PLC 联机变频器 7 段速控制参数设置如表 10-11 所示。

表 10-11　PLC 联机变频器 7 段速操作控制参数设置

功能码	出厂值	设定值	说　明
P0.00	1	1	变频器类型:P 型机
P0.03	0	1	运行指令通道:端子指令通道
P0.04	50.00Hz	50.00Hz	最大输出频率:50.00Hz
P0.05	50.00Hz	50.00Hz	运行频率上限:50.00Hz
P0.06	0.00Hz	0.00Hz	运动频率下限:0.00Hz
P1.00	0	0	起动运行方式:直接起动
P1.06	0	0	停机方式选择:减速停车
P3.01	0	5	A 频率指令选择:多段速运行设定
P5.01	1	16	S1 端子功能选择:多段速端子 1
P5.02	4	17	S2 端子功能选择:多段速端子 2
P5.03	7	18	S3 端子功能选择:多段速端子 3
P5.04	0	1	S4 端子功能选择:正转运行(FWD)
PA.04	0.0%	-10%	多段速 0: -5Hz
PA.06	0.0%	-50%	多段速 1: -25Hz
PA.08	0.0%	-80%	多段速 2: -40Hz
PA.10	0.0%	-30%	多段速 3: -15Hz
PA.12	0.0%	10%	多段速 4:5Hz
PA.14	0.0%	40%	多段速 5:20Hz
PA.16	0.0%	70%	多段速 6:35Hz

表 10-11 中为需要在 CHF100 中设置的功能码，其他的功能码使用变频器的默认值就可以满足在该系统中的控制要求。

（3）PLC 的硬件配置和 I/O 地址表

电源模块选为 PS 307 10A，CPU 模块订货号为 6ES7 314-1AF10-0AB0，数字量输入模块选为 SM 321 DI16×DC24V，数字量输出模块选取 SM 322 DO16×DC24V。PLC 中 I/O 地址分配表如表 10-12。

表 10-12　I/O 地址分配表

序号	输入信息名称	地址	序号	输出信息名称	地址
1	电动机起动	I0.0	1	多段速控制 S1	Q4.0
2	电动机停止	I0.1	2	多段速控制 S2	Q4.1
			3	多段速控制 S3	Q4.2
			4	正转运行	Q4.3

（4）梯形图程序设计

梯形图如图 10-9 所示。

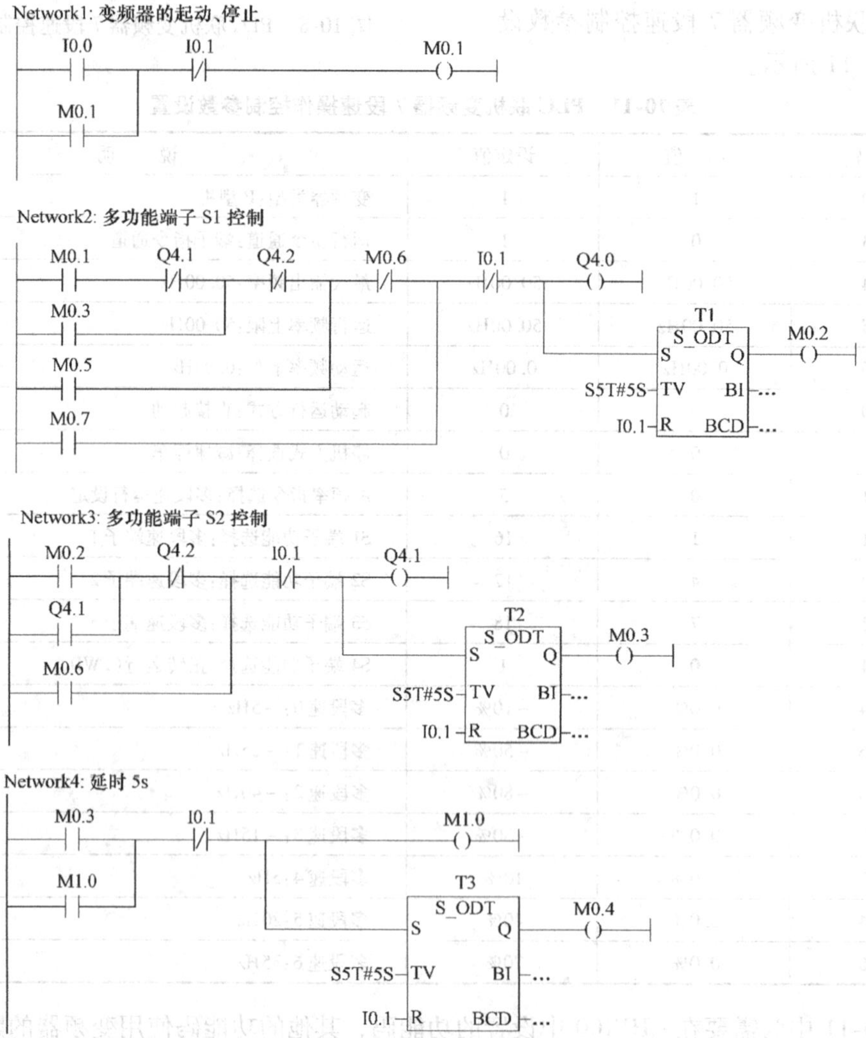

图 10-9　PLC 联机变频器实现 7 段速控制梯形图程序

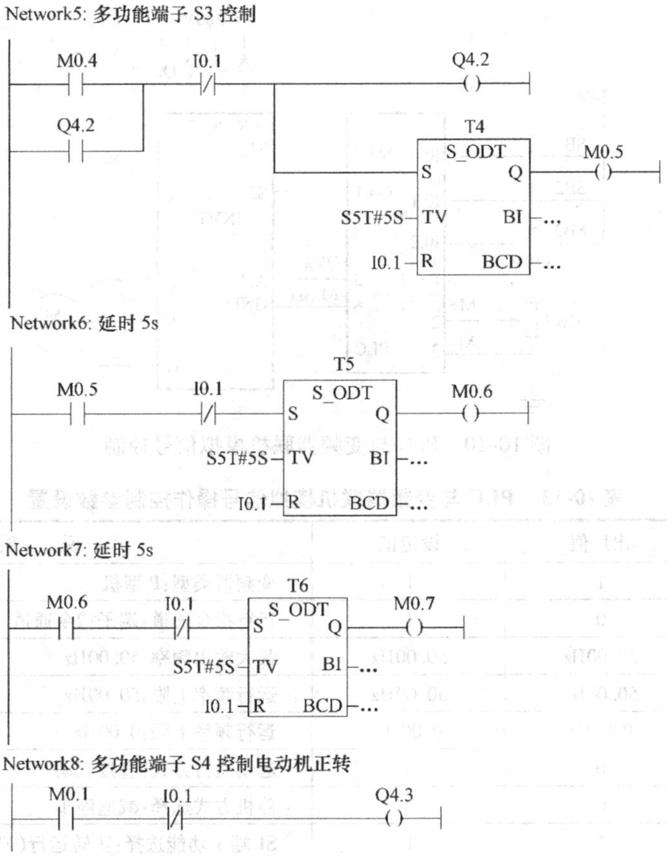

图 10-9　PLC 联机变频器实现 7 段速控制梯形图程序（续）

（5）系统运行调试

硬件按图 10-8 正确接线，将程序下载到 PLC，然后合上 QS，按表 10-11 正确设置 CHF100 的 7 段速固定频率控制参数。按下按钮 SB1，变频器数字输入端 S4 为 ON，得到运转信号，电动机以起始频率 -5Hz 运行，5s 后自动以多段速 1 继续运行，5s 后继续以下一个频率运行，依次运行下去，运行至多段速 6 后持续以该频率运行，直至接收到按钮 SB2 发出的停机信号，电动机停机。

2. PLC 联机变频器模拟信号控制

按下 SB1 按钮，电动机正转，0 ~ DC10V 电压信号经电位器调节送入模拟量输入模块 SM331，CPU 处理后经模拟量输出模块 SM332 输出 0 ~ DC10V 信号，送给 CHF100 变频器的模拟量输入端子 AI1，调节电位器，可平滑调节电动机正转速度的大小。按下 SB2 按钮，电动机停止。

按下 SB3 按钮，电动机反转，调节电位器，可平滑调节电动机正转速度的大小。按下 SB2 按钮，电动机停止。

（1）硬件接线

PLC 联机变频器模拟信号控制硬件接线如图 10-10 所示。

（2）参数设置

变频器参数设置如表 10-13 所示。

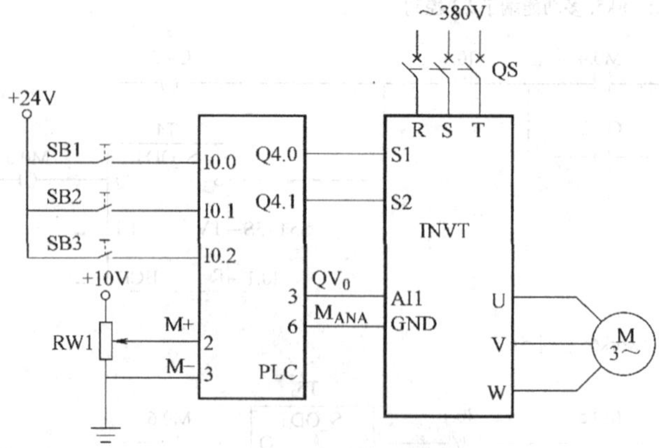

图 10-10　PLC 与变频器联机模拟信号控制

表 10-13　PLC 与变频器联机模拟信号操作控制参数设置

功能码	出厂值	设定值	说　　明
P0.00	1	1	变频器类型:P 型机
P0.03	0	1	运行指令通道:端子指令通道
P0.04	50.00Hz	50.00Hz	最大输出频率:50.00Hz
P0.05	50.00Hz	50.00Hz	运行频率上限:50.00Hz
P0.06	0.00Hz	0.00Hz	运行频率下限:0.00Hz
P1.00	0	0	起动运行方式:直接起动
P1.06	0	0	停机方式选择:减速停车
P5.01	1	1	S1 端子功能选择:正转运行(FWD)
P5.02	4	2	S2 端子功能选择:反转运行(REV)
P3.01	0	1	A 频率指令选择:模拟量 AI1 设定

(3) I/O 地址分配

模拟量模块选取 SM 331 AI8×12Bit，模拟量输出模块选取 SM 332 AO2×12Bit。I/O 地址分配如表 10-14 所示。

表 10-14　I/O 地址分配表

序号	输入信息名称	地址	序号	输出信息名称	地址
1	电动机正转	I0.0	1	电动机正转	Q4.0
2	电动机停止	I0.1	2	电动机反转	Q4.1
3	电动机反转	I0.2	3	模拟量输出	PQW304
4	模拟量输入	PIW288			

(4) 梯形图编程

程序段1:正向运行

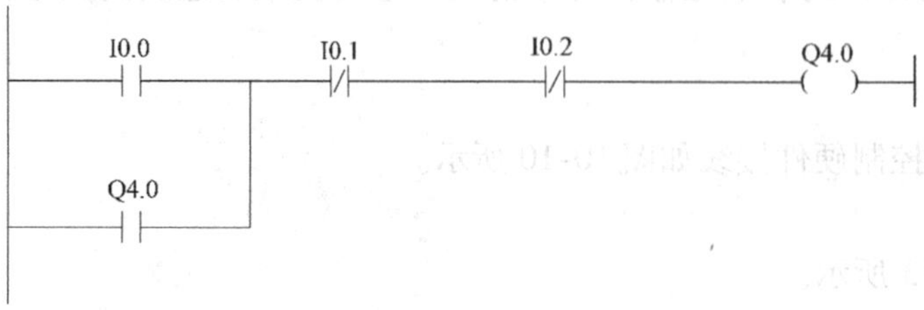

程序段2：反向运行

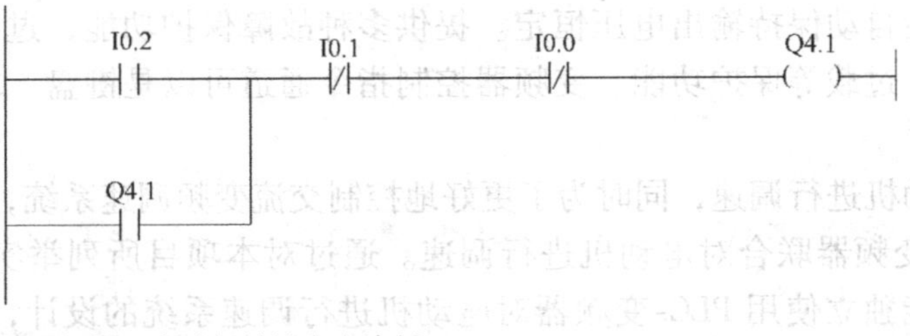

程序段3：电动机转速大小控制

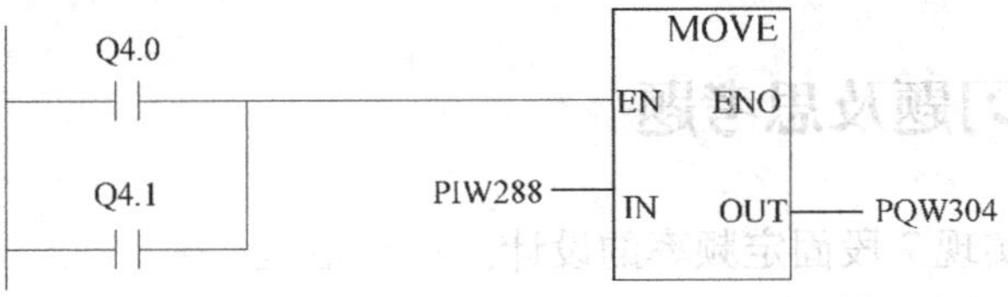

（5）系统运行操作

1）电动机正向运行。当按下正转按钮 SB1 时，PLC 输入继电器 I0.0 得电，其常开触点闭合。输出继电器 Q4.0 得电，一方面使变频器端口 S1 为"ON"，允许电动机正转；另一方面 Q4.0 的常开触点闭合，传送指令 MOVE 将在输入端 IN 特定地址 PIW288 中的内容复制到输出端 OUT 上的特定地址 PQW304 中。即将 PIW288 地址中模拟输入端口可调的电压信号复制到由 PQW304 地址所对应的模拟输出端口中，再输入到变频器的模拟输入端口"AI1""GND"中，从而通过调节 RW1 来调节电动机正向转速的大小。

2）电动机反向运行。当按下反转按钮 SB3 时，PLC 输入继电器 I0.2 得电，其常开触点闭合。输出继电器 Q4.1 得电，一方面使变频器的端口 S2 变为"ON"，允许电动机反转，另一方面 Q4.1 的常开触点闭合，传送指令 MOVE 将 PIW288 地址中模拟量输入端口可调的电压信号复制到由 PQW304 地址所对应的模拟输出端口中，再输入到变频器的模拟输入端口"AI1"、"GND"中，从而通过调节 RW1 来调节电动机反向转速的大小。

可见，转速的方向是由数字端口 S1、S2 对应的参数设置来决定的，转速的大小是由电位器 RW1 所控制的模拟输入信号大小来决定的。

3）电动机停车。有两种方法可以使电动机停车：一种方法是调节电位器 RW1，使其可调输出端电压为 0，电动机正向（或反向）停车；另一种方法是按下停止按钮 SB2，PLC 输入继电器 I0.1 得电，其常闭触点断开，使输出继电器 Q4.0 和 Q4.1 同时失电，变频器的数字输入端口 S1 和 S2 均为"OFF"，电动机停止运行。

项目小结

本项目首先介绍变频器的基础知识，然后以英威腾 CHF100 系列变频器为例介绍了变频器在交流电动机调速中的应用，以及 PLC-变频器联合控制电动机调速的设计方法。

CHF100 系列变频器为通用型变频器，主要面向简单调速应用场合，采用恒转矩/变转矩合一结构，更能满足大部分应用的功能需求。频率设定方式有数字设定、模拟量设定、脉冲频率设定、串行通信设定、多段速及简易 PLC 设定、PID 设定等，可实现设定的组合和方式切换。具有瞬时停电不停机功能，能实现对旋转中电动机的无冲击平滑起动。自动电压调整功能，当电网电压变化时，能自动保持输出电压恒定。提供多种故障保护功能，过电流、过电压、欠电压、过温、缺相、过载等保护功能。变频器控制指令通道可以是键盘、端子，还可以是通信指令。

可以使用变频器直接对电动机进行调速，同时为了更好地控制交流变频调速系统，提高自动化水平，可以采用 PLC 加变频器联合对电动机进行调速。通过对本项目所列举实例的学习，要求读者在实际工程中能独立使用 PLC-变频器对电动机进行调速系统的设计，完成硬件设计、变频器参数的设计以及软件编程。

习题及思考题

10-1　使用 CHF100 系列变频器实现 7 段固定频率的设计。

10-2　使用 PLC-变频器联机实现变频器控制端口开关操作，完成对电动机正反向点动运行的控制。电动机控制要求：电动机正向反向点动转速 1120r/min，对应频率 40Hz。点动运行加速或减速时间为 10s。

10-3　PLC-变频器联机实现电动机延时控制。控制要求如下。

1）当按下正转起动按钮时，电动机延时 11s 开始正向起动，并且在 10s 内电动机达到额定转速 1460r/min，对应频率为工频 50Hz。当电动机停止时，发出指令后 7s 内电动机转速降为 0。

2）当按下反向起动按钮时，电动机延时 11s 开始反向起动，并且在 10s 内达到额定转速 1460r/min，对应频率 50Hz。当电动机停止时，发出指令后 7s 内电动机转速降为 0。

项目 11　液体混合装置控制

【学习目标】

1. 掌握算术运算指令、转换指令和字逻辑运算指令特点及正确使用。
2. 掌握模拟量输入/输出模块的正确安装、设置、调试。
3. 会使用算术运算指令、转换指令和字逻辑运算指令编写简单的程序。
4. 能独立完成简单模拟量控制系统（如液体混合控制装置、炉温控制系统）的硬件配置及安装、硬件组态及程序编写。

11.1　项目简述

多种液体按一定比例混合在很多生产过程中是不可缺少的关键环节，液体混合控制的可靠性是非常重要的。

图 11-1 所示为一液体混合控制装置，由一个模拟量液位传感器-变送器（输出为 4 ~ 20mA）来检测液位的高低。对 A 和 B 两种液体原料按比例混合，控制要求如下。

1）按下起动按钮液体 A 阀门打开，液体 A 流入容器。

2）当液位达到 30% 后，则关闭液体 A 阀门，打开液体 B 阀门，开始加入液体 B。

3）当液位达到 100% 后，则关闭液体 B 阀门，搅拌电动机开始搅匀。

4）搅拌电动机工作 10s 后停止搅动，混合液阀门打开，开始放出混合液体。

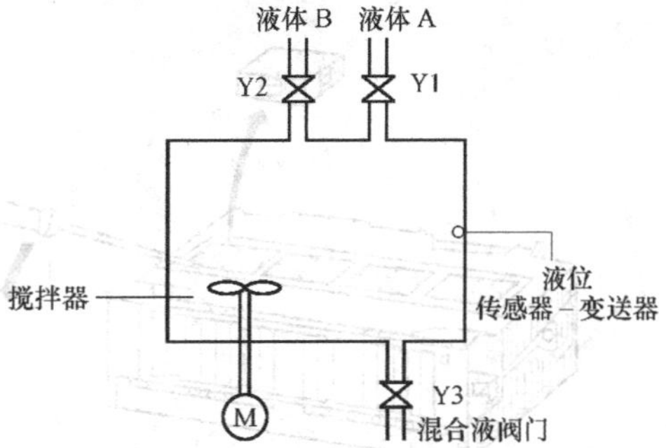

图 11-1　液体混合控制装置

5）当液体放空后，延时 5s 后关闭混合液阀门。按停止按钮，系统应立即停止运行。

用 PLC 实现对两种液体混合装置的控制。本项目涉及对模拟量信号的处理，因此应该对模拟量输入模块、模拟量输出模块以及对模拟信号的处理进行相关内容的准备。模拟信号的处理一般都用到算术运算指令、转换指令和字逻辑运算指令。

11.2　相关知识

11.2.1　模拟量的处理

在生产过程中，有许多过程变量的值是随时间连续变化的（如温度、压力、流量等），称为模拟量。为了实现对这些物理量的控制，首先需要经测量传感器将物理量转换为电量（如电压、电流、电阻、电荷等），然后再经变送器将测量结果转换为标准的直流电压和直流电流信号（如±1000mV、±10V、4～20mA 等），再将标准的模拟电信号送入模拟量输入模块进行 A/D 转换，变成 CPU 能够接收的数字量信号后送入 CPU 进行处理，PLC 处理后的二进制电平信号再送给模拟量输出模块进行 D/A 转换，转换成模拟量信号后去驱动相应的执行器。

1. 模拟量输入模块测量方法和测量范围的设置

模拟量输入模块的输入信号的种类和测量范围用安装在模块侧面的量程卡（或称量程模块）来设置。量程卡安装在模拟量输入模块的一侧，每两个通道为一组，共用一个量程卡，图 11-2 中的模块共有 8 个通道，因此有 4 个量程卡。量程模块可以设定为以下位置："A"、"B"、"C"和"D"。其中"A"为热电阻、热电偶测量，测量范围为±1000mV；"B"为电压测量，测量范围为±10V；"C"为四线变送器测量，传感器电源线与信号线分开，测量范围为 4～20mA；"D"为两线变送器测量，传感器电源线与信号线并用，传感器的电源通过模拟量输入模块供给，测量范围为 4～20mA。使用 STEP 7 中的硬件组态功能可以进一步确定测量范围。

模块出厂时量程卡预设在 B 位置，如果需要的话，必须重新插入量程模块，以更改测量方法和测量范围。各种测量方法和测量范围的设定都打印在模拟量模块上。设置量程卡时先使用螺钉旋具将量程卡从模拟量输入模块中松开，如图 11-2 所示；根据要设置的量程，确定量程卡的位置，并按标记方向将量程卡插入模拟量输入模块中，如图 11-3 所示。

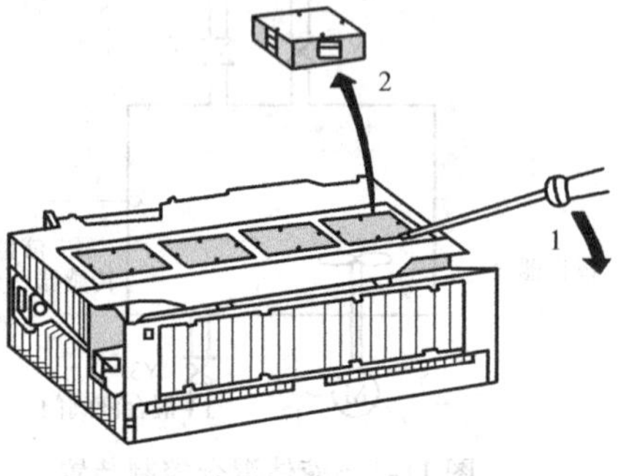

图 11-2　将量程卡从模拟量输入模块中松开

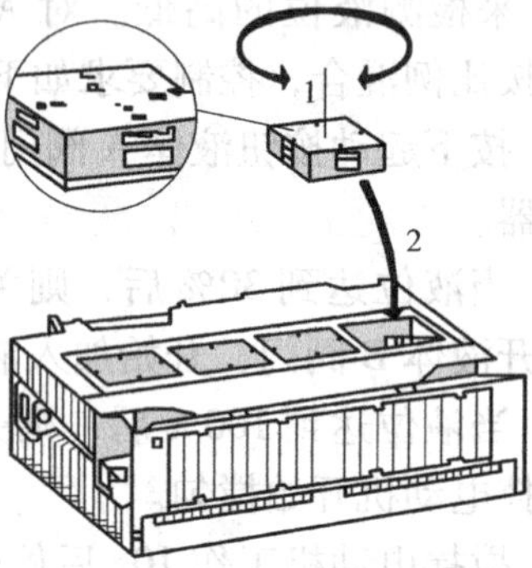

图 11-3　将量程卡插入模拟量输入模块

如果没有正确的设置量程卡，将会损坏模拟量输入模块。在 STEP 7 中，对模拟量模块进行参数化设置时，所选测量传感器类型必须与模块上量程卡设定的类型相匹配；否则模块上的 SF 指示灯将指示模块故障。

2. 传感器与模拟量输入模块连接

根据测量方法的不同，可以将电压和电流传感器以及电阻器等不同类型的传感器连接到模拟量输入模块。为了减少电子干扰，对于模拟信号应使用双绞线屏蔽电缆。模拟信号电缆的屏蔽层应该两端接地。如果电缆两端存在电位差，将会在屏蔽层中产生等电位连接电流，造成对模拟信号的干扰。在这种情况下，应该让电缆的屏蔽层一点接地。

（1）带隔离的模拟量输入模块

对于带隔离的模拟量输入模块，在 CPU 的 M 端和测量电流 M_{ANA} 的参考点之间没有电气连接。如果测量电流 M_{ANA} 参考点和 CPU 的 M 端存在一个电位差 U_{ISO}，必须选用隔离型模拟输入模块。通过在 M_{ANA} 端子和 CPU 的 M 端子之间使用一根等电位连接导线，可以确保

U_{ISO}不会超过允许值。

（2）不带隔离的模拟量输入模块

对于不带隔离的模拟量输入模块，在 CPU 的 M 端和测量电流 M_{ANA} 的参考点之间，必须建立电气连接。为此应连接 M_{ANA} 端子与 CPU 的 M 端子以及 IM153 的 M 端子。M_{ANA} 和 CPU 的 M 端子及 IM153 之间的电位差会造成模拟信号的中断。

（3）有限电位差 U_{CM}

在输入通道的测量线 M－和测量电路的参考点 M_{ANA} 之间只会发生有限电位差 U_{CM}（共模电压）。为了防止超过允许值，可以根据传感器的电线连接情况，采取不同的措施。

3. 连接带隔离的传感器

带隔离的传感器不能与本地接地电线连接（本地接地）。带隔离的传感器应无电势运行。对于带隔离的传感器，在不同传感器之间会引起电位差，这些电位差可能是由于干扰或传感器的本地布置情况造成的。

为了防止在具有强烈电磁干扰的环境中运行时超过 U_{CM} 的允许值，建议将 M－与 M_{ANA} 连接。在连接用于电流测量的双线变送器和阻性传感器时，禁止将 M－连接至 M_{ANA}。连接电路如图 11-4 和图 11-5 所示。在图 11-4 ~ 图 11-11 中所用的缩写词和助记符具有以下含义。

M＋：测量导线（正）。

M－：测量导线（负）。

M_{ANA}：模拟测量电路的参考电压。

M：接地端子。

L＋：DC24V 电源端子。

U_{CM}：M_{ANA} 测量电路的输入和参考电位之间的电位差。

U_{ISO}：M_{ANA} 和 CPU 的 M 端子之间的电位差。

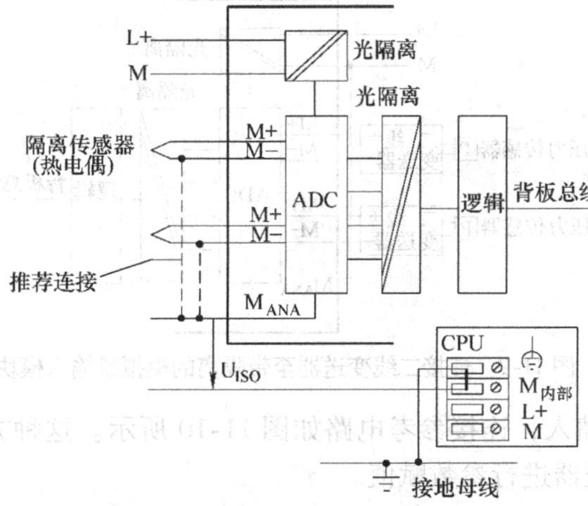

图 11-4　连接带隔离的传感器至带隔离的模拟量输入模块

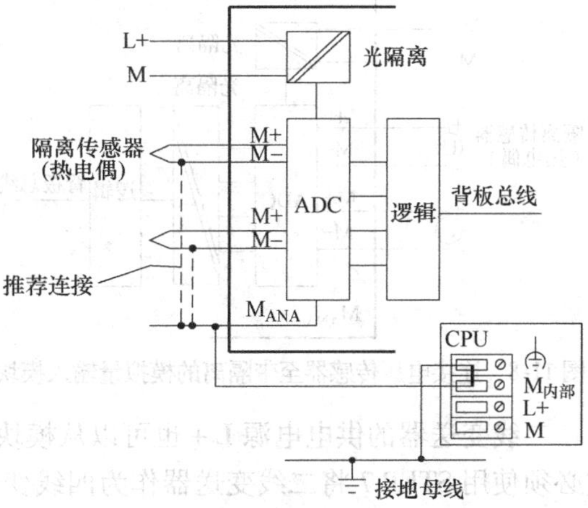

图 11-5　连接带隔离的传感器至不带隔离的模拟量输入模块

4. 不带隔离的传感器

不带隔离的传感器可以与本地接地电线连接（本地接地）。如果使用的是不带隔离的传感器，必须将 M_{ANA} 连接至本地接地。由于本地条件或干扰，在本地分布的各个测量点之间会造成电位差 U_{CM}（静态或动态）。如果电位差 U_{CM} 超过允许值，在测量点之间必须使用等电位连接导线。如果将不带隔离的传感器连接到光隔离的模块，CPU 既可以在接地模式（参见图 11-6）下运行，也可以在未接地模式下运行。如果将不带隔离的传感器连接到不带隔离的模块，CPU 只能在接地模式下运行，如图 11-7 所示。

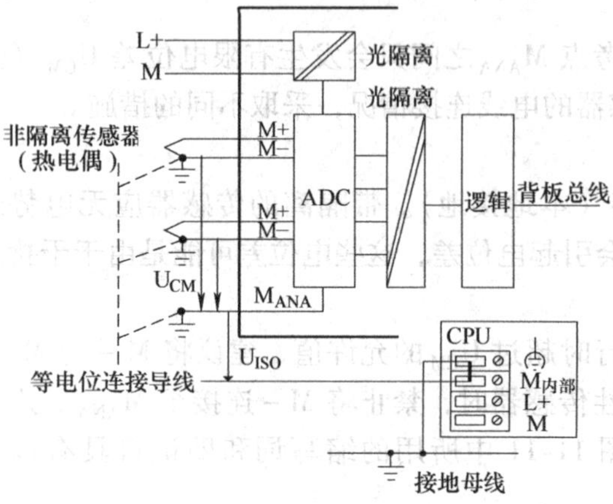

图 11-6　连接不带隔离的传感器至带隔离的模拟量输入模块

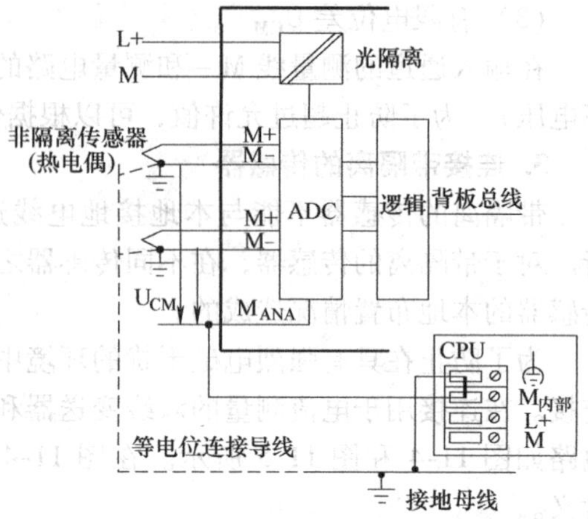

图 11-7　连接不带隔离的传感器至不带隔离的模拟输入模块

5. 连接电压传感器

电压传感器与模拟量输入模块之间的连接如图 11-8 所示。

6. 连接二线变送器

二线变送器可通过模拟量输入模块的端子进行短路保护供电，并将所测得的变量转换为电流，二线变送器必须是一个带隔离的传感器，连接参考电路如图 11-9 所示。

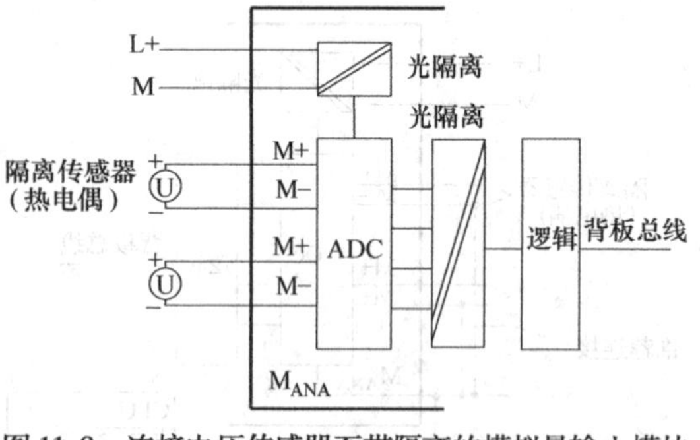

图 11-8　连接电压传感器至带隔离的模拟量输入模块

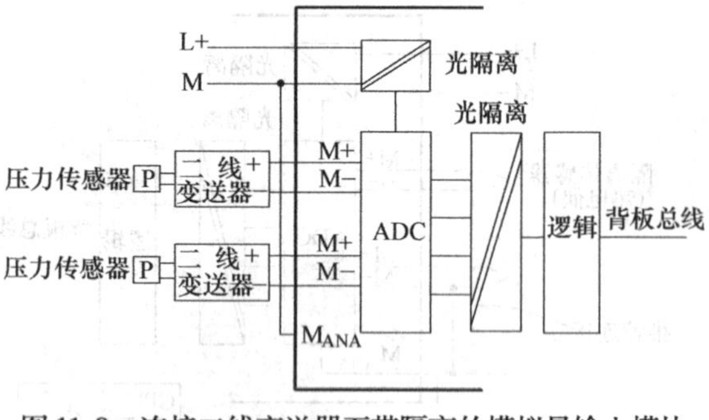

图 11-9　连接二线变送器至带隔离的模拟量输入模块

二线变送器的供电电源 L + 也可以从模块馈入，连接参考电路如图 11-10 所示。这种方式必须使用 STEP 7 将二线变送器作为四线变送器进行参数赋值。

7. 连接四线变送器

四线变送器与模拟量输入模块的连接电路如图 11-11 所示。

8. 连接热敏电阻和普通电阻

热敏电阻/普通电阻可以使用两线制、三线制或四线制端子进行接线。对于四线端子和三线端子，模块可以通过端子 I_{C+} 和 I_{C-} 提供恒定电流，以补偿测量电缆中产生的电压降。

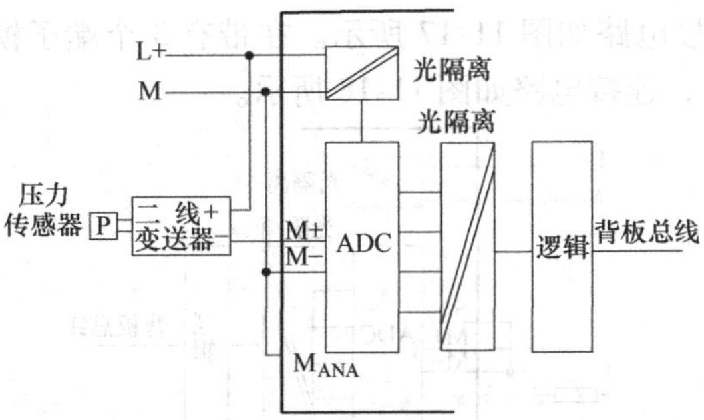

图 11-10 连接从 L+供电的二线变送器至带隔离的模拟量输入模块

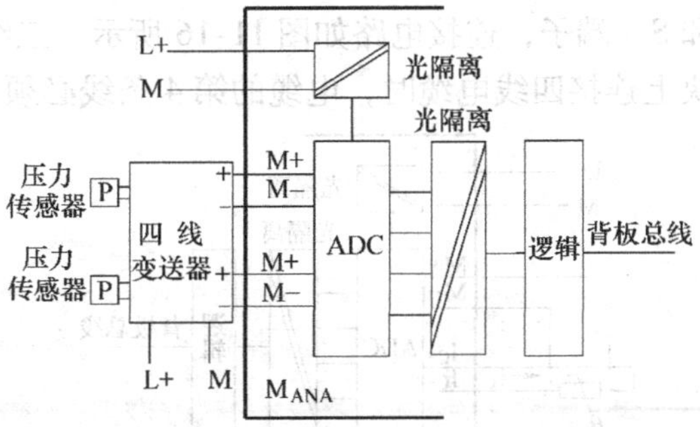

图 11-11 连接四线变送器至带隔离的模拟量输入模块

如果使用 4 位或 3 位端子进行测量，由于可以补偿两位端子的测量，测量结果将更精确。在带有 4 个端子的模块上连接二线电缆时，需在热敏电阻上将 I_{C+} 和 M+短接，I_{C-} 和 M-短接，如图 11-12 所示。在带有 4 个端子的模块上连接三线电缆时，一般必须短接 M-和 I_{C-}，并确保所连接电缆 I_{C+} 和 M+都直接连接到了热敏电阻，其连接电路如图 11-13 所示。但 SM331 AI8×RTD 例外，其连接电路如图 11-14 所示，必须确保 I_{C-} 和 M-电缆直接连接到热敏电阻上。

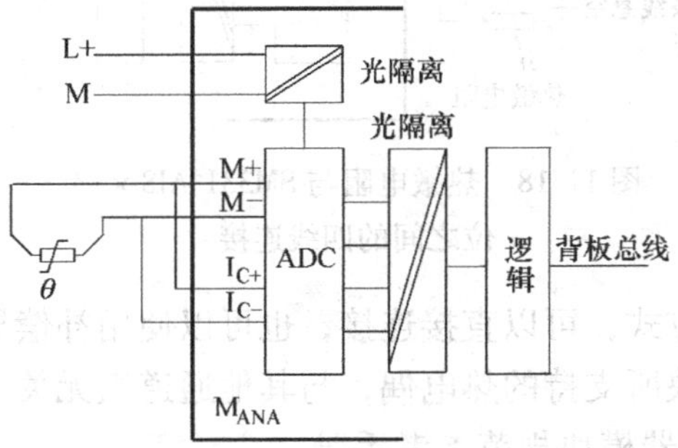

图 11-12 热敏电阻与隔离的 AI 之间的两线连接

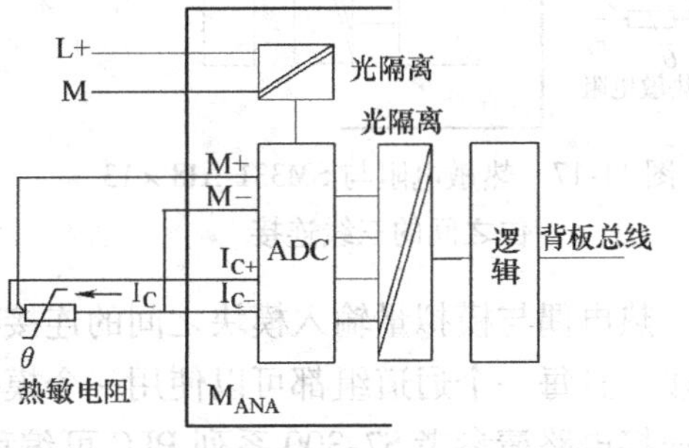

图 11-13 热敏电阻与隔离的 AI 之间的三线连接

图 11-12～图 11-18 中所用的缩写词和助记符具有以下含义。

I_{C+}：恒定电流导线（正）。

I_{C-}：恒定电流导线（负）。

M+：测量导线（正）。

M-：测量导线（负）。

M_{ANA}：模拟测量电路的参考电压。

M：接地端子。

L+：DC24V 电源端子。

S-：检测头（负）

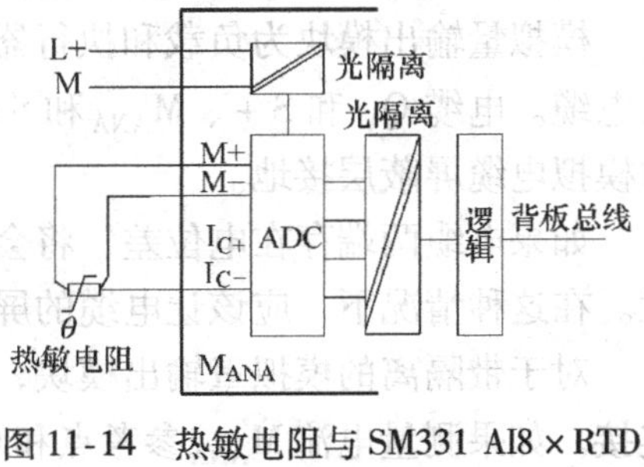

图 11-14 热敏电阻与 SM331 AI8×RTD 之间的三线连接

在带有 4 个端子的模块上连接四线电缆时，可以通过 M+和 M-端子测量热敏电阻所产生的电压。在连接时，在热敏电阻上 I_{C+} 与 M+短接，I_{C-} 与 M-短接。在连接时，应确保所连接电缆 I_{C+} 和 M+以及电缆 I_{C-} 和 M-都直接连接到了热敏电阻，如图 11-15 所示。

在带有 3 个端子模块（如 SM331 AI8×13 位）上连接二线电缆时，需短接模块的 M-

和S－端子，连接电路如图11-16所示。三线连接电路如图11-17所示。在带有3个端子模块上连接四线电缆时，电缆的第4条线必须悬空，连接电路如图11-18所示。

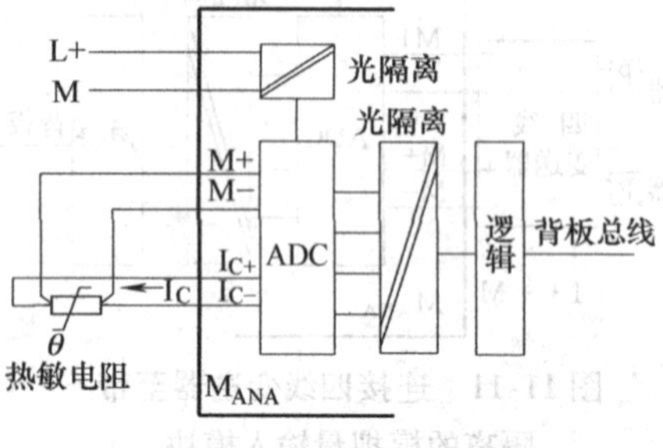

图11-15 热敏电阻与隔离的AI之间的四线连接

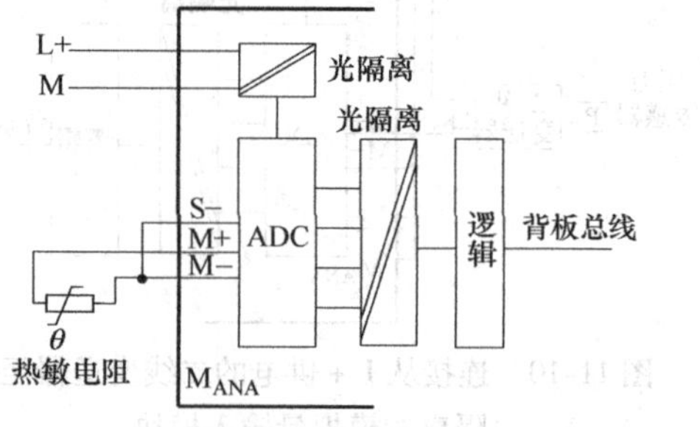

图11-16 热敏电阻与SM331 AI8×13位之间的二线连接

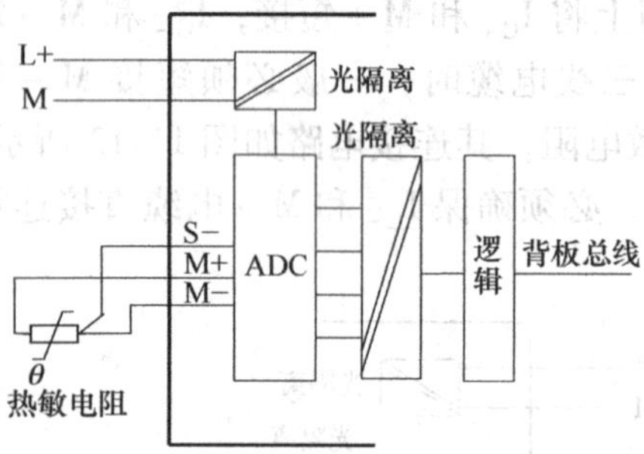

图11-17 热敏电阻与SM331 AI8×13位之间的三线连接

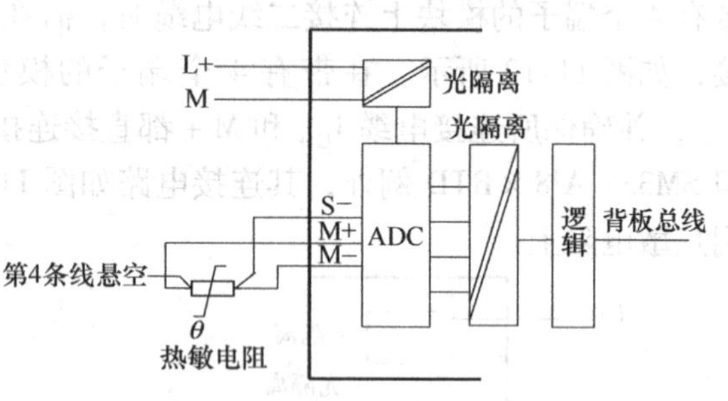

图11-18 热敏电阻与SM331 AI8×13位之间的四线连接

热电偶与模拟量输入模块之间的连接有多种方式，可以直接连接，也可以使用补偿导线连接，且每一个通道组都可以使用一个模拟量模块所支持的热电偶，与其他通道组无关。具体连接电路请参考S7-300系列PLC可编程序控制器模块规范参考手册。

9. 连接负载/执行器至模拟量输出模块

模拟量输出模块为负载和执行器提供电流和电压，对于模拟信号，应使用屏蔽电缆和双绞电缆。电缆Q_V和S+、M_{ANA}和S－应分别绞接在一起，由此可降低干扰。应将电缆两端的模拟电缆屏蔽层接地。

如果电缆两端存在电位差，将会在屏蔽层中产生等电位连接电流，造成对模拟信号的干扰。在这种情况下，应该让电缆的屏蔽层一点接地。

对于带隔离的模拟量输出模块，在CPU的M端和测量电流M_{ANA}的参考点之间没有电气连接。如果测量电流M_{ANA}参考点和CPU的M端存在一个电位差U_{ISO}，必须选用隔离模拟输出模块。通过在M_{ANA}端子和CPU的M端子之间使用一根等电位连接导线，可以确保U_{ISO}不会超过允许值。

对于不带隔离的模拟量输出模块，在CPU的M端和测量电流M_{ANA}的参考点之间，必须建立电气连接。因此连接M_{ANA}端子与CPU的M端子。M_{ANA}和CPU的M端子之间的电位差，会造成模拟信号的中断。

对于电压输出型模块可以采用双线制和四线制电路，对于电流型模拟量输出模块，与负载的连接只能采用双线制。各种参考连接电路如图11-19～图11-22所示，图中所用的缩写词和助记符具有以下含义。

Q_V：模拟量输出电压。

S+：探测器导线（正）。

S-：探测器导线（负）。

M_{ANA}：模拟电路的参考电压。

R_L：负载阻抗。

L+：DC24V 电源端子。

M：接地端子。

U_{ISO}：M_{ANA}和 CPU 的 M 端子之间的电位差。

Q_I：模拟量输出电流。

负载与电压输出型带隔离模块之间的四线连接，可以实现高精度输出。连接时需要在传感器导线（S-和S+）之间连接负载。由此可以在负载上直接测量电压并进行修正。参考电路如图 11-19 所示。

负载与不带隔离的模块的电压输出之间的连接，若采用双线电路，只需连接负载至端子 Q_V 和测量电路 M_{ANA}的参考点，S+和 S-端子可以断开，但将不能达到四线电路的精度，参考电路如图 11-20 所示。

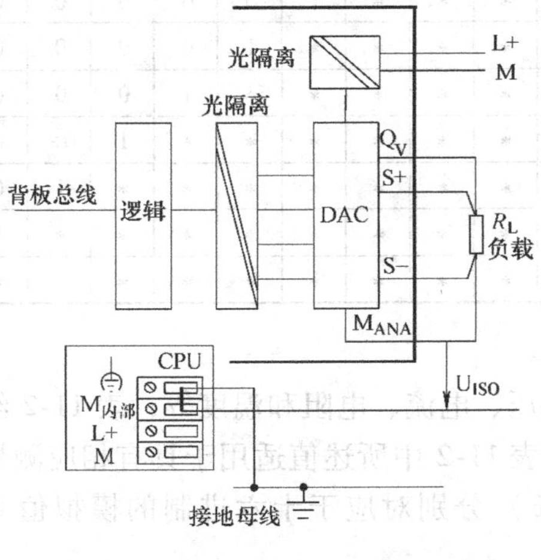

图 11-19 负载与带隔离电压输出型模拟量输出模块之间的四线连接

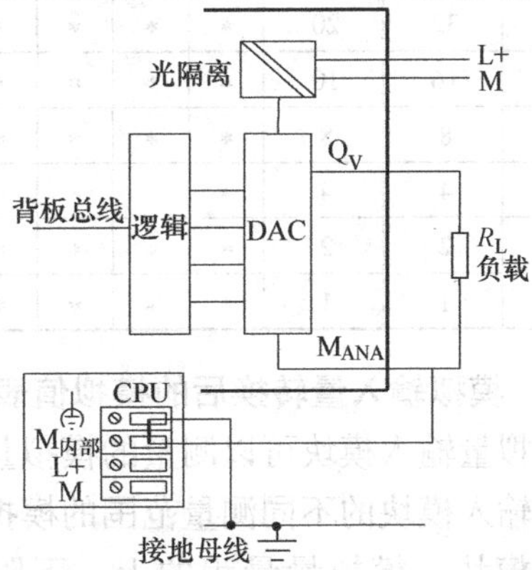

图 11-20 负载与不带隔离的电压输出型模拟量输出模块之间的双线连接

连接负载至带隔离的电流型输出模块，必须将负载连接到 Q_I 以及电流输出的模拟电路 M_{ANA}的参考点，而 M_{ANA}端与 CPU 的 M 端不能相连，参考电路如图 11-21 所示。

连接负载至不带隔离的电流型输出模块，必须将负载连接到 Q_I 以及电流输出的模拟电路 M_{ANA}的参考点，而 M_{ANA}端与 CPU 的 M 端相连，参考电路如图 11-22 所示。

10. 模拟量的表示方式及测量精度

模拟量经过模拟量输入模块后的转换值用一个 16 位二进制数补码定点数表示，其中的第 15 位为模拟值的符号位，0 表示正数，1 表示负数；第 0~14 位为数值部分。如果一个模拟量模块的精度少于 16 位，则模拟值将左移调整之后才被保存在模块中。在未用的幂低位则填入“0”，如表 11-1 所示，其中的“ * ”为 0 或 1。

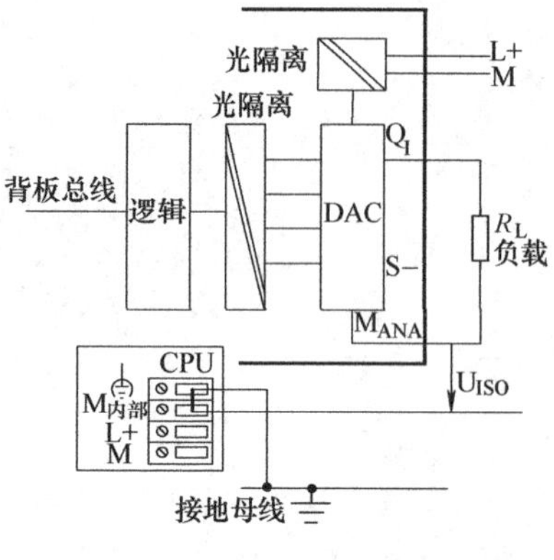

图 11-21　连接负载至带隔离的电流输出型模拟量输出模块

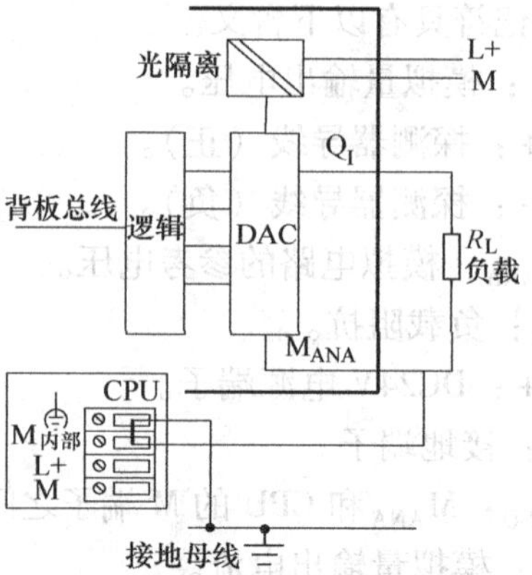

图 11-22　连接负载至不带隔离的电流输出型模拟量输出模块

表 11-1　模拟量的表示及测量精度

精度/位	单位		15	14	13	12	11	10	9	8	7	6	5	4	3	2	1	0
	十进制	十六进制	符号	2^{14}	2^{13}	2^{12}	2^{11}	2^{10}	2^9	2^8	2^7	2^6	2^5	2^4	2^3	2^2	2^1	2^0
8	128	80	*	*	*	*	*	*	*	*	1	0	0	0	0	0	0	0
9	64	40	*	*	*	*	*	*	*	*	*	1	0	0	0	0	0	0
10	32	20	*	*	*	*	*	*	*	*	*	*	1	0	0	0	0	0
11	16	10	*	*	*	*	*	*	*	*	*	*	*	1	0	0	0	0
12	8	8	*	*	*	*	*	*	*	*	*	*	*	*	1	0	0	0
13	4	4	*	*	*	*	*	*	*	*	*	*	*	*	*	1	0	0
14	2	2	*	*	*	*	*	*	*	*	*	*	*	*	*	*	1	0
15	1	1	*	*	*	*	*	*	*	*	*	*	*	*	*	*	*	1

11. 模拟输入量转换后的模拟值表示方法

模拟量输入模块可以测量的模拟量信号有电压、电流、电阻和温度等，表 11-2 给出了模拟量输入模块的不同测量范围的模拟量表示。表 11-2 中所述值适用于具有相应测量范围的所有模块。模拟量量程的上、下限（±100%）分别对应于十六进制的模拟值 6C00H 和 9400H。

表 11-2　不同测量范围下模拟值的表示

范围	双极性					单极性				
	测量范围 ±5V	测量范围 ±10V	测量范围 ±20mA	转换值单位 十进制	转换值单位 十六进制	测量范围 0～10V	测量范围 0～20mA	测量范围 4～20mA	转换值单位 十进制	转换值单位 十六进制
上溢出	5.926V	11.851V	23.70mA	32767	7FFFH	11.852V	23.70mA	22.96mA	32767	7FFFH
超出范围	5.879V	11.759V	23.52mA	32511	7EFFH	11.759V	23.52mA	22.81mA	32511	7EFFH
正常范围	5V	10V	20mA	27648	6C00H	10V	20mA	20mA	27648	6C00H
	0V	0V	0mA	0	0H	0V	0mA	4mA	0	0H
	−5V	−10V	−20mA	−27648	9400H					
低于范围	−5.879V	−11.759V	−23.52mA	−32512	8100H		−3.52mA	1.185mA	−4864	ED00H
下溢出	−5.926V	−11.851V	−23.70mA	−32768	8000H					

模拟量输入模块在模块通电前或模块参数设置完成后第一次转换之前，或上溢出时，其模拟值为 7FFFH，下溢出时模拟值为 8000H。上下溢出时 SF 指示灯闪烁，有诊断功能的模块可以产生诊断中断。

12. 模拟量输入通道的扫描时间

模/数转换以及数字化被测值向存储器和总线底板的传送，应顺序进行，换句话说，即模拟量输入通道应顺次转换。扫描时间，即直到模拟量输入值再次转换时所经历的时间，是指模拟量输入模块的所有激活模拟量输入通道的转换时间总和。如果模拟量输入通道进行了通道分组，必须考虑到通道组之间的转换时间。可以用装入指令"L PIW..."来访问转换的结果。

转换时间由基本转换时间和模块的电阻测试和断线监控时间组成。基本转换时间直接取决于模块量输入模块的转换方法（如积分方法和瞬时值转换方法）。对于积分转换方法，积分时间将直接影响转换时间。积分时间取决于在 STEP 7 中所设置的干扰频率抑制。

为了减少扫描时间，可使用编程软件 STEP 7 中的硬件组态工具屏蔽未用的模拟量输入通道；另外在硬件上还需将未用通道的输入端短路。

13. 模拟量输入值的规范化 FC105

在 STEP 7 的标准库"TI-S7 转换块"的子目录中有一个可用于模拟量输入规范化的功能 FC105，符号名为"SCALE"，该功能可以将从模拟量输入模块接收的一个整型值转换为以工程单位表示的介于下限（LO-LIM）和上限（HI-LIM）之间的实型值。

FC105 的功能可用下面方程式表示：

$$OUT = \frac{(IN - K1)(HI\_LIM - LO\_LIM)}{K2 - K1} + LO\_LIM$$

常数 K1 和 K2 根据输入值是双极性还是单极性来设置。假定输入整型值介于 -27648 与 27648 之间，则 K1 = -27648.0，K2 = +27648.0；假定输入整型值介于 0 和 27648 之间，则 K1 =0.0，K2 = +27648.0。如果输入整型值大于 K2，输出（OUT）将被钳位于 HI_LIM，并返回一个错误；如果输入整型值小于 K1，那么输出（OUT）将被钳位于 LO_LIM，并返回一个错误。ENO 的信号状态将置 0，RET_VAL 被设置为 W#16#0008。

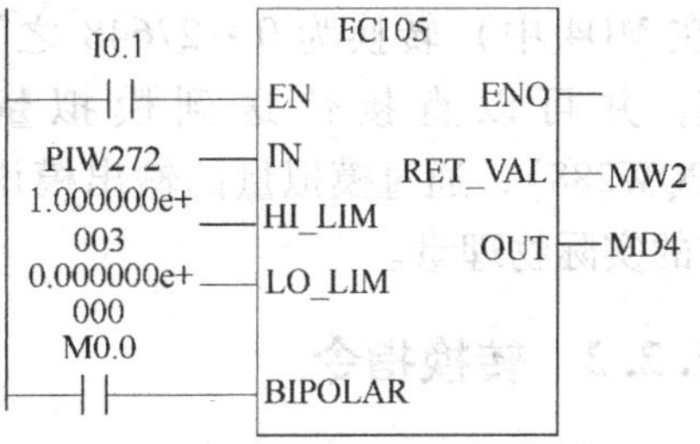

图 11-23　FC105 的应用

FC105 应用示例如图 11-23 所示，FC105 的形参定义如表 11-3 所示。在图 11-23 中，输入 IN 直接从模拟量输入模块接收数据，为 PIW272；工程量的上限为 1000.0，下限值为 0.0。如果 I0.1 为 1 且 M0.0 为 0，则可将地址为 272 的模拟量输入通道值（0 ~ 27648）转换为介于 0.0 和 1000.0 之间的实型值，并写入 MD4。

表 11-3　FC105 的参数

参数	声明	数据类型	存储区	说　明
EN	输入	BOOL	I、Q、M、D、L	使能输入端，信号状态为 1 时激活该功能
ENO	输出	BOOL	I、Q、M、D、L	使能输出端，如果该功能的执行无错误，该使能输出为 1

（续）

参数	声明	数据类型	存储区	说　明
IN	输入	INT	I、Q、M、D、L、P 或常数	欲转换为以工程单位表示的实型值的输入值
HI_LIM	输入	REAL	I、Q、M、D、L、P 或常数	以工程单位表示的上限值
LO_LIM	输入	REAL	I、Q、M、D、L、P 或常数	以工程单位表示的下限值
BIPOLAR	输入	BOOL	I、Q、M、D、L	信号状态为 1 表示输入值为双极性，信号状态为 0 表示输入值为单极性
OUT	输出	REAL	I、Q、M、D、L、P	规范化后的工程量值（实际物理量）
RET_VAL	输出	WORD	I、Q、M、D、L、P	如果该指令的执行没有错误，则返回值为 0

14. 模拟量输出值的规范化 FC106

在 STEP 7 的标准库“TI-S7 转换块”的子目录中有一个可用于模拟量输出规范化的功能 FC106，符号名为“UNSCALE”，其功能是接收一个以工程单位表示且介于下限（LO_LIM）和上限（HI_LIM）之间的实型输入值，并将其转换为一个整型值。即将实际物理量转化为模拟量模块所需的 16 位整数。

FC106 的功能可用下面方程式表示：

$$OUT=\frac{(IN-LO\_LIM)(K2-K1)}{HI\_LIM-LO\_LIM}+K1$$

常数 K1 和 K2 根据输入值是双极性还是单极性来设置。假定输出整型值介于 −27648 与 27648 之间，则 K1 = −27648.0，K2 = +27648.0；假定输出整型值介于 0 和 27648 之间，则 K1 = 0.0，K2 = +27648.0。如果输入值超出 LO_LIM 和 HI_LIM 范围，那么输出（OUT）将钳位于距下限或上限较近的一方，并返回一个错误。

FC106 应用示例如图 11-24 所示，FC106 的形参定义如表 11-4 所示。在图 11-24 中，输入 IN 为需要送到模拟量输出模块的实际物理量值，为 MD4；工程量的上限（HI_LIM）为 1000.0，下限（LO_LIM）值为 0.0。如果 I0.1 为 1 且 M0.0 为 0，则可将用户程序计算的在量程范围内的模拟量（在 MD4 中）转换为 0 ~ 27648 之间的 16 位整型值，并可以直接传送到模拟量输出模块上（PQW288），通过模拟量的输出模块来输出与其对应的实际物理量。

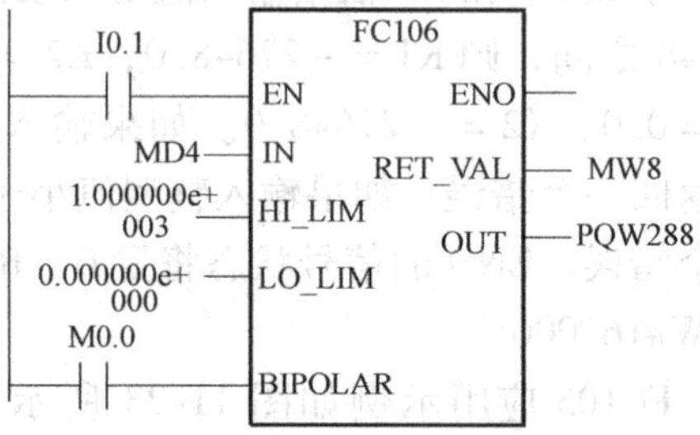

图 11-24　FC106 的应用

11.2.2　转换指令

语句表转换指令将累加器 1 中的数据进行类型转换，转换的结果仍在累加器 1 中。能够实现的转换操作有：BCD 码和整数及双整数间的转换，实数和双整数间的转换，数的取反、取补等。在 STEP 7 中，整数和双整数是以补码形式表示的。BCD 码数值有两种：一种是字（16 位）格式的 BCD 码数，其数值范围从 −999 ~ +999；另一种是双字（32 位）格式的 BCD 码数，范围从 −9999999 ~ +9999999。

1. BCD 码和整数转换为其他类型指令

BCD 码与整数转换为其他类型指令有 STL 和 LAD 两种指令形式，指令、说明及示例如表 11-5 和表 11-6 所示。

表 11-4　FC106 的参数

参数	声明	数据类型	存储区	说　明
EN	输入	BOOL	I、Q、M、D、L	使能输入端，信号状态为 1 时激活该功能
ENO	输出	BOOL	I、Q、M、D、L	使能输出端，如果该功能的执行无错误，该使能输出为 1
IN	输入	REAL	I、Q、M、D、L、P 或常数	欲规范为整型值的输入值
HI_LIM	输入	REAL	I、Q、M、D、L、P 或常数	以工程单位表示的上限值
LO_LIM	输入	REAL	I、Q、M、D、L、P 或常数	以工程单位表示的下限值
BIPOLAR	输入	BOOL	I、Q、M、D、L	信号状态为 1 表示输入值为双极性，信号状态为 0 表示输入值为单极性
OUT	输出	INT	I、Q、M、D、L、P	规范化后的 16 位整型值
RET_VAL	输出	WORD	I、Q、M、D、L、P	如果该指令的执行没有错误，则返回值为 0

表 11-5　BCD 码与整数转换为其他类型的 STL 指令

指令	说　明	示　例
BTI	将累加器 1 低字中的 3 位 BCD 码数转换为 16 位整数，位 0 ~ 11 作为 BCD 数的数值进行编译，位 15 作为 BCD 数的符号位进行编译（0 = 正数，1 = 负数）。位 12 ~ 14 在转换时无用	L MW10 //将 BCD 数装入累加器 1 低字中 BTI　　//将 BCD 数转换为整数；结果保存到累加器 1 低字中 T MW20 //将结果（整数）传送到存储字 MW20
BTD	将累加器 1 中的 7 位 BCD 码数转换为 32 位整数，位 0 ~ 27 作为 BCD 数的数值进行编译，位 31 作为 BCD 数的符号位进行编译（0 = 正数，1 = 负数）。位 28 ~ 30 在转换时无用	L MD10 //将 BCD 数装入累加器 1 BTD　　//将 BCD 数转换为双整数；结果保存到累加器 1 中 T MD20 //将结果双整数传送到存储双字 MD20
ITB	将累加器 1 低字中的 16 位整数转换为 3 位 BCD 码数，位 0 ~ 11 包含 BCD 数的数值，位 12 ~ 15 设置为 BCD 数的符号位（0000 = 正数，1111 = 负数）	L MW10 //将整数装入累加器 1 低字中 ITB　　//将整数转换为 BCD 数（16 位）；结果保存到累加器 1 低字中 T MW20 //将结果（BCD 数）传送到存储字 MW20
ITD	将累加器 1 低字中的 16 位整数转换为 32 位整数	L MW12 //将整数装入累加器 1 ITD　　//将 16 位整数转换为 32 位双整数；结果保存到累加器 1 中 T MD20 //将结果（双整数）传送到存储双字 MD20
DTB	将累加器 1 字中的 32 位整数转换为 7 位 BCD 码数，位 0 ~ 27 包含 BCD 数的数值，位 28 ~ 31 设置为 BCD 数的符号位（0000 = 正数，1111 = 负数）	L MD10 //将 32 位整数装入累加器 1 DTB　　//将整数（32 位）转换为 BCD 数；结果保存到累加器 1 中 T MD20 //将结果（BCD 数）传送到存储双字 MD20
DTR	将累加器 1 中的 32 位双整数转换为 32 位实数	L MD10 //将 32 位整数装入累加器 1 DTR　　//将双整数转换为浮点数（32 位）；结果保存到累加器 1 中 T MD20 //将结果（BCD 数）传送到存储双字 MD20

表 11-6　BCD 码与整数转换为其他类型的 LAD 指令

指令	说　明	示　例
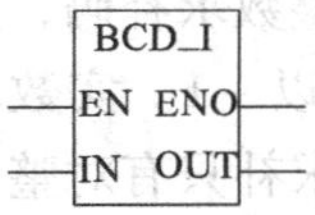	BCD 码转换为整数指令。可以将输入参数 IN 的内容以 3 位数 BCD 代码（ + / − 999）读入，并将这个数转换成整数（16 位）。其整数结果可以由参数 OUT 输出。ENO 和 EN 总是具有相同的信号状态	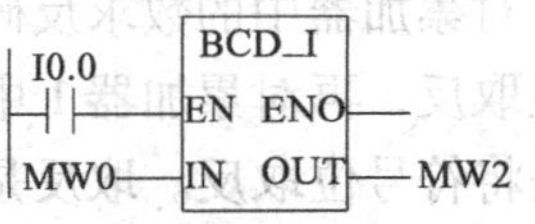

（续）

指令	说　明	示　例
L_BCD EN ENO IN OUT	整数转换为 BCD 码指令。可以将输入参数 IN 的内容以整数(16 位)读出,并转换为一个 3 位数 BCD 代码(+/ -999)。其结果可以由参数 OUT 输出。如果产生上溢,则 ENO 为“0”	I0.0 L_BCD EN ENO MW0—IN OUT—MW2
L_DINT EN ENO IN OUT	整数转换为双整数指令。可以将输入参数 IN 的内容以整数(16 位)读出,并转换为一个双整数(32 位)。其结果可以由参数 OUT 输出。ENO 和 EN 总是具有相同的信号状态	I0.0 L_DINT EN ENO MW0—IN OUT—MD2
BCD_DI EN ENO IN OUT	BCD 码转换为双整数指令。可以将输入参数 IN 的内容以 7 位数 BCD 代码(+/ -9999999)读入,并将它转换成双整数(32 位)。其双整数结果可以由参数 OUT 输出。ENO 和 EN 总是具有相同的信号状态	I0.0 BCD_DI EN ENO MD0—IN OUT—MD4
DI_BCD EN ENO IN OUT	双整数转换为 BCD 码指令。可以将输入参数 IN 的内容以双整数(32 位)读出,并转换为一个 7 位数 BCD 代码(+/ -9999999)。其结果可以由参数 OUT 输出。如果产生上溢,则 ENO 为“0”	I0.0 DI_BCD EN ENO MD0—IN OUT—MD4
DI_REAL EN ENO IN OUT	双整数转换为浮点数指令。可以将输入参数 IN 的内容以双整数读出,并将它转换为一个浮点数。其结果可以由参数 OUT 输出。ENO 和 EN 总是具有相同的信号状态	I0.0 DI_REAL EN ENO MD0—IN OUT—MD4

在执行 BCD 码转换为整数或长整数指令时，如果 BCD 数是无效数（其中的一位值在 10 ~ 15 范围内），将得不到正确的转换结果，并导致系统出现“BCDF”错误。在这种情况下，程序的正常运行顺序被终止，并有下述之一事件发生。

1）CPU 将进入 STOP 状态。

2）如果 OB121 已编程就调用。

由于 3 位 BCD 数所能表示的范围是从 -999 ~ +999，小于 16 位整数的数值范围，因此一个整数到 BCD 数的转换，并不总是可行的。在执行 ITB 指令时，如果整数超出了 BCD 码所能表示的范围，在累加器 1 低字中将得不到有效的转换结果。同时状态字中的溢出位（OV）和溢出保持值（OS）将被置为 1。在程序中，一般需要根据状态位 OV 或 OS 判断累加器 1 低字中的结果是否有效，以免造成进一步的运算错误。基于相同的原因，在执行 DTB 指令（长整数转换为 7 位 BCD 码）时，也有类似问题需要注意。

2. 整数与实数的取反取补指令

S7-300 系列 PLC 有 5 条整数与实数取反取补指令，每条指令都有 STL 和 LAD 两种形式。指令格式、说明和示例如表 11-7 和表 11-8 所示。

对累加器中的数求反码，即逐位将 0 变为 1，1 变为 0。对累加器 1 中的整数求补码，则逐位取反，再对累加器 1 中的内容加 1。对一个整数求补码相当于对该数乘以 -1。实数取反是将符号位取反。取反是将累加器 1 的内容按字或双字数据类型处理，而求补只有对整数或长整数才有意义。

表 11-7　整数与实数取反取补的 STL 指令

指令	说　　明	示　　例
INVI	对累加器 1 低字中的 16 位整数求反码。求反码指令为逐位转换，即“0”变为“1”，“1”变为“0”。其结果保存在累加器 1 的低字中	L MW8　//将数值装入累加器 1 低字中 INVI　//对 16 位数求反码 T MW20　//将结果传送到存储字 MW20
INVD	对累加器 1 中的 32 位整数求反码。求反码指令为逐位转换，即“0”变为“1”，“1”变为“0”。其结果保存在累加器 1 中	L MD8　//将数值装入累加器 1 中 INVD　//对 32 位数求反码 T MD20　//将结果传送到存储双字 MD20
NEGI	对累加器 1 低字中的 16 位整数求补码（取反码再加 1）。求补码指令为逐位转换，即“0”变为“1”，“1”变为“0”；然后对累加器中的内容加“1”。转换结果保存在累加器 1 的低字中。求补码指令相当于该数乘以“ -1”	L MW8　//将数值装入累加器 1 低字中 NEGI　//对 16 位数求补码 T MW12　//将结果传送到存储字 MW12
NEGD	对累加器 1 中的 32 位整数求补码。求补码指令为逐位转换，即“0”变为“1”，“1”变为“0”；然后对累加器中的内容加“1”。转换结果保存在累加器 1 中。求补码指令相当于该数乘以“ -1”	L MD8　//将数值装入累加器 1 中 NEGD　//对 32 位数求补码 T MD12　//将结果传送到存储双字 MD12
NEGR	对累加器 1 中的 32 位实数的符号位求反码（相当于乘以 -1）。该指令可转换累加器 1 中位 31 的信号状态（尾数的符号位）。其结果保存在累加器 1 中	L MD8　//将数值装入累加器 1 中（例如：MD8 = 1.5E + 02） NEGR　//将浮点数(32 位)取反 T MD20　//将结果送到 MD20（例如：结果 = -1.5E + 02）

表 11-8　整数与实数取反取补的 LAD 指令

指　　令	说　　明	示　　例
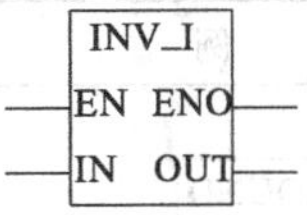	整数的二进制反码指令。可以读取输入参数 IN 中的内容，并使用十六进制掩码 W#16#FFFF 执行布尔逻辑异或（XOR）功能。因此该指令每一位均变为相反值。ENO 和 EN 总是具有相同的信号状态	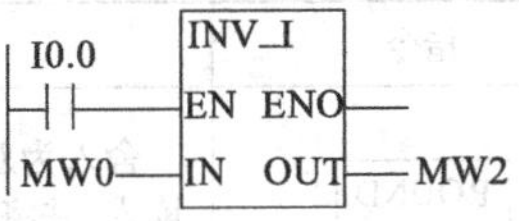
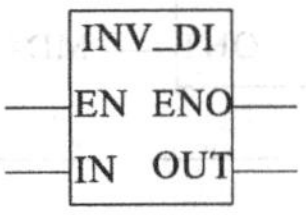	双整数的二进制反码指令。可以读取输入参数 IN 中的内容，并使用十六进制掩码 W#16#FFFF FFFF 执行布尔逻辑异或（XOR）功能。因此该指令每一位均变为相反值。ENO 和 EN 总是具有相同的信号状态	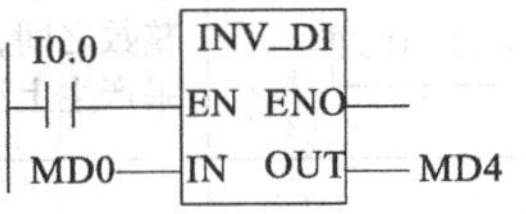
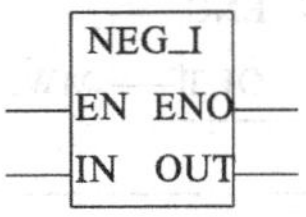	整数的二进制补码指令。可以读取输入参数 IN 中的内容，并执行二进制补码操作。二进制补码指令相当于乘以（-1），并改变其符号（例如：从一个正值变为负值）。ENO 和 EN 总是具有相同的信号状态，以下例外：如果 EN 的信号状态为“1”，并发生上溢，则 ENO 的信号状态为“0”	
	双整数的二进制补码指令。可以读取输入参数 IN 中的内容，并执行二进制补码操作。二进制补码指令相当于乘以（ -1），并改变其符号（例如：从一个正值变为负值）。ENO 和 EN 总是具有相同的信号状态，以下例外：如果 EN 的信号状态为“1”，并发生上溢，则 ENO 的信号状态为“0”	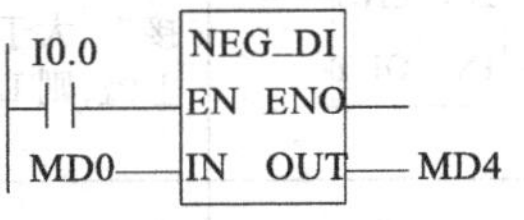
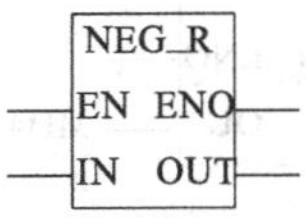	浮点数求反指令。可以读取输入参数 IN 中的内容，并改变其符号。浮点数求反指令相当于乘以（ -1），并改变其符号（例如：从一个正值变为负值）。ENO 和 EN 总是具有相同的信号状态	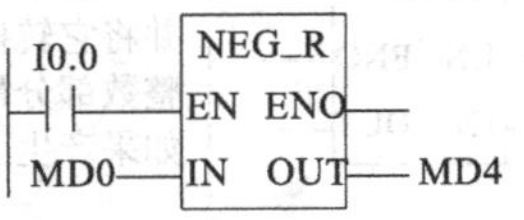

3. 实数和双整数间的转换指令

S7-300 系列 PLC 共有 4 条实数和双整数之间的转换指令，指令格式、说明和示例如表 11-9 和表 11-10 所示。

表 11-9 实数与双整数间的 STL 转换指令

指令	说明	示例
RND	将累加器中的 32 位浮点数转换成为一个 32 位双整数，并将结果取整为最近的整数。如果被转换数字的小数部分位于奇数和偶数结果中间，则该指令选择偶数结果。如果有数值超出这一范围，则状态位 OV 和 OS 置为“1”。结果保存在累加器 1 中	L MD0 //将浮点数装入累加器 1 中 RND //将浮点数转换为整数，并将结果取整 T MD4 //将结果(双整数)传送到 MD4
RND +	将累加器 1 中的实数化整为大于或等于该实数的最小整数。如果有数值超出这一范围，则状态位 OV 和 OS 置为“1”。结果保存在累加器 1 中	L MD0 //将浮点数装入累加器 1 中 RND + //将浮点数转换为整数(32 位)，并将结果取整 T MD4 //将结果传送到 MD4
RND −	将累加器 1 中的实数化整为小于或等于该实数的最大整数。如果有数值超出这一范围，则状态位 OV 和 OS 置为“1”。结果保存在累加器 1 中	L MD0 //将浮点数装入累加器 1 中 RND − //将浮点数转换为整数(32 位)，并将结果取整 T MD4 //将结果传送到 MD4
TRUNC	将累加器 1 中 32 位浮点数转换成为一个 32 位整数(双整数)(截尾取整)。如果有数值超出这一范围，则状态位 OV 和 OS 置为“1”。结果保存在累加器 1 中	L MD0 //将浮点数装入累加器 1 中 TRUNC //将浮点数转换为整数，并将结果取整 T MD4 //将结果传送到 MD4

表 11-10 实数和双整数间的 LAD 转换指令

指令	说明	示例
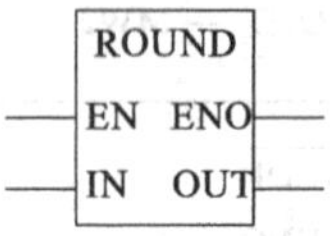	舍入为双整数指令。可以将输入参数 IN 的内容以浮点数读入，并将它转换成一个双整数(32 位)。其结果为与输入数据最接近的整数(“最接近舍入”)。如果浮点数介于两个整数之间，则返回偶数。其结果可以由参数 OUT 输出。如果产生上溢，则 ENO 为“0”	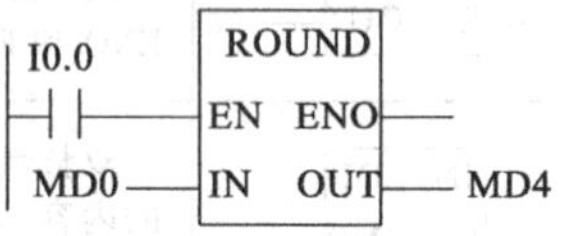
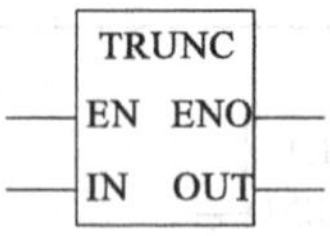	舍去小数取整为双整数指令。可以将输入参数 IN 的内容以浮点数读入，并将它转换成一个双整数(32 位)(“舍入到零方式”)。其双整数结果可以由参数 OUT 输出。如果产生溢出，则 ENO 为“0”	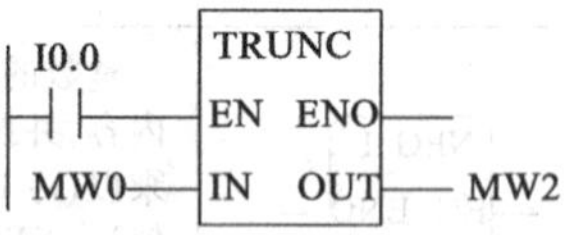
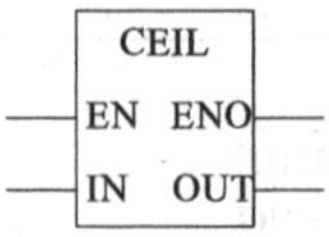	上取整指令。可以将输入参数 IN 的内容以浮点数读入，并将它转换成一个双整数(32 位)。其结果为与输入数据最接近、大于浮点数的整数(“向正无穷大舍入”)。如果产生上溢，则 ENO 为“0”	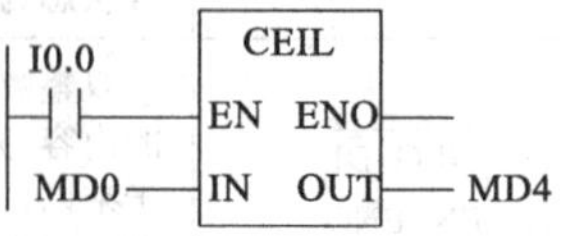
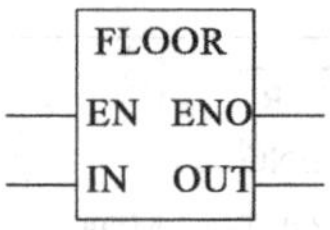	下取整指令。可以将输入参数 IN 的内容以浮点数读入，并将它转换成一个双整数(32 位)。其结果为与输入数据的整数部分最接近、小于浮点数的整数(“向负无穷大舍入”)。如果产生上溢，则 ENO 为“0”	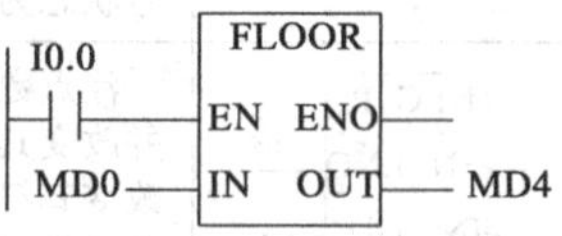

11.2.3 算术运算指令

在 STEP 7 中可以对整数、长整数和实数进行加、减、乘、除算术运算。算术运算指令在累加器 1 和 2 中进行，参与运算的第 1 操作数在累加器 2 中，第 2 操作数在累加器 1 中。算术运算的结果保存在累加器 1 中，累加器 2 中的值保持不变。CPU 在进行算术运算时，不必考虑 RLO，对 RLO 也不产生影响。然而算术运算指令对状态字的某些位将产生影响，这些位是：CC1 和 CC0、OV、OS。可以用位操作指令或条件跳转指令，对状态字中的标志位进行判断操作。

1. 整数和双整数算术运算

使用整数算术运算指令，可以进行两个整数（16 位和 32 位）之间的运算，整数算术运算指令格式和指令说明如表 11-11 所示，双整数算术运算指令格式和指令说明如表 11-12 所示。

表 11-11 整数算术运算指令

STL 指令	说明	LAD 指令	说 明
+ I	将累加器 1、2 低字中的 16 位整数相加，16 位整数结果保存在累加器 1 低字中	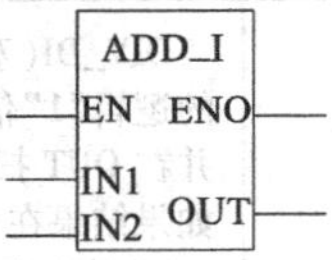	ADD_I（整数加法指令）。可以由使能（EN）输入端的逻辑“1”信号激活。该指令可以使输入 IN1 和 IN2 相加，并在 OUT 扫描运算结果。如果结果在整数（16 位）的允许范围之外，则 OV 位和 OS 位为“1”，并且 ENO 为逻辑“0”，以防止执行通过 ENO 相连（级联布置）的该算术运算方块之后的其他功能
- I	将累加器 2 低字中的 16 位整数减去累加器 1 低字中的内容，结果保存在累加器 1 低字中	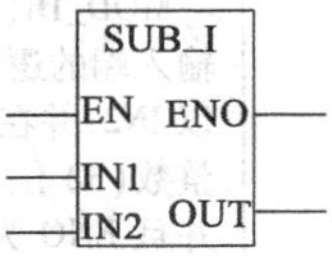	SUB_I（整数减法指令）。可以由使能（EN）输入端的逻辑“1”信号激活。该指令可以使输入 IN1 减去 IN2，并在 OUT 扫描运算结果。如果结果在整数（16 位）的允许范围之外，则 OV 位和 OS 位为“1”，并且 ENO 为逻辑“0”，以防止执行通过 ENO 相连（级联布置）的该算术运算方块之后的其他功能
* I	将累加器 1、2 低字中的 16 位整数相乘，结果为 32 位整数并保存在累加器 1 中	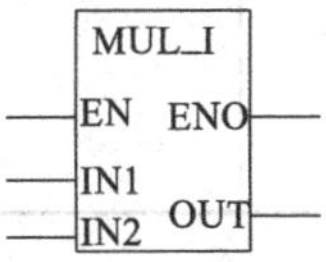	MUL_I（整数乘法指令）。可以由使能（EN）输入端的逻辑“1”信号激活。该指令可以使输入 IN1 和 IN2 相乘，并在 OUT 扫描运算结果。如果结果在整数（16 位）的允许范围之外，则 OV 位和 OS 位为“1”，并且 ENO 为逻辑“0”，以防止执行通过 ENO 相连（级联布置）的该算术运算方块之后的其他功能
/ I	将累加器 2 低字中的 16 位整数除以累加器 1 低字中的内容，商为 16 位整数并保存在累加器 1 低字中，余数存放在累加器 1 的高字中	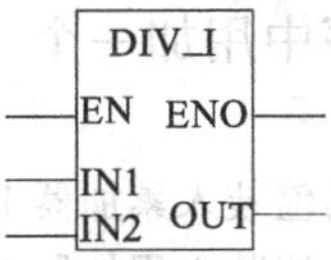	DIV_I（整数除法指令）。可以由使能（EN）输入端的逻辑“1”信号激活。该指令可以使输入 IN1 除以 IN2，并在 OUT 扫描运算结果。如果结果在整数（16 位）的允许范围之外，则 OV 位和 OS 位为“1”，并且 ENO 为逻辑“0”，以防止执行通过 ENO 相连（级联布置）的该算术运算方块之后的其他功能
+ <整数常数>	累加器 1 中加一个 16 位整数常量，结果保存在累加器 1 中		

表 11-12　双整数算术运算指令

STL 指令	说明	LAD 指令	说　明
+D	将累加器 1、2 中的 32 位整数相加，32 位整数结果保存在累加器 1 中	ADD_DI: EN ENO, IN1, IN2 OUT	ADD_DI(双整数加法指令)。可以由使能(EN)输入端的逻辑“1”信号激活。该指令可以使输入 IN1 和 IN2 相加,并在 OUT 扫描运算结果。如果结果在双整数(32 位)的允许范围之外,则 OV 位和 OS 位为“1”,并且 ENO 为逻辑“0”,以防止执行通过 ENO 相连(级联布置)的该算术运算方块之后的其他功能
-D	将累加器 2 中的 32 位整数减去累加器 1 中的内容,结果保存在累加器 1 中	SUB_DI: EN ENO, IN1, IN2 OUT	SUB_DI(双整数减法指令)。可以由使能(EN)输入端的逻辑“1”信号激活。该指令可以使输入 IN1 减去 IN2,并在 OUT 扫描运算结果。如果结果在双整数(32 位)的允许范围之外,则 OV 位和 OS 位为“1”,并且 ENO 为逻辑“0”,以防止执行通过 ENO 相连(级联布置)的该算术运算方块之后的其他功能
*D	将累加器 1、2 中的 32 位整数相乘,结果为 32 位整数被保存在累加器 1 中	MUL_DI: EN ENO, IN1, IN2 OUT	MUL_DI(双整数乘法指令)。可以由使能(EN)输入端的逻辑“1”信号激活。该指令可以使输入 IN1 和 IN2 相乘,并在 OUT 扫描运算结果。如果结果在双整数(32 位)的允许范围之外,则 OV 位和 OS 位为“1”,并且 ENO 为逻辑“0”,以防止执行通过 ENO 相连(级联布置)的该算术运算方块之后的其他功能
/D	将累加器 2 中的 32 位整数除以累加器 1 中的内容,商为 32 位整数并保存在累加器 1 中,余数被丢掉	DIV_DI: EN ENO, IN1, IN2 OUT	DIV_DI(双整数除法指令)。可以由使能(EN)输入端的逻辑“1”信号激活。该指令可以使输入 IN1 除以 IN2,并在 OUT 扫描运算结果。双整数除法指令不产生余数。如果结果在双整数(32 位)的允许范围之外,则 OV 位和 OS 位为“1”,并且 ENO 为逻辑“0”,以防止执行通过 ENO 相连(级联布置)的该算术运算方块之后的其他功能
MOD	将累加器 2 中的 32 位整数除以累加器 1 中的内容,余数保存在累加器 1 中,商被丢掉	MOD_DI: EN ENO, IN1, IN2 OUT	MOD_DI(回送余数的双整数指令)。可以由使能(EN)输入端的逻辑“1”信号激活。该指令可以使输入 IN1 除以 IN2,并在 OUT 扫描运算余数(小数)。如果结果在双整数(32 位)的允许范围之外,则 OV 位和 OS 位为“1”,并且 ENO 为逻辑“0”,以防止执行通过 ENO 相连(级联布置)的该算术运算方块之后的其他功能
+ <双整数常数>	累加器 1 中加一个 32 位整数常量,结果保存在累加器 1 中		

下面的例子进行的运算是：将存储字 MW10，MW20 中的整数相加，结果减 5 送入存储字 MW14；将存储双字 MD10，MD16 中的长整数相加，结果减 1 送入存储双字 MD24。因为没有直接减去一个常数的指令，所以在程序中用加一个“负”常数代替。编程时应注意长整常数的正确表示法。

```
L   MW10          //将 MW10 中的值装入累加器 1
L   MW20          //将 MW20 中的值装入累加器 1,累加器 1 中的原值移入累加器 2
+I                //将累加器 1、2 中的 16 位整数相加
+   -5            //上次运算结果加上 -5
T   MW14          //将新的结果送到 MW14
L   MD10          //将 MD10 中的值装入累加器 1
L   MD16          //将 MD16 中的值装入累加器 1,累加器 1 中的原值移入累加器 2
```

```
+D                //将累加器1、2中的32位整数相加
+L#-1             //上次运算结果加上-1
T   MD24          //将新的结果送到MD24
```

2. 实数算术运算

32 位浮点数算术运算指令如表 11-13，分为 STL 和 LAD 两种形式进行描述。

表 11-13　浮点数算术运算指令

STL 指令	说明	LAD 指令	说　明
+R	将累加器 1、2 中的 32 位实数相加，32 位结果保存在累加器 1 中	ADD_R EN ENO IN1 IN2 OUT	ADD_R(实数加法指令)可以由使能(EN)输入端的逻辑“1”信号激活。该指令可以使输入 IN1 和 IN2 相加,并在 OUT 扫描运算结果。如果结果在浮点数的允许范围之外(上溢或下溢),则 OV 位和 OS 位为“1”,并且 ENO 为逻辑“0”,以防止执行通过 ENO 相连(级联布置)的该算术运算方块之后的其他功能
-R	将累加器 2 中的 32 位实数减去累加器 1 中的实数,结果保存在累加器 1 中	SUB_R EN ENO IN1 IN2 OUT	SUB_R(实数减法指令)可以由使能(EN)输入端的逻辑“1”信号激活。该指令可以使输入 IN1 减去 IN2,并在 OUT 扫描运算结果。如果结果在浮点数的允许范围之外(上溢或下溢),则 OV 位和 OS 位为“1”,并且 ENO 为逻辑“0”,以防止执行通过 ENO 相连(级联布置)的该算术运算方块之后的其他功能
*R	将累加器 1、2 中的 32 位实数相乘，32 位乘积保存在累加器 1 中	MUL_R EN ENO IN1 IN2 OUT	MUL_R(实数乘法指令)可以由使能(EN)输入端的逻辑“1”信号激活。该指令可以使输入 IN1 和 IN2 相乘,并在 OUT 扫描运算结果。如果结果在浮点数的允许范围之外(上溢或下溢),则 OV 位和 OS 位为“1”,并且 ENO 为逻辑“0”,以防止执行通过 ENO 相连(级联布置)的该算术运算方块之后的其他功能
/R	将累加器 2 中的 32 位实数除以累加器 1 中的实数,32 位商保存在累加器 1 中	DIV_R EN ENO IN1 IN2 OUT	DIV_R(实数除法指令)可以由使能(EN)输入端的逻辑“1”信号激活。该指令可以使输入 IN1 除以 IN2,并在 OUT 扫描运算结果。如果结果在浮点数的允许范围之外(上溢或下溢),则 OV 位和 OS 位为“1”,并且 ENO 为逻辑“0”,以防止执行通过 ENO 相连(级联布置)的该算术运算方块之后的其他功能
ABS	对累加器 1 中的 32 位实数取绝对值,结果保存在累加器 1 中。该指令的执行与状态位无关,对状态位也没有影响	ABS EN ENO IN OUT	ABS 可以完成一个浮点数的绝对值运算

下面的例子显示如何使用实数算术运算指令。

```
L   MD0           //将数据双字MD0的内容装入累加器1
L   +12.3E+00     //将数值+12.3E+00装入累加器1,累加器1原值被移入累加器2
/R                //累加器2的内容除以累加器1的内容,结果保存在累加器1中
T   MD20          //将结果传送到MD20中(MD20=MD0/12.3)
NEGR              //将累加器1中的实数取负
T   MD24          //将结果传送到MD24(MD24=-MD0/12.3)
```

```
ABS                    //将累加器1中的实数求绝对值
T   MD28               //将绝对值传送到MD28(MD28 = ABS(MD24))
```

3. 应用举例

【**例 11-1**】 图 11-25 为整数加法梯形图方块指令应用编程举例。

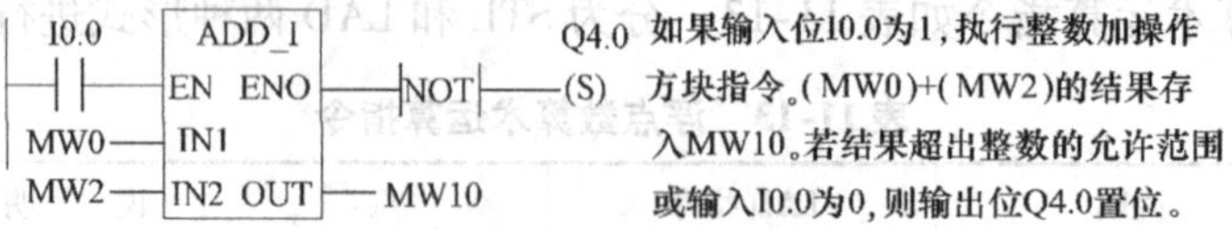

图 11-25　使用整数加法方块指令

图 11-25 中，IN1 为被加数输入端，IN2 为加数输入端，OUT 为结果输出端。本例中，加数和被加数以及相加结果的数据类型均为整数（INT），它们可以存储在存储区 I、Q、M、D、L 中。如果 EN 的信号状态为 1，则进行整数加法操作。若结果在整数的表示范围之外，则状态字的 OV 和 OS 位为 1，且使 ENO 为 0；若结果没有溢出，则状态字的 OV 位清 0，OS 位保持原状态，且使 ENO 为 1；若 EN 为 0，则不进行加法运算，此时 ENO 为 0。当 ENO 为 0 时，方块之后被 ENO 连接的（串级排列）其他功能不执行。

下面是与图 11-25 梯形图完全对应的语句表程序。

```
A(
A   I0.0
JNB  _003
L   MW0
L   MW2
+I
T   MW10
AN   OV              //若OV为1则RLO为0,否则RLO为1
SAVE                 //使BR = RLO
CLR
_003:A BR
)
NOT
S   Q4.0
```

【**例 11-2**】 图 11-26 给出了一个有加减乘除运算的梯形图程序。实现的运算为 MW6 =（MW0 + DBW3）* 15/MW2。

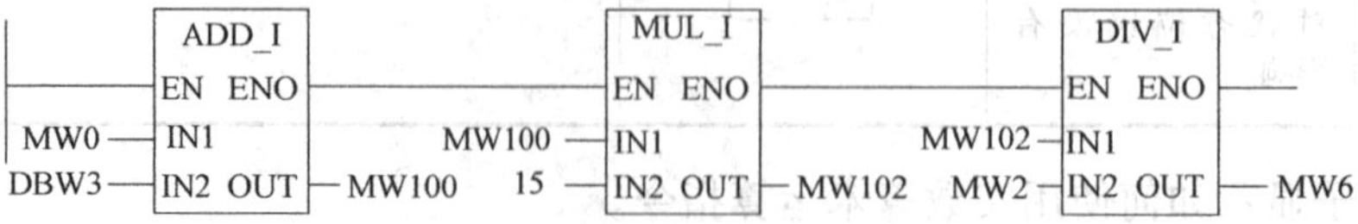

图 11-26　算术运算方块指令应用

与图 11-26 实现相同运算的语句表程序如下。

```
A(
A(
L   MW0
L   DBW3
```

```
+I
T   MW100
AN   OV
SAVE
CLR
A   BR
)
JNB   _001
L   MW100
L   15
*I
T   MW102
AN   OV
SAVE
CLR
_001:A   BR
)
JNB   _002
L   MW102
L MW2
/I
T   MW6
_002:NOP 0
```

11.2.4 字逻辑运算指令

字逻辑指令将两个字（16 位）或两个双字（32 位）逐位进行逻辑运算。两个数中的一个在累加器 1 中，另一个可以在累加器 2 中或在指令中以立即数（常数）的方式给出，字逻辑运算指令的逻辑运算结果放在累加器 1 低字中，双字逻辑运算结果存放在累加器 1 中。累加器 2 的内容保持不变。

逻辑运算结果影响状态字的标志位。如果逻辑运算的结果为 0，则 CC1 位被复位为 0。如果逻辑运算的结果非 0，则 CC1 被置为 1。在任何情况下，状态字中的 CC0、OV 位都被复位为 0。

字逻辑运算指令有 STL 和 LAD 两种形式，指令格式、说明如表 11-14 所示。

表 11-14　字逻辑运算运算指令

STL 指令	说明	LAD 指令	说　明
W	将累加器 1 的低字内容与累加器 2 的低字内容或一个 16 位常数逐位进行逻辑与运算。只有进行逻辑运算的两个字的相应位都为“1”，结果字的位才为“1”。结果被存放在累加器 1 的低字中	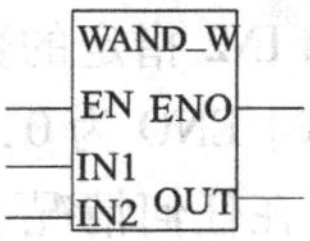	WAND_W（字和字相“与”指令）通过使能输入（EN）的信号状态“1”激活，并将输入 IN1 和 IN2 表示的两个字值逐位进行“与（AND）”运算。数值用纯二进制位的形式表示。其结果可以在输出 OUT 中扫描。ENO 和 EN 具有相同的逻辑状态

（续）

STL 指令	说明	LAD 指令	说　明
OW	将累加器 1 的低字内容与累加器 2 的低字内容或一个 16 位常数逐位进行逻辑或运算。只有进行逻辑运算的两个字中至少有一个的相应位为“1”，结果字的位才为“1”。结果被存放在累加器 1 的低字中	WOR_W EN ENO IN1 IN2 OUT	WOR_W（字和字相“或”指令）通过使能输入（EN）的信号状态“1”激活，并将输入 IN1 和 IN2 表示的两个字值逐位进行“或（OR）”运算。数值用纯二进制位的形式表示。其结果可以在输出 OUT 中扫描。ENO 和 EN 具有相同的逻辑状态
XOW	将累加器 1 的低字内容与累加器 2 的低字内容或一个 16 位常数逐位进行逻辑异或运算。只有进行逻辑运算的两个字中，只有一个的相应位为“1”，结果字的位才为“1”。结果被存放在累加器 1 的低字中	WXOR_W EN ENO IN1 IN2 OUT	WXOR_W（字和字相“异或”指令）通过使能输入（EN）的信号状态“1”激活，并将输入 IN1 和 IN2 表示的两个字值逐位进行“异或（XOR）”运算。数值用纯二进制位的形式表示。其结果可以在输出 OUT 中扫描。ENO 和 EN 有相同的逻辑状态
AD	将累加器 1 的内容与累加器 2 的内容或一个 32 位常数逐位进行逻辑与运算。只有进行逻辑运算的两个双字的相应位都为“1”，结果双字的位才为“1”。结果被存放在累加器 1 中	WAND_DW EN ENO IN1 IN2 OUT	WAND_DW（双字和双字相“与”指令）通过使能输入（EN）的信号状态“1”激活，并将输入 IN1 和 IN2 表示的两个字值逐位进行“与（AND）”运算。数值用纯二进制位的形式表示。其结果可以在输出 OUT 中扫描。ENO 和 EN 具有相同的逻辑状态
OD	将累加器 1 的内容与累加器 2 的内容或一个 32 位常数逐位进行逻辑或运算。只有进行逻辑运算的两个双字中至少有一个的相应位为“1”，结果双字的位才为“1”	WOR_DW EN ENO IN1 IN2 OUT	WOR_DW（双字和双字相“或”指令）通过使能输入（EN）的信号状态“1”激活，并将输入 IN1 和 IN2 表示的两个字值逐位进行“或（OR）”运算。数值用纯二进制位的形式表示。其结果可以在输出 OUT 中扫描。ENO 和 EN 具有相同的逻辑状态
XOD	将累加器 1 的内容与累加器 2 的内容或一个 32 位常数逐位进行逻辑异或运算。只有进行逻辑运算的两个双字中只有一个的相应位为“1”，结果双字的位才为“1”。转换结果保存在累加器 1 中	WXOR_DW EN ENO IN1 IN2 OUT	WXOR_DW（双字和双字相“异或”指令）通过使能输入（EN）的信号状态“1”激活，并将输入 IN1 和 IN2 表示的两个字值逐位进行“异或（XOR）”运算。数值用纯二进制位的形式表示。其结果可以在输出 OUT 中扫描。ENO 和 EN 具有相同的逻辑状态

【例 11-3】 图 11-27 为字和字相“与”指令的应用编程举例。IN1 为逻辑运算第一个数输入端，IN2 为第二个数输入端，OUT 为逻辑运算结果输出端。本例中，参与逻辑运算的数及结果均为字数据类型，它们可以存储在存储区 I、Q、M、D、L 中。如果 EN 的信号状态为 1，则启动逻辑与指令，对由 IN1 和 IN2 指定的数字逐位相“与”，且使 ENO 为 1。若 EN 为 0，则不进行逻辑“与”运算，此时 ENO 为 0，ENO 和 EN 有相同的信号状态。如果逻辑运算的结果非 0，则 CC1 被置为 1。在任何情况下，CC0 和 OV 都被复位为 0。

下面是与图 11-27 梯形图完全对应的语句表程序。

```
A   I0.0
JNB   _001
L   MW10
L   2# 0000 0000 0000 1111
AW
T   MW2
SET
SAVE
CLR
_001: A   BR
=   Q4.0
```

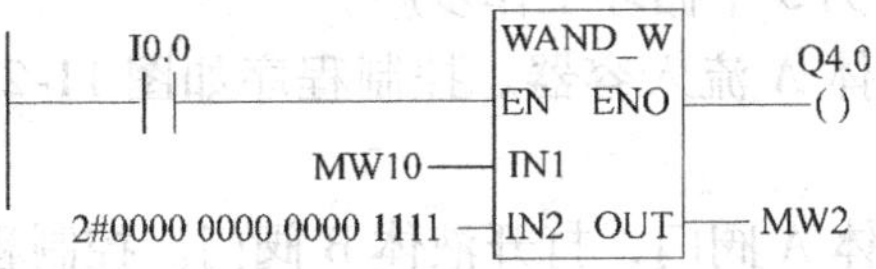

如果输入位I0.0为1，执行字"与"操作结果如下。

1）存储字MW10的低4位被保留，其余位被屏蔽，结果写入MW2。

2）输出位Q4.0为1。如果输入位I0.0为0，则不进行"与"操作，且输出Q4.0为0。

图 11-27　使用字与梯形图方块指令

11.3　应用举例

11.3.1　液体混合控制系统设计

1. 系统资源分配

根据控制要求，系统有两个按钮（起动按钮 SB1 和停止按钮 SB2），3 个电磁阀 Y1 ~ Y3，一台搅拌电动机 M1 和一个测量机构。系统资源分配表如表 11-15 所示。

表 11-15　系统资源分配表

功 能 说 明	地　址	功 能 说 明	地　址
停止按钮	I0.0	搅拌电动机	Q4.0
起动按钮	I0.1	液体 A 电磁阀 Y1	Q4.1
液位测量输入通道	PIW288	液体 B 电磁阀 Y2	Q4.2
定时器 1	T1	混合液阀门 Y3	Q4.3
定时器 2	T2	控制步序 1 标志	M2.1
液体达 30% 标志	M1.0	控制步序 2 标志	M2.2
液体达 100% 标志	M1.1	控制步序 3 标志	M2.3
液体放空标志	M1.2	控制步序 4 标志	M2.4
		控制步序 5 标志	M2.5

2. PLC 外部接线图

PLC 外部接线图如图 11-28 所示。

3. PLC 控制程序设计

（1）工作过程控制子程序 FC1

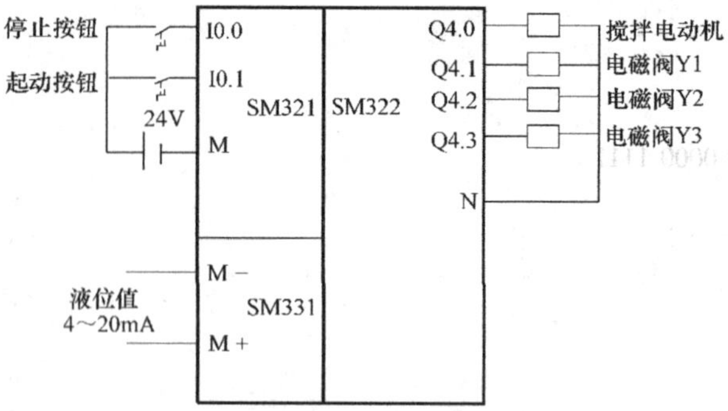

图 11-28　PLC 外部接线图

FC1 完成液体混合系统工作步序的控制，系统共分为 5 个循环工作步序。

工序 1：按下起动按钮，液体 A 阀门 Y1 打开，液体 A 流入容器。控制程序如图 11-29 所示。

工序 2：当液位达到 30% 时，进入工序 2，关闭液体 A 阀门，打开液体 B 阀门。控制程序如图 11-30 所示。

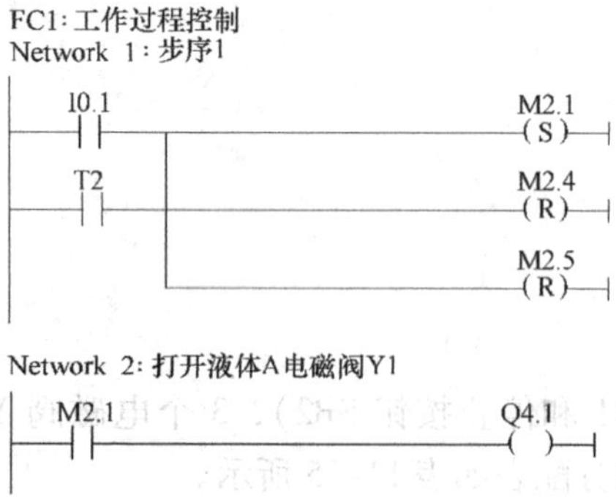

图 11-29　液体 A 阀门 Y1 打开，液体 A 流入容器

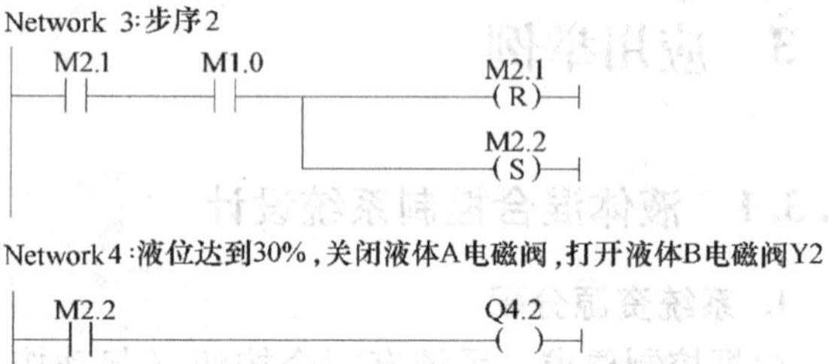

图 11-30　液位达到 30%，关闭液体 A 阀门，打开液体 B 阀门

工序 3：当液面达到 100% 时，进入工序 3，关闭液体 B 阀门，搅拌电动机开始工作，同时开始延时 10s。控制程序如图 11-31 所示。

工序 4：延时 10s 到后，进入工序 4，关闭搅拌电动机，并打开混合液阀门。控制程序如图 11-32 所示。

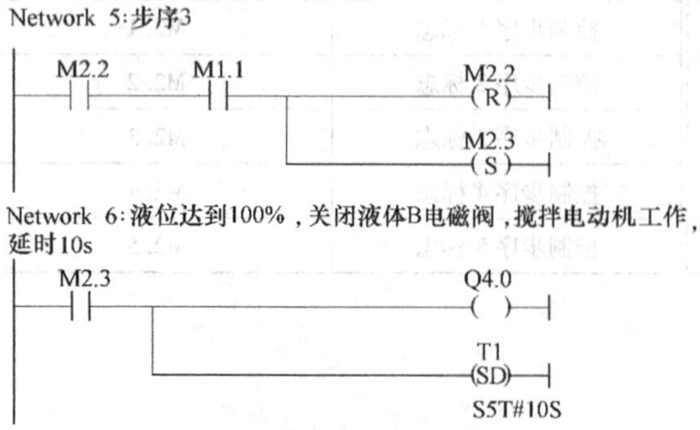

图 11-31　液体达到 100%，关闭液体 B 阀门，起动搅拌电动机

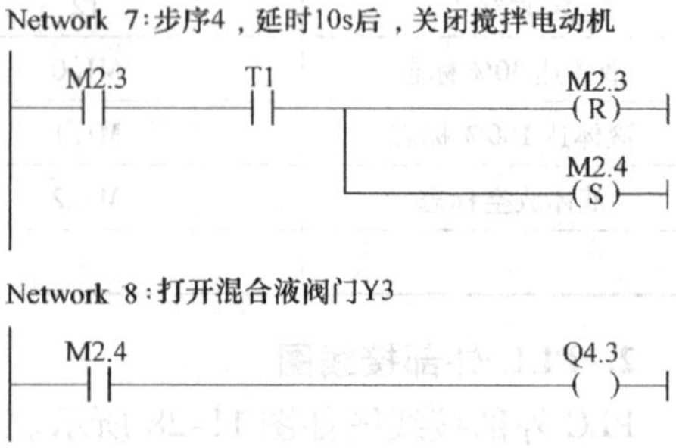

图 11-32　搅拌 10s 后，关闭搅拌电动机，打开混合液阀门

工序5：当液体放空后，进入工序5，延时5s，延时到后关闭混合液阀门，并重新打开液体A阀门，进入下一个循环。控制程序如图11-33所示。

停止复位：任何时候按下停止按钮，系统进入复位状态。控制程序如图11-34所示。

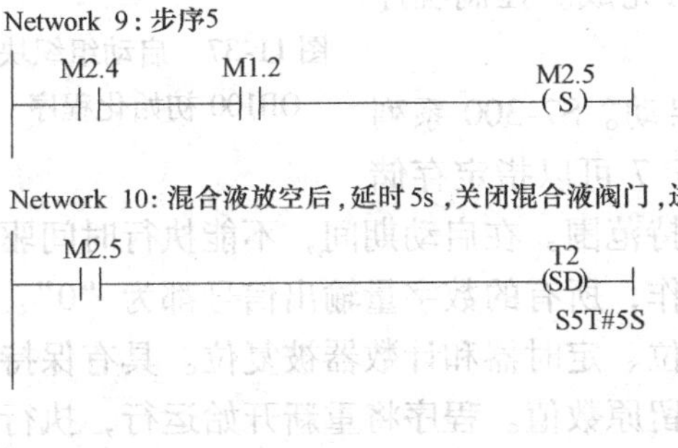

图11-33　混合液放空后，延时5s，关闭混合液阀门

图11-34　按停止按钮系统复位

（2）液位测量及比较功能子程序FC2

FC2主要完成液面高度的测量，并进行规格化处理，然后根据处理的结果判断电磁阀以及搅拌电动机的工作状态。在本例中，液面高度的30%用30.0来模拟，液面高度的100%用100.0来模拟。对于实际的系统，应根据实际液体混合装置的高度进行取值。

测量结果的规范化处理：调用模拟量输入规格化处理功能FC105，直接读取PIW288模拟量输入通道测量值（0～+32768），并进行0～100%的规范化处理，处理结果送入MD80。程序如图11-35所示。程序中使用M0.0的常开触点控制BIPOLAR端子，以实现对单极性数据进行规范化处理。

设置液面高度标志：当液面高度达到30%时，设置标志M1.0；当液面高度达到100%时，设置标志M1.1；当液面高度达到0（混合液体放空），设置标志M1.2。控制程序如图11-36所示。

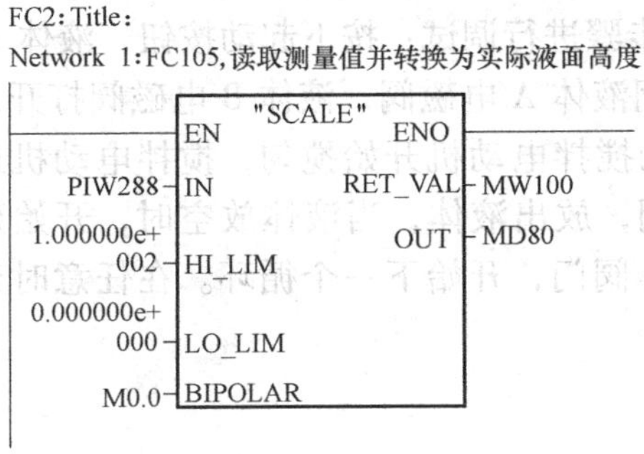

图11-35　液面测量结果的规范化处理

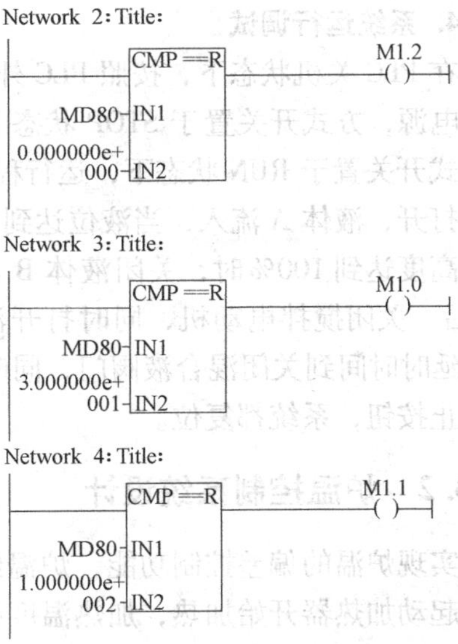

图11-36　设置液面高度标志

(3) 启动组织块 OB100

为了保证在模拟量输入规范化功能 FC105 实现对单极性数据进行规范化处理，需生成一个常“0”信号 M0.0，控制 BIPOLAR 端子。这个功能由启动组织块 OB100 在系统初始化时完成。控制程序如图 11-37 所示。

```
OB100:"Complete Restart"
Network 1:
CLR
= M0.0
```

图 11-37　启动组织块 OB100 初始化程序

CPU 有 3 种启动方式：暖启动、热启动和冷启动。S7-300 系列 PLC CPU（不包括 CPU 318）只有暖启动，用 STEP 7 可以指定存储器位、定时器、计数器和数据块在电源掉电后的保持范围。在启动期间，不能执行时间驱动的程序和中断驱动的程序，运行时间计数器开始工作，所有的数字量输出信号都为“0”。

暖启动时，过程映像数据以及非保持的存储器位、定时器和计数器被复位。具有保持功能的存储器位、定时器、计数器和所有数据块将保留原数值。程序将重新开始运行，执行启动 OB 或 OB1。

由下列原因 CPU 执行启动：POWER ON 之后；模式开关从 STOP 到 RUN 时；通信功能请求之后；多处理器的同步；在 H 系统中在连接上之后（仅适用于备用的 CPU）。

启动用户程序之前，先执行启动 OB。用户可以在 OB100 中编程，来设置 CPU 的初始化操作，例如用户程序开始运行时的初始值，I/O 模块的起始值等。程序没有长度和时间的限制，因为循环时间监视还没有被激活，在启动程序中不能执行时间中断程序和硬件中断程序。

(4) 主循环组织块 OB1

除了 OB100 外，功能 FC1 和 FC2 必须通过 OB1 调用才能被执行并实现相应的控制功能和处理功能。控制程序如图 11-38 所示。

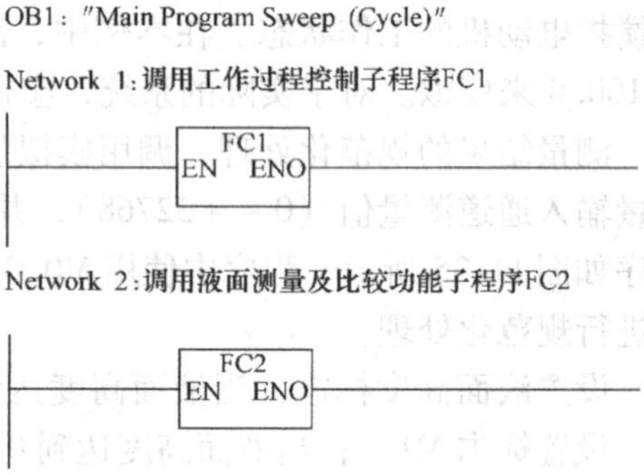

图 11-38　在 OB1 中调用功能 FC1、FC2

4. 系统运行调试

在 PLC 关机状态下，按照 PLC 外部接线图 11-28 正确连接输入设备和输出设备。打开 PLC 电源，方式开关置于 STOP 状态下，将 OB1、OB100、FC1、FC2 下载到 PLC 中，然后将方式开关置于 RUN 状态下，运行程序。按下列步骤进行调试：按下起动按钮，液体 A 电磁阀打开，液体 A 流入，当液位达到 30% 时，关闭液体 A 电磁阀，液体 B 电磁阀打开，当液面高度达到 100% 时，关闭液体 B 电磁阀，起动搅拌电动机开始搅匀，搅拌电动机运行 10s 后，关闭搅拌电动机，同时打开混合液电磁阀，放出液体，当液体放空时，开始延时 5s，延时时间到关闭混合液阀门，同时打开液体 A 阀门，开始下一个循环。在任意时刻按下停止按钮，系统都复位。

11.3.2 炉温控制系统设计

实现炉温的偏差控制功能，炉温给定值为 600℃，控制的偏差为 ±1%。当温度低于下限时起动加热器开始加热，加热温度超过上限则停止加热。炉子的实时温度由 K 型热电偶提供。

热电偶检测的温度由模拟量输入模块的 PIW288 通道输入，然后送给规范化功能 FC105

进行规范化数据处理，转换为在 0 ~ 1000℃之间的一个实型物理量。将规范化后的物理量与炉温的上下限进行比较，以实现控制要求。炉温采集程序在 OB35 中编写，采样周期为 500ms。

1. 工作过程控制子程序 FC1

工作过程控制子程序如图 11-39 所示。I0.0 为起动按钮，I0.1 为停止按钮。

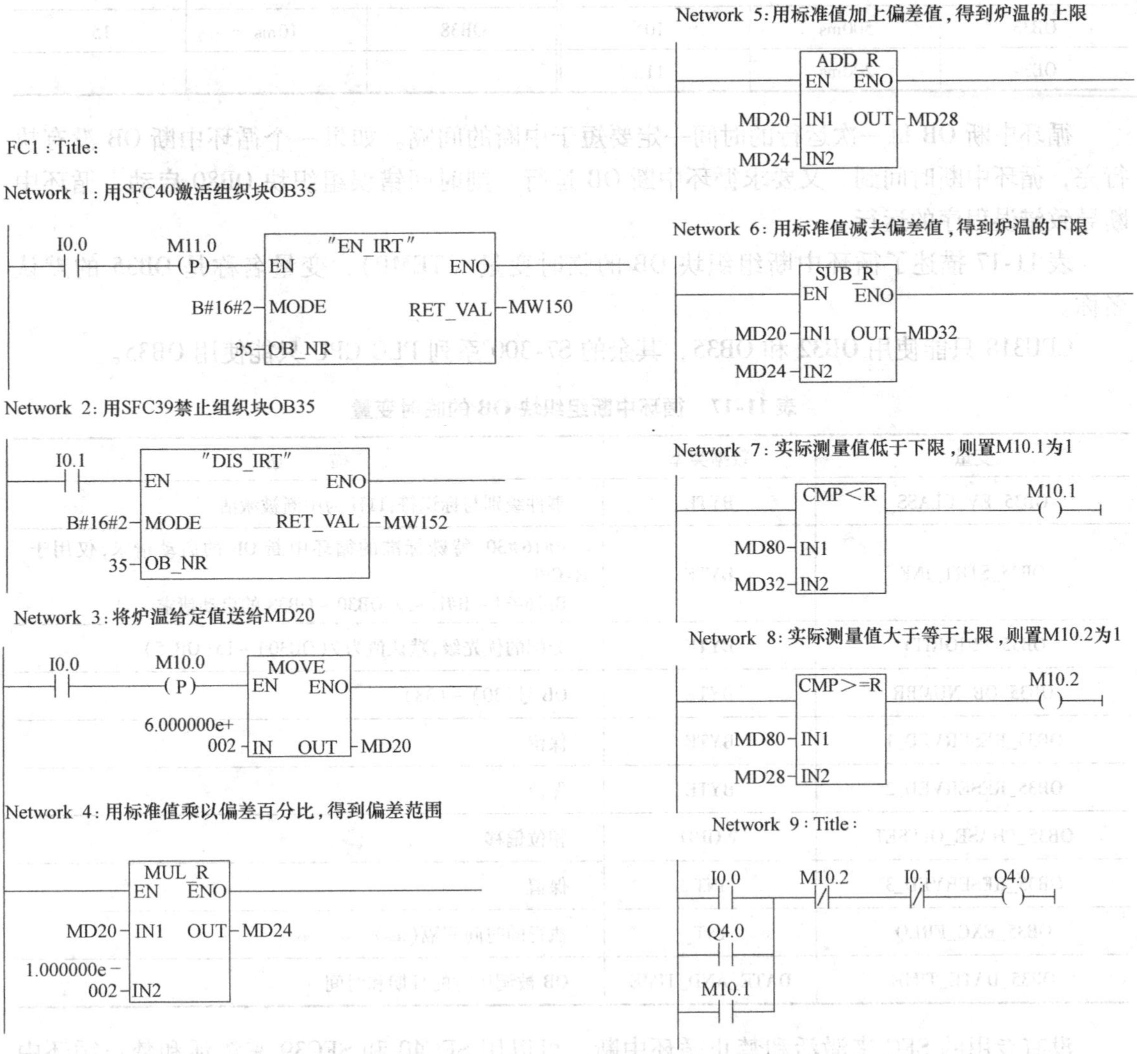

图 11-39 工作过程控制子程序

2. 启动组织块 OB100

启动组织块生成一个常 1 信号，如图 11-40 所示。

3. 循环中断组织块 OB35

S7 提供 9 个循环中断组织块（OB30 ~ OB38），用于按一定时间间隔循环执行中断程序。表 11-16 显示了循环中断 OB 默认的时间间隔和优先级。

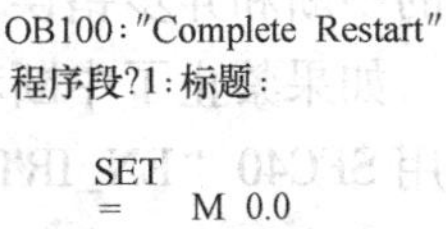

图 11-40 启动组织块 OB100

循环中断的等距时间间隔，是由时间间隔和相位偏移量确定。

表 11-16　循环中断组织块默认的参数

OB 号	默认的时间间隔	默认的优先级	OB 号	默认的时间间隔	默认的优先级
OB30	5s	7	OB35	100ms	12
OB31	2s	8	OB36	50ms	13
OB32	1s	9	OB37	20ms	14
OB33	500ms	10	OB38	10ms	15
OB34	200ms	11			

循环中断 OB 每一次运行的时间一定要短于中断的间隔。如果一个循环中断 OB 没有执行完，循环中断时间到，又要求循环中断 OB 运行，则时间错误组织块 OB80 启动，循环中断导致错误程序的运行。

表 11-17 描述了循环中断组织块 OB 的临时变量（TEMP），变量名称是 OB35 的默认名称。

CPU318 只能使用 OB32 和 OB35，其余的 S7-300 系列 PLC CPU 只能使用 OB35。

表 11-17　循环中断组织块 OB 的临时变量

变量	数据类型	描　述
OB35_EV_CLASS	BYTE	事件级别与标识符:11H 为中断被激活
OB35_STRT_INF	BYTE	B#16#30:特殊标准的循环中断 OB 的启动请求,仅用于 H-CPU; B#16#31～B#16#39:OB30～OB38 的启动请求
OB35_PRIORITY	BYTE	分配的优先级,默认值为 7(OB30)～15(OB35)
OB35_OB_NUMBR	BYTE	OB 号(30)～(38)
OB35_RESERVED_1	BYTE	保留
OB35_RESERVED_2	BYTE	保留
OB35_PHASE_OFFSET	WORD	相位偏移
OB35_RESERVED_3	INT	保留
OB35_EXC_FREQ	INT	执行的时间间隔(ms)
OB35_DATE_TIME	DATE_AND_TIME	OB 被调用时的日期和时间

没有专用的 SFC 来激活和禁止循环中断，可以用 SFC40 和 SFC39 来激活和禁止循环中断。SFC40“EN_IRT”是用于激活新的中断和异步错误，其参数 MODE 为 0 时激活所有的中断和异步错误，为 1 时激活部分中断和错误，为 2 时激活指定的 OB 编号对应的中断和异步错误。SFC39“DIS_IRT”禁止新的中断和异步错误，MODE 为 2 时禁止指定的 OB 编号对应的中断和异步错误，MODE 是字节数据类型，必须用十六进制数来设置。

如果禁止了中断和异步故障，会影响所有的优先级，“DIS_IRT”影响的消除只能通过调用 SFC40“EN_IRT”或者暖启动或者冷启动。

在本题中，在 OB35 中编写输入模块采集的数值转换为实际温度值，采样周期在 CPU 的属性中设置。程序如图 11-41 所示。

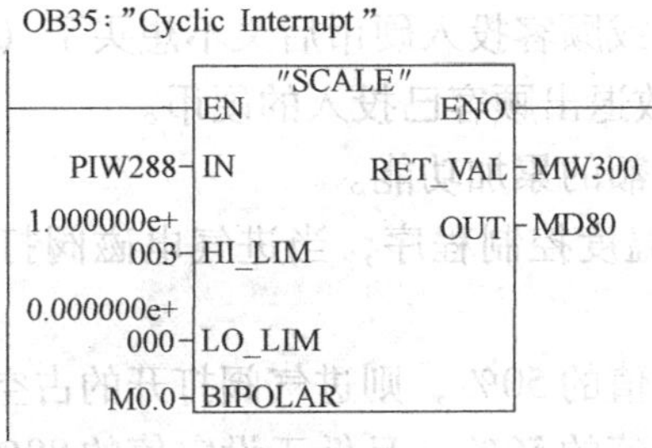

图 11-41　将采集到的模拟量转换为实际温度值

项 目 小 结

本项目以液体混合装置的 PLC 控制为例引出了算术运算指令、转换指令和字逻辑指令等数字指令的格式、特点及使用。在进行模拟量信号的处理时要用到数字指令，根据处理任务的不同可以灵活选用字处理指令。

液体混合控制属于顺序控制任务，在进行顺序控制时，要注意开始下一步任务时要先停止上一步任务。

另外，在液体混合控制和炉温控制程序中，引出了启动组织块 OB100、OB35 的使用方法及用途。OB100 是 S7-300 系列 PLC CPU 的暖启动方式，使用该组织块可以完成用户程序初始值的设置。OB35 是循环中断组织块，可以实现按固定时间间隔运行的程序，比如模拟量的采集。

习题及思考题

11-1　一台用于销售汽水和咖啡的自动售货机，具有硬币识别、币值累加、自动售货、自动找钱等功能，此售货机可接收的硬币为 0.1 元、0.5 元和 1 元。汽水的售价为 1.2 元，咖啡的售价为 1.5 元。其示意图如图 11-42 所示。

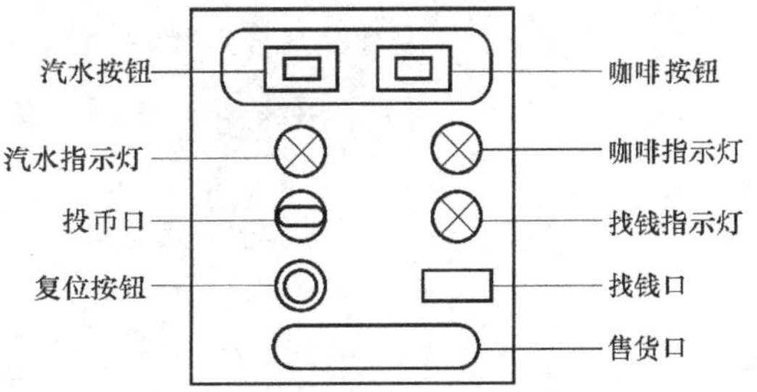

图 11-42　题 11-1 图

1）当投入的硬币总值超过 1.2 元时，汽水指示灯亮，当投入的硬币总值超过 1.5 元时，汽水和咖啡的指示灯都亮。

2）当汽水指示灯亮时，按汽水按钮，则汽水从售货口自动售出，汽水指示灯闪烁（闪烁时间间隔为 1s ON，1s OFF），8s 后自动停止。

3）当咖啡指示灯亮时，按咖啡按钮，则咖啡从售货口自动售出，咖啡指示灯闪烁（闪烁时间间隔为 1s ON，1s OFF），8s 后自动停止。

4）当按下汽水按钮或咖啡按钮后，如果投入的硬币总值超过所需钱数时，找钱指示灯亮，售货机自动退出多余的钱，8s 后自动停止。

5）如果售货口发生故障，或顾客投入硬币后又不想买了（未按汽水按扭或咖啡按钮），可按复位按钮，则售货机可如数退出顾客已投入的硬币。

6）具有销售数量和销售金额的累加功能。

11-2　在 FC1 中编写炉窑温度控制程序，当进气电磁阀打开时，热气流进入炉窑，炉窑温度上升。控制规则如下。

1）如果检测温度低于设定值的 50%，则进气阀打开的占空比为 100%。

2）如果检测温度高于设定值的 50%，且低于设定值的 80%，则进气阀打开的占空比为 70%。

3）如果检测温度高于设定值的 80%，且低于设定值的 90%，则进气阀打开的占空比为 50%。

4）如果检测温度高于设定值的 90%，且低于设定值的 100%，则进气阀打开的占空比为 30%。

5）如果检测温度高于设定值的 100%，且低于设定值的 102%，则进气阀打开的占空比为 10%。

6）如果检测温度高于设定值的 102%，则进气阀打开的占空比为 0%。

11-3　在 FC1 中编写模拟量液位值的处理程序，要求：液位高度传感器测量值范围为 0～800mm，当液位值低于 100mm 时，打开进料阀门，当液位高于 600mm 时，关闭进料阀门。

项目 12　组态王在水塔水位控制系统中的应用

【学习目标】

1. 了解组态王软件的组成和设计步骤。

2. 通过实例（报警指示灯、水塔水位）的学习，掌握组态王和 PLC 联合构建监控系统的方法和设计过程。

12.1 项目简述

水塔水位控制装置如图 12-1 所示。

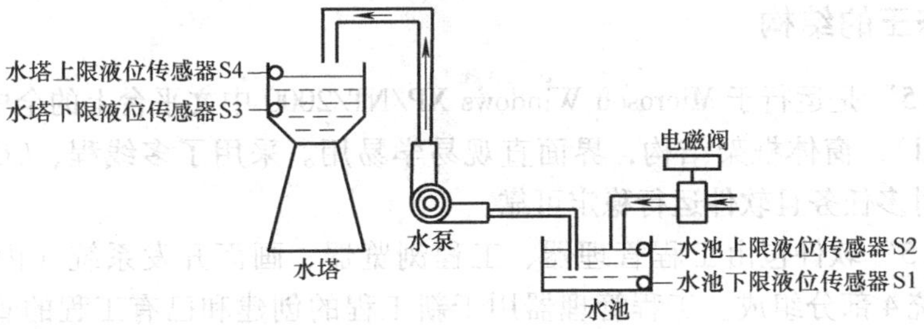

图 12-1　水塔水位控制装置

水塔水位控制系统的工作过程：设水塔、水池初始状态都为空着的。当水池液位低于下限液位时，传感器 S1 此时为 ON，电磁阀打开，开始往水池里注水，10s 以后，若水池液位没有超过水池下限液位时，则系统发出报警，若系统正常，此时水池下限液位传感器 S1 为 OFF，表示水位高于下限水位。系统检测到此信号时，由于水塔液位低于水塔水位下限，水泵开始工作，向水塔供水，当水池液面高于上限水位时，则传感器 S2 为 OFF，电磁阀关闭。但是水塔现在还没有装满，可此时水塔液位已经超过水塔下限水位，则传感器 S3 为 OFF，水泵继续工作，从水池抽水向水塔供水，水塔抽满时，水塔液位超过水塔上限，则水塔上限液位传感器 S4 为 OFF，水泵停止工作。但刚刚给水塔供水的时候，水泵已经把水池的水抽走了，此时水池液位已经低于水池上限。一个供水周期结束。

当水塔水位低于下限水位，同时水池水位也低于下限水位时，水泵停止起动。

使用组态软件构建实时监控系统，采集现场生产数据，并以动画形式直观地显示在监控画面上。

利用组态软件构建监控系统，是现代化生产过程中实现对生产过程进行可视化监控以及对各种生产过程参数进行采集、保存和再利用的常用方法。目前，组态软件提供商很多，比如美国 Wonderware 公司的 InTouch 软件，德国 SIEMENS 公司的 WinCC，北京三维公司的 ForceControl（力控）等。本项目以水塔水位控制系统为例介绍组态王软件的使用。

12.2 相关知识

12.2.1 组态软件概述

“组态”的概念是伴随着集散型控制系（Distributed Control System，简称 DCS）的出现才开始被广大的生产过程自动化技术人员所熟知的。

组态的概念最早来自英文 Configuration，含义是使用软件工具对计算机及软件的各种资源进行配置，达到使计算机或软件按照预先设置，自动执行特定任务，满足使用者的要求。监控组态软件是面向监控与数据采集的软件平台工具，具有丰富的设置项目，使用方式灵活，功能强大。组态软件最早出现时，主要解决人机图形界面问题。随着软件技术的发展，实时控制、通信联网、系统安全管理、开放的数据接口、I/O 设备管理等已经成为它的主要内容。

12.2.2 组态王的结构

“组态王 6.5”是运行于 Microsoft Windows XP/NT/2000 中文平台上的全中文界面的人机界面软件（HMI），窗体框架结构，界面直观易学易用。采用了多线程、COM 组件等新技术，实现了实时多任务且软件运行稳定可靠。

“组态王 6.5”软件包由工程管理器、工程浏览器、画面开发系统（内嵌于工程浏览器）和运行系统 4 部分组成。工程管理器用于新工程的创建和已有工程的管理，在工程浏览器中可以查看、配置工程的各个组成部分，画面的开发和运行由工程浏览器调用画面制作系统和工程运行系统来完成的。

1）工程管理器。其是计算机内的所有应用工程的统一管理环境。工程管理器具有很强的管理功能，可用于新工程的创建及删除，并能对已有工程进行搜索、备份及有效恢复，实现数据词典的导入和导出等功能。

2）工程浏览器。其是应用工程的设计管理配置环境，进行应用工程的程序语言的设计、变量定义管理、连接设备的配置、开放式接口的配置、系统参数的配置、WEB 发布管理、第三方数据库的管理等。

3）画面开发系统。其是应用工程的开发环境。在这个环境中完成画面设计、动画连接、程序编写等工作。

4）运行系统。其是组态王 6.5 软件的实时运行环境，在应用工程的开发环境中建立的图形画面只有在运行系统中运行才能实时反应现场的运行情况。运行系统负责从控制设备中采集数据，并存于实时数据库中。它还负责把数据的变化以动画的方式形象地表示出来，同时可以完成变量报警、操作记录、趋势曲线等监视、存储功能，并按实际需求记录到历史数据库中。

组态王作为一个开放型的通用工业监控系统，支持工控行业中大部分国内常见的测量控制设备。遵循工控行业的标准，采用开放接口提供第三方软件的连接（DDE/OPC/ ACTIVE X 等）。使用者无须关心复杂的通信协议源代码、无须编写大量的图形生成、数据统计处理程序代码就可以方便快捷地进行设备的连接、画面的开发、简单程序的编写，从而完成一个监控系统的设计。

12.2.3 使用组态王的一般步骤

应用工程需要在组态软件中进行完整、严密的组态，组态软件才能正常的工作。建立应用工程大致可分为以下 5 个步骤。

1）设计图形界面。

2）定义设备驱动。

3）构造数据库变量。

4）建立动画连接。

5）运行和调试。

需要说明的是，这 5 个步骤并不是完全独立的，事实上，这 5 个部分常常是交错进行的。

在用画面开发系统构造应用工程之前，要仔细规划项目，主要考虑以下 3 方面问题。

1）希望用怎样的图形画面来模拟实际的工业现场和相应的控制设备。用组态王系统开发的应用工程是以“画面”为程序显示单位的，“画面”显示在程序实际运行时的 Windows 窗口中。

2）创建一个实时数据库，用此数据库中的变量来反映控制对象的各种属性，比如变量“液位”，“压力”等。此外还有代表操作者指令的变量，比如“按钮”。

3）画面上的图素以怎样的动画来模拟现场设备的运行，以及怎样让操作者输入控制设备的指令。

12.3 应用举例

12.3.1 报警指示灯

报警信号由 PLC 发出，组态界面显示报警信息。当发生报警时，报警指示灯红绿闪烁，正常时报警指示灯亮绿色。组态软件的变量与 PLC 地址的分配如表 12-1 所示。

表 12-1 组态软件变量与 PLC 地址的分配

组态软件变量名	PLC 地址
指示报警	组态王内部变量
报警灯 PLC 变量	A8.0

1. 创建新的组态王工程

在组态王中，所建立的每一个应用称为一个工程。每个工程必须在一个独立的目录下，不同的工程不能共用一个目录。在每一个工程的路径下，生成了一些重要的工程文件，这些数据文件是不允许直接修改的。

1）启动“组态王”工程管理器，选择菜单“文件\新建工程”命令，或者单击工具栏的“新建”按钮，弹出“新建工程向导之一”对话框，如图 12-2 所示。

2）单击“下一步”按钮，弹出“新建工程向导之二”对话框，如图 12-3 所示。

在工程路径文本框中输入一个有效的工程路径，或单击“浏览”按钮，在弹出的路径选择对话框中选择一个有效的路径。

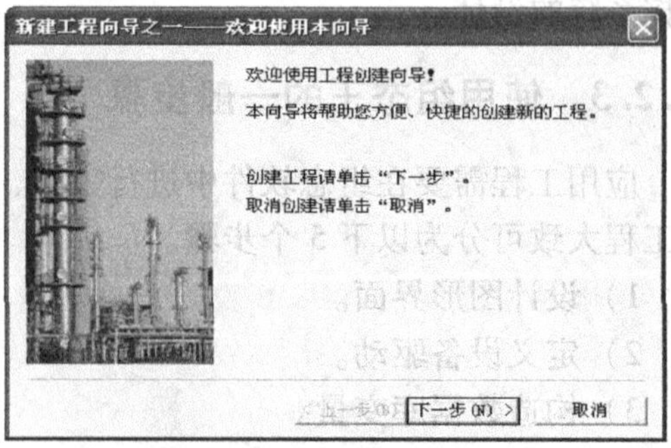

图 12-2　创建新工程向导一

3）单击“下一步”按钮，弹出“新建工程向导之三”对话框，如图 12-4 所示。

在“工程名称”文本框中输入新建工程的名称，工程名称有效长度应小于 32 个字符。在“工程描述”文本框中输入对该工程的描述文字，工程描述有效长度应小于 40 个字符。

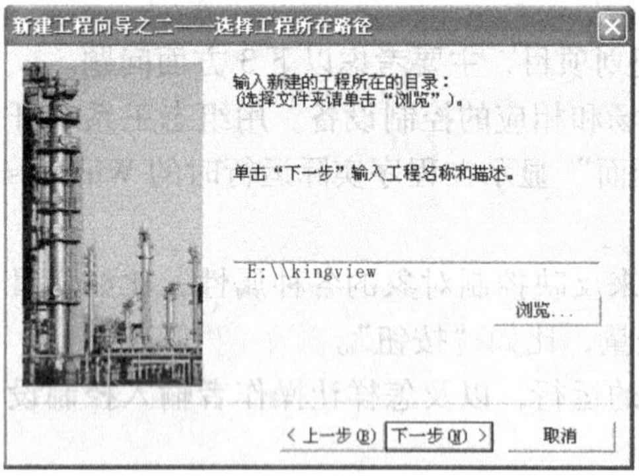

图 12-3　选择工程所在路径

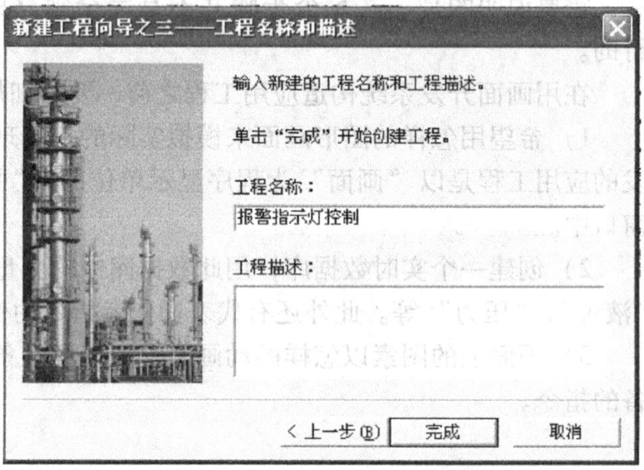

图 12-4　工程名称和描述

4）单击“完成”按钮完成工程的新建。系统会弹出对话框，询问用户“是否将新建的工程设为当前工程?”，如图 12-5 所示。

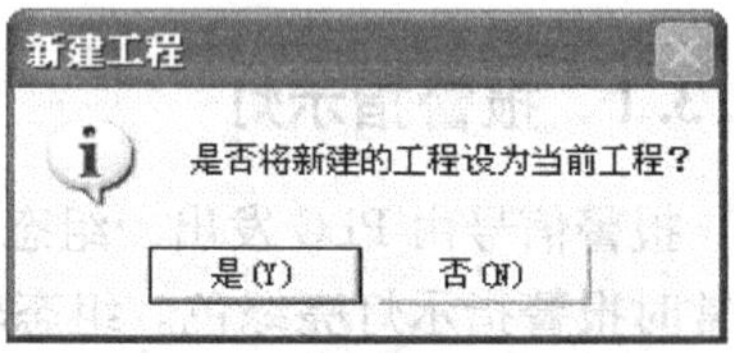

图 12-5　创建新工程向导四

5）单击“否”按钮，则新建工程不是工程管理器的当前工程，如果要将该工程设为新建工程，还要执行“文件/设为当前工程”命令；单击“是”按钮，则将新建的工程设为组态王的当前工程。定义的工程信息会出现在工程管理器的信息表格中。当进入运行环境时系统默认运行此工程。

2. 创建组态画面

“组态王”采用面向对象的编程技术，使用户可以方便地建立画面的图形界面。用户构图时可以像搭积木那样利用系统提供的图形对象完成画面的生成。同时支持画面之间的图形对象复制，可重复使用以前的开发结果。

1）打开工程名为“报警指示灯控制”的工程，在工程浏览器左侧的“工程目录显示区”中选择“画面”选项，在工程浏览器右侧视图中用鼠标左键双击“新建”图标，弹出“新画面”对话框，如图 12-6 所示。在“画面名称”处输入新的画面名称，如报警指示系统，其他属性目前不用更改。单击“确定”按钮进入内嵌的组态王画面开发系统。如图

12-7 所示。接下来在此画面中绘制图素。绘制图素的主要工具放置在图形编辑工具箱内。当画面打开时，工具箱自动显示。

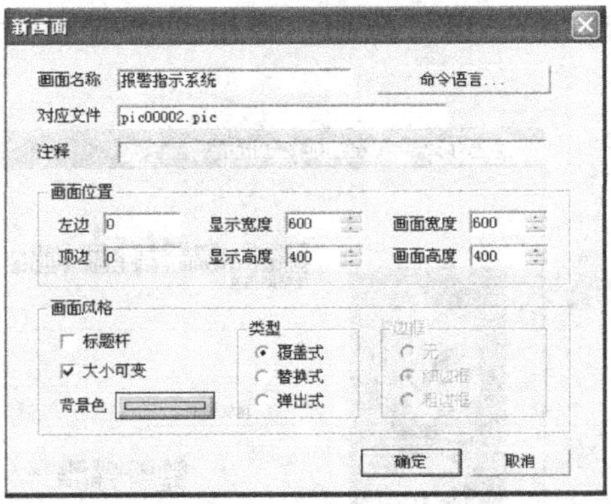

图 12-6　新建画面对话框

图 12-7　系统开发界面

2）在工具箱中单击文本工具，在画面上输入文字：指示报警灯。

3）选择菜单“图库/打开图库”命令或按 < F2 > 键打开图库管理器，如图 12-8 所示。

在图库管理器左侧名称列表中选择图库名称“指示灯”，从中选中指示灯，双击鼠标，图库管理器自动关闭，在工程画面上鼠标位置出现“∟”标志。在画面上单击鼠标，该图素就被放置在画面上。拖动边框到适当的位置，改变其大小。

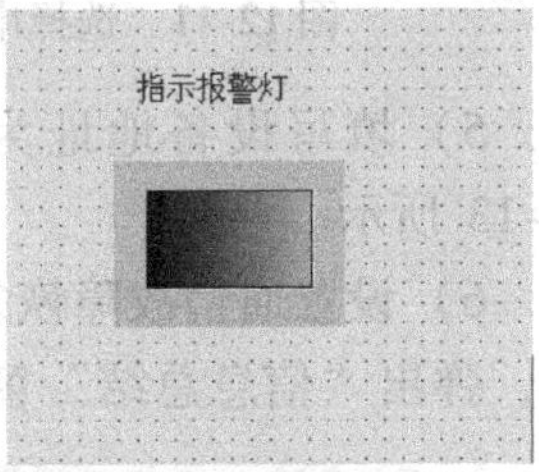

图 12-8　报警组态画面

3. 定义 I/O 设备接口

本项目使用 S7-300 系列 PLC 和组态王通信。假设 PLC 连接在计算机的 COM1 口。

1）选择工程浏览器左侧“设备 \COM1”，在工程浏览器右侧双击“新建”图标，弹出“设备配置向导”对话框，如图 12-9 所示。

2）选择“PLC/西门子/S7-300 系列/MPI（串口）”项，单击“下一步”按钮，弹出对话框，如图 12-10 所示。

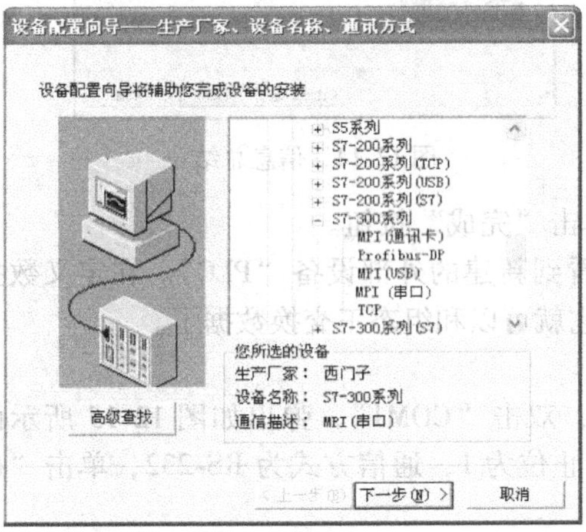

图 12-9　设备配置向导一

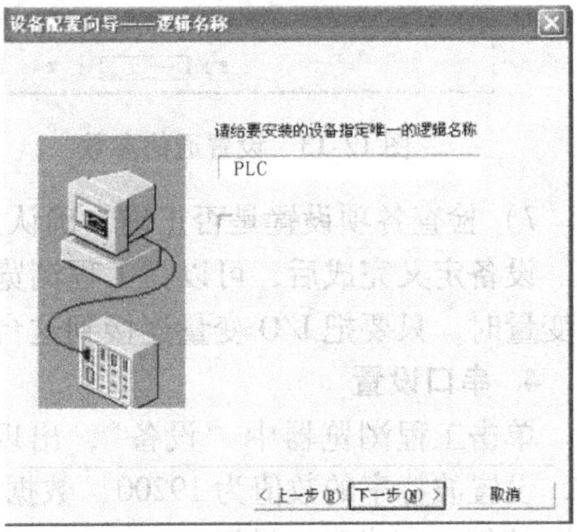

图 12-10　设备配置向导二

3）为外部设备取一个名称，如PLC，单击“下一步”按钮，弹出“选择串口号”对话框，如图 12-11 所示。

4）为设备选择连接串口，如 COM1，单击“下一步”按钮，弹出“设备地址设置指南”对话框，如图 12-12 所示。

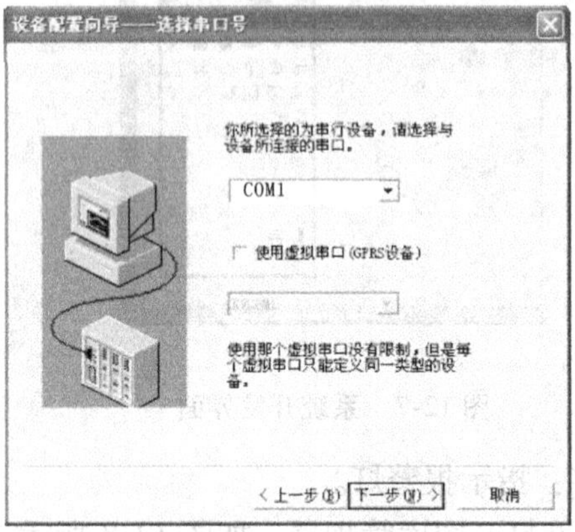

图 12-11　选择串口号

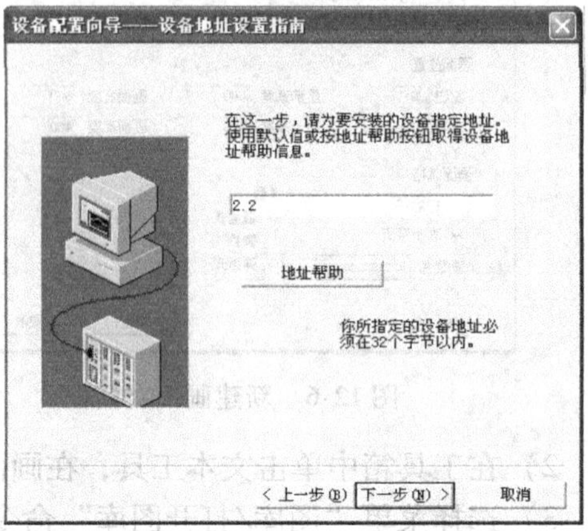

图 12-12　设备地址设置指南

5）填写设备地址为 2.2，单击“下一步”按钮，弹出“通信参数”对话框，如图 12-13 所示。

6）设置通信故障恢复参数（一般情况下使用系统默认设置即可），单击“下一步”按钮，弹出“信息总结”窗口，如图 12-14 所示。

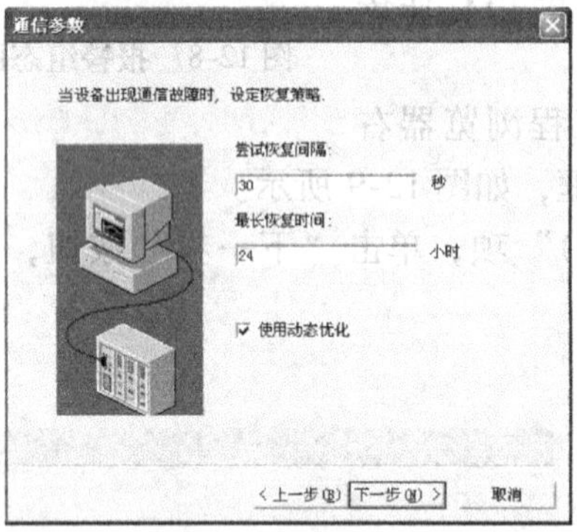

图 12-13　设置通信参数

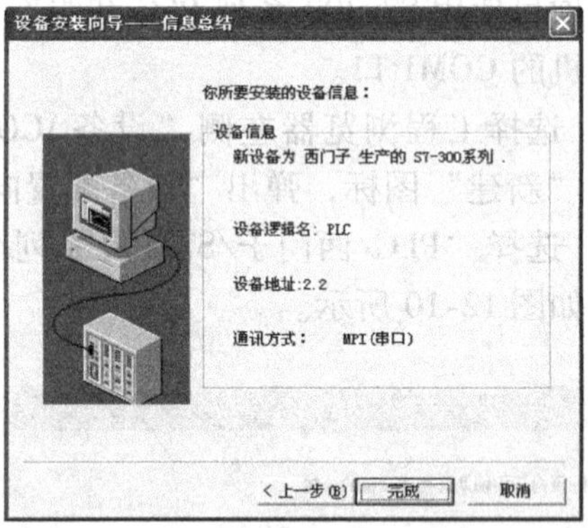

图 12-14　信息总结

7）检查各项设置是否正确，确认无误后，单击“完成”按钮。

设备定义完成后，可以在工程浏览器的右侧看到新建的外部设备“PLC”。在定义数据库变量时，只要把 I/O 变量连接到这台设备上，它就可以和组态王交换数据了。

4. 串口设置

单击工程浏览器中“设备”，出现下拉菜单，双击“COM1”，弹出如图 12-15 所示画面，设置波特率的数值为 19200，数据位为 8，停止位为 1，通信方式为 RS-232，单击“确定”按钮，完成串口设置。

5. 构造数据库

数据库是“组态王”最核心的部分。在运行时，工业现场的生产状况要以动画的形式反映在屏幕上，操作者在计算机前发布的指令也要迅速送达生产现场，所有这一切都是以实时数据库为中心环节，所以说数据库是联系上位机和下位机的桥梁。

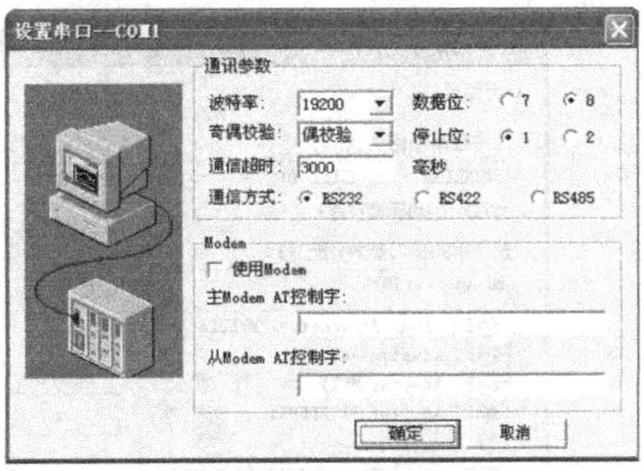

图 12-15　串口设置

1）选择工程浏览器左侧“数据库/数据词典”，在工程浏览器右侧双击“新建”图标，弹出“定义变量”对话框，如图 12-16 所示。输入变量名“指示报警”，输入变量类型“内存离散”，单击“确定”按钮，完成对变量“指示报警”的设置。

2）变量“报警灯 PLC 变量”设置。鼠标单击数据词典，再双击右边的新建变量，输入变量名“报警灯 PLC 变量”，其他设置如图 12-17 所示。

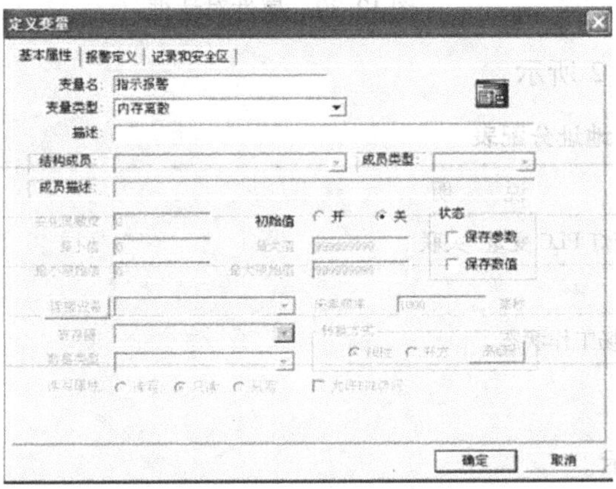

图 12-16　变量“指示报警”的设置

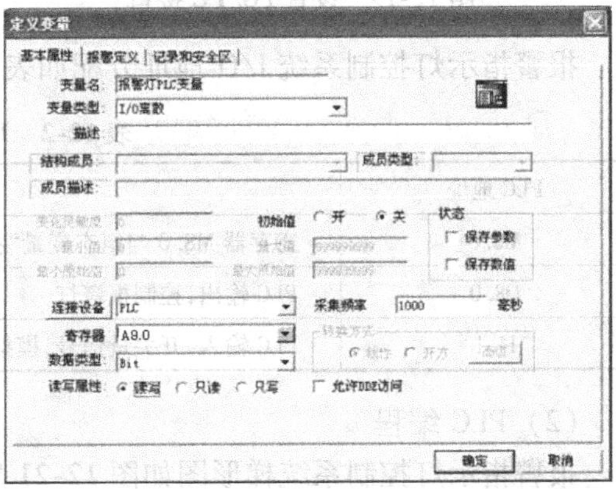

图 12-17　变量“报警灯 PLC 变量”的设置

这些设置完成以后，就把组态软件的变量“报警灯 PLC 变量”与 PLC 中的地址 Q8.0 连接起来了。

6. 动画连接

双击组态画面指示报警灯，弹出如图 12-18 所示的画面，添加变量名为“指示报警”，颜色设置：正常时为绿色，报警时为红色；闪烁条件为：\\本站点\报警灯 PLC 变量 = =1。

7. PLC 通信设置

在控制面板中，双击“设置 PG/PC 接口”，单击“选择”，选中“PC Adapter（MPI）”，然后单击“安装”，将“PC Adapter（MPI）”添加到“已使用的接口参数分配（P）”中，如图 12-19 所示。选中“PC Adapter（MPI）”，然后单击“属性”，弹出“属性”对话框如图 12-20 所示。选中“本地连接”选项卡，在“连接到”中输入“COM1”，在“传输率”中输入“19200”，单击“确认”按钮，完成对 PLC 通信的设置。

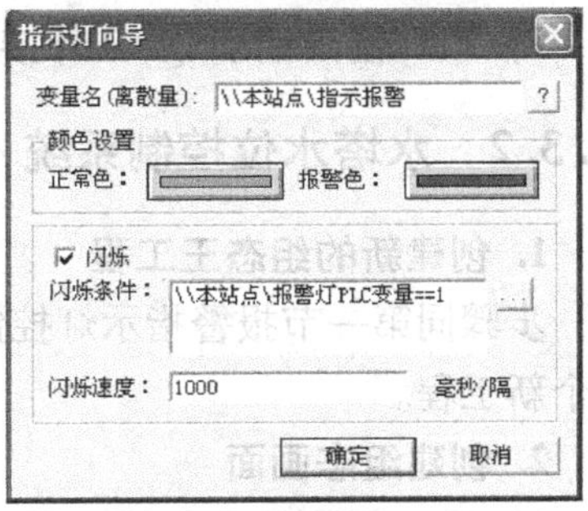

图 12-18　报警灯动画连接

8. 报警指示灯控制 PLC 编程

（1）I/O 地址表分配

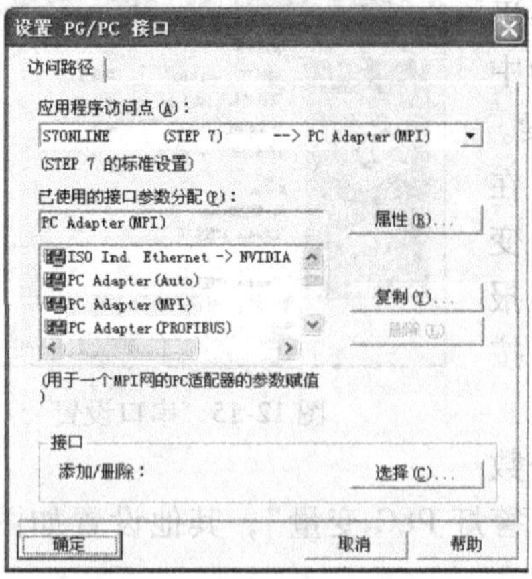

图 12-19　设置 PG/PC 接口

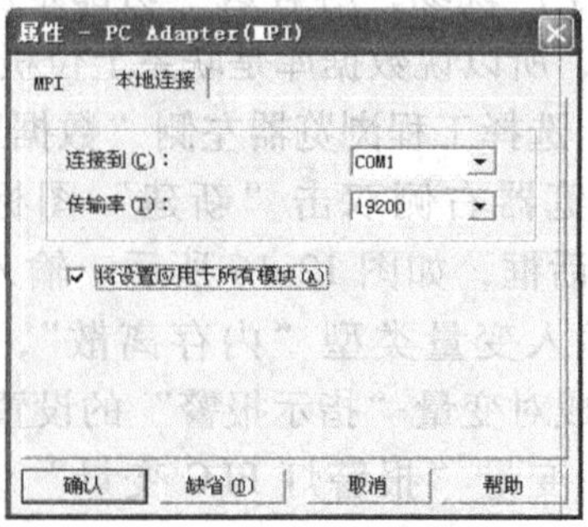

图 12-20　属性对话框

报警指示灯控制系统 I/O 地址分配如表 12-2 所示。

表 12-2　I/O 地址分配表

PLC 地址	说　明
M8.0	寄存器 M8.0 与组态变量"报警灯 PLC 变量"关联
Q8.0	PLC 输出,控制报警灯
I4.1	PLC 输入,开关量信号,模拟现场工作状态

（2）PLC 编程

报警指示灯控制系统梯形图如图 12-21 所示。

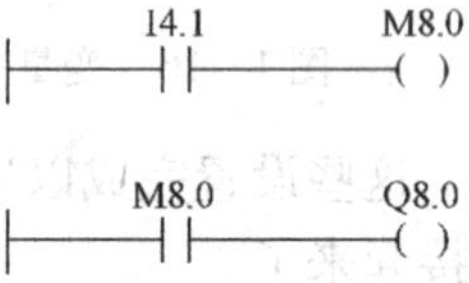

图 12-21　报警指示灯控制系统梯形图

9. 报警指示灯组态与 PLC 联机调试

1）将梯形图程序下载到 PLC 中，将开关打到"RUN"位置。

2）单击组态管理器中图标"运行"，进入组态运行。并将工程"报警指示灯控制"设为组态王当前工程。

3）当数字量输入端子 I4.1 为 1 时，寄存器 M8.0 为 1，组态变量"报警灯 PLC 变量"置 1。

4）变量名为"指示报警"的指示报警灯开始闪烁，红绿变换，完成画面报警。

5）PLC 输出端子 Q8.0 外接指示灯亮，开始报警。

12.3.2　水塔水位控制系统

1. 创建新的组态王工程

步骤同第一节报警指示灯控制，添加工程名称"水塔水位"，单击"完成"按钮，创建一个新工程。

2. 创建组态画面

1）进入新建的组态王工程，在工程浏览器左侧的"工程目录显示区"中选择"画面"选项，在工程浏览器右侧视图中双击"新建"图标，弹出"新画面"对话框如图 12-22 所示。

在"画面名称"处输入新的画面名称，如水塔水位系统，其他属性目前不用更改。单击“确定”按钮进入内嵌的组态王画面开发系统。如图 12-23 所示。接下来在此画面中绘制各种图素。

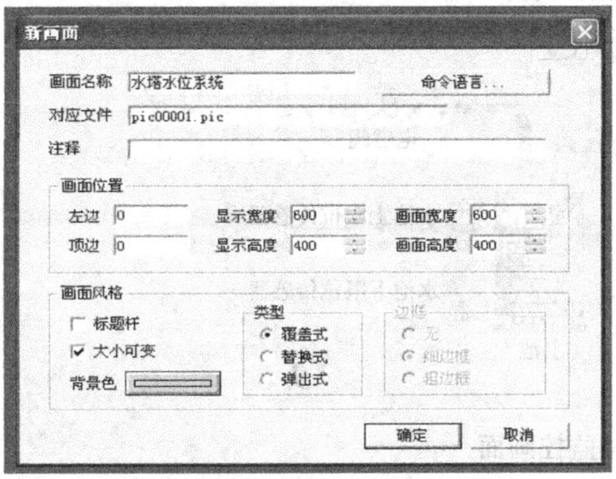

图 12-22　新建画面对话框

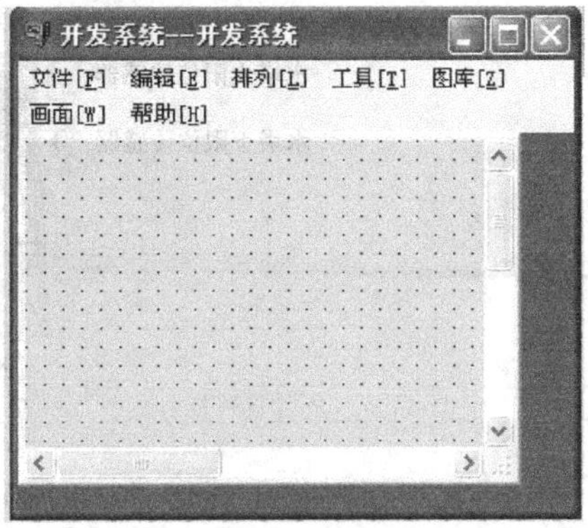

图 12-23　开发系统界面

2）在工具箱中单击文本工具，在画面上输入文字：水塔水位监控画面。

3）选择菜单“图库/打开图库”命令或按 < F2 > 键打开图库管理器，如图 12-24 所示。

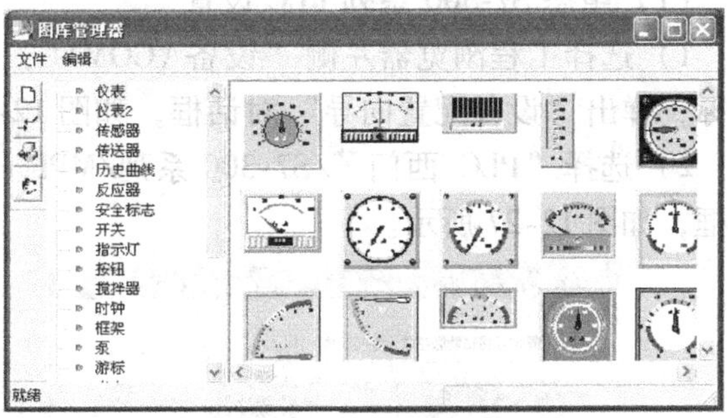

图 12-24　图库管理器

在图库管理器左侧名称列表中选择图库名称“反应器”，从中选中“反应器”，双击鼠标左键，图库管理器自动关闭，在工程画面上鼠标位置出现“∟”标志。在画面上单击鼠标左键，该图素就被放置在画面上。拖动边框到适当的位置，改变其大小。在图库管理器中选择不同的图素，在画面上分别做出 4 个传感器、一个报警指示灯、水塔、水池、电磁阀、水泵。

选择工具箱中的立体管道工具，在画面上鼠标图形变为“ + ”，在适当位置作为立体管道的起始位置，按住鼠标左键，然后移动鼠标到结束位置后双击，则立体管道在画面上显示出来。如果立体管道需要拐弯，只需在折点处单击鼠标左键，然后继续移动鼠标，就可实现折线形式的立体管道绘制。

选中所画的立体管道，在调色板上按下“对象选择按钮区”中“线条色”按钮，在“选色区”选择某种颜色，则立体管道变为相应的颜色。通过菜单“工具/圆角矩形”在管道上画一小方块，宽度与管道相匹配，（颜色最好区分于管道的颜色），然后利用“编辑”菜单中的“复制”、“粘贴”命令复制多个小方块排成一行作为液体。将水管分成 6 段，分别设为水流 1、水流 2、水流 3、水流 4、水流 5、水流 6，选择每段小方块，单击鼠标右键，在弹出的下拉菜单中执行“组合拆分 \ 合成组合图素”命令将其组合成一个图素，就生成了在管道中流动的水。这样一个简单的水塔水位控制系统静态画面就建立起来了，如图 12-25 所示。

4）选择“文件”菜单的“全部存”命令将所完成的画面进行保存。

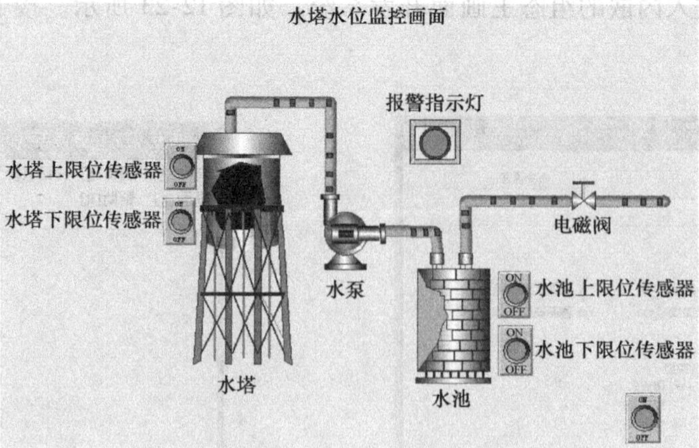

图 12-25　水塔水位监控画面

3. 定义 I/O 设备接口

本项目使用 S7-300 系列 PLC、仿真 PLC 和组态王通信。假设 S7-300 系列 PLC 连接在计算机的 COM1 口，仿真 PLC 连接到 COM2 口。

（1）组态 S7-300 系列 PLC 设置

1）选择工程浏览器左侧“设备\COM1”，在工程浏览器右侧用鼠标左键双击“新建”图标，弹出“设备配置向导”对话框，如图 12-26 所示。

2）选择“PLC/西门子/S7-300 系列/MPI（串口）”项，单击“下一步”按钮，弹出对话框，如图 12-27 所示。

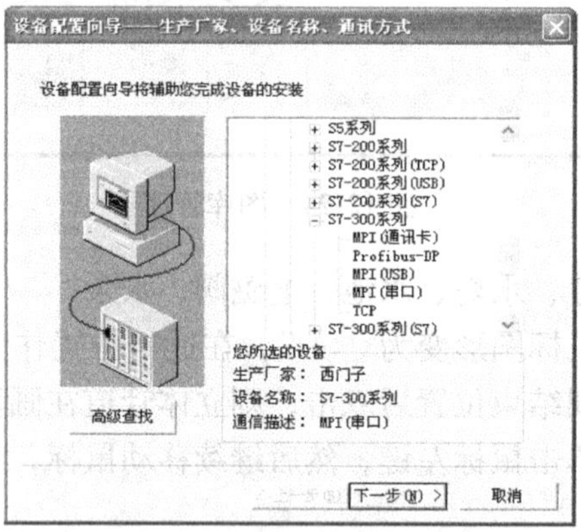

图 12-26　设备配置向导一

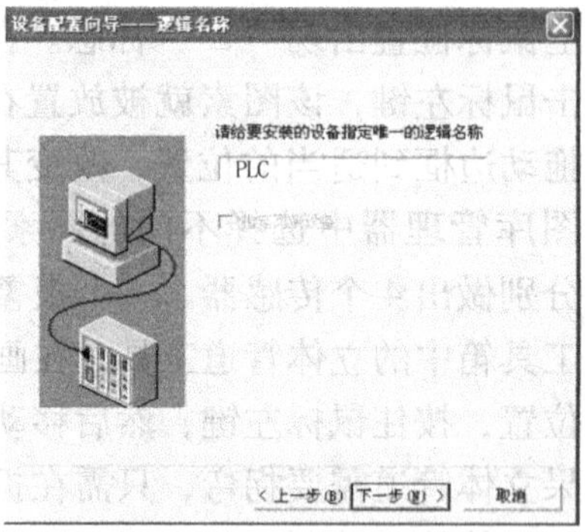

图 12-27　设备配置向导二

3）为外部设备取一个名称，如 PLC，单击“下一步”按钮，弹出“选择串口号”对话框，如图 12-28 所示。

4）为设备选择连接串口，如 COM1，单击“下一步”按钮，弹出“设备地址设置指南”对话框，如图 12-29 所示。

5）填写设备地址为 2.2，单击“下一步”按钮，弹出“通信参数”对话框，如图 12-30 所示。

6）设置通信故障恢复参数（一般情况下使用系统默认设置即可），单击“下一步”按钮，弹出“信息总结”窗口，如图 12-31 所示。

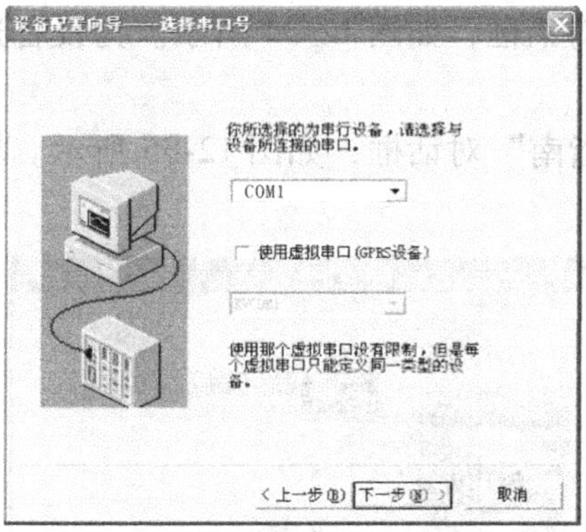

图 12-28　选择串口号

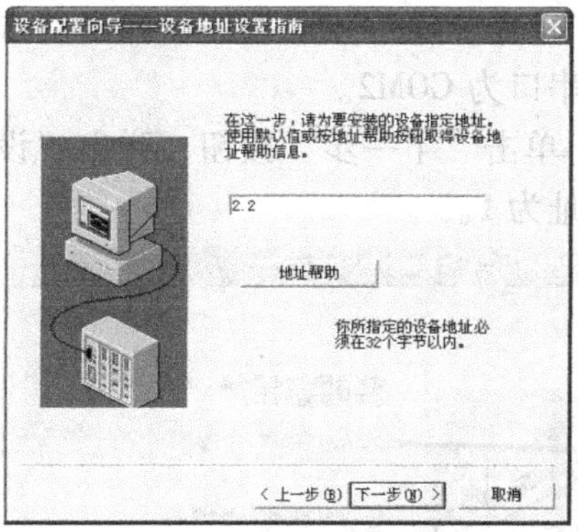

图 12-29　设备地址设置

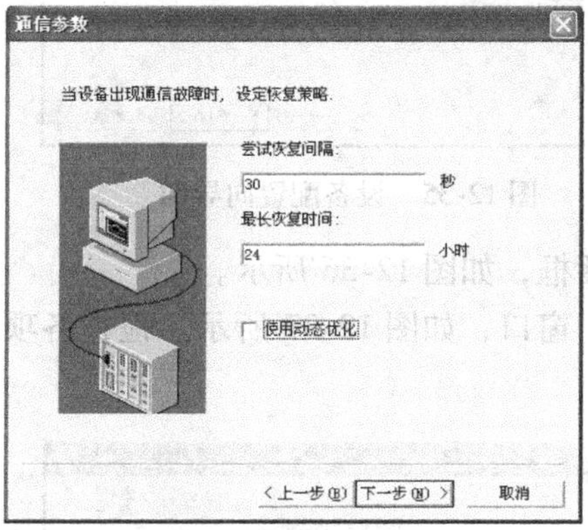

图 12-30　设置通信参数

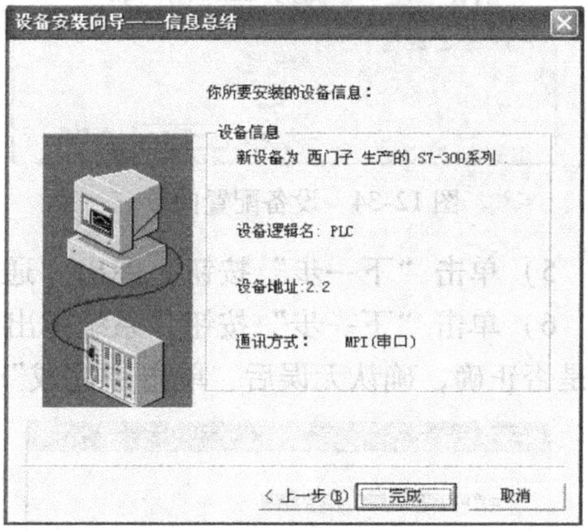

图 12-31　信息总结

7）检查各项设置是否正确，确认无误后，单击“完成”。

（2）组态仿真 PLC 设置

1）在组态王工程浏览器的左侧选中“COM2”，在右侧双击“新建”图标弹出“设备配置向导”对话框，如图 12-32 所示。

2）选择亚控提供的“仿真 PLC”的“串口”项后单击“下一步”按钮，弹出对话框，如图 12-33 所示。为仿真 PLC 设备取一个名称，如仿 PLC。

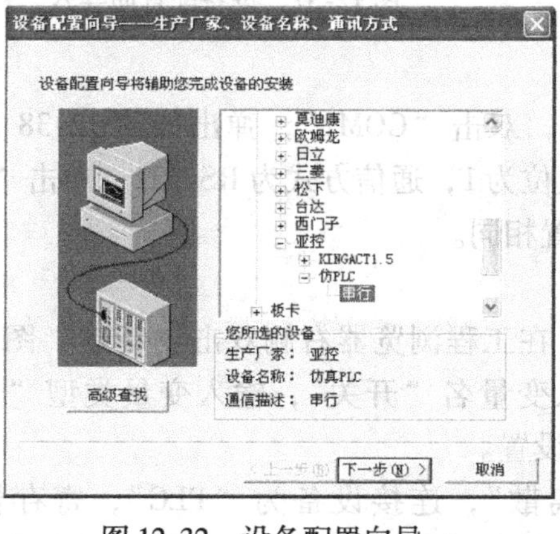

图 12-32　设备配置向导一

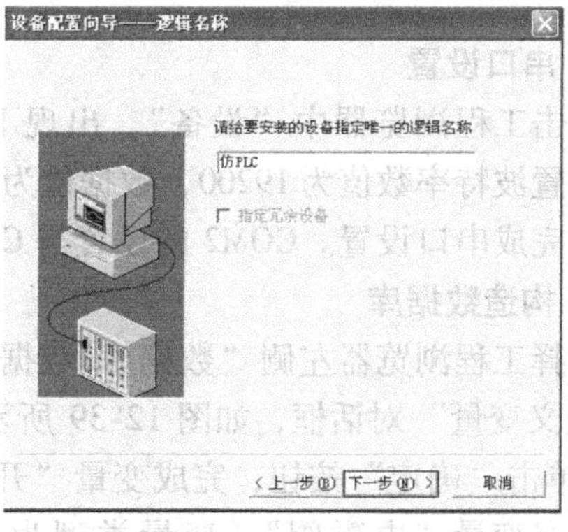

图 12-33　设备配置向导二

3）单击“下一步”按钮，弹出“选择串口号”对话框，如图 12-34 所示。为设备选择连接的串口为 COM2。

4）单击“下一步”按钮，弹出“设备地址设置指南”对话框，如图 12-35 所示。填写设备地址为 1。

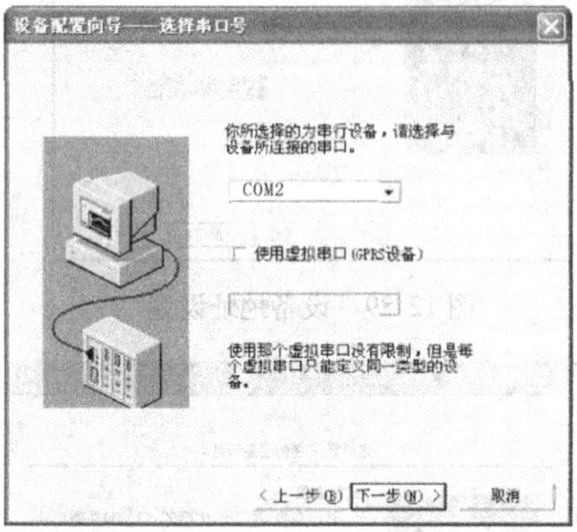

图 12-34　设备配置向导三

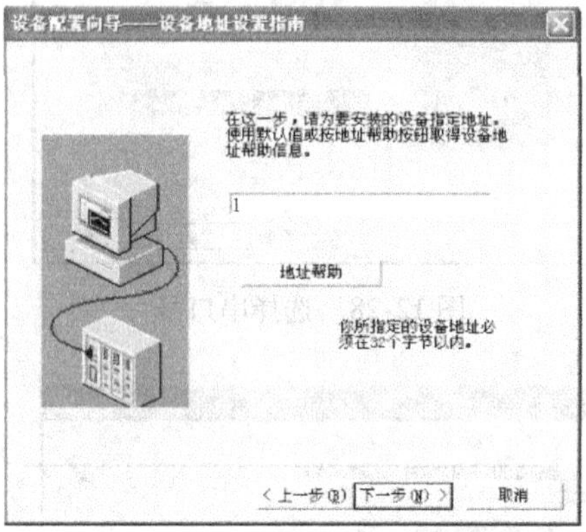

图 12-35　设备配置向导四

5）单击“下一步”按钮，弹出“通信参数”对话框，如图 12-36 所示。

6）单击“下一步”按钮，系统弹出“信息总结”窗口，如图 12-37 所示。检查各项设置是否正确，确认无误后，单击“完成”按钮。

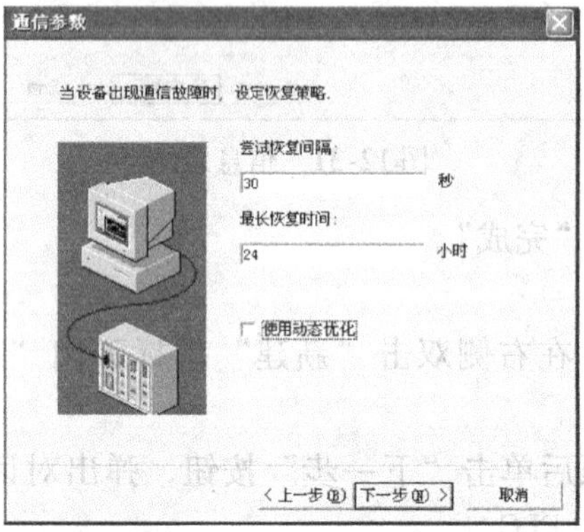

图 12-36　设备配置向导五

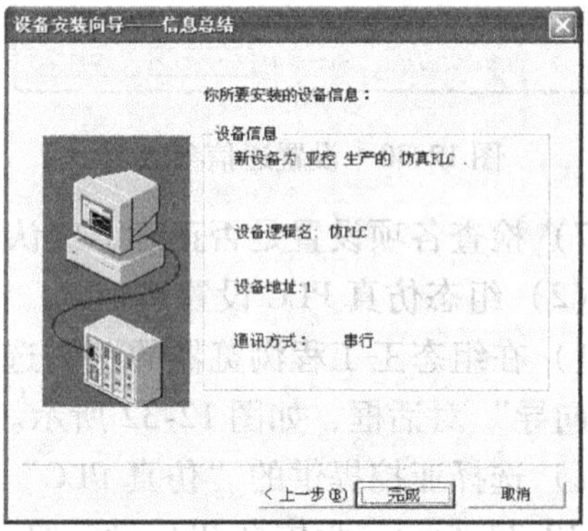

图 12-37　设备配置向导六

4. 串口设置

单击工程浏览器中“设备”，出现下拉菜单，双击“COM1”，弹出如图 12-38 所示画面，设置波特率数值为 19200，数据位为 8，停止位为 1，通信方式为 RS-232，单击“确定”按钮，完成串口设置。COM2 的设置与 COM1 设置相同。

5. 构造数据库

选择工程浏览器左侧“数据库/数据词典”，在工程浏览器右侧双击“新建”图标，弹出“定义变量”对话框，如图 12-39 所示。输入变量名“开关”，输入变量类型“内存离散”，单击“确定”按钮，完成变量“开关”的设置。

定义变量“电磁阀”，变量类型为“I/O 离散”，连接设备为“PLC”，寄存器选为“A8. 1”，数据类型“BIT”，单击“确定”按钮，完成变量“电磁阀”的设置。变量“报警指示灯”和“水泵”的设置与变量“电磁阀”的设置相同。

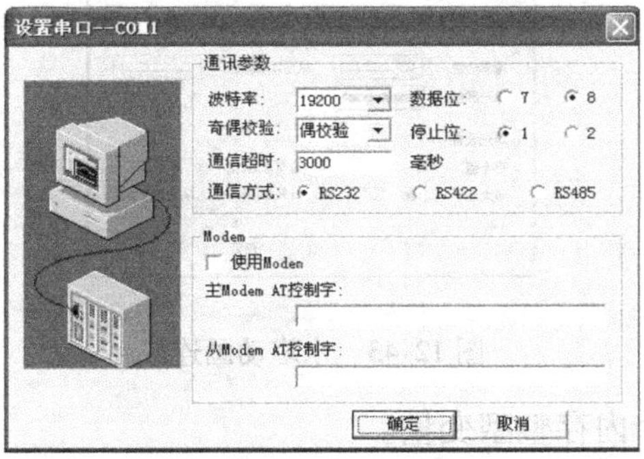

图 12-38　设置串口

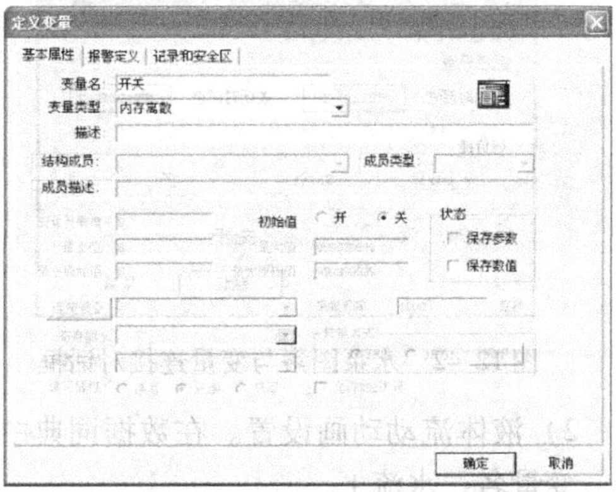

图 12-39　画面变量设置

依次定义传感器变量 S1、S2、S3、S4，数据类型为“I/O”离散，连接设备为“PLC”，寄存器分别选为“E4.1、E4.2、E4.3、E4.4”，数据类型都为“BIT”。

定义变量 M1，如图 12-40 所示，通过变量 M1，将开关与 PLC 中的位地址 M0.0 连接起来了。

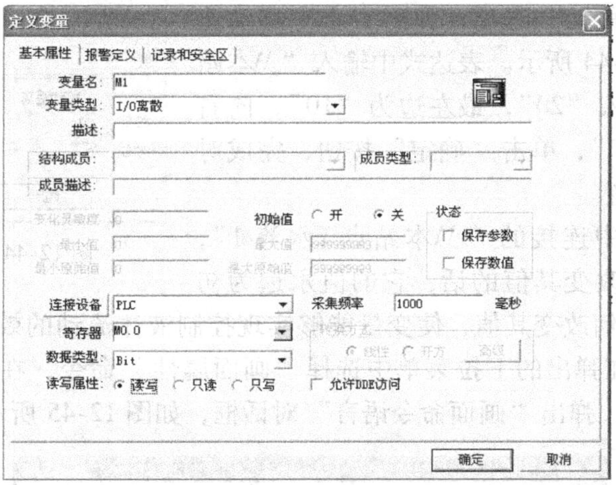

图 12-40　变量 M1 的设置

定义变量“水塔液位”，变量的设置如图 12-41 所示。变量“水池液位”的设置与变量“水塔液位”的设置相同。

6. 动画连接

1）泵图素与变量“水泵”连接，如图 12-42 所示。用同样的方法设置电磁阀、报警指示灯、4 个传感器。

水塔图素的动画设置如图 12-43 所示，单击“确定”按钮，这样建立连接后水塔液位的高度随着变量“水塔液位”的值变化而变化。

用同样的方法设置水池的动画连接，连接变量分别为：\\本站点\水池液位。

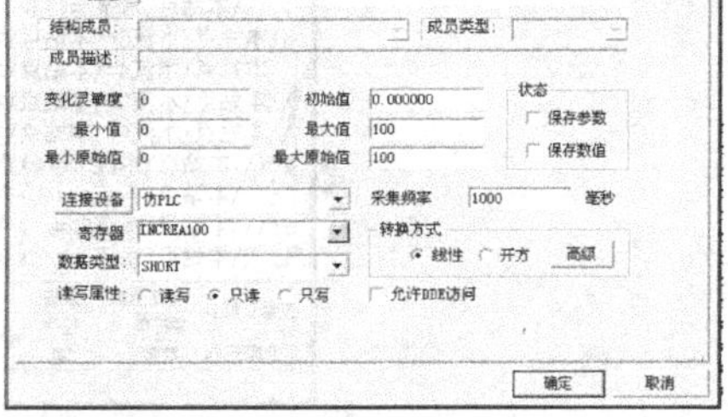

图 12-41　变量水塔液位的设置

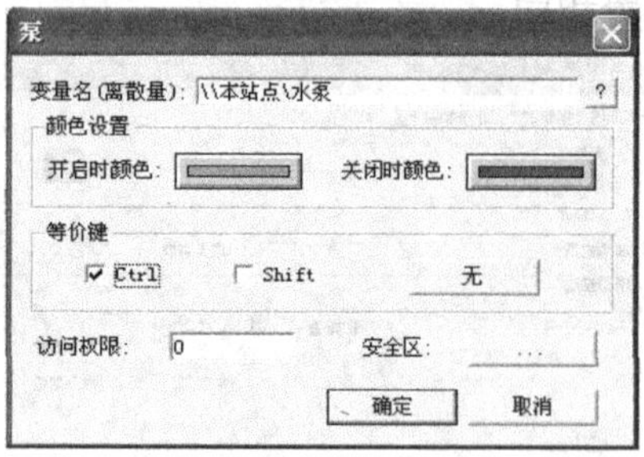

图 12-42　水泵图素与变量连接对话框

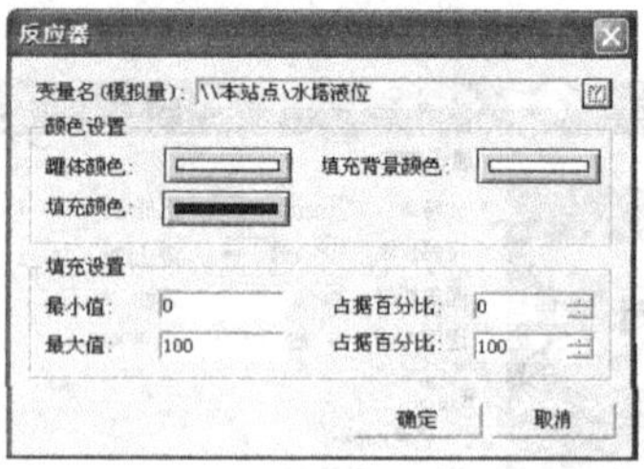

图 12-43　水塔动画连接

2）液体流动动画设置。在数据词典中定义一个内存整型变量。

变量名：水流 1。

变量类型：内存整型。

初始值：0。

最小值：0。

最大值：100。

选中水流 1，双击此图素弹出动画连接对话框，在对话框中单击“水平移动”选项，弹出“水平移动连接”对话框，如图 12-44 所示。表达式中输入“\\本站点\水流 1”，向左输入“20”，最左边为“10”，向右为“0”，最右边为“0”，单击“确定”按钮，完成对水平移动对话框的设置。

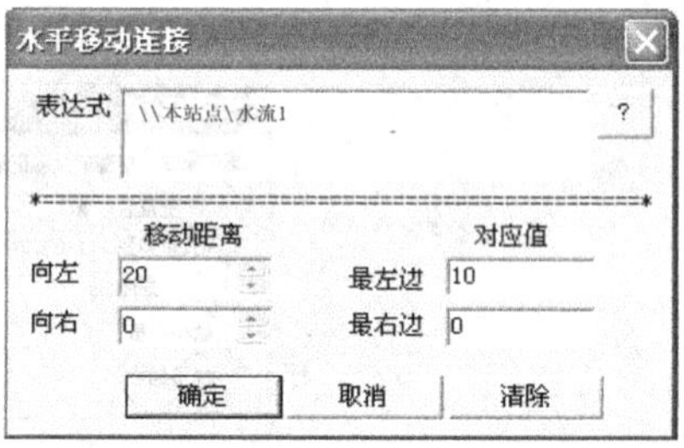

图 12-44　水平移动设置

上述“表达式”中连接的“\\本站点\水流 1”，在运行状态下如果不改变其值的话，它的值永远为初始值（即 0），那么如何改变其值，使变量能够实现控制液体流动的效果呢？在画面的任一位置单击鼠标右键，在弹出的下拉菜单中选择“画面属性”命令，在画面属性对话框中选择“命令语言”选项，弹出“画面命令语言”对话框，如图 12-45 所示。

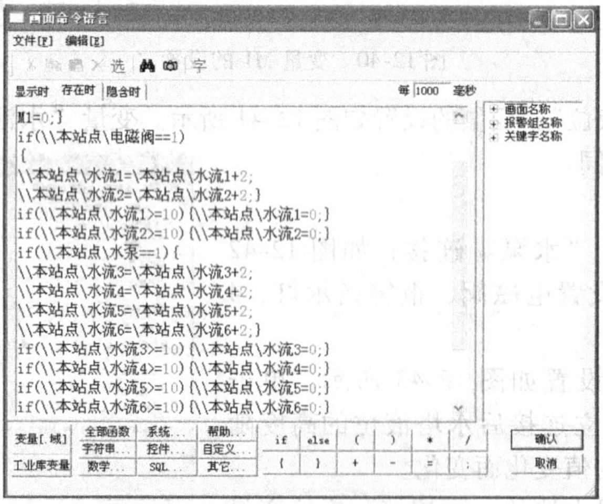

图 12-45　画面命令语言对话框

在对话框中输入如下命令语言。

```
if(\\本站点\电磁阀==1)
\\本站点\控制水流=\\本站点\控制水流+2;
if(\\本站点\水流1>=10)
\\本站点\控制水流=0;
```

单击“确认”按钮关闭对话框。上述命令语言是当“监控画面”存在时每隔1000ms执行一次。当\\本站点\电磁阀开起时改变\\本站点\水流1的值时，就达到了控制水流流动的目的。

利用同样的方法设置水流2、水流3、水流4、水流5、水流6流动的动画。

3）在命令语言对话框中输入如下命令语句，将开关与I/O离散变量M1连接起来。

```
if(\\本站点\开关==1)
{M1=1;
else
M1=0;}
```

7. S7-300系列PLC通信设置

步骤同第一节中的设置。

8. 水塔水位控制PLC编程

（1）I/O地址分配

水塔水位I/O地址分配如表12-3所示。

表12-3 水塔水位控制系统PLC I/O接口分配表

输入信号	输入变量名	输出信号	输出变量名
I4.1	水塔上限	Q8.1	电磁阀
I4.2	水塔下限	Q8.2	水泵
I4.3	水池上限	Q8.3	报警指示灯
I4.4	水池下限		
I4.0	控制开关		

（2）程序设计

控制程序在功能FC1中编程，如图12-46所示，主程序OB1如图12-47所示，对功能FC1作条件调用。

为了确保M0.0初始值为0，在启动组织块OB100中将其设置为0，如图12-48所示。

9. 水塔水位控制组态与PLC联机调试

1）接通PLC电源，并将开关打到“RUN”位置，运行PLC。

2）单击组态管理器中图标“运行”，进入组态运行。并将工程“水塔水位系统”设为组态王当前工程。

3）单击组态王画面开关，开关由红色变为绿色，变量M0.0为1，PLC开始调用功能FC1。初始状态时由于水池和水塔液位为0，所以4个传感器均为ON，电磁阀打开，开始往水池中注入水，当水池液位超过下限时，水池下限传感器为OFF，由于水塔水位低于水塔下限水位，水泵工作，开始往水塔中注水。当水池水位高于水池上限水位时，电磁阀关闭，水池上限传感器为OFF。当水塔水位高于水塔下限水位时，水塔下限传感器为OFF，水泵继续注水。当水塔水位高于水塔上限水位时，水泵关闭，同时水塔水位上限传感器为OFF。一个上水周期结束。

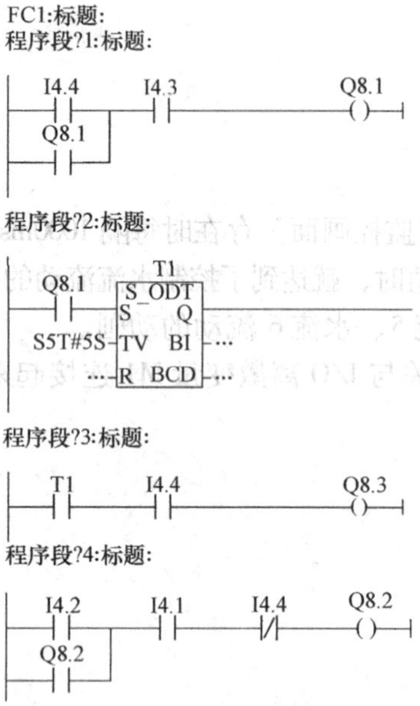

图 12-46　水塔水位控制系统梯形图

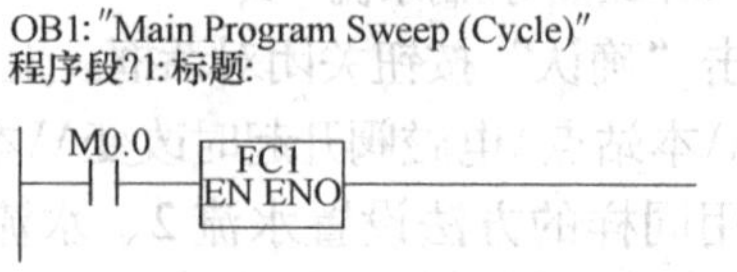

图 12-47　水塔水位控制系统主程序

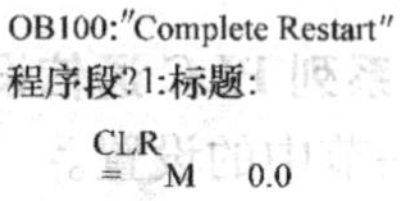

图 12-48　水塔水位控制系统启动程序

如果水池水位低于水池下限水位，则水泵停止工作。

如果电磁阀打开 10s 后，水池水位仍低于水池下限水位，则报警指示灯亮。

项目小结

本项目以水塔水位控制系统为例，介绍了以组态王组态上位机、S7-300 系列 PLC 为下位机，二者联合使用监控生产过程的方法和设计过程。

本项目首先介绍了组态软件的组成及设计步骤，接下来以报警指示灯系统和水塔水位系统为例，介绍了使用组态王和 PLC 设计监控系统的方法和步骤。

1）创建组态王新工程。

2）创建组态画面。

3）定义 I/O 设备接口。

4）串口设置。

5）构造数据库。

6）动画连接。

7）PLC 通信设置。

8）PLC 编程。

9）组态与 PLC 联机调试。

习题及思考题

12-1　使用组态软件设计 5 层电梯监控系统，控制要求如下。

1）当轿厢停在 1F（1 楼）或 2F、3F、4F，如果 5F 有呼叫，则轿厢上升到 5F。

2）当轿厢停在2F（2楼）或3F、4F、5F，如果1F有呼叫，则轿厢下降到1F。

3）当轿厢停在1F（1楼），2F、3F、4F、5F均有人呼叫，则先到2F，停8s后继续上升，每层均停8s，直到5F。

4）当轿厢停在5F（5楼），1F、2F、3F、4F均有人呼叫，则先到4F，停8s后继续下降，每层均停8s，直到1F。

5）在轿厢运行途中，如果有多个呼叫，则优先响应与当前运行方向相同的就近楼层，对反方向的呼叫进行记忆，待轿厢返回时就近停车。

6）在各个楼层之间的运行时间应少于10s，否则认为发生故障，应发出报警信号。

7）电梯的运行方向指示。

8）用数码管显示轿厢所在的楼层。

9）在轿厢运行期间不能开门。

10）轿厢不关门不允许运行。

12-2　使用组态软件设计一个病床呼叫器监控系统，控制任务和要求如下。

在很多医院的住院病房里，病房的每一张病床与护士站都需要随时进行联系，通过呼叫器可实现远距离呼叫，以便使病人在急需时向医护人员发出救助信号。

某住院病房有3个房间，每个房间有4张床，病床编号由房间号和床号组成，分别为11，12，13，14，21，…，34。每张病床配有一个呼叫按钮，与病床的编号相应，分别为SB11，SB12，SB13，SB14，SB21，…，SB34。在护士站安装蜂鸣器HA和呼叫指示灯，每个呼叫指示灯对应一个呼叫按钮，其编号为HL11，HL12，HL13，HL14，HL21，…，HL34。

1）当某个病床发出救助信号（按下呼叫按钮）后，护士站的蜂鸣器发出短促音，与呼叫信号对应的指示灯闪烁（闪烁频率自定）。

2）当医护人员听到呼叫后，可按下呼叫响应按钮SB0，呼叫指示灯在20s后停止显示。

3）如果同时或者在一段时间内有多个呼叫信号，护士站的蜂鸣器仍发出短促音，与这些呼叫信号对应的那些指示灯均闪烁，医护人员按下呼叫响应按钮后，蜂鸣器停止工作，呼叫指示灯在20s后停止显示。

参 考 文 献

[1] 郑凤翼. 低压电器及其应用 [M]. 北京：人民邮电出版社，1999.

[2] 张万忠. 电气与 PLC 控制技术 [M]. 北京：化学工业出版社，2003.

[3] 王永华. 现代电气控制及 PLC 应用技术 [M]. 北京：北京航空航天大学出版社，2004.

[4] 王炳实. 机床电气控制 [M]. 北京：机械工业出版社，1999.

[5] 王念春. 电气控制与可编程控制器技术 [M]. 北京：化学工业出版社，2004.

[6] 齐占庆. 机床电气控制技术 [M]. 北京：机械工业出版社，1999.

[7] 赵峰，贾石峰，顾桂梅. 电气控制与可编程序控制器应用 [M]. 兰州：兰州大学出版社，2006.

[8] 廖常初. S7-300/400 PLC 应用技术 [M]. 北京：机械工业出版社，2005.

[9] 何建平. 可编程控制器及其应用 [M]. 重庆：重庆大学出版社，2004.

[10] 汪志峰. 可编程序控制器原理与应用 [M]. 西安：西安电子科技大学出版社，2004.

[11] Siemens AG. Statement List (STL) for S7-300 and S7-400 Programming Reference Manual，2002.

[12] Siemens AG. Ladder Logic (LAD) for S7-300 and S7-400 Programming Reference Manual，2002.

[13] Siemens AG. S7-PLCSIM V5.2 User Manual，2002.

[14] Siemens AG. Working with STEP 7 V5.2 Manual，2003.

[15] Siemens AG. S7-300 可编程序控制器产品目录，2003.

[16] 胡学林. 可编程控制器教程（实训篇）[M]. 北京：电子工业出版社，2004.

[17] 马宁，孔红. S7-300 PLC 和 MM440 变频器的原理与应用 [M]. 北京：机械工业出版社，2006.

[18] 边春元，程立英，任双艳，等. 实例解析 S7-300/400 PLC 系统设计基础与开发技巧 [M]. 北京：机械工业出版社，2008.

[19] 柴瑞娟，孙承志，孙书芳，等. 西门子 PLC 高级培训教程 [M]. 北京：人民邮电出版社，2009.

[20] 刘美俊. 西门子 S7 系列 PLC 的应用与维护 [M]. 北京：机械工业出版社，2008.

[21] 胡健. 西门子 S7-300/400 PLC 工程应用 [M]. 北京：北京航空航天大学出版社，2008.

[22] 陈瑞阳，席巍，宋柏青. 西门子工业自动化项目设计实践 [M]. 北京：机械工业出版社，2009.

[23] 边春元，任双艳，满永奎. S7-300/400 PLC 实用开发指南 [M]. 北京：机械工业出版社，2008.

[24] 贾德胜. PLC 应用开发实用子程序 [M]. 北京：人民邮电出版社，2006.

[25] 华满香，刘小春. 电气控制与 PLC 应用 [M]. 北京：人民邮电出版社，2009.

[26] 严盈富，罗海平，吴海勤. 监控组态软件与 PLC 入门 [M]. 北京：人民邮电出版社，2006.

[27] 海心，马银忠，刘树青. 西门子 PLC 开发入门与典型实例 [M]. 北京：人民邮电出版社，2009.

[28] 组态王 6.51 使用手册. 2005.